高等学校教材

画法几何及机械制图

Huafa Jihe ji Jixie Zhitu

主 编 王熙宁 袭建军

高等教育出版社·北京

内容提要

本书是根据教育部2010年制定的《普通高等学校工程图学课程教学基本要求》，以及最新颁布的《技术制图》《机械制图》国家标准，并结合编者多年的教学实践经验编写的。

本书具有很强的教学适用性、内容系统、实用。

本书除绪论外，包括制图基本知识，点、直线和平面的投影，直线与平面、平面与平面的相对位置，投影变换，曲线与曲面，立体，轴测投影，组合体，机件的表达方法，标准件与常用件，零件图，装配图以及附录等。

与本书配套的《画法几何及机械制图习题集》由高等教育出版社同时出版，在习题选择上由浅入深、形式多样，在数量与难度上均有考虑，以满足不同教学需要。

本书可供高等院校机械类、近机械类专业作为画法几何及机械制图课程的教材，也可以作为相关专业的工程技术人员的参考用书。

图书在版编目（CIP）数据

画法几何及机械制图/王熙宁,袭建军主编. -- 北京:高等教育出版社,2014.8（2020.5重印）
ISBN 978 - 7 - 04 - 040411 - 1

Ⅰ.①画… Ⅱ.①王…②袭… Ⅲ.①画法几何 - 高等学校 - 教材②机械制图 - 高等学校 - 教材 Ⅳ.①TH126

中国版本图书馆 CIP 数据核字（2014）第 160920 号

策划编辑 李文婷		责任编辑 李文婷	封面设计 李卫青		版式设计 马敬茹
插图绘制 杜晓丹		责任校对 窦丽娜	责任印制 刁 毅		

出版发行	高等教育出版社	咨询电话	400 - 810 - 0598
社　　址	北京市西城区德外大街4号	网　　址	http://www.hep.edu.cn
邮政编码	100120		http://www.hep.com.cn
印　　刷	天津文林印务有限公司	网上订购	http://www.landraco.com
开　　本	787mm ×1092mm 1/16		http://www.landraco.com.cn
印　　张	23.25	版　　次	2015年8月第1版
字　　数	570 千字	印　　次	2020年5月第6次印刷
购书热线	010 - 58581118	定　　价	33.90 元

本书如有缺页、倒页、脱页等质量问题，请到所购图书销售部门联系调换
版权所有　侵权必究
物 料 号　40411 - 00

前　言

　　本书是根据教育部 2010 年制定的《普通高等学校工程图学课程教学基本要求》，并结合编者多年的教学实践经验编写的。本书适合机械类、近机械类专业使用，也可以作为相关专业的工程技术人员的参考用书。

　　在编写过程中，继承传统内容的精华，总结了我校近年来的教学改革经验，并广泛吸取了兄弟院校教材之优点，尽力做到概念清楚，语言简练，插图选择适当、清晰并与文字紧密配合，以培养学生独立解决问题及创新设计能力为目标，优化课程内容和结构，使教材更加科学化、系统化。

　　本书全部采用最新颁布的《技术制图》《机械制图》国家标准，以适应国际、国内技术交流的需要。

　　全书除绪论外共十二章，包括制图基本知识，点、直线和平面的投影，直线与平面、平面与平面的相对位置，投影变换，曲线与曲面，立体，轴测投影，组合体，机件的表达方法，标准件与常用件，零件图，装配图等内容。

　　参加本书编写的有哈尔滨工业大学王熙宁（绪论、第七章、第八章和第九章）、袭建军（第一章、第四章和第十一章）、官娜（第二章和第三章）、栾英艳（第六章和附录）、李利群（第十章）、唐艳丽（第五章和第十二章）。李平川、王迎参与了本书配套多媒体教学课件的制作，有需要的读者可发邮件进行索取，联系邮箱为：liwt1@hep.com.cn。

　　哈尔滨工业大学吴佩年教授认真审阅了本书，并提出了许多宝贵意见及建议，在此表示感谢。

　　与本书配套的习题集在习题选择上由浅入深，形式多样，在数量与难度上均有考虑，以满足不同教学需要。

　　由于编者水平有限，书中缺点、错误在所难免，竭诚欢迎读者批评指正。

编者

2014 年 2 月

目 录

绪论 ··· 1

第1章 制图基本知识 ·· 3
§1-1 国家标准《机械制图》的一般规定 ··· 3
§1-2 尺规制图工具及其使用 ·· 14
§1-3 几何作图 ··· 17
§1-4 平面图形的画法及尺寸标注 ·· 24
§1-5 徒手绘图的技巧 ··· 27

第2章 点、直线和平面的投影 ·· 29
§2-1 投影法的基本知识 ··· 29
§2-2 点的投影 ··· 33
§2-3 直线的投影 ··· 39
§2-4 求一般位置直线段的实长及对投影面的倾角 ································· 44
§2-5 两直线的相对位置 ··· 45
§2-6 平面的投影 ··· 51
§2-7 属于平面的点和直线 ··· 55

第3章 直线与平面、平面与平面的相对位置 ······································ 61
§3-1 平行问题 ··· 61
§3-2 相交问题 ··· 64
§3-3 垂直问题 ··· 69
§3-4 综合作图举例 ·· 72

第4章 投影变换 ·· 77
§4-1 换面法 ·· 77
§4-2 旋转法 ·· 86

第5章 曲线与曲面 ·· 94
§5-1 曲线概述 ··· 94
§5-2 圆的投影 ··· 95
§5-3 螺旋线 ·· 97
§5-4 曲面概述 ··· 99
§5-5 柱面与锥面 ··· 99
§5-6 单叶双曲回转面 ·· 100
§5-7 螺旋面 ·· 101

第6章 立体 ··· 104

§6-1　平面立体 ·· 104
　　§6-2　平面与平面立体相交 ··· 106
　　§6-3　曲面立体 ·· 109
　　§6-4　平面与曲面立体相交 ··· 114
　　§6-5　两曲面立体相交 ··· 123
第7章　轴测投影 ·· 135
　　§7-1　概述 ··· 135
　　§7-2　正等轴测图 ··· 137
　　§7-3　斜二轴测图 ··· 150
　　§7-4　轴测剖视图的画法 ··· 153
第8章　组合体 ·· 157
　　§8-1　组合体的基本知识 ··· 157
　　§8-2　组合体的画法 ··· 162
　　§8-3　组合体的尺寸注法 ··· 165
　　§8-4　读组合体视图 ··· 173
　　§8-5　组合体构型设计 ·· 179
第9章　机件的表达方法 ·· 188
　　§9-1　视图 ··· 188
　　§9-2　剖视图 ·· 192
　　§9-3　断面图 ·· 203
　　§9-4　其他表达方法 ··· 205
　　§9-5　表达方法综合举例 ··· 211
　　§9-6　第三角投影简介 ·· 212
第10章　标准件与常用件 ·· 215
　　§10-1　螺纹 ··· 215
　　§10-2　螺纹紧固件及其连接 ··· 223
　　§10-3　键、销及滚动轴承 ··· 229
　　§10-4　齿轮 ··· 238
　　§10-5　弹簧 ··· 249
第11章　零件图 ·· 254
　　§11-1　零件图的作用与内容 ··· 254
　　§11-2　零件的结构分析 ··· 256
　　§11-3　零件的视图选择 ··· 261
　　§11-4　零件图中的尺寸标注 ··· 264
　　§11-5　零件图中的技术要求 ··· 273
　　§11-6　零件测绘 ··· 306
　　§11-7　读零件图 ··· 312
第12章　装配图 ·· 316

§12-1	装配图的作用与内容	317
§12-2	装配图的表达方法	317
§12-3	常见装配结构简介	321
§12-4	机器或部件测绘	322
§12-5	画装配图的步骤	327
§12-6	装配图的尺寸标注和技术要求	330
§12-7	装配图的零件序号和明细栏	331
§12-8	读装配图及拆画零件图	332

附录 ········· 339

参考文献 ········· 362

绪 论

一、本课程的性质、研究对象和内容

　　工程图样是高度浓缩的工程信息的载体,它准确而详细地表达了工程对象的形状、大小和技术要求,是工程界的语言。在现代工业生产中,设计和制造机器以及所有工程建设都离不开工程图样。图样能够准确表达出机器的结构和性能以及它们各自组成部分的形状、大小、材料及加工、检验、装配等有关要求。因此,工程图样是工业生产中一种重要的技术文件,又是人们表达和交流技术思想和信息不可缺少的工具。

　　本课程是工程类专业一门必修的技术基础课,它是研究绘制和阅读工程图样的一门学科,既有系统的理论,又有较强的实践性和技术性。

二、本课程的主要任务

　　1. 学习投影法(主要是正投影法)的基本理论及其应用。
　　2. 建立空间三维立体与相关位置的空间逻辑思维和形象思维。
　　3. 培养空间想象和思维能力以及几何构型设计的基本能力。
　　4. 培养零、部件的表达能力和阅读工程图样的基本能力。
　　5. 培养贯彻国家标准并查阅有关设计资料和标准的能力。
　　6. 培养认真负责的工作态度和严谨细致的工作作风,使学习者的动手能力、工程意识、创新能力、设计理念等得到全面提高。

三、本课程的特点及学习方法

　　本课程是一门实践性较强的技术基础课程,要在掌握基本理论和方法的基础上,通过大量的绘图和读图训练,在学习的各个环节中加强空间形体和平面投影图形的相互转化,注意应用形体分析法、线面分析法和结构分析法分析问题和解决问题。因此,学习时应从以下几方面加以注意:

1. 掌握课程的基础理论

　　本课程通过研究空间三维立体与二维图形之间的转换关系,培养学生的工程图学素质。从空间三维物体转化为二维图形表达,以及从二维平面图形想象空间立体的形状结构,是本课程研究的主线。

2. 掌握正确的思维方法

　　本课程一般安排在大学一、二年级进行,对于低年级的学生来说,一般习惯于逻辑思维,而学习本门课程则需要空间思维。在掌握基本投影理论的基础上,不断地进行由体到图、由图到体的训练,逐步弄清和理解三维空间立体和二维平面图形之间的对应转换关系,不断提高空间想象和空间思维能力。

3. 重视平时绘图、读图训练

学习本门课程要进行大量的绘图、读图训练,在学习过程中一定要认真对待。绘图、读图训练是巩固绘图、读图能力的基本保证。因此,必须认真、按时、优质完成。

4. 严格遵守、认真贯彻国家标准

图样是工程界的语言,既然是语言,就有其语法规则和规定,这个语法就是国家标准。绘制图样时必须遵循国家标准,在"画"中贯彻国家标准,培养严肃认真的工作态度及工程问题的描述和表达能力,这样才能达到用"语言"进行交流的目的。

第1章 制图基本知识

本章主要介绍国家标准《技术制图》和《机械制图》的一些基本规定及有关制图技能的基本知识。

§1-1 国家标准《机械制图》的一般规定

一、图纸幅面和格式（GB/T 14689—2008）[①]

1. 图纸幅面

图纸幅面指的是图纸宽度与长度组成的图面。绘制图样时，优先采用表1-1规定的基本幅面 $B \times L$，必要时也允许选用规定的加长幅面。

表1-1 图纸幅面及图框格式尺寸

幅面代号 尺寸代号	A0	A1	A2	A3	A4
$B \times L$	841×1 189	594×841	420×594	297×420	210×297
a	25				
c	10			5	
e	20		10		

加长幅面的尺寸是由基本幅面的短边成整数倍增加后得出的，如图1-1所示。

图中粗实线为基本幅面（第一选择），细实线和细虚线则为加长幅面（第二选择、第三选择）。

2. 图框格式

图纸上限定绘图区域的线框称为图框，图框线用粗实线绘制。其格式分为留有装订边（如图1-2a所示，周边尺寸 a、c 见表1-1）和不留装订边两种（如图1-2b所示，周边尺寸 e 见表1-1）。一般采用A4幅面竖装或A3幅面横装。

为了复制或缩微摄影定位方便，可采用对中符号。对中符号是从周边画入图框内约5 mm的一段粗实线，如图1-3所示。

3. 标题栏的方位与格式

每张图纸上都必须画出标题栏。标题栏是由名称及代号区、签字区、更改区和其他区组成的栏目，是图样不可缺少的内容。标题栏的位置一般应在图样的右下角。

[①] "GB"为"国标"汉语拼音首字母，"T"表示推荐标准，其后的数字为该项标准编号。"2008"为发布时间。

4 第 1 章 制图基本知识

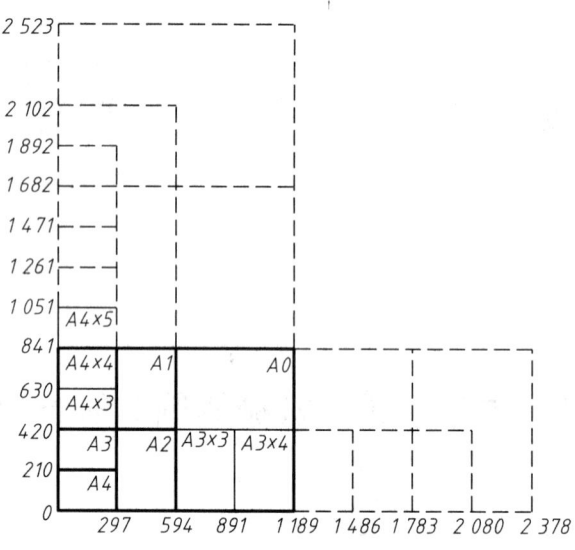

图 1-1 图纸幅面

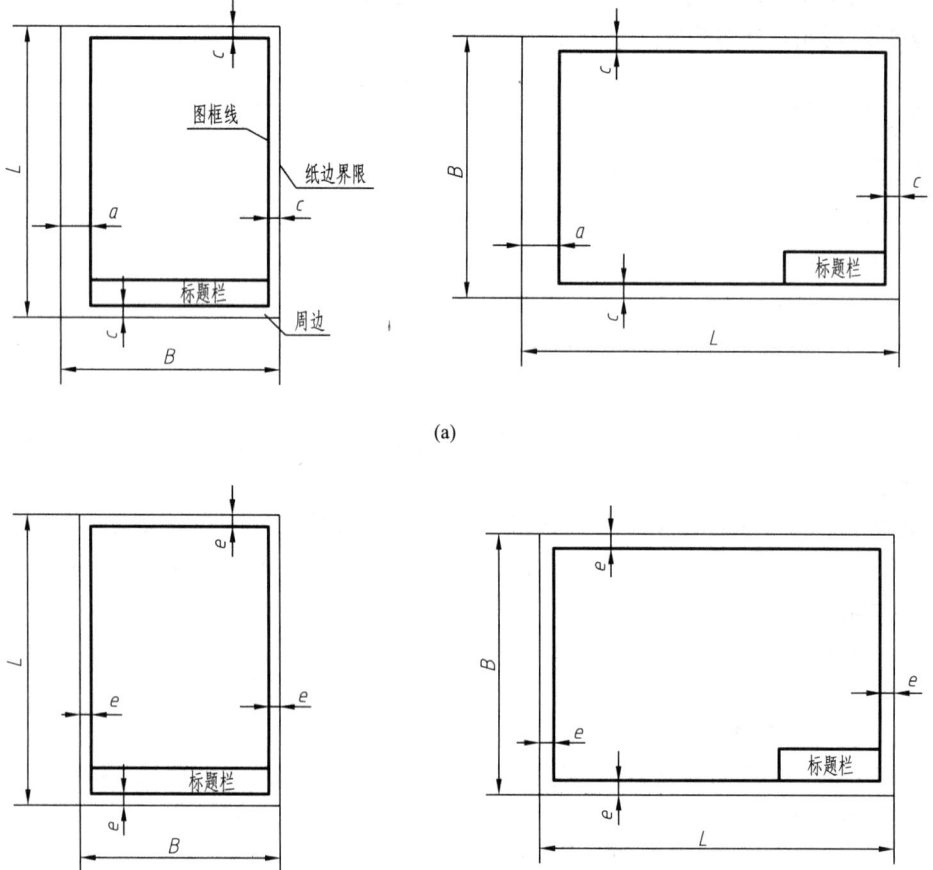

(a)

(b)

图 1-2 图纸格式

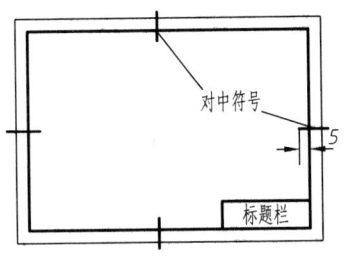

图 1-3 对中符号

GB/T 10609.1—2008《技术制图 标题栏》对标题栏的内容、格式与尺寸作了详细的规定,但在学生制图作业中,标题栏的格式建议采用图 1-4 所示的形式。标题栏的外框线为粗实线,其右边和底边与图框线重合。填写的字体,除图名、校名用 10 号字外,其余用 5 号字。

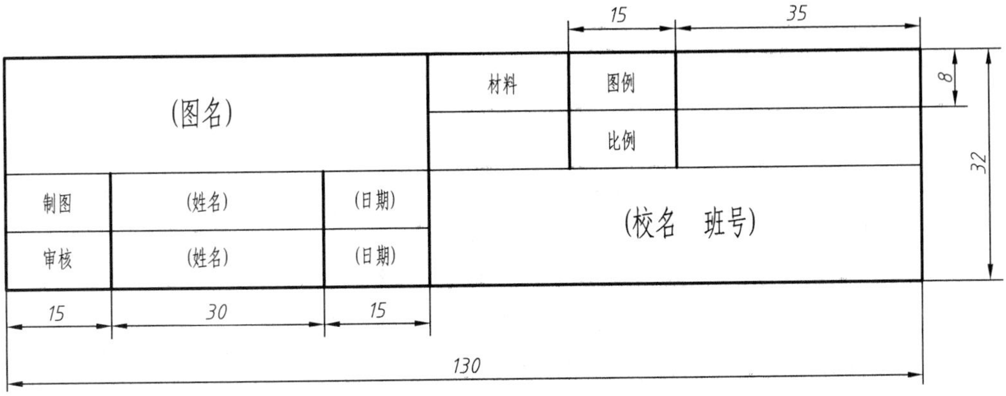

图 1-4 学生用标题栏格式

二、比例(GB/T 14690—1993)

图样中图形与其实物相应要素的线性尺寸之比称为比例。绘制图样时应采用表 1-2 中规定的比例。必要时,也可选取表 1-3 中的比例。每张图样均应在标题栏的"比例"一栏中填写比例,如"1∶1"或"1∶2"等。

表 1-2 比例(一)

种类	比 例		
原值比例	1∶1		
放大比例	5∶1 $5 \times 10^n \colon 1$	2∶1 $2 \times 10^n \colon 1$	$1 \times 10^n \colon 1$
缩小比例	1∶2 $1 \colon 2 \times 10^n$	1∶5 $1 \colon 5 \times 10^n$	1∶10 $1 \colon 1 \times 10^n$

注:n 为正整数。

表 1-3 比例(二)

种类	比例				
放大比例	4:1 $4\times 10^n:1$	2.5:1 $2.5\times 10^n:1$			
缩小比例	1:1.5 $1:1.5\times 10^n$	1:2.5 $1:2.5\times 10^n$	1:3 $1:3\times 10^n$	1:4 $1:4\times 10^n$	1:6 $1:6\times 10^n$

注:n 为正整数。

比例分为原值比例、放大比例和缩小比例三种。原值比例的比值为 1,如 1:1。放大比例的比值大于 1,如 2:1 等。缩小比例的比值小于 1,如 1:2 等。绘制同一机件的各个视图时,应采用相同的比例。当某个视图需要采用不同的比例时,则必须另行标注,如图 1-5 所示。

三、字体(GB/T 14691—1993)

字体指图中汉字、数字和字母的书写形式,工程图中的字体必须遵循国家标准规定。

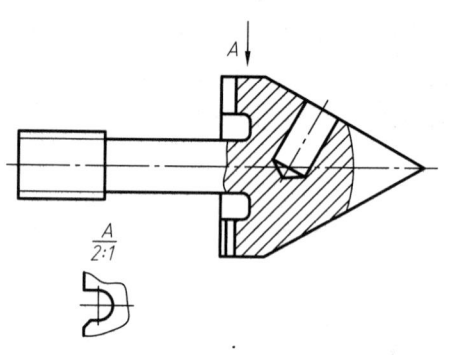

图 1-5 比例的标注

书写时必须做到:字体工整、笔画清楚、间隔均匀、排列整齐。字体高度(用 h 表示)的公称尺寸系列为 1.8 mm、2.5 mm、3.5 mm、5 mm、7 mm、10 mm、14 mm、20 mm。如需要书写更大的字,其字体高度应按 $\sqrt{2}$ 的比率递增。字体的高度代表字体的字号,如 5 mm 高的字体称 5 号字。汉字高度 h 不应小于 3.5 mm,其字宽一般为 $h/\sqrt{2}$。

1. 汉字

图样上的汉字应写成长仿宋体,并采用国家正式公布推行的简化字。长仿宋体的书写要领是:横平竖直、起落有锋、结构匀称、填满方格。

图 1-6 所示为长仿宋体汉字示例。

字体工整笔画清楚间隔均匀排列整齐

横平竖直注意起落结构均匀填满方格

盖架齿轮键弹簧机床减速器螺纹端子汽车施工摩擦片阀泵体座轴承

图 1-6 长仿宋体汉字示例

2. 数字和字母

数字和字母都有斜体和直体两种,斜体字字头向右倾斜,与水平线成 75°角。字母和数字分为 A 型和 B 型。A 型字体的笔画宽度（d）为字高（h）的 1/14，B 型字体的笔画宽度（d）为字高（h）的 1/10。在同一张图样上只允许选用一种形式的字体。

用做指数、分数、极限偏差和注脚等的数字及字母，一般采用小一号字体。图 1-7 为数字和字母示例。

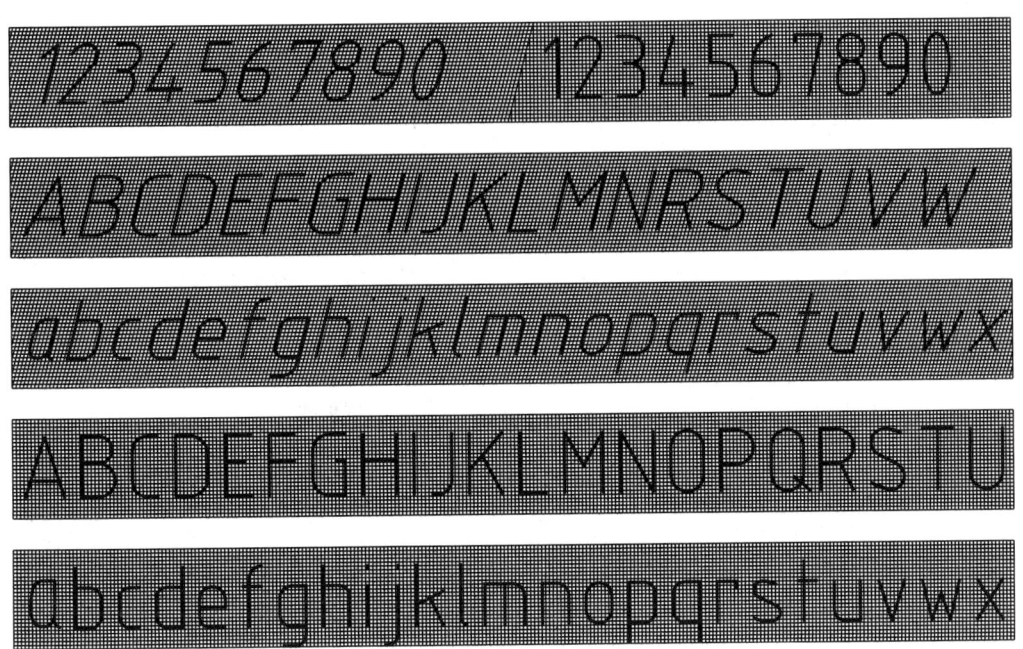

图 1-7 数字和字母示例

四、图线（GB/T 17450—1998、GB/T 4457.4—2002）

1. 基本线型及其应用

国家标准对图线作了如下定义：起点和终点间以任意方式连接的一种几何图形，形状可以是直线或曲线、连续或不连续线。同时对图线规定了 15 种基本线型，如粗实线、细虚线、细点画线等。表 1-4 给出了几种常用的图线及其应用。

在机械工程图样上，图线一般只有两种宽度：粗线和细线，其宽度之比为 2∶1。图线的宽度 d 应根据图样的大小、类型和复杂程度，在下列数系中选择：0.13 mm，0.18 mm，0.25 mm，0.35 mm，0.5 mm，0.7 mm，1.0 mm，1.4 mm，2.0 mm。通常情况下，粗线的宽度不小于 0.25 mm，优先采用 0.5 mm 和 0.7 mm。在同一图样中，同类图线的宽度应一致。图线应用举例如图 1-8 所示。

2. 图线画法

（1）同一图样中，同类图线的宽度应一致。细虚线、细点画线及细双点画线的线段长短和间隔应各自大致相等。

表1-4 常用的图线及其应用

图线名称	图线型式	图线宽度	一般应用
粗实线	———————	d	可见轮廓线 可见棱边线 剖切符号用线 相贯线 螺纹牙顶线
细实线	———————	$0.5d$	过渡线 尺寸线及尺寸界线 剖面线 重合断面的轮廓线 螺纹牙底线 引出线和基准线 分界线及范围线 弯折线 辅助线 不连续同一表面的连线 成规律分布的相同要素的连线
波浪线	 ～～～	$0.5d$	断裂处边界线 视图和剖视图的分界线
双折线	 —⋏—⋏—	$0.5d$	断裂处边界线 视图与剖视图的分界线
细虚线	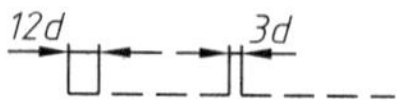 - - - - 12d ← → 3d	$0.5d$	不可见轮廓线 不可见棱边线
细点画线	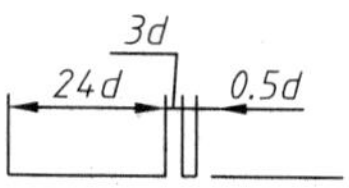 —·—·— 24d ← 3d → 0.5d	$0.5d$	轴线 对称中心线 分度圆(线) 孔系分布的中心线
粗点画线	 —·—·—	d	限定范围表示线
细双点画线	 —··—··—	$0.5d$	相邻辅助零件的轮廓线 可动零件的极限位置的轮廓线 毛坯图中制成品的轮廓线 延伸公差带表示线 工艺用结构的轮廓线 轨迹线 中断线

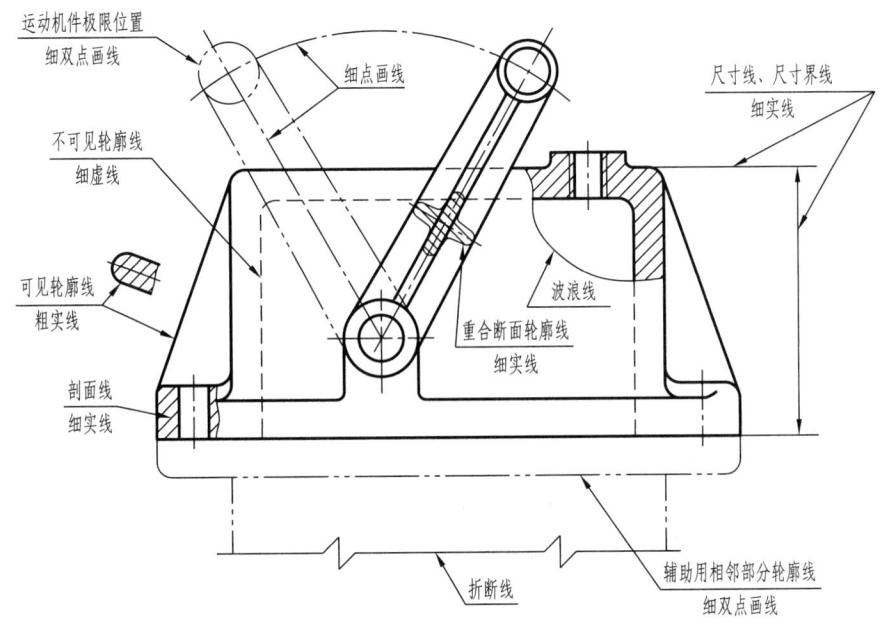

图 1-8 图线应用

（2）除另有规定外，两条平行线之间的最小距离不得小于 0.7 mm。

（3）绘制圆的对称中心线时，圆心应为线段的交点。细点画线和细双点画线的首末两端应是"画"，而不应是"点"，且要超出图形 2~5 mm，如图 1-9a 所示。

（4）在较小的图形上绘制细点画线或细双点画线有困难时，可用细实线代替，如图 1-9b 所示。

（5）细虚线、细点画线或细双点画线和实线相交或它们自身相交时，应以"画"相交，而不应与"点"或"间隔"相交。

（6）细虚线、细点画线或细双点画线与实线相交时，不得与实线相连，如图 1-9c 所示。

（7）图线不得与文字、数字或符号重叠混淆。不可避免时，应首先保证文字、数字或符号的清晰。

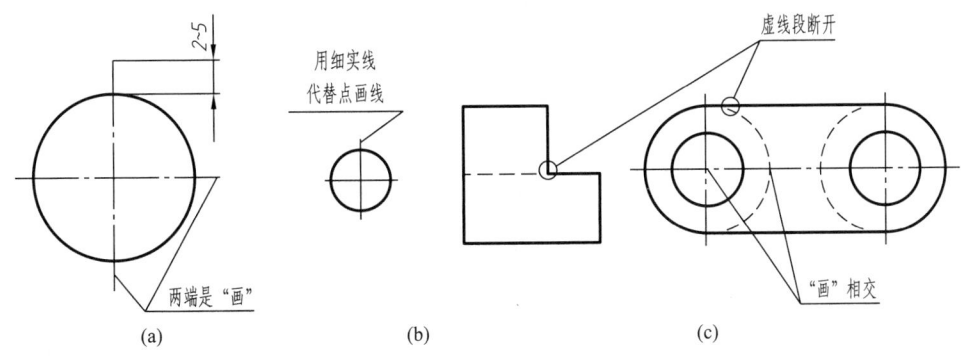

图 1-9 细点画线和细虚线的画法

五、尺寸注法(GB/T 4458.4—2003、GB/T 16675.2—1996)

图样中的图形只能表达机件的形状,而机件各部分的大小则是通过标注尺寸来表达的。国家标准对尺寸注法有详细的规定,绘图时必须遵守。

1. 基本规则

(1)机件真实大小以图样上所注尺寸数值为依据,与图形大小及绘图的准确程度无关。

(2)图样中(包括技术要求和其他说明)的尺寸以 mm 为单位时,不需标注计量单位的代号"mm"或名称"毫米"。如采用其他单位,则必须注明相应的计量单位的代号或名称。

(3)图样中所标注的尺寸为该图样所示机件的最后完工尺寸,否则应另加说明。

(4)机件的每一个尺寸一般只标注一次,并标注在反映该结构最清晰的图形上。

2. 尺寸标注的组成

一个完整的尺寸由尺寸界线、尺寸线、尺寸线终端和尺寸数字组成。

(1)尺寸界线　表明所注尺寸的范围,用细实线绘制,并由图形的轮廓线、轴线或对称中心线引出,也可以直接利用这些线作为尺寸界线,如图 1-10 所示。尺寸界线一般应与尺寸线垂直,并超出尺寸线箭头的末端 2~3 mm,必要时才允许与尺寸线倾斜,如在光滑过渡处标注尺寸时,当尺寸界线不能清晰引出时可用细实线将轮廓线延长,在交点处引出倾斜的尺寸界线,如图 1-11 所示。

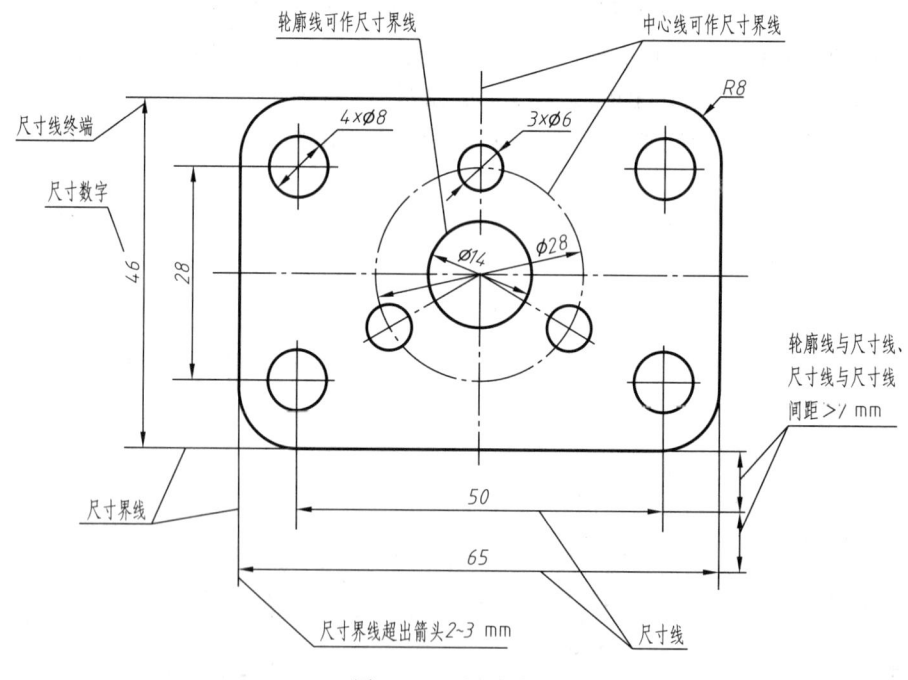

图 1-10　尺寸注法

(2)尺寸线　表明尺寸度量的方向,必须用细实线单独绘制,不能用其他图线代替,也不得与其他图线重合或画在其延长线上。标注线性尺寸时,尺寸线必须与所标注的线段平行。

(3)尺寸线终端　有两种形式:箭头或斜线。斜线用细实线绘制,如图 1-12 所示。机械工

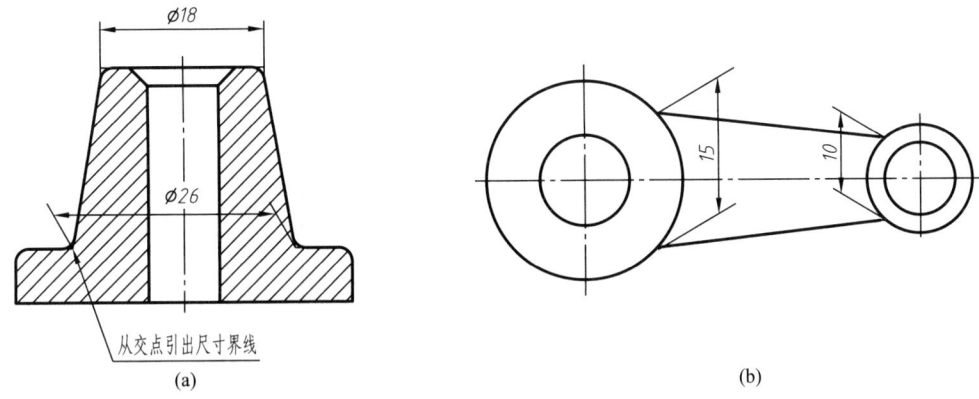

图 1-11 尺寸界线倾斜注法

程图样上的尺寸线终端一般为箭头,同一张图样上的箭头大小要一致,并且只能采用一种尺寸线终端形式。

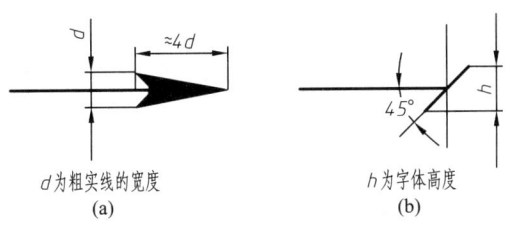

图 1-12 尺寸线终端形式

(4) 尺寸数字　表示尺寸的数值,应按 GB/T 14691—1993《技术制图　字体》中对数字的规定形式书写。数字一般在尺寸线的上方且平行于尺寸线或在中断处书写,如图 1-13 所示的标注示例。线性尺寸数字应按图 1-14 所示的方向注写,并尽可能避免在图示 30°范围内标注尺寸,当无法避免时可按图 1-15 所示的形式标注。尺寸数字不允许被任何图线所穿过,无法避免时必须将图线断开,如图 1-16 所示。

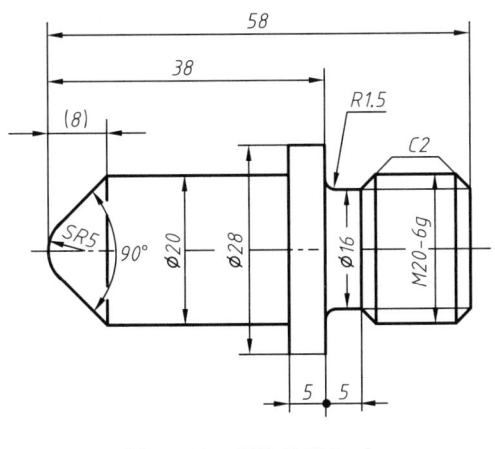

图 1-13 标注示例(一)

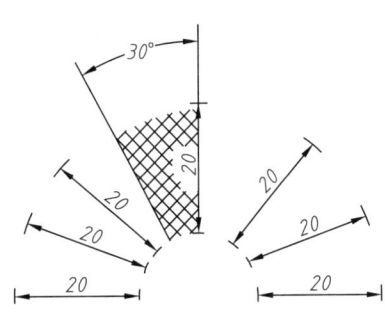

图 1-14 线性尺寸数字方向

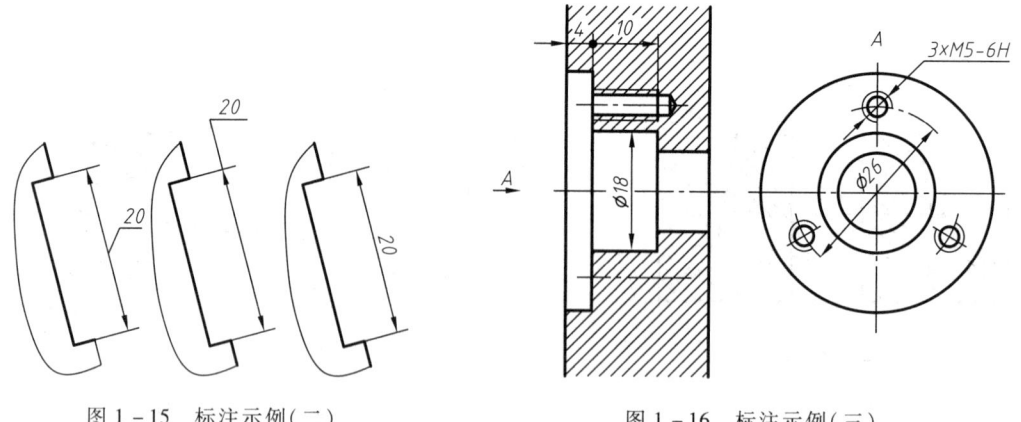

图 1-15 标注示例（二）　　　　图 1-16 标注示例（三）

3. 几类常见的尺寸标注形式

（1）圆及圆弧尺寸注法　标注圆或大于半圆的圆弧时,尺寸线通过圆心,以圆周为尺寸界线,其尺寸线终端采用箭头形式,尺寸数字前加注直径符号"φ";标注小于或等于半圆的圆弧时,尺寸线自圆心引向圆弧,其尺寸线终端只画一个箭头,数字前加注半径符号"R",如图 1-17 所示。当圆弧半径过大或在图纸范围内无法标出其圆心位置时,按图 1-18a 所示标注。若圆心位置不需注明,按图 1-18b 所示标注。

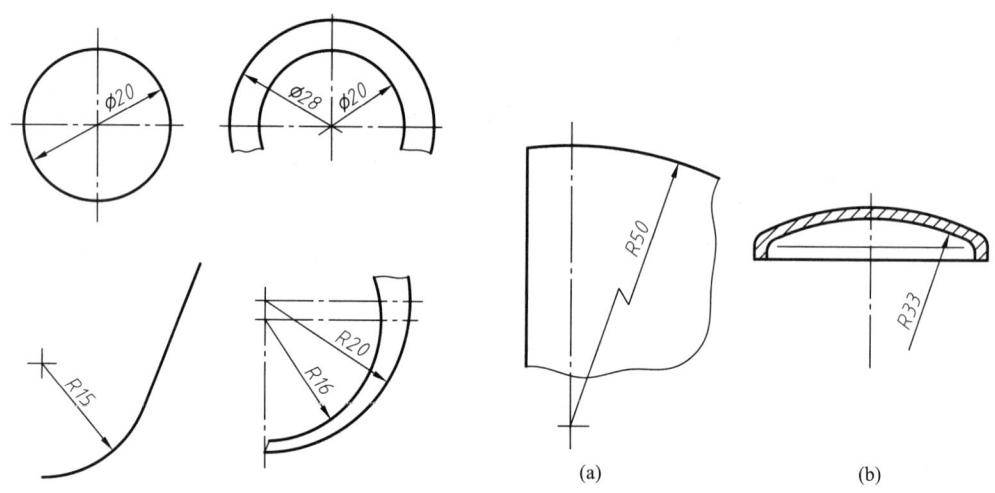

图 1-17 圆和圆弧尺寸注法　　　　图 1-18 大圆弧尺寸注法

（2）小尺寸注法　在尺寸界线之间没有足够位置画箭头及注写数字时,可按图 1-19 的形式标注。

（3）球面尺寸注法　标注球面的直径或半径尺寸时,应在符号"φ"或"R"前再加注符号"S",如图 1-20 所示。

（4）角度尺寸注法　角度数字一律按水平方向注在尺寸线中断处,必要时可写在尺寸线的上方或外边,也可引出标注,如图 1-21 所示。

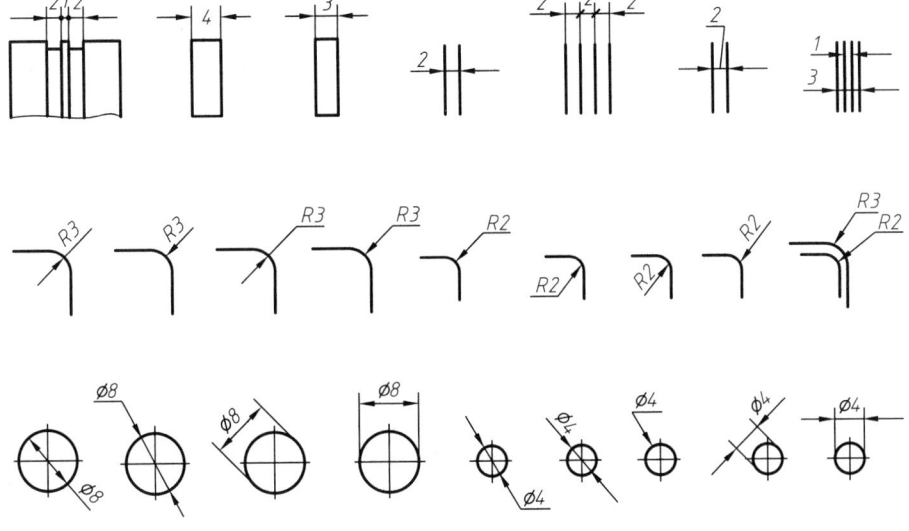

图 1-19 小尺寸注法

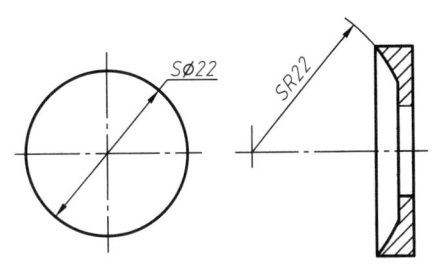

图 1-20 球面尺寸注法

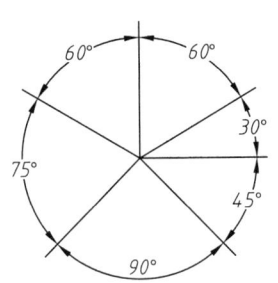

图 1-21 角度的尺寸注法

4. 不需要标注的尺寸

（1）图示尺寸 由图形所表明的一些按理想状态绘制的几何关系，如表面的相互垂直和平行、轮廓的相切、几个圆柱的共轴线以及形状和位置的对称、相同要素的均匀分布等，若无特殊要求，均按图示几何关系处理，不必标注。如图 1-22 所示的半圆头板中，底边与两侧边的垂直，两侧边的平行，φ15 孔与 R15 圆弧的同心，两个 φ6 小孔关于中轴线的对称都不必标注或说明。由于下部方形的两侧边与上部圆弧相切，下板宽度自然应为 30 mm，也不必标注。

（2）自明尺寸 如图 1-22 所示，机件用 $t0.8$ 标注方式表明其为 0.8 mm 厚的薄板，不再画第二视图，此时三个圆均理解为通孔。因为不通孔或凸台，必定有另一图形表示其深浅或高低，并标注尺寸。

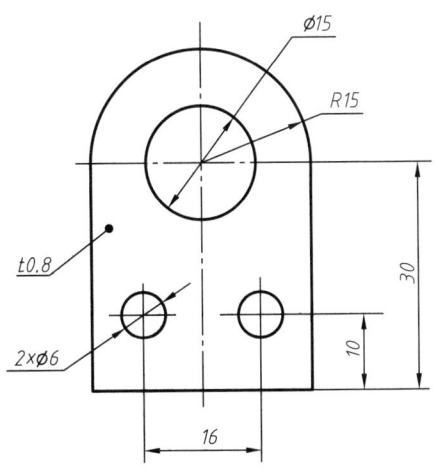

图 1-22 图示尺寸和自明尺寸

5. 利用符号标注尺寸

表1-5中列出了GB/T 4458.4—2003中规定的常用符号和缩写词。在标注尺寸时尽可能使用这些常用的符号和缩写词,以使得标注简便,节约工作时间,标注示例如图1-23所示。

表1-5 标注尺寸常用的符号和缩写词

名称	符号或缩写词	名称	符号或缩写词
直径	φ	45°倒角	C
半径	R	深度	
球直径	Sφ	沉孔或锪平	
球半径	SR	埋头孔	
厚度	t	均布	EQS
正方形	□	弧长	
锥度	▷	斜度	∠

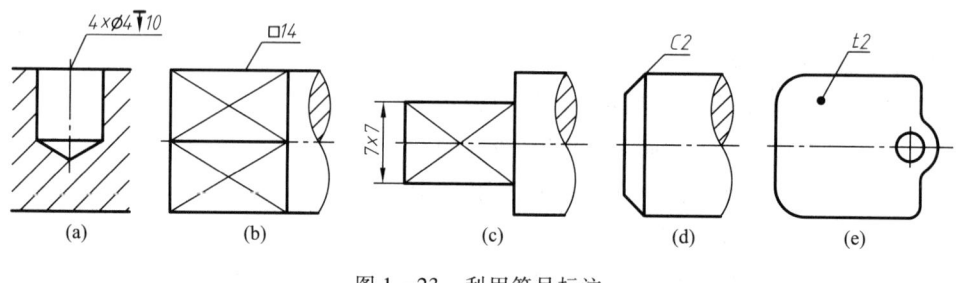

图1-23 利用符号标注

§1-2 尺规制图工具及其使用

正确地使用尺规制图工具(图板、铅笔、丁字尺、三角板、圆规等),既能保证图样的质量,又能提高绘图速度。本节对常用尺规制图工具及其用法做一简单介绍。

一、图板和丁字尺

图板是用来固定图纸的,表面须平整。图板的左侧面是丁字尺上下移动的导边,须平直。在绘图前,用胶带将图纸固定在图板的适当位置上,并使图板与水平面倾斜20°左右,以便于画图,如图1-24所示。丁字尺是用来画水平线的,它由尺头与尺身两部分构成。尺头的内侧与尺身上边应保持垂直。使用时须将尺头紧靠图板左侧,然后利用尺身上边画水平线,切忌用下边画线。

二、三角板

一副三角板包括两块,一块为45°的等腰直角三角形,另一块为30°和60°的直角三角形。绘图用三角板的各角度必须准确,各边必须平直。用三角板与丁字尺配合可画垂直线(图1-25)及与水平线成15°角整倍数的倾斜线。两块三角板配合,还可以画已知直线的平行线和垂直线。

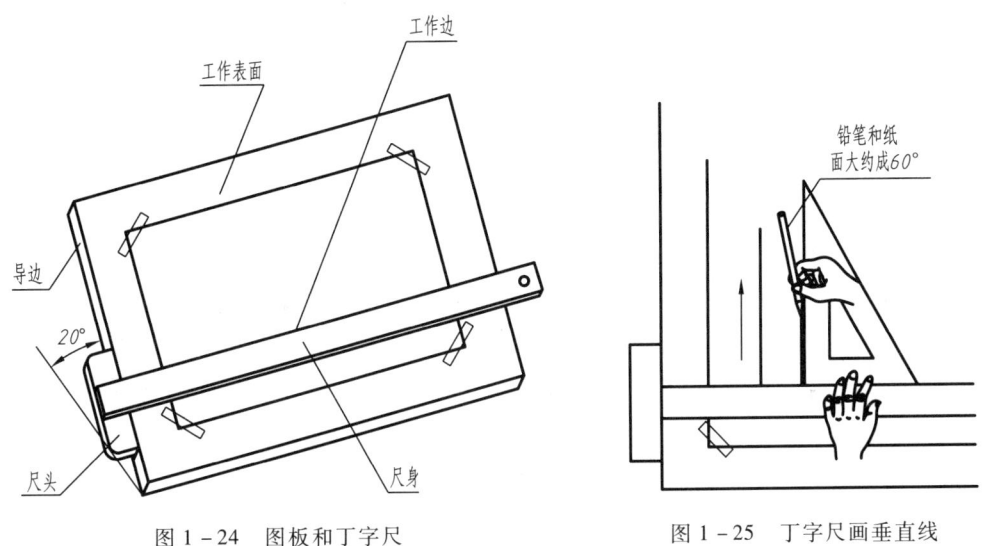

图1-24 图板和丁字尺　　图1-25 丁字尺画垂直线

三、比例尺

比例尺一般做成三棱柱形,故又称三棱尺。尺上刻有六个不同的比例,供度量时选用,如图1-26所示。

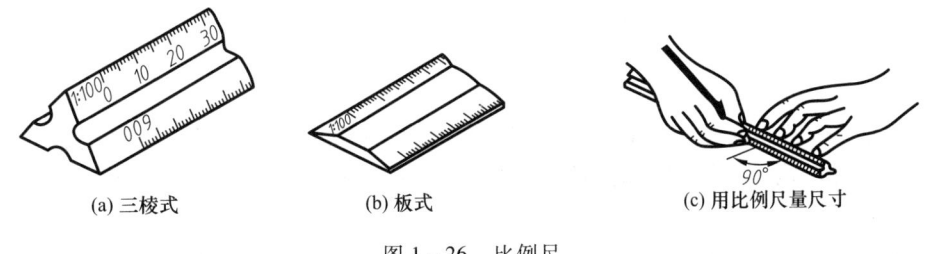

图1-26 比例尺

四、绘图仪器

成套的绘图仪器装在特制的盒内,有八件、十件或更多,其中常用的有分规、圆规等。

1. 分规

分规是用来等分和量取线段的。分规两腿端带有钢针,当两腿合拢时,两针尖应对齐合成一点。分规的使用方法如图 1-27 所示。

2. 圆规

圆规用来画圆或圆弧。换上针尖插腿,也可作分规用。圆规的一条腿上装有钢针,钢针一端有台阶,画多个同心圆时用带台阶的针尖。另一条腿上具有肘形关节,可装铅笔插腿或鸭嘴笔插腿,用来画铅笔图或墨线图,如图 1-28 所示。

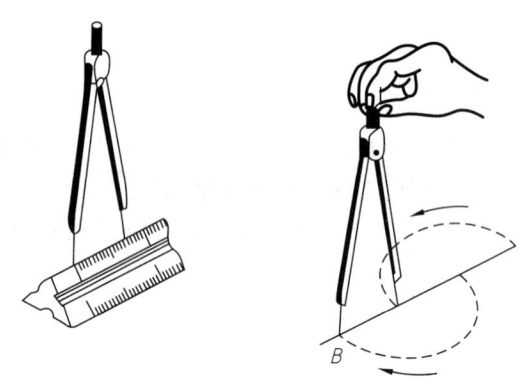

图 1-27 分规及其使用

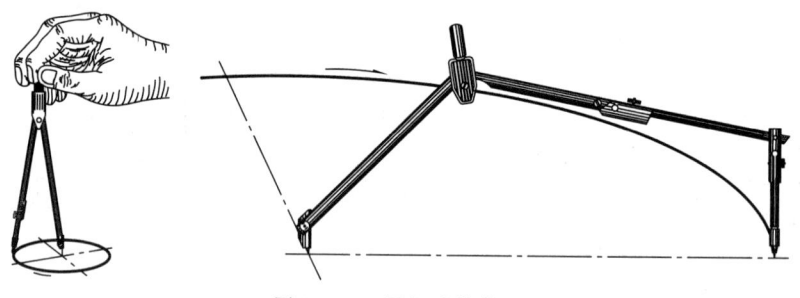

图 1-28 圆规及其使用

五、曲线板

曲线板是用来画非圆曲线的,其轮廓线由不同曲率的曲线组成。画图时先用铅笔徒手把曲线上各点轻轻地连接起来,然后选择曲线板上曲率合适的部分描绘,如图 1-29 所示。画每一分段时,应少描一部分,留待画后一段时与曲线板再次吻合后描绘,即每画一段应和前一段的末端的一段相重合,以保证曲线连接圆滑。

六、铅笔

绘图铅笔一般常用的型号有 H、HB 和 B,其代号分别表示铅芯的硬度。可根据绘制的线型选用不同硬度的铅笔。如画底稿时,选用硬度为 H、2H 的铅笔;加深时则用硬度为 B、2B 的铅笔;写字时,则用硬度为 HB 的铅笔。

铅笔可削成锥形或矩形,如图 1-30 所示。锥形适用于画底稿和写字以及画细实线,矩形则用于画粗实线。铅笔应从无字一端开始使用,以保留铅芯硬度标志。

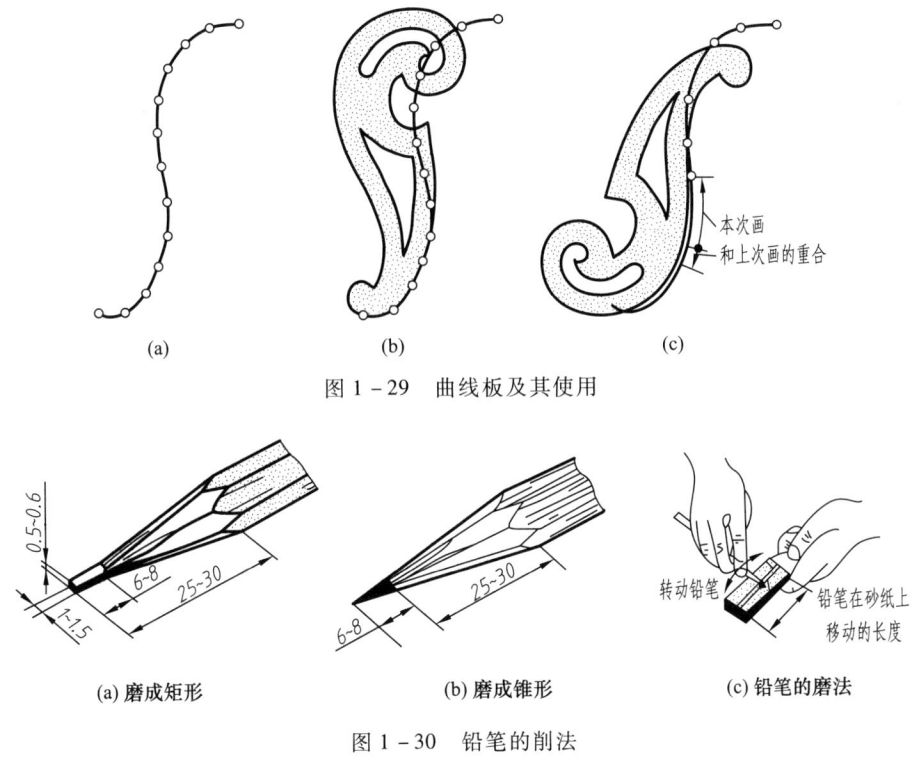

图 1-29 曲线板及其使用

(a) 磨成矩形　　(b) 磨成锥形　　(c) 铅笔的磨法

图 1-30 铅笔的削法

§1-3 几何作图

图样上表达机件形状的各种图形,都是由线段、圆弧及其他曲线按一定的几何关系连接而成的。因此,在作图时首先要分析图形的几何关系,然后采用合理的作图步骤进行作图。

一、等分圆周及作圆内接正多边形

1. 圆的六等分及作正六边形

圆内接正六边形的边长等于其外接圆半径,所以六等分圆及作正六边形的方法如图 1-31a、b 所示。也可利用丁字尺、三角板配合作图,如图 1-31c 所示。

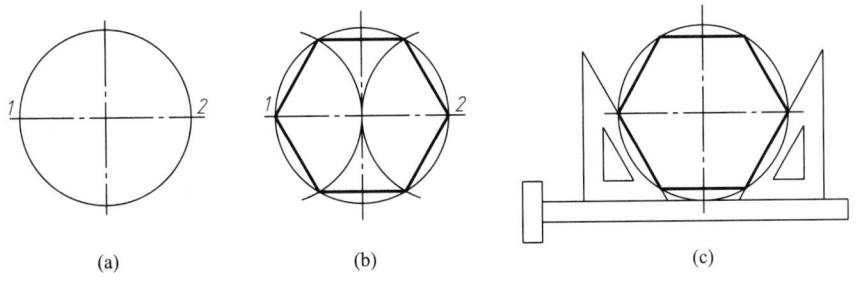

图 1-31 圆内接正六边形画法

2. 圆的五等分及作正五边形

圆的五等分及正五边形作图方法如图 1-32 所示。作出半径 OB 的中点 E，以 E 为圆心、EC 为半径画圆弧交 OA 于点 F，CF 即为圆内接正五边形的边长。

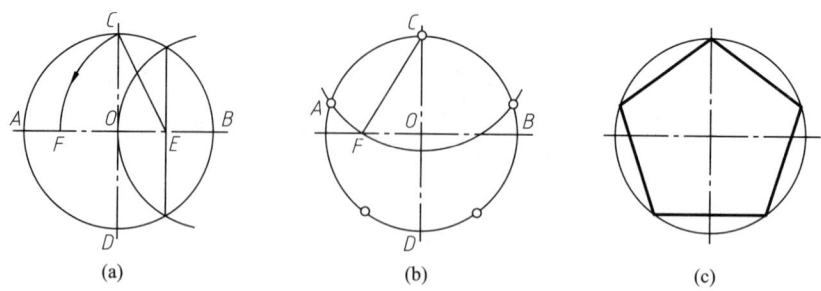

图 1-32　圆内接正五边形画法

3. 圆的 n 等分及作正 n 边形

以 $n=7$ 等分圆及作正七边形为例，说明其作图方法，如图 1-33 所示。

① 将直径 AB 分为 7 等份。

② 以 B 为圆心、AB 为半径画圆，交水平直径延长线于点 M、N。

③ 连 N、2，N、4，N、6 并延长，分别交圆周于点Ⅵ、Ⅴ和Ⅳ，作出其对应点Ⅰ、Ⅱ、Ⅲ。

④ 顺次连接各点，即得圆内接正七边形。

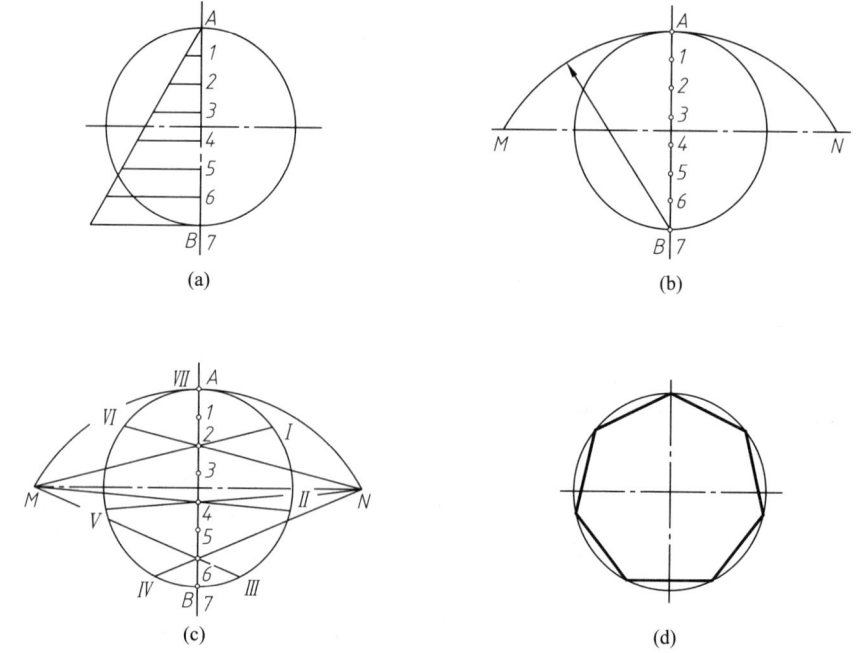

图 1-33　圆内接正 n 边形画法

二、斜度和锥度

1. 斜度

一直线对另一直线、一平面对另一平面的倾斜程度称为斜度,如图1-34所示。直线 AC 对水平线 AB 的斜度,用 BC 与 AB 长度之比(即倾角 α 的正切)来度量。工程上常用 $1:n$ 的形式来表示,n 取正整数。

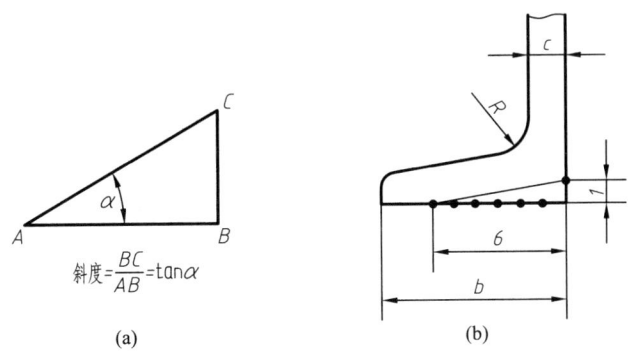

图1-34 斜度

根据已知斜度作图,其方法见图1-35a、b,这是槽钢的断面图。先作已知斜度(1:10)的直线,然后过带斜度线段上的任一点作所作直线的平行线,再根据其他所给的尺寸完成槽钢断面图。

斜度的标注如图1-35c所示。用斜度符号标注在图形上有斜度的位置上,注意斜度符号的方向与所画斜度方向一致。

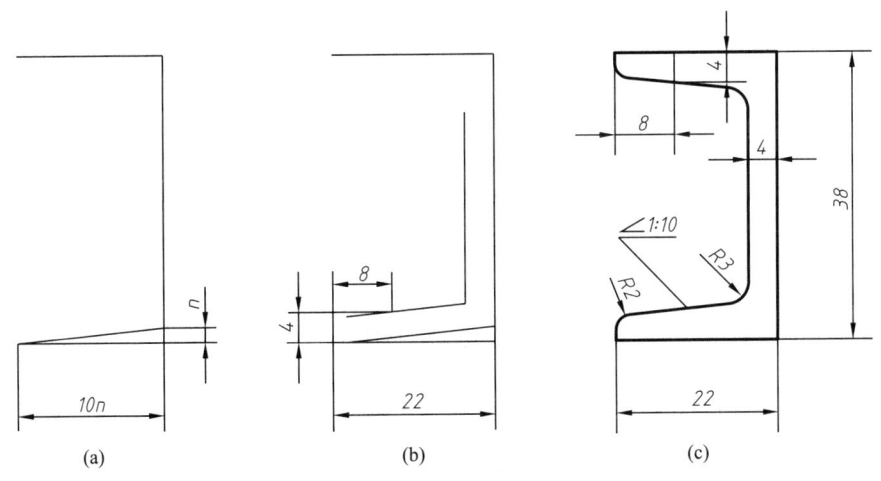

图1-35 斜度画法及标注

2. 锥度

正圆锥底圆直径与其高度之比称为锥度,对于圆台,则为两底圆直径之差与其高度之比,如图1-36所示。工程上亦用 $1:n$ 的形式来表示。

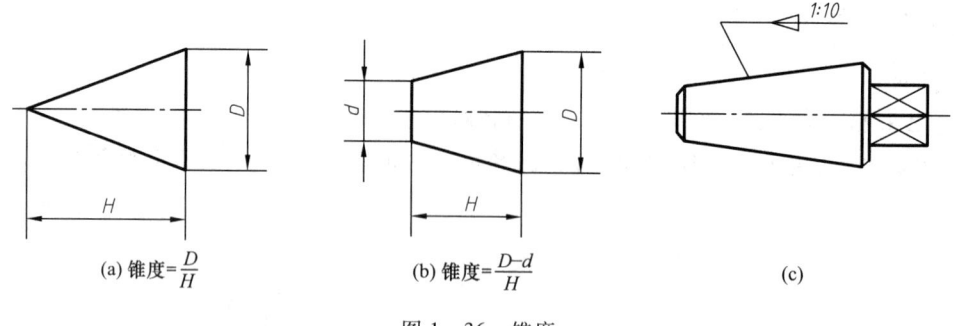

图 1-36 锥度

斜度和锥度符号的画法如图 1-37 所示。

根据已知锥度作图,其方法如图 1-38a、b 所示。首先画出已知锥度的辅助小圆锥,然后过已知点作小圆锥轮廓线的平行线,最后根据尺寸完成全图。

锥度的标注如图 1-36c 和图 1-38c 所示,用锥度符号标注在图形上有锥度的位置上。符号的方向应与所画锥度方向一致。

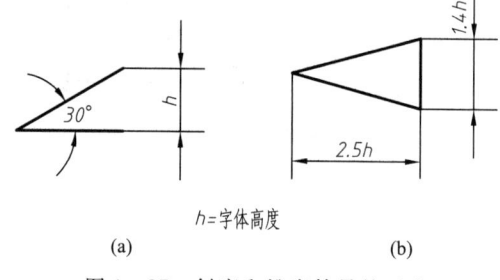

图 1-37 斜度和锥度符号的画法

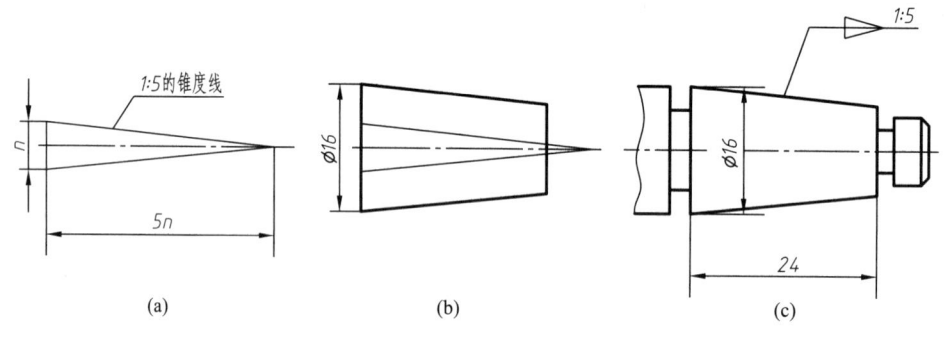

图 1-38 锥度画法及标注

三、非圆平面曲线

常见的平面曲线有椭圆、渐开线、阿基米德螺线和摆线。

1. 椭圆

下面介绍椭圆的两种画法。

(1) 同心圆法 如图 1-39 所示,首先分别以长轴 AB 和短轴 CD 为直径作两个同心圆,然后过圆心作一系列直线,与两圆相交得一系列点。过与大圆的交点作短轴的平行线,过小圆上的交点作长轴的平行线,两组相应直线的交点即为椭圆上的点,最后用曲线板将所得交点连接成光滑曲线,即得椭圆。

(2) 四心圆法 如图 1-40 所示,首先作出椭圆的长轴 AB 及短轴 CD,然后连接 A、C,并取

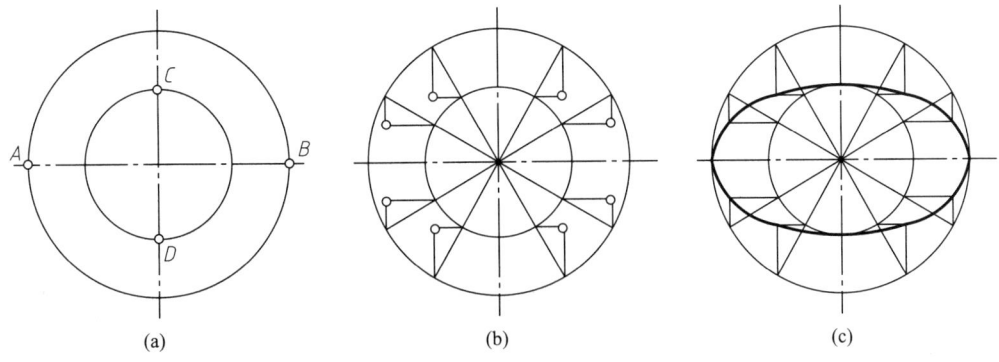

图 1-39 同心圆法画椭圆

$CE = OA - OC$,得点 E,再作 AE 的中垂线,分别交长、短轴于 1、2 两点,并作出其对称点 3、4,连 1、4,1、2,3、2 和 3、4 并延长,最后分别以 1、3 为圆心,1A 为半径画圆弧,再以 2、4 为圆心,2C 为半径画圆弧,即得椭圆。

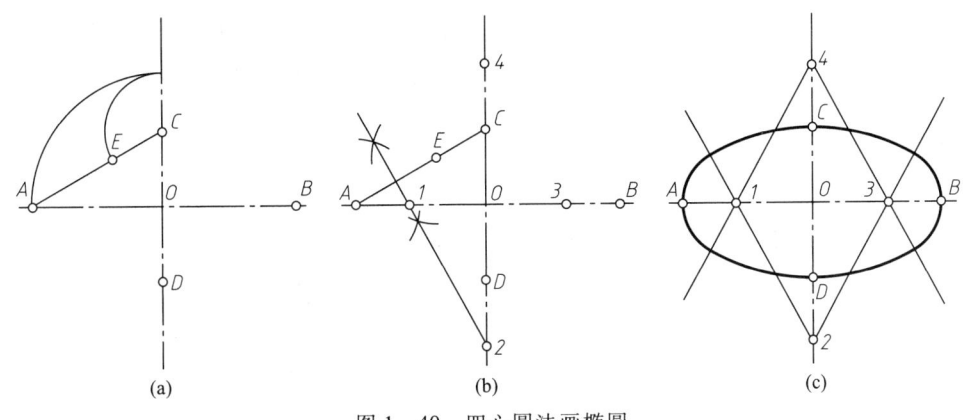

图 1-40 四心圆法画椭圆

2. 渐开线

圆的渐开线是一直线沿圆周作无滑动的滚动时直线上任一点的轨迹,其作图方法如图 1-41 所示。

将已知圆周分为若干等份(图中为 12 等份),并将圆周的展开长度 πD 也分成相同的等份。然后过圆上各等分点作圆的切线,自切点在各切线上依次截取 $\pi D/12$、$2\pi D/12$、$3\pi D/12$、…,得 Ⅰ、Ⅱ、Ⅲ 等点,将这些点依次连接成光滑曲线,即得圆的渐开线。

3. 阿基米德螺线

一动点作等速圆周运动,同时该点又沿径向作等速直线运动,此点的运动轨迹即为阿基米德螺线。动点旋转一周沿径向移动的距离,称为导程。如已知导程,即可作出阿基米德螺线,如图 1-42 所示。

以导程为半径画圆,将半径和圆周分为同样的等份(图中为 8 等份)。过半径上各分点 1、2、3、… 作同心圆弧,与相应射线相交于 Ⅰ、Ⅱ、Ⅲ 等点,由圆心 O 开始顺次将各点连接成光滑曲线,即得阿基米德螺线。

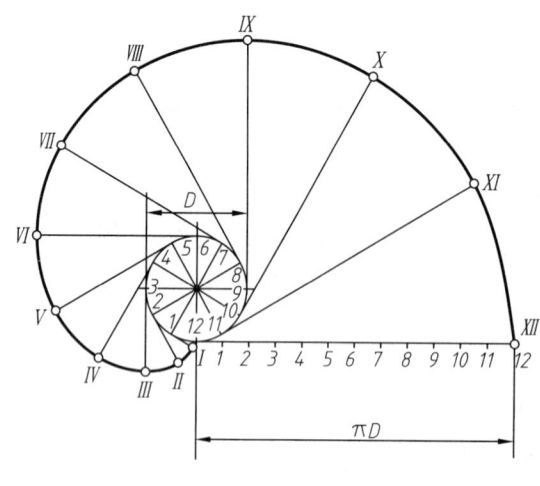
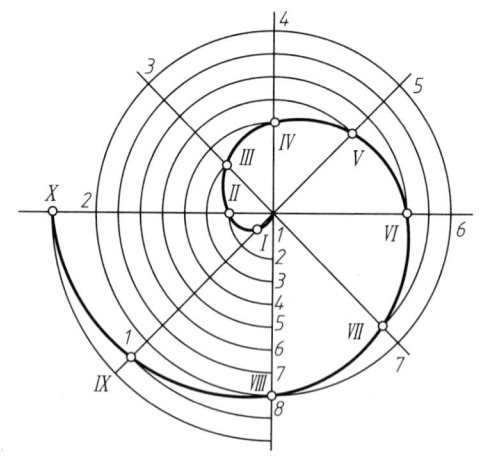

图 1-41 圆的渐开线　　　　图 1-42 阿基米德螺线

4. 摆线

一动圆在一定线上作无滑动的滚动时,动圆上任一点的轨迹称为摆线。动圆称为滚圆,定线称为导线。导线为直线时,称为平摆线。若导线是圆,滚圆在圆周上作外切滚动时,滚圆上任一点的轨迹称为外摆线;滚圆在圆周上作内切滚动时,滚圆上任一点的轨迹称为内摆线。平摆线的画法如图 1-43 所示。

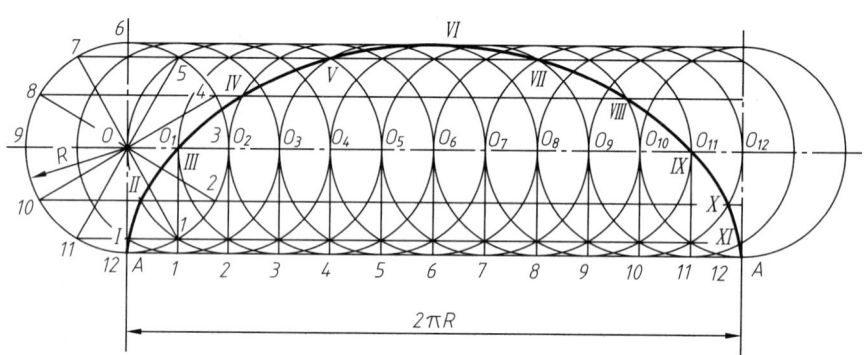

图 1-43 平摆线的画法

在直导线上从点 A 起截取长度等于 $2\pi R$,将该长度及滚圆分成相同的等份(图中为 12 等份)。过各分点作导线的垂线,与过 O 所作的水平线相交于 O_1、O_2、O_3 等点。分别以 O_1、O_2、O_3 等各点为圆心,以 R 为半径作一系列圆,过滚圆上各等分点作水平线,它们与所作圆对应的交点 Ⅰ、Ⅱ、Ⅲ、…即为摆线上的点,用曲线板将各点顺次连接成光滑曲线,即为平摆线。

四、圆弧连接

画图时,常遇到从一条线(直线或圆弧)光滑地过渡到另一条线的情况。这种光滑过渡就是平面几何中的相切。在制图中称为连接,切点称为连接点。常见的是用圆弧连接各种已知线段,这时圆弧称为连接弧。作图时,连接弧的半径是给定的,而连接弧的圆心(连接中心)和连接点通过作图确定。

1. 圆弧连接的作图原理

(1) 半径为 R 的圆弧若与已知直线相切,其圆心轨迹是距已知直线为 R 的平行线,由圆心向已知直线作垂线,垂足为切点,如图 1-44a 所示。

(2) 半径为 R 的圆弧若与已知圆弧(圆心为 O_1,半径为 R_1)相切,其圆心轨迹是已知圆的同心圆,此同心圆的半径 R_2 根据相切情况而定。当圆弧外切时,$R_2 = R_1 + R$,见图 1-44b;当两圆弧内切时,$R_2 = R_1 - R$,见图 1-44c;连心线 OO_1 与圆弧的交点即为切点。

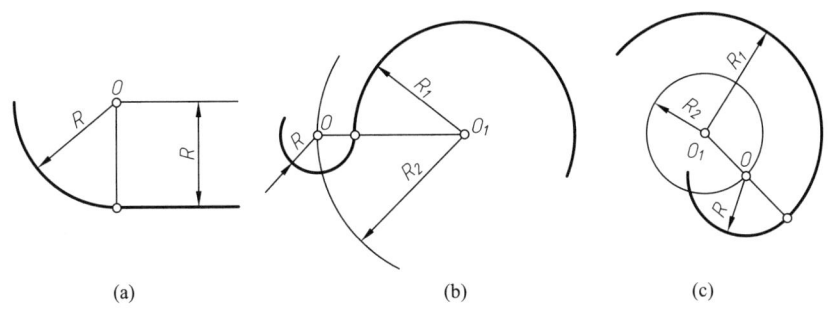

图 1-44 圆弧连接的作图原理

2. 圆弧连接的几种情况

(1) 用半径为 R 的圆弧连接两已知直线 Ⅰ 和 Ⅱ 为两已知直线,用半径为 R 的圆弧连接起来。首先求作连接弧的圆心,为此,作距直线 Ⅰ 和 Ⅱ 为 R 的平行线Ⅲ和Ⅳ,其交点 O 即为所求连接弧的圆心。然后从圆心 O 分别向两直线作垂线,垂足 K_1 和 K_2 为连接点。以 O 为圆心,R 为半径画圆弧$\overset{\frown}{K_1 K_2}$把两直线光滑连接起来,如图 1-45 所示。

(2) 用半径为 R 的圆弧连接一直线和一圆弧 已知直线 Ⅰ 和圆弧的圆心 O_1,半径为 R_1,如图 1-46 所示。

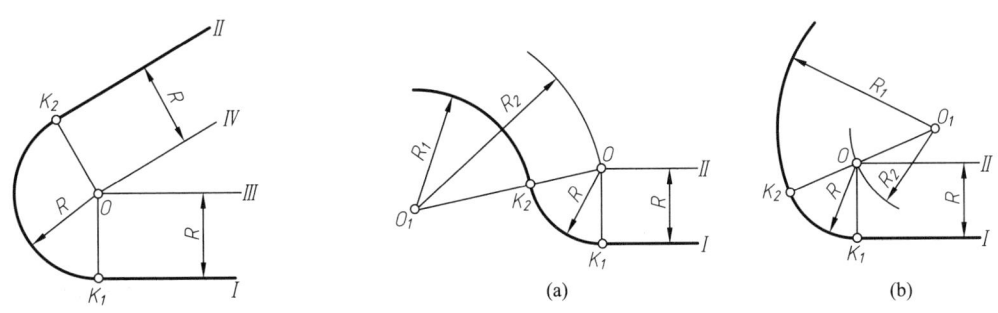

图 1-45 用圆弧连接两已知直线　　　　图 1-46 用圆弧连接直线和圆弧

与已知直线相切的连接弧圆心轨迹为直线Ⅱ,与已知圆弧相切的连接弧圆心轨迹为同心圆,半径为 R_2,两轨迹线的交点即为连接弧的圆心。由此圆心向已知直线作垂线,垂足为一连接点;连心线与已知圆弧的交点为另一连接点。求得连接圆弧圆心和连接点后,即可用已知半径 R 作出连接弧。

（3）用半径为 R 的圆弧连接两已知圆弧　　这种连接形式有三种情况：连接弧与已知两圆弧皆外切；连接弧与两已知圆弧皆内切；连接弧与一已知圆弧外切，与另一已知圆弧内切。两已知圆弧的圆心分别为 O_1、O_2，半径分别为 R_1、R_2，现以外切为例说明作法。如图 1-47a 所示，分别以 O_1 和 O_2 为圆心，以 $R+R_1$ 和 $R+R_2$ 为半径画圆弧，其交点即为连接弧的圆心；连心线 OO_1 和 OO_2 与两已知弧的交点 K_1、K_2 即为连接点。以 O 为圆心，以 R 为半径画圆弧 $\overset{\frown}{K_1K_2}$，即把两已知圆弧连接起来。其他两种情况的画法如图 1-47b、c 所示。

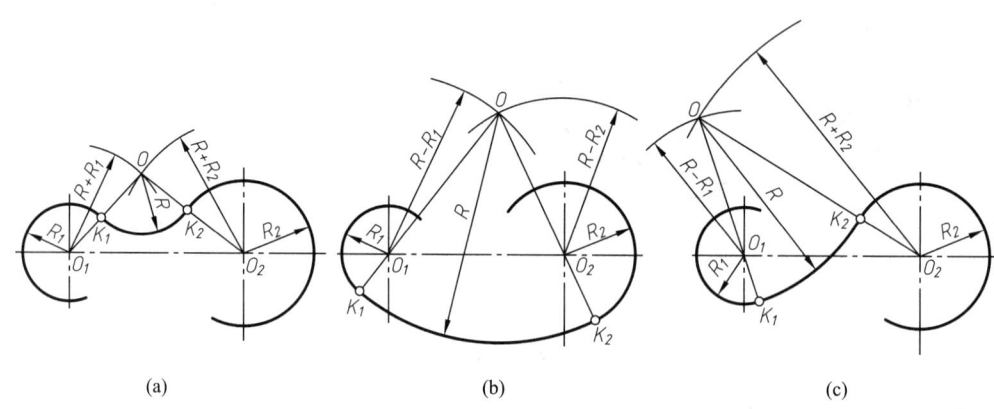

图 1-47　用圆弧连接两圆弧

§1-4　平面图形的画法及尺寸标注

平面图形通常由一些线段连接而成的一个或数个封闭线框构成。画图时，要根据平面图形中所标注的尺寸，分析其中各组成部分的形状、大小和它们的相对位置，从而确定正确的画图步骤。

一、平面图形的尺寸分析

平面图形中各组成部分的大小和相对位置是由其所标注的尺寸确定的。平面图形中所标注的尺寸，按其作用可分为以下两类：

1. 定形尺寸

用以确定平面图形各组成部分的形状和大小的尺寸，称为定形尺寸。例如直线段长、圆的直径、圆弧的半径等。如图 1-48 中，尺寸 $\phi 10$、$\phi 5$、$R28$、$R3$，直线段长度 10、6 等。

2. 定位尺寸

用以确定平面图形中各组成部分之间相对位置的尺寸，称为定位尺寸。因为平面图形具有两个方向度，所以一般情况下平面图形中每一部分都有两个方向的定位尺寸。例如图 1-48 中尺寸 60 为圆弧 $R3$ 长度方向的定位尺寸，宽度方向的定位尺寸省略未注，这是因为圆心在轴线上。

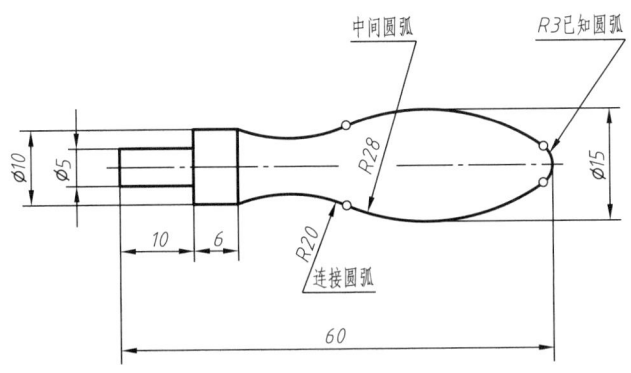

图 1-48 手柄

标注定位尺寸起始位置的点或线,称为尺寸基准。在平面图形中一般要有长度和宽度两个方向的尺寸基准。

通常选取图形的对称线、较大圆的中心线、图形底线或端线作尺寸基准。如图 1-48 中,长度方向尺寸基准选取左端线,宽度方向则以对称中心线即轴线作为尺寸基准。应当指出,有的尺寸既属于定形尺寸,又可视为定位尺寸。如图 1-48 中尺寸 10 既是左端图形的定形尺寸,又可看做与其相连图形的长度方向的定位尺寸。

二、平面图形的线段分析

根据所给出的尺寸,组成平面图形的线段可以分为以下三种:

1. 已知线段

根据所给尺寸能直接画出的圆弧或线段,称为已知线段。若给出圆弧半径和圆心位置的两个方向的定位尺寸,则为已知圆弧,如图 1-48 中的 $R3$ 圆弧。

2. 中间线段

给出圆弧半径大小和圆心位置的一个方向的定位尺寸的圆弧,称为中间圆弧,如图 1-48 中的 $R28$ 即属于中间圆弧。中间圆弧不能直接作图,必须根据其与已知圆弧的连接关系求出连接中心才能作出。

3. 连接线段

仅给出半径大小的圆弧,称为连接圆弧。如图 1-48 中的 $R20$ 即属于连接圆弧,连接圆弧的圆心也需通过几何作图求出。

若线段两端与已知圆弧相切,则为连接线段。

三、平面图形的画图步骤

在对平面图形进行尺寸分析和线段分析之后,就可得出画图步骤:先画已知线段,再画中间线段,最后画连接线段。现以图 1-48 所示平面图形为例说明画图的具体步骤,如图 1-49 所示。

① 画对称中心线,如图 1-49a 所示。

② 画已知线段,如图 1-49b 所示。
③ 画中间圆弧 R28,如图 1-49c 所示。
④ 画连接圆弧 R20,如图 1-49d 所示。

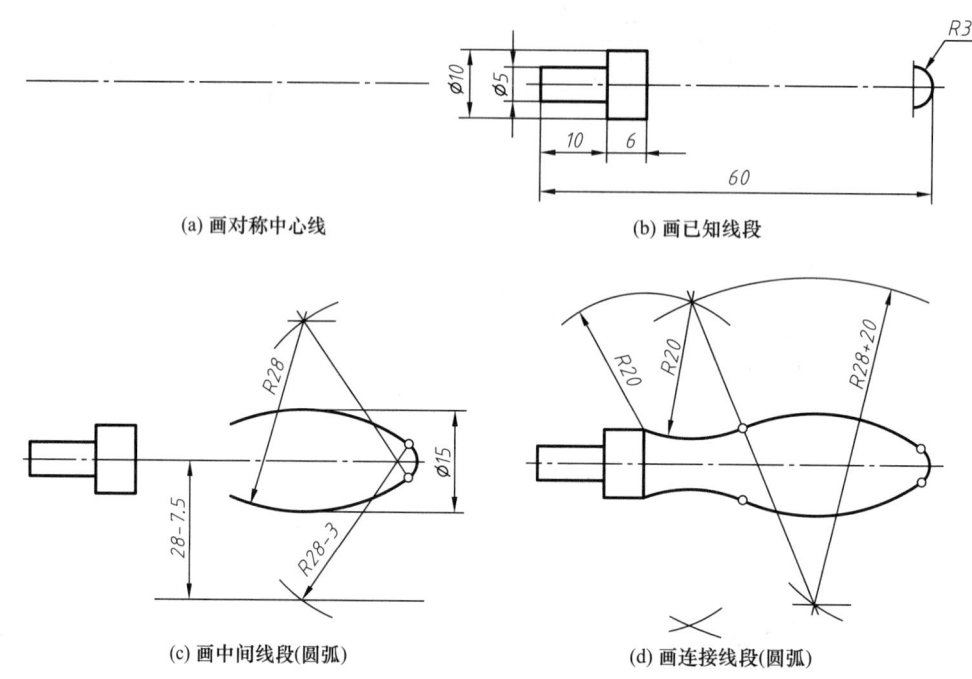

图 1-49 平面图形的画图步骤

四、平面图形的尺寸标注

标注平面图形的尺寸时,首先要对平面图形进行分析,弄清其由哪些基本几何图形构成,并确定已知线段、中间线段和连接线段,从而弄清各部分之间的相互关系。然后选择合适的基准,依次注出各部分的定形尺寸和定位尺寸。

【例 1-1】 注出图 1-50a 所示平面图形的尺寸。
① 分析图形,确定基准
选择水平中心线作为宽度方向基准,左边圆的竖直中心线作为长度方向基准。
② 注定形尺寸
R11、φ12、R38、R60、R11、R4、R10、R20,如图 1-50b 所示。
③ 注定位尺寸
R11 和 φ12 与 R11 和 R20 圆心的定位尺寸为 49。R10 圆弧为中间弧,需给出圆心的一个方向定位尺寸 7,另一方向通过连接关系确定,如图 1-50c 所示。其他线段或圆弧均为连接线段或圆弧,不用注定位尺寸。
完成的尺寸标注如图 1-50d 所示。

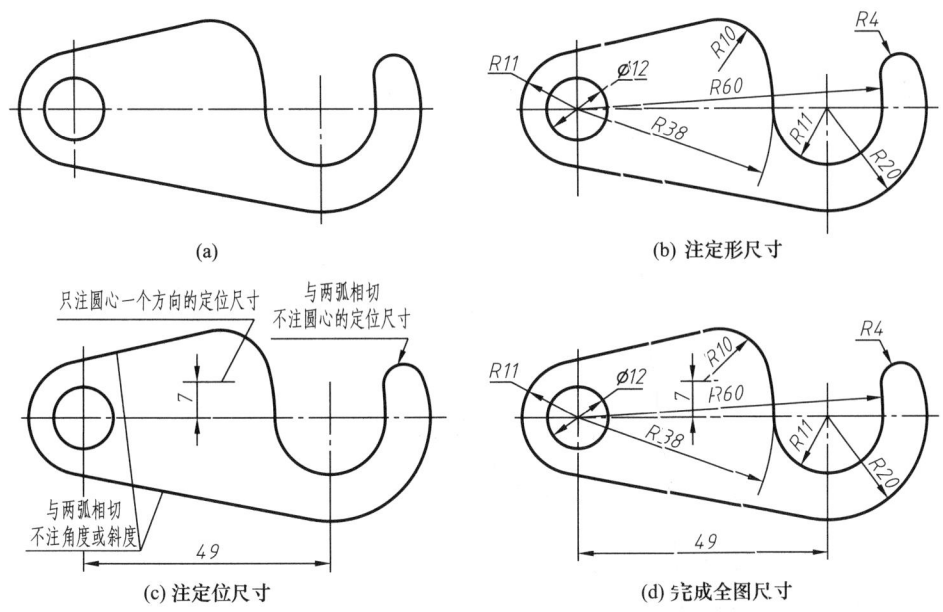

图 1-50 平面图形的尺寸注法

§1-5 徒手绘图的技巧

徒手绘图是指以目测估计图形与实物的比例,按一定画法要求徒手(或部分使用仪器)绘制的图,它是工程技术人员的一项基本技能。徒手绘图的基本要求是快、准、好,即画图速度要快,目测比例要准,图面质量要好。由于徒手绘图迅速简便,因此,在创意设计、交流构思、现场测绘及技术交流中占有重要的地位。徒手绘图要求做到:图线清晰,粗细分明,字体端正,图面整洁。

下面介绍徒手绘图中线段和圆的绘制技巧。

一、直线的画法

画徒手图时,图纸在图板上不用固定。画水平线时,可把纸转到同水平线约成45°方向,这样运笔顺畅。画直线时,要执笔自然,眼睛看着线段的终点,小手指轻轻地与纸面接触,这样可保证图线平直,如图1-51所示。画较短的线时,可只运动手腕,画长线时可运动手臂。

  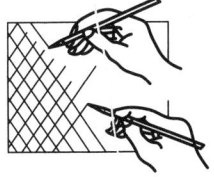

图 1-51 徒手画直线的方法

二、圆的画法

画小圆时,可在对称中心线上截取半径,得四个点作圆周。画大圆时,可在八个方向上取点,然后过八个点徒手画圆,如图 1-52 所示。

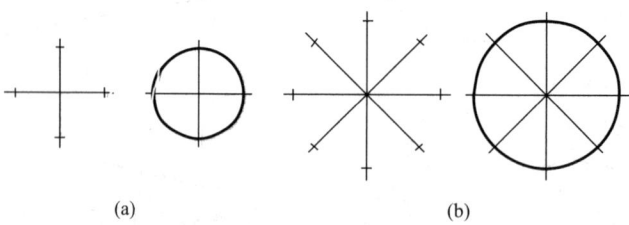

图 1-52 徒手画圆的方法

画大圆时,也可采用图 1-53 所示的方法转动图纸画圆。

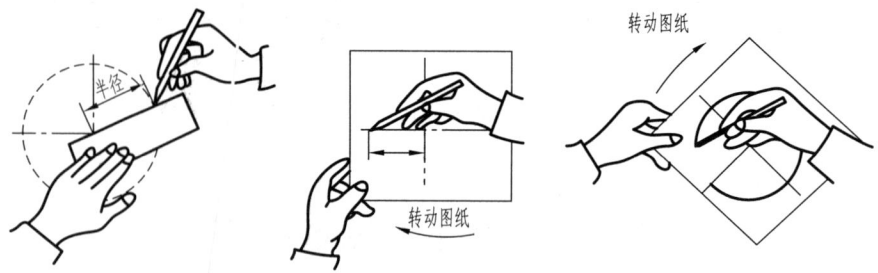

图 1-53 徒手画大圆的方法

第2章 点、直线和平面的投影

§2-1 投影法的基本知识

人们在长期生产实践中发现物体在某一光源照射下,会在地面或墙上产生影子,从这一自然现象得到启发,经过科学抽象,找出了影子和物体之间的映射关系,从而获得投影法。投影法是指投射线通过物体,向选定的面投射,并在该面上得到图形的方法。根据投影法所得到的图形称为投影。

在图2-1中,设空间有一平面 P 及不属于该平面的一点 S(相当于光源),在空间有一点 A(相当于物体)。连接点 S、A 的射线可视为由 S 发出的光线,此线与平面 P 的交点 a,即为点 A 在平面 P 上的投影。S 称为投射中心,即所有投射线的起源点;平面 P 称为投影面,即在投影法中得到投影的面;SA 称为投射线,即自投射中心且通过被表示物体上各点的直线。投射中心和投影面构成投影条件,投影条件及它们所在的空间称为投影体系。

投影法一般分为两类,即中心投影法和平行投影法。

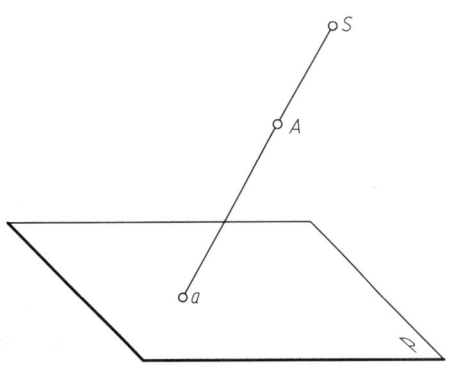

图2-1 投影法的基本概念

一、中心投影法

在已知投影条件下,可以作出空间任意曲线 ABC 的投影 abc 和任一平面图形 $\triangle DEF$ 的投影 $\triangle def$,如图2-2和图2-3所示。

在上述投影图中,投射中心 S 与投影面 P 的距离是有限的,并且所有的投射线都交于点 S,这种投影法称为中心投影法,所得到的投影称为中心投影。

中心投影一般不能反映物体表面的真实形状和大小,但符合人的视觉习惯,因此比较直观。图2-4所示是用中心投影法绘制的火车站站台的透视图。虽然它的立体感强,但度量性差,因此在机械工程中很少采用。

二、平行投影法

如果将投射中心 S 移到无穷远,则所有的投射线都可视为是互相平行的,如图2-5所示。这种投影法称为平行投影法,所得到的投影称为平行投影。

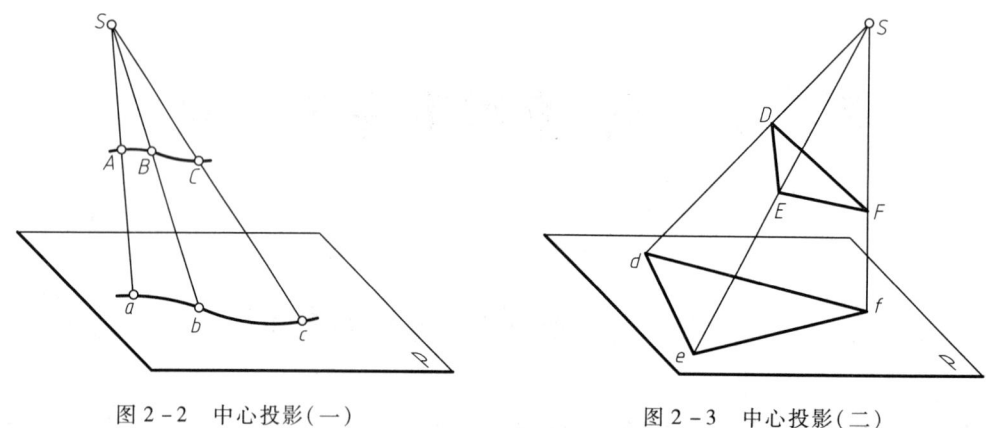

图 2-2 中心投影(一)　　　　图 2-3 中心投影(二)

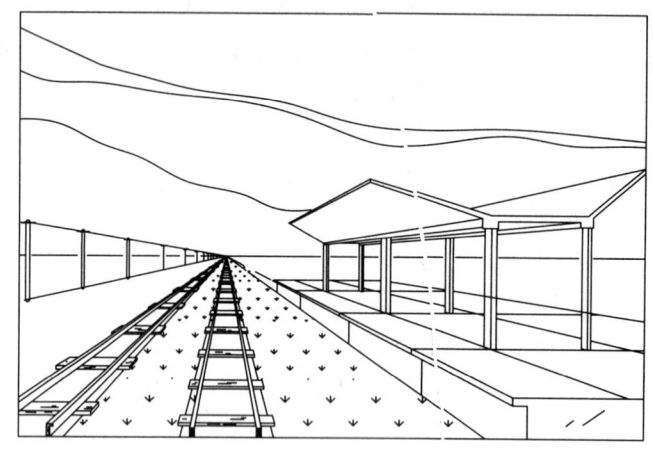

图 2-4 火车站站台的透视图

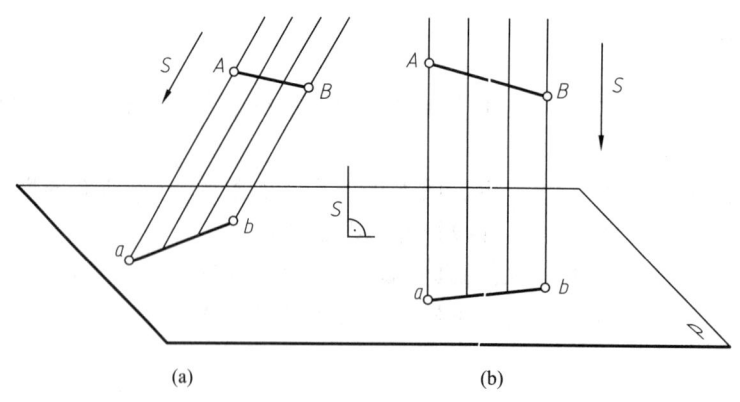

图 2-5 平行投影

在平行投影中,根据投射方向与投影面是否垂直,平行投影法又分为两种:

1. 斜投影法

投射线与投影面不垂直的平行投影法,称为斜投影法,如图 2-5a 所示。

2. 正投影法

投射线与投影面垂直的平行投影法,称为正投影法,如图 2-5b 所示。

由于平行投影法,尤其是正投影法在投影图上容易表达空间几何体的形状和大小,作图也比较简便,因此在工程制图中得到广泛的应用,也是我们学习本课程的主要内容。

三、平行投影的基本性质

在运用投影的方法绘制物体的投影图时,事先就应该知道空间几何元素表示在投影图上,哪些几何性质发生了变化,哪些性质仍保持不变。尤其是要知道那些保持不变的性质,据此能够正确而迅速地作出其投影图。同时,也便于根据投影图确定几何元素及其相对位置。平行投影有以下一些基本性质:

① 直线的投影一般情况下仍为直线,特殊情况下为点;属于直线的点,其投影仍属于该直线的投影。如图 2-6 所示。

② 直线上两直线段长度之比等于其投影长度之比。如图 2-6 所示,即 $\dfrac{EA}{AF} = \dfrac{ea}{af}$。

③ 平行两直线,其投影仍平行;平行两直线段长度之比等于其投影长度之比。如图 2-7 所示,即 $\dfrac{AB}{CD} = \dfrac{ab}{cd}$。

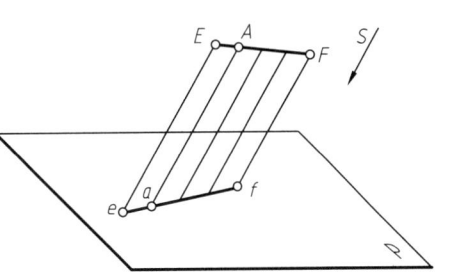

图 2-6 直线及属于直线的点的投影

④ 当直线段或平面图形平行于投影面时,其投影反映直线段的实长或平面图形的实形,如图 2-8 所示。

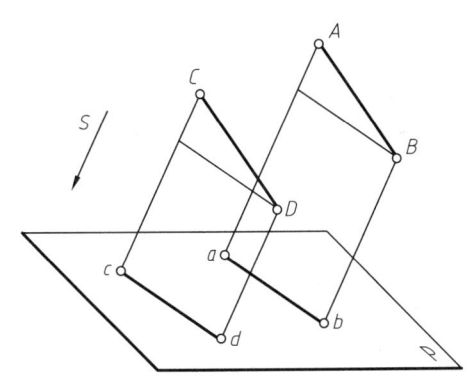

图 2-7 平行两直线的投影

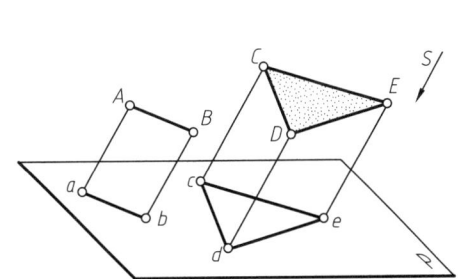

图 2-8 平行投影面的直线段、平面

四、机械工程上常用的两种投影简介

1. 多面正投影

在给定的平行投影条件下,空间几何元素在投影面上具有唯一的投影,但是反过来,依靠一个投影不能确定它们在空间的位置和形状。

如图 2-9 所示,已知点的一个投影 a,在过 a 的投射方向上可以有点 A_1、A_2、A_3、…,它们在平面 P 上的投影都是 a。所以,根据点的一个投影不能唯一确定空间点的位置。

同理,仅知道物体的一个投影,也不能唯一确定空间几何体的形状和大小,图 2-10 所示物体 A 和 B 在面 P 上投影的形状和大小就是一样的,为了解决这个问题,在工程上常采用多面正投影图来唯一确切地表达物体。它是将物体置于二面或三面投影体系中,作出其几个正投影,共同来表达同一物体。图 2-11 为三面投影的形成及投影图,图 2-11b 能确切表示出空间物体的形状。

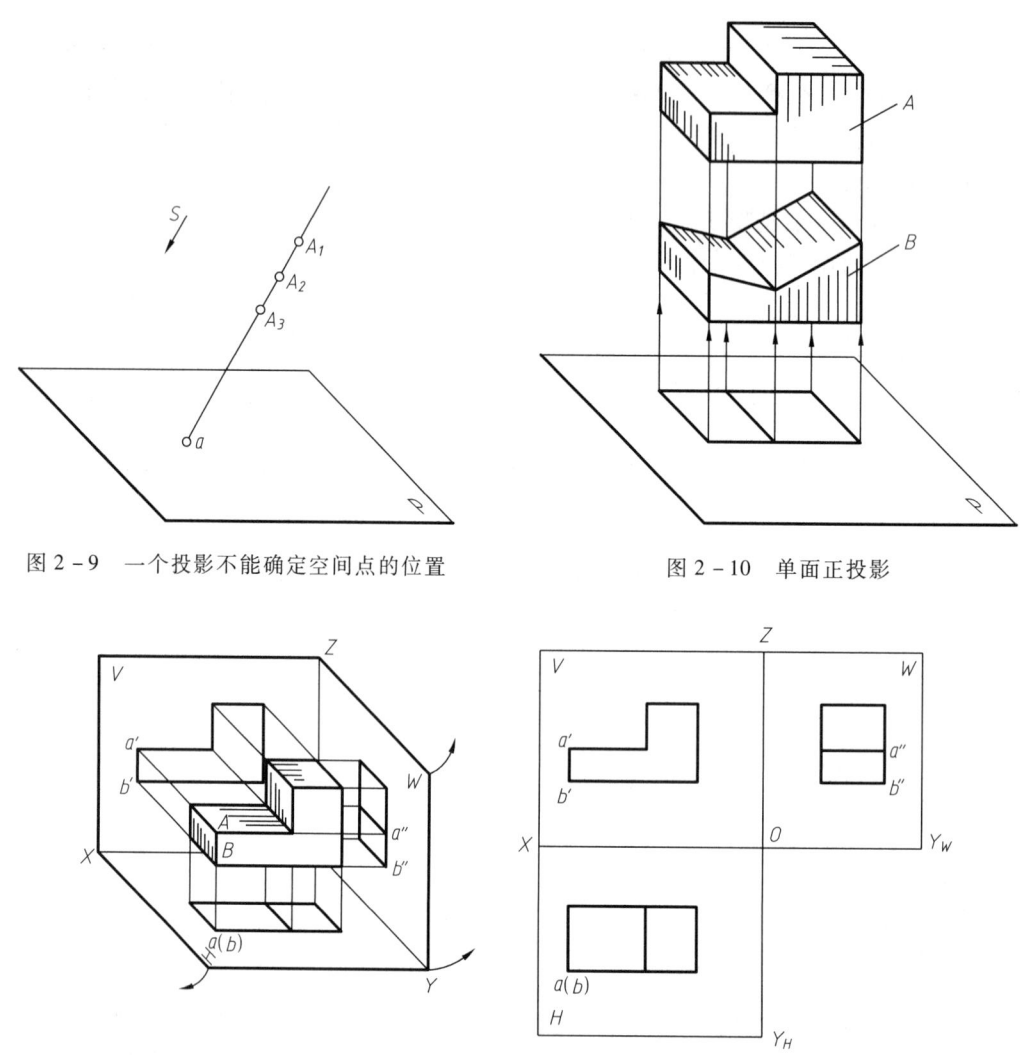

图 2-9　一个投影不能确定空间点的位置　　　　图 2-10　单面正投影

(a)　　　　　　　　　　　　　　(b)

图 2-11　三面投影的形成及投影图

2. 轴测投影

轴测投影是采用平行投影法绘制的单面投影图,如图 2-12 所示。

先将物体置于空间直角坐标系中,物体的空间位置由其坐标来确定。将物体连同直角坐标系,沿不平行于任一坐标平面的方向,用平行投影法将其投射到单一投影面上所得到的图形,即为轴测投影图,又称轴测图。

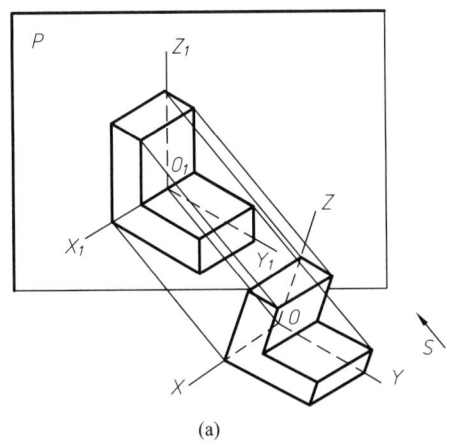 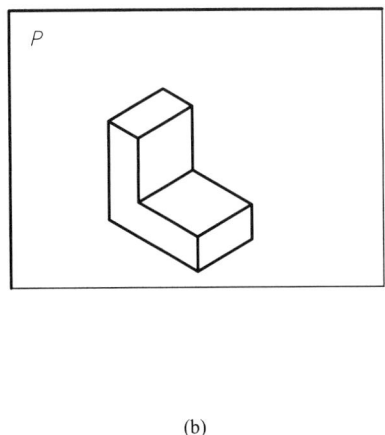

图 2 – 12　轴测投影图

轴测图虽然作图复杂、度量性差,但由于它在一个投影面上同时反映出物体长、宽、高三个方向的形状,直观性强,所以常用来作某些复杂形体的辅助图样。

§2 – 2　点 的 投 影

点是最基本的几何元素,任何物体(包括线、面、体)都可以看做是点的集合,所以研究空间物体的投影可归结为作点的投影。确定物体的形状、大小,可归结为确定属于它们的点的空间位置。

一、点在两投影面体系中的投影

1. 两投影面体系的建立

为了根据点的投影确定点在空间的位置,我们引入了两个互相垂直的投影面 V 和 H,见图 2 – 13。通常把 V 面称为正立投影面,又称 V 面;把 H 面称为水平投影面,又称 H 面。这两个投影面的交线 OX 称为投影轴。并把整个空间划分为四个区域,我们把每一个区域称为一个分角,分别称为第一、二、三、四分角,它们的顺序如图 2 – 13 所示。

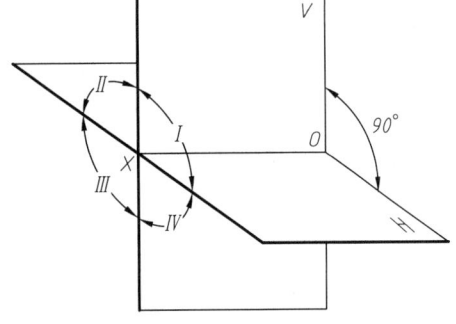

图 2 – 13　两投影面体系

2. 点在第一分角的投影

国家标准《机械制图》规定,机件的图形按正投影法绘制,并采用第一分角投影法。因此,我们着重讨论点在第一分角中的投影画法。

设在第一分角中有一点 A,由点 A 分别向 H 面和 V 面作垂线,其在 H 面上的垂足 a 称为点 A 的水平投影,在 V 面上的垂足 a' 称为点 A 的正面投影。从图 2 – 14a 中不难看出,点 A 与其投影

a、a'保持着一一对应的关系。

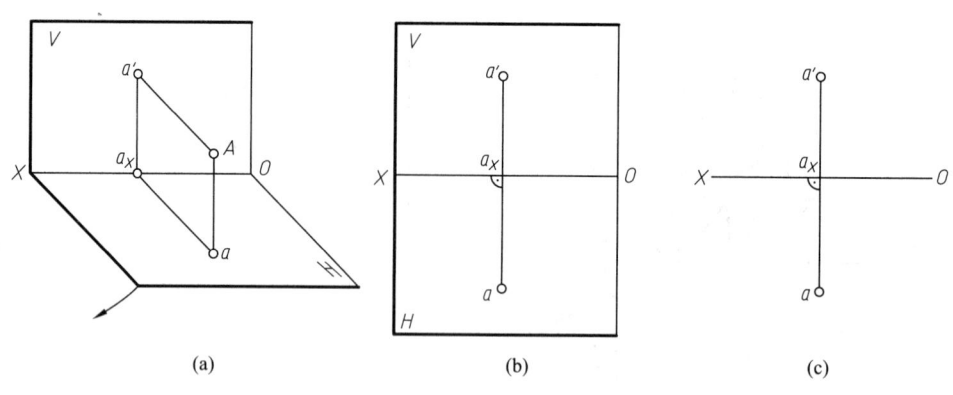

图 2-14 点的两面投影

将图 2-14a 的立体图变成同一平面的投影图,保持 V 面不动,将 H 面按箭头方向绕 OX 轴旋转,使其与 V 面位于同一平面,得到点的两面投影图,见图 2-14b。为作图方便,投影面的边框可省略不画,如图 2-14c 所示。

在图 2-14a 中,因 $Aa \perp H$,$Aa' \perp V$,所以由 Aa 及 Aa' 所确定的平面必然垂直于 H 面和 V 面,同时也垂直于它们的交线 OX 轴。这样该平面与 H 面及 V 面的交线 aa_X 及 $a'a_X$ 必与 OX 轴垂直相交于点 a_X。所以在投影图上,a、a_X、a' 三点连线在垂直于 OX 轴的同一直线上,即 $aa' \perp OX$。因为 Aaa_Xa' 为矩形,所以 $Aa' = aa_X$,$Aa = a'a_X$。

由上得到点在两投影面体系中的投影规律如下:

① 点的正面投影和水平投影连线垂直于 OX 轴,即 $aa' \perp OX$。
② 点的水平投影到 OX 轴的距离等于空间点到 V 面的距离,即 $aa_X = Aa'$。
③ 点的正面投影到 OX 轴的距离等于空间点到 H 面的距离,即 $a'a_X = Aa$。

3. 特殊位置点的投影

前面谈到的是处于一般位置的点,即空间点在两投影面体系中到 V 面、H 面的距离都不等于零,也不相等。下面将要讨论的是:空间点在投影面上(点到某一投影面的距离为零)、空间点在投影轴上(点到两投影面的距离均为零)、空间点在分角的等分面上(点到两投影面的距离相等)的投影特性。这三种位置的点称之为特殊位置点。

(1)在投影面上的点 如图 2-15 所示,空间点 A 在 V 面上,其到 V 面的距离为零。所以点 A 的正面投影与它本身重合,即 $A \equiv a'$;另一个投影在 OX 轴上,与 a_X 重合,即 $a \equiv a_X$。空间点 B 在 H 面上,其到 H 面的距离为零。所以点 B 的水平投影与它本身重合,即 $B \equiv b$;另一个投影在 OX 轴上,与 b_X 重合,即 $b' \equiv b_X$。可见它们的投影规律是:点的一个投影与空间点重合;点的另一个投影在 OX 轴上。

(2)在投影轴上的点 如图 2-15 所示,空间点 C 在投影轴上,其到 V 面、H 面的距离均为零,因此点 C 的正面投影、水平投影都与它本身重合在 OX 轴上,即 $C \equiv c \equiv c' \equiv c_X$。

(3)在分角等分面上的点 如图 2-16 所示,空间点 D 在两投影面体系第一分角的等分面 F 上,其到 H 面、V 面的距离相等。因此,点 D 的正面投影 d' 到 OX 轴的距离等于点 D 的水平投影 d 到 OX 轴的距离,即 $d'd_X = dd_X$。

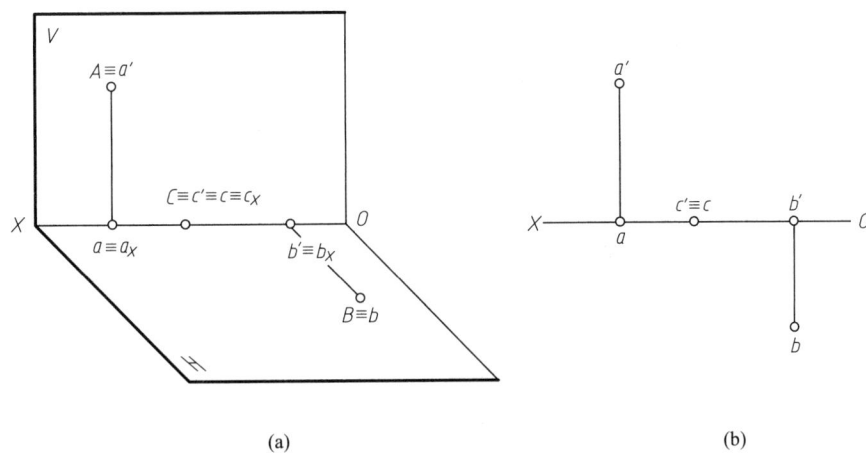

图 2-15 在投影面上及轴上的点

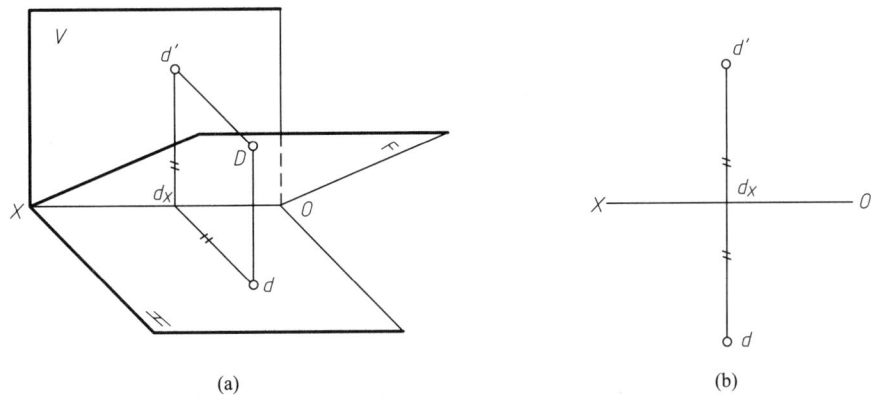

图 2-16 在第一分角等分面上的点

二、点在三投影面体系中的投影

1. 三投影面体系的建立

图 2-17 所示为三投影面体系,是在两投影面体系的基础上,再加一个侧立投影面 W(又称 W 面)而构成的。三投影面互相垂直相交,其交线称为投影轴,分别用 OX、OY、OZ 表示,三投影轴垂直相交于点 O,称为原点。三个投影面将空间分为八个分角,其顺序如图 2-17 所示。同样根据国家标准规定,本书主要介绍第一分角的投影法。

如把三投影面体系看做直角坐标体系,这时投影面 V、H、W 相当于坐标面,投影轴 OX、OY、OZ 相当于坐标轴,投影原点 O 相当于坐标原点,这样

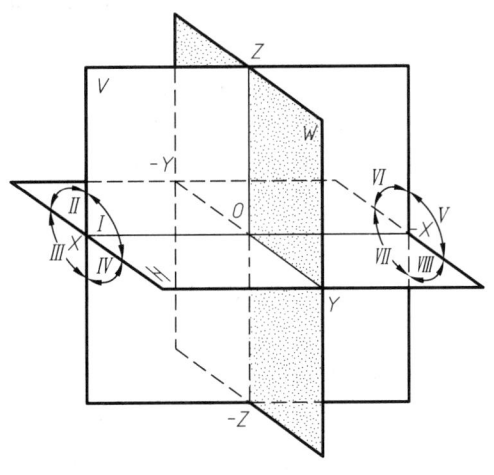

图 2-17 三投影面体系

点到 W、V、H 三个投影面的距离可以用直角坐标 x、y、z 来表示。

2. 点在三投影面体系中的三面投影图

如图 2-18a 所示,点 A 位于第一分角内,由点 A 分别向 H 面、V 面、W 面作垂线,所得垂足 a、a' 及 a'' 分别是点 A 的水平投影、正面投影和侧面投影。为了获得投影图,必须使三投影面摊平在同一平面内,因此我们仍规定 V 面不动,使 H 面绕 OX 轴按箭头方向向下旋转到与 V 面同一平面,使 W 面绕 OZ 轴按箭头方向向右旋转到与 V 面同一平面。在两次旋转中,V 面都不动,所以在该面内的 OX 轴和 OZ 轴位置都不变,OY 轴在旋转过程中分为两处,随 H 面旋转的为 OY_H,随 W 面旋转的为 OY_W,旋转后的投影图如图 2-18b 所示。

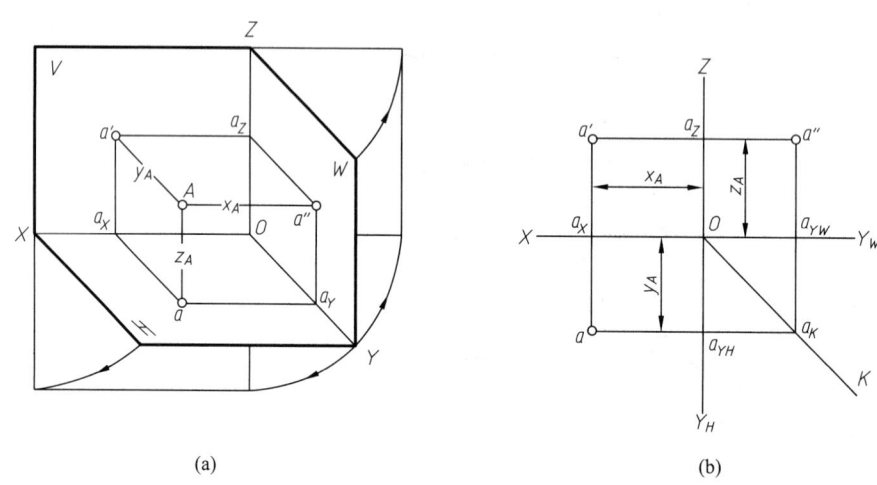

图 2-18 点的三面投影图

3. 点的三面投影与直角坐标的关系

由图 2-18a 可见,投射线 Aa、Aa' 和 Aa'' 中的每两条线可决定一个平面,共构成三个平面,并分别与相应的投影面及投影轴垂直相交。这三个平面与投影面围成一个长方体,因此有下列关系成立:

$Aa'' = aa_Y = a'a_Z = Oa_X = x_A$,即点 A 到 W 面的距离;

$Aa' = aa_X = a''a_Z = Oa_Y = y_A$,即点 A 到 V 面的距离;

$Aa = a'a_X = a''a_Y = Oa_Z = z_A$,即点 A 到 H 面的距离。

从上述分析可知,点的每个投影由两个坐标确定,点的任何两个投影都反映点的三个坐标值。因此,可以得出点的投影与其直角坐标之间的关系:有了一点 A 的坐标值 (x、y、z),就有唯一确定的投影图 (a、a'、a'');反之,如果已知点 A 的投影图 (a、a'、a''),也就可唯一地确定该点的坐标值。

4. 点在三面投影体系中的投影规律

综上所述,可以得出点在三面投影体系中的投影规律:

① 点的正面投影和水平投影的连线垂直于 OX 轴,共同反映空间点的 x 坐标。

② 点的正面投影和侧面投影的连线垂直于 OZ 轴,共同反映空间点的 z 坐标。

③ 点的水平投影到 OX 轴的距离等于其侧面投影到 OZ 轴的距离,共同反映空间点的 y 坐标。

点的三面投影图如图 2-18b 所示,由于 $Oa_{Y_H} = Oa_{Y_W}$,作图时可过点 O 作直角 $\angle Y_H O Y_W$ 的角平分线(K 线),从 a 引 OX 轴的平行线与角平分线相交于 a_K,再从 a_K 引 OY_W 的垂线与从 a' 引出的 OZ 轴的垂直线相交,其交点即为 a''。

根据点的投影规律,可由点的三个坐标值画出其三面投影,也可以根据点的两个投影作出第三投影。

【例 2-1】 已知点 B 的坐标为(20、15、25),作出点 B 的三面投影图。

作图步骤如图 2-19a 所示。

① 作出相互垂直的投影轴,标上 O、X、Z 及 Y_H、Y_W。
② 在 OX 上量取 $Ob_X = 20$,得点 b_X。
③ 过点 b_X 作 OX 轴的垂线,向上量取 $b'b_X = 25$,得点 b';向下量取 $bb_X = 15$,得点 b。
④ 过点 b' 作 OX 轴的平行线,与 OZ 轴相交于 b_Z,延长后量取 $b''b_Z = 15$,得点 b''。图解过程如图 2-19a 所示,至此点 B 的三面投影图作完。

作出点 B 的正面投影和水平投影后,也可用图 2-19b 的方法作出其侧面投影。

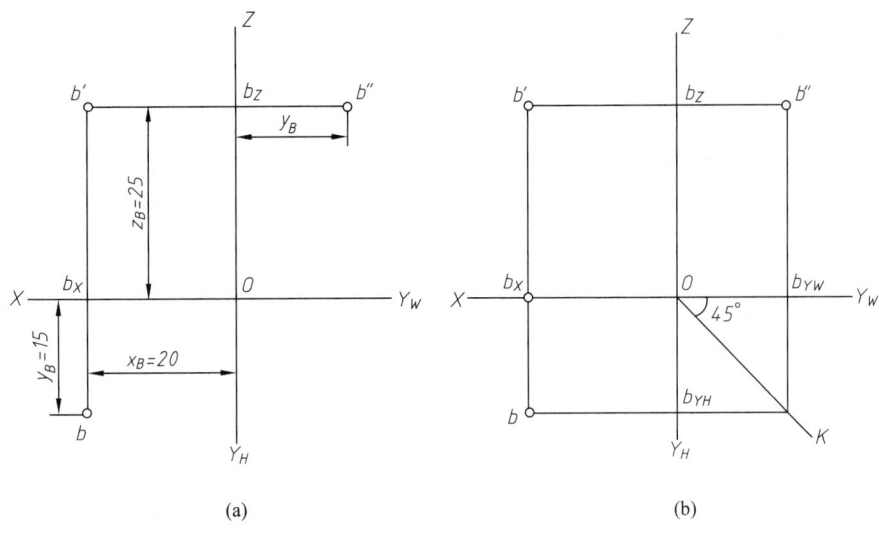

图 2-19 已知点的坐标作点的投影图

三、两点的相对位置及重影点

1. 两点的相对位置

空间两点的相对位置可用它们相对于各投影面的距离远近来确定。距 H 面较远(z 坐标值大)的点在上;距 V 面较远(y 坐标值大)的点在前;距 W 面较远(x 坐标值大)的点在左。如图 2-20 所示,由于 $z_A > z_B$($a'a_X > b'b_X$),所以点 A 在点 B 的上方;$y_A < y_B$($aa_X < bb_X$),所以点 A 在点 B 的后方;$x_A < x_B$($a'a_Z < b'b_Z$),所以点 A 在点 B 的右方。

【例 2-2】 如图 2-21 所示,已知点 A、B 的正面投影和水平投影,试作出它们的侧面投影,并判别它们在空间的相对位置。

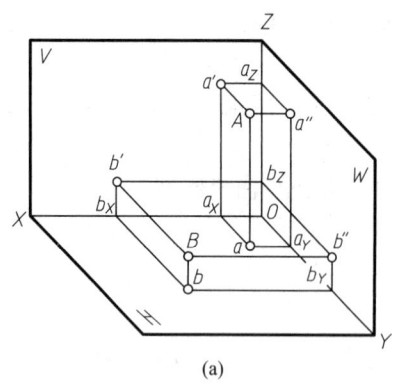 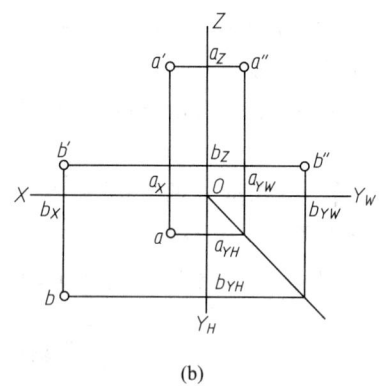

图 2-20 两点的相对位置

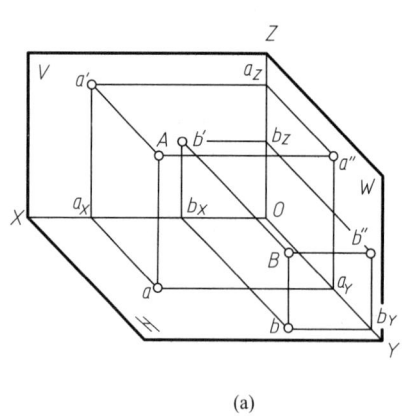 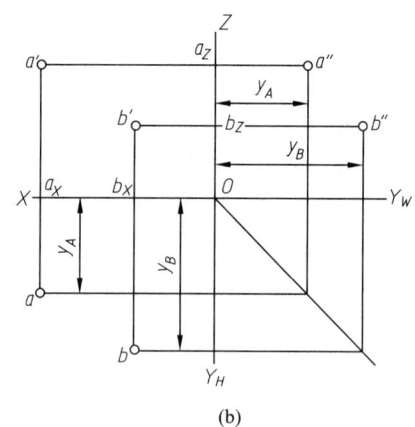

图 2-21 判别两点的相对位置

具体可按图 2-19b 所示的作图方法作出点 A 及点 B 的侧面投影 a″及 b″。从图 2-21 中可以看出,由于 $a'a_X > b'b_X$,$a'a_Z > b'b_Z$,$aa_X < bb_X$,可知,空间点 A 在点 B 的左、上和后方。

2. 重影点

若空间两点位于对某一投影面的同一条投射线上,则两点在该投影面上的投影重合,此两点称为对该投影面的重影点。如图 2-22 所示,点 A、点 B 位于对 H 面的同一条投射线上,它们的水平投影重合,称为水平重影点。而点 C、点 D 位于对 V 面的同一条投射线上,其正面投影重合,称为正面重影点。每对重影点在其他投影面上的投影不重合,并反映重影点的上、下、左、右、前、后的位置关系。例如 $z_A > z_B (a'a_X > b'b_X)$,点 A 距 H 面较远,点 A 在点 B 的上方;$y_C > y_D (cc_X > dd_X)$,点 C 距 V 面较远,点 C 在点 D 的前方。

两点重影必有一点被"遮挡",所以应判别可见性。如图 2-22 所示,点 A 在点 B 的上方,所以沿 S 观察,点 A 可见,点 B 则不可见。点 C 在点 D 的正前方,所以沿 S_1 观察,点 C 可见,点 D 则不可见。在投影图上,将不可见点的投影加圆括号表示,如 $a(b)$,$c'(d')$。

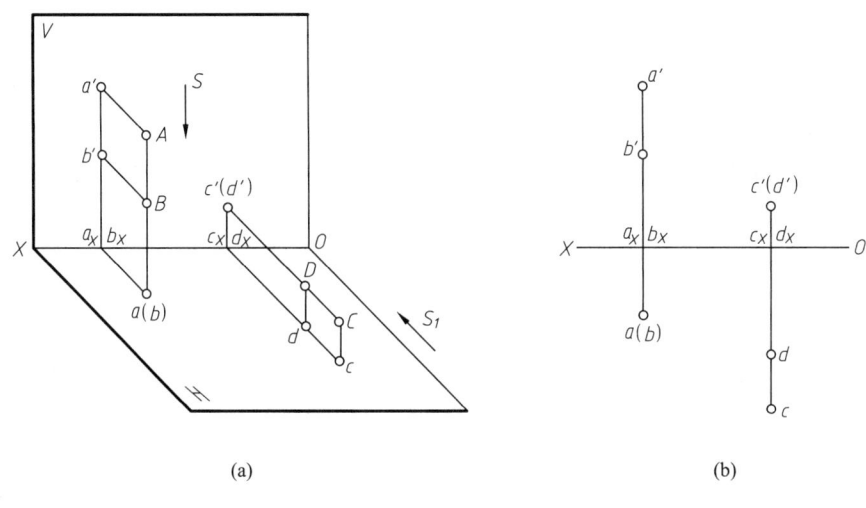

图 2-22 重影点的投影

§2-3 直线的投影

一、直线的投影

一般情况下直线的投影仍然是直线,所以在绘制直线的投影时,只要作出属于直线的两点的投影,然后将两点的同面投影连接起来,便得到直线的投影。图 2-23a 为直线 AB 的空间情况及投影作图过程,图 2-23b 为其两面投影图,图 2-23c 则为它的三面投影图。

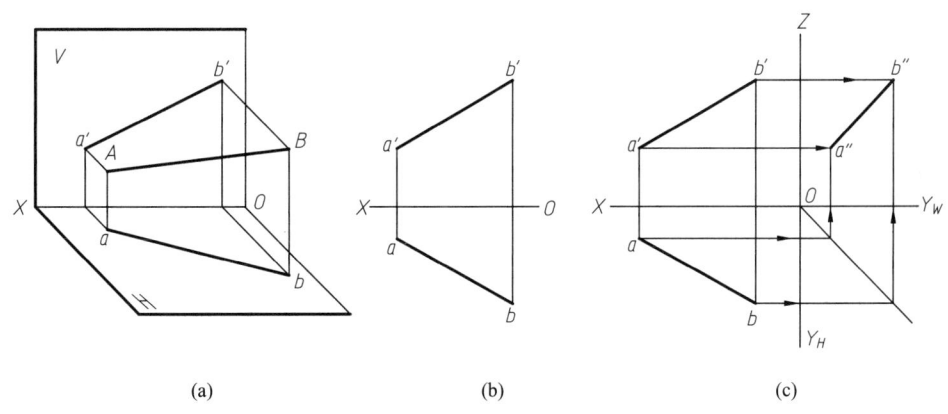

图 2-23 直线的投影

若给出直线的三面投影图,则直线在空间的位置即可完全确定。但确定直线的空间位置时,第三投影并不是必需的。

二、各种位置直线

空间直线相对于投影面的位置可分为三种情况。其中平行于一个投影面而与其他两投影面倾斜的直线,称为投影面平行线;垂直于一个投影面的直线,称为投影面垂直线;不平行于任何投影面的直线,称为一般位置直线。平行线、垂直线又称为特殊位置直线。并且规定,直线与 H、V、W 面的倾角分别用 α、β、γ 来表示。

由于直线对投影面的位置不同,其投影特性也不同,下面分别分析归纳各种位置直线的投影特性。

1. 投影面平行线

投影面平行线分为三种:平行于水平投影面的直线,称为水平线;平行于正立投影面的直线,称为正平线;平行于侧立投影面的直线,称为侧平线。

下面以水平线为例,分析归纳其投影特性。

如表 2-1 所示,直线 AB 平行于水平投影面,所以 AB 上任何一点到 H 面的距离都相等,因此 AB 的正面投影平行于 OX 轴,侧面投影平行于 OY 轴,即 $a'b' // OX$,$a''b'' // OY_W$。AB 的水平投影反映空间线段 AB 的实长,即 $ab = AB$。且 ab 与 OX 轴的交角反映直线 AB 与 V 面的倾角 β,ab 与 OY_H 轴的交角反映直线 AB 与 W 面的倾角 γ。正平线和侧平线也有类似的投影特性,如表 2-1 所示。

表 2-1 投影面平行线的投影特性

平行线	水平线 (平行于 H 面、倾斜于 V 和 W 面)	正平线 (平行于 V 面、倾斜于 H 和 W 面)	侧平线 (平行于 W 面、倾斜于 H 和 V 面)
立体图			
投影图			
投影特性	(1) $ab = AB$。 (2) $a'b' // OX$,$a''b'' // OY_W$。 (3) ab 与 OX 的夹角为 β,ab 与 OY_H 的夹角为 γ。	(1) $a'b' = AB$。 (2) $ab // OX$,$a''b'' // OZ$。 (3) $a'b'$ 与 OX 的夹角为 α,$a'b'$ 与 OZ 的夹角为 γ。	(1) $a''b'' = AB$。 (2) $ab // OY_H$,$a'b' // OZ$。 (3) $a''b''$ 与 OY_W 的夹角为 α,$a''b''$ 与 OZ 的夹角为 β。

归纳平行线的投影特性为:

① 平行线在与其平行的投影面上的投影反映直线段实长,且反映该直线与另外两个投影面的倾角的真实大小。

② 平行线的另外两个投影分别平行于相应的投影轴,且小于其实长。

2. 投影面垂直线

投影面垂直线分为三种:垂直于水平投影面的直线,称为铅垂线;垂直于正立投影面的直线,称为正垂线;垂直于侧立投影面的直线,称为侧垂线。

现以铅垂线为例,分析归纳其投影特性。

如表 2-2 所示,铅垂线 AB 垂直于 H 面,所以 AB 在 H 面上的投影积聚为一点,即 $a(b)$。因铅垂线 AB 平行于 V、W 面,所以 AB 的正面投影 $a'b'$ 和侧面投影 $a''b''$ 都反映直线段实长,且 $a'b' \perp OX$ 轴,$a''b'' \perp OY_W$ 轴。

正垂线和侧垂线也有类似的投影特性,如表 2-2 所示。

归纳垂直线的投影特性为:

① 垂直线在它所垂直的投影面上的投影积聚为一点。

② 垂直线的另外两个投影分别垂直于相应的投影轴,且反映直线段实长。

表 2-2 投影面垂直线的投影特性

垂直线	铅垂线 ($\perp H$ 面)	正垂线 ($\perp V$ 面)	侧垂线 ($\perp W$ 面)
立体图	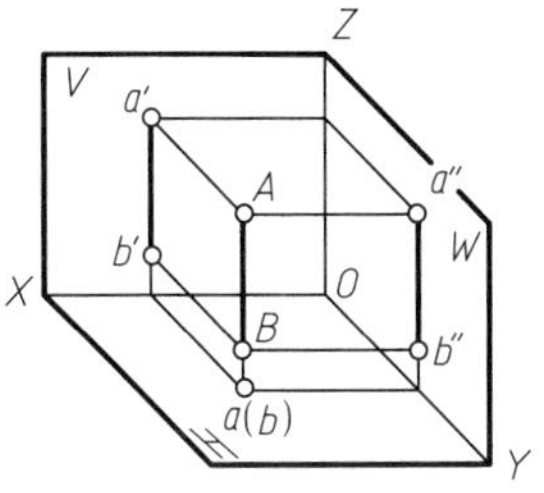	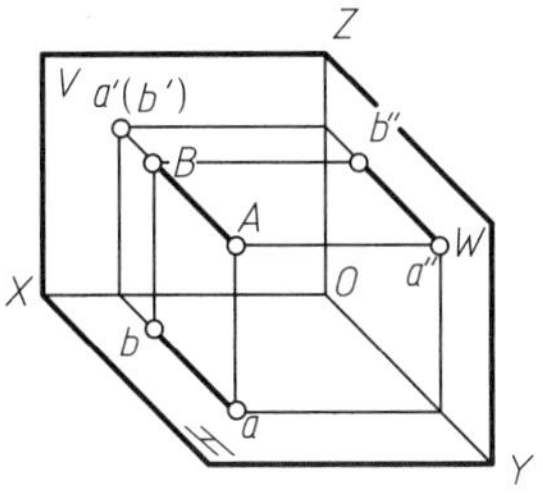	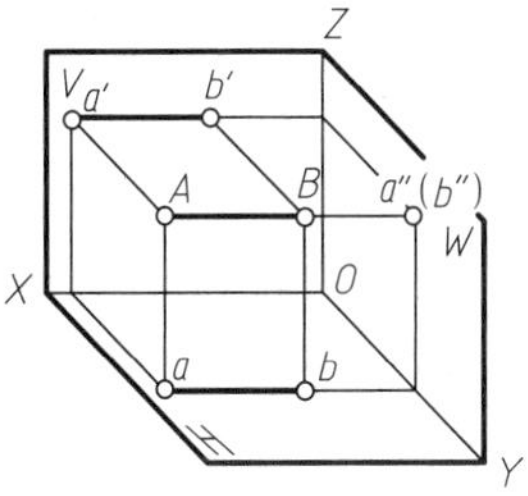
投影图	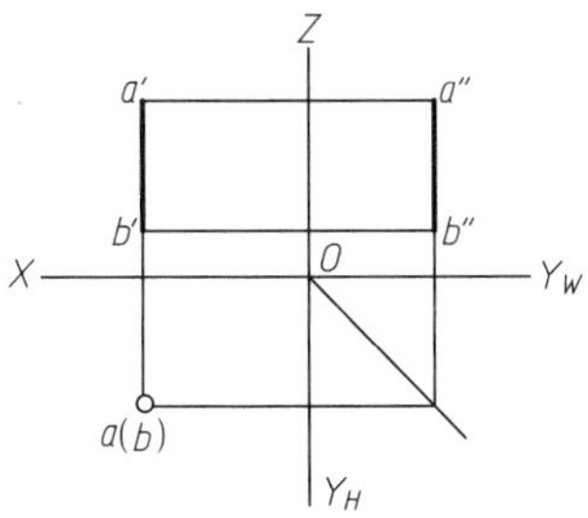	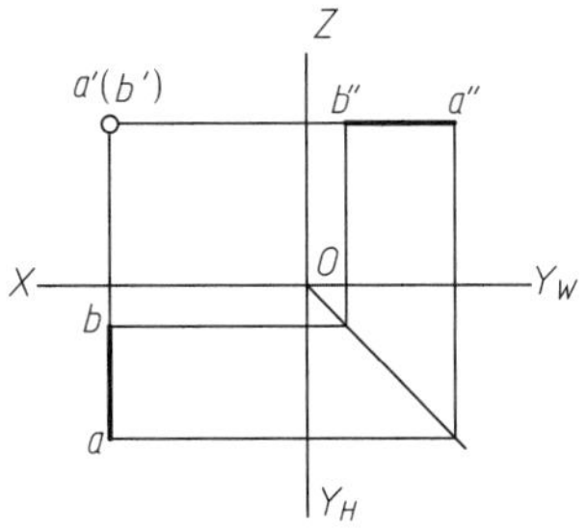	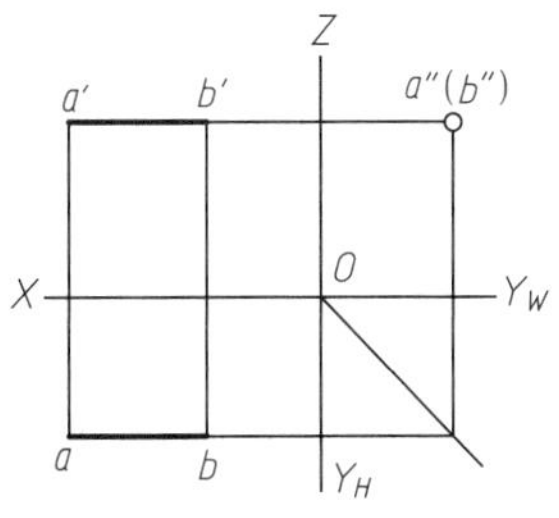
投影特性	(1) ab 积聚为一点。 (2) $a'b' \perp OX$,$a''b'' \perp OY_W$。 (3) $a'b' = a''b'' = AB$。	(1) $a'b'$ 积聚为一点。 (2) $ab \perp OX$,$a''b'' \perp OZ$。 (3) $ab = a''b'' = AB$。	(1) $a''b''$ 积聚为一点。 (2) $ab \perp OY_H$,$a'b' \perp OZ$。 (3) $ab = a'b' = AB$。

3. 一般位置直线

图 2-24 所示为一般位置直线 AB,由于 AB 与三个投影面都倾斜,因此它与 H 面、V 面、W 面

的倾角分别为 α、β、γ。

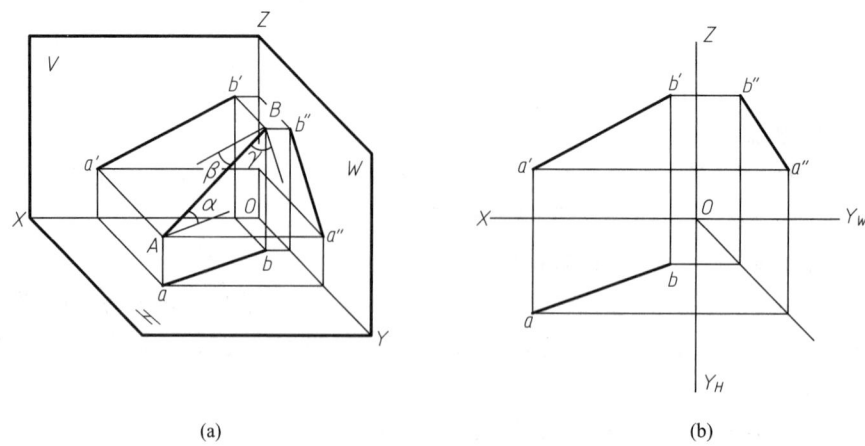

图 2-24 一般位置直线

从投影图中可以看出,直线段的各面投影都小于其真实长度,即 $ab = AB\cos\alpha$，$a'b' = AB\cos\beta$，$a''b'' = AB\cos\gamma$。另外,属于一般位置直线的各点到每一个投影面的距离都不相等,所以直线的各投影都与轴倾斜,且不反映直线与投影面的真实倾角。

三、属于直线的点

空间点与直线的相对位置有两种,即点属于直线和点不属于直线。若点属于直线,根据平行投影法性质可有如下投影特性:

① 若点属于某一直线,点的各投影必属于直线的同面投影;反之,如果点的各投影均属于直线的同面投影,则点属于该直线。

如图 2-25 所示,点 C 属于直线 AB，而 D、E 两点因为不具备上述条件,所以都不属于直线 AB。

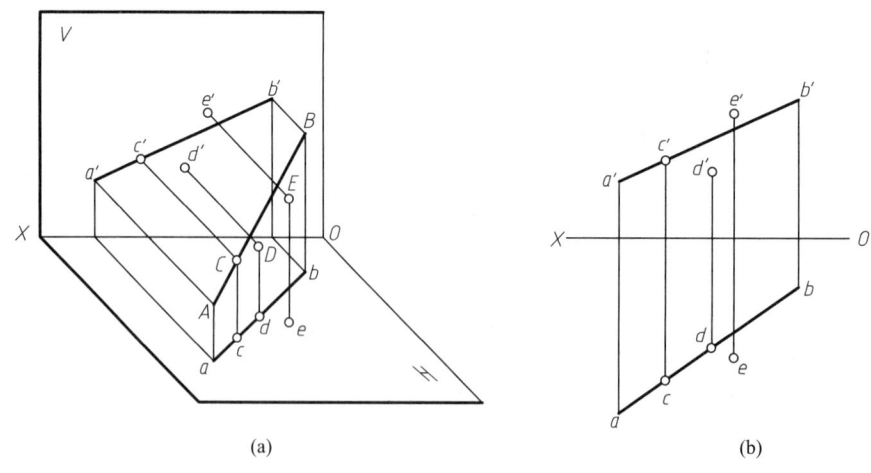

图 2-25 属于直线的点

② 若空间属于直线段的点将直线段分成某一比值,则点的各投影也将直线段的同面投影分成相同的比值。如图 2-25 所示,点 C 将直线段 AB 分为 AC、CB 两部分,则 $AC:CB = ac:cb = a'c':c'b'$。

对于一般位置直线,根据点和直线的任何两个投影就可确定空间点是否属于直线,但对于投影面平行线,则应看直线所平行的那个投影面上的投影,或用点分线段成定比的投影性质验证。

【例 2-3】 如图 2-26 所示,已知 AB 的两面投影,作属于直线 AB 的点 K,使 $AK:KB=3:2$。

分析:根据上述投影特性,有 $AK:KB = ak:kb = a'k':k'b' = 3:2$。按几何作图方法可在水平投影(或正面投影)上完成作图,求得点 k 后,再按点的投影规律求出点 K 的正面投影 k',如图 2-26 所示。

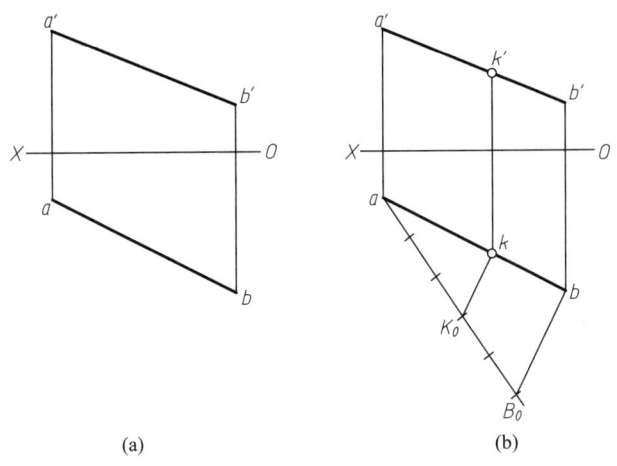

图 2-26 按定比原理作属于直线的点

【例 2-4】 判断点 C 是否属于直线 AB,如图 2-27a 所示。

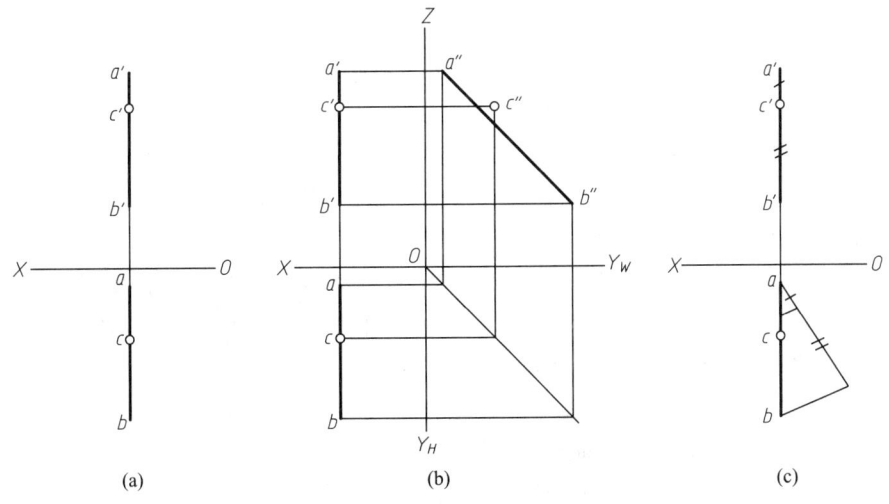

图 2-27 判断点是否属于直线

分析:由于 AB 是侧平线,就需要通过作出其侧面投影进行判断,可见 c'' 不属于 $a''b''$,所以点 C 不属于直线 AB,如图 2-27b 所示。也可根据属于线段的点分线段成定比的方法来判断,如

图 2-27c 所示。

§2-4 求一般位置直线段的实长及对投影面的倾角

一般位置直线段的各投影均不反映直线段实长,也不直接反映该直线段对各投影面的倾角,但可以利用直角三角形法,根据一般位置直线段的投影图,求出直线段实长及其对各投影面的真实倾角。

图 2-28a 为一般位置直线段 AB 投影的立体图,过点 A 作 $AB_1 // ab$,得直角三角形 AB_1B,其斜边 AB 即为直线段的实长,$\angle BAB_1$ 即是直线段 AB 对 H 面的倾角 α。在 $\triangle AB_1B$ 中,$AB_1 = ab$,即直线段 AB 的水平投影长度。$BB_1 = z_B - z_A$,即直线段的端点 B 和 A 的 z 坐标差。两直角边 AB_1 及 BB_1 均可从 AB 的投影图上量取,于是可作出该直角三角形,从而得出直线段 AB 的实长及对投影面的真实倾角。

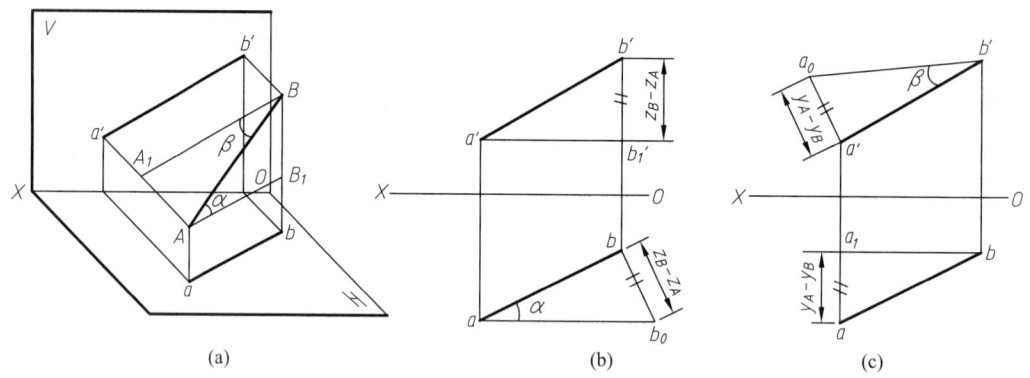

图 2-28 求直线段的实长及倾角

在投影图上的作图过程如图 2-28b 所示,过点 a' 作 $a'b_1' // OX$,则 $b'b_1' = z_B - z_A$。再以水平投影 ab 为直角边,$b'b_1'$ 为另一直角边构成直角三角形 abb_0,斜边 ab_0 即为直线段 AB 的实长,而 $\angle bab_0$ 即为 AB 对 H 面的倾角 α。如求直线段 AB 对 V 面的倾角 β,则以其正面投影 a'b' 为一直角边,以点 A 和 B 的 y 坐标差为另一直角边作直角三角形,其斜边即为直线段 AB 的实长,y 坐标差所对的锐角即为 AB 对 V 面的倾角 β,如图 2-28c 所示。

综上所述,用直角三角形法作图的要领可归结为:以直线段的某一个投影长为一直角边,以直线段两端点相对于该投影面的坐标差为另一直角边作直角三角形,其斜边即为直线段的实长,坐标差构成的直角边所对的锐角即为空间直线段对该投影面的真实倾角。

运用直角三角形法可以求出直线段的实长及对投影面的真实倾角,反之也可根据直线段的一个投影和该线段的实长或对投影面的倾角补作直线段的另一个投影。

【例 2-5】 已知直线段 AB 的水平投影 ab 及点 A 的正面投影 a'(图 2-29a),并知直线段 AB 实长为 L,求作直线段 AB 的正面投影 a'b'。

分析:这是运用直角三角形法求解的例题。给出直线段的一个投影及其实长,就可作出直角三角形,该直角三角形的另一直角边即为直线段两端点到水平面的坐标差,据此可求出所缺的正

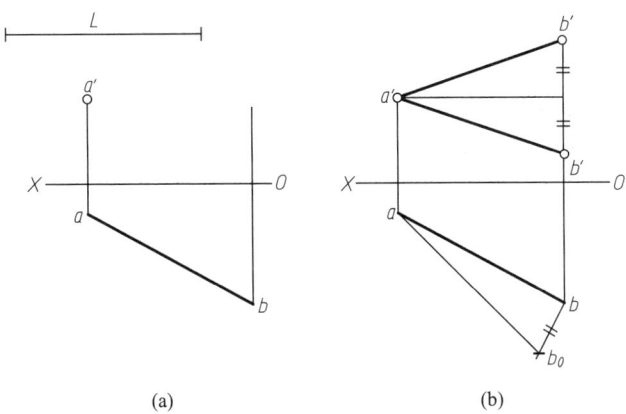

图 2-29 求直线段 AB 的正面投影

面投影 b'。

作图步骤如图 2-29b 所示。

① 以 ab 为一直角边,L 为斜边作一直角三角形 abb_0,则 $bb_0 = |z_A - z_B|$。

② 在正面投影上按坐标差量取得点 b',连 a'、b' 即为所求。本题有两解。

§2-5 两直线的相对位置

两直线在空间的相对位置有三种,即平行、相交和交叉。由于交叉两直线不在同一平面上,故又称异面直线。下面分别介绍它们的投影特性。

一、平行两直线

由平行投影的性质可知,若空间两直线互相平行,则它们的同面投影也必平行;反之,若两直线的各同面投影都相互平行,则两直线在空间一定平行。如图 2-30 所示,由于空间直线 $AB \parallel CD$,所以它们的正面投影 $a'b' \parallel c'd'$,水平投影 $ab \parallel cd$,侧面投影 $a''b'' \parallel c''d''$。

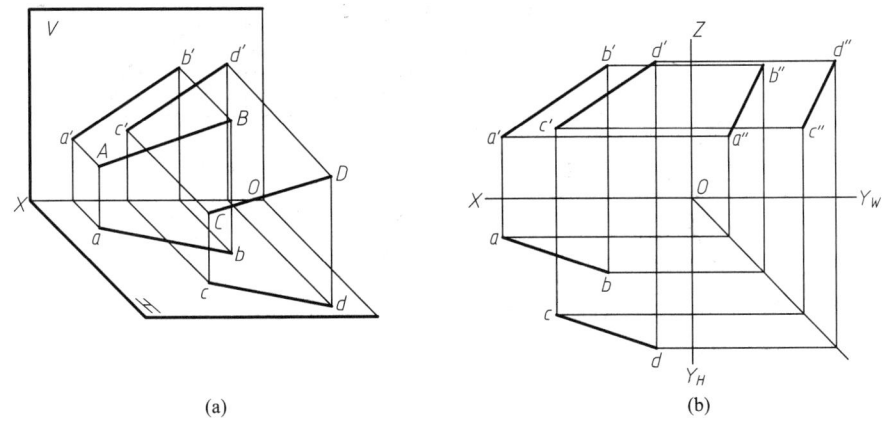

图 2-30 平行两直线

对一般位置两直线,根据其两面投影即可判别两直线是否平行。但若两直线同是某投影面的平行线,则还要看它们在所平行的那个投影面上的投影才能确定是否平行。图 2-31a 中示出两直线 AB、CD 的三面投影,因为 ab∥cd,a'b'∥c'd',而 a"b"不平行 c"d",所以空间直线 AB 与 CD 不平行。图 2-31b 所示为两直线 AB、CD 的两面投影,因为 a'b'∥c'd',ab∥cd(两平行线所确定的平面垂直于 H 面),所以空间直线 AB∥CD。图 2-31c 所示为直线 AB、CD 垂直于 H 面,a'b'∥c'd',所以空间直线 AB∥CD,这时两重影点之间的距离即是两直线间的距离。

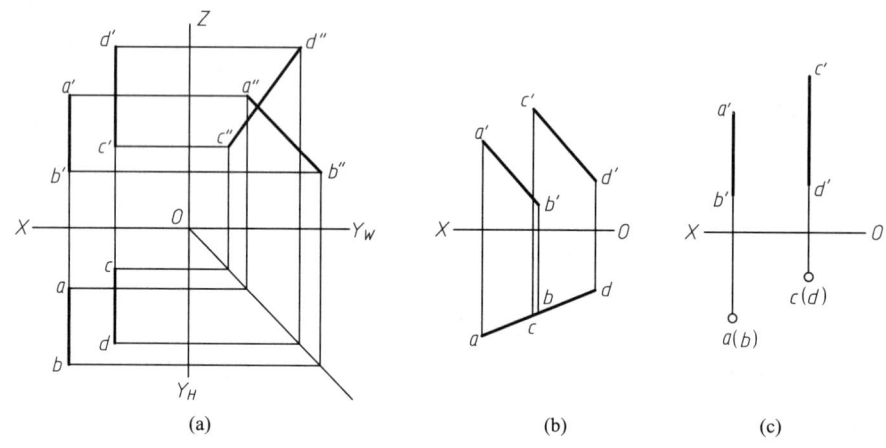

图 2-31 判断两直线是否平行

二、相交两直线

如图 2-32 所示,MN 与 EF 为相交两直线,它们相交于点 K。将 MN 与 EF 投射到 H 面上,其投影 mn 与 ef 必经过点 K 的投影 k,即 mn 与 ef 相交于 k。同理,若将两直线投射到 V 面和 W 面上,则其正面投影 m'n'、e'f'必相交于点 K 的正面投影 k',侧面投影 m"n"、e"f"必相交于点 K 的侧面投影 k"。

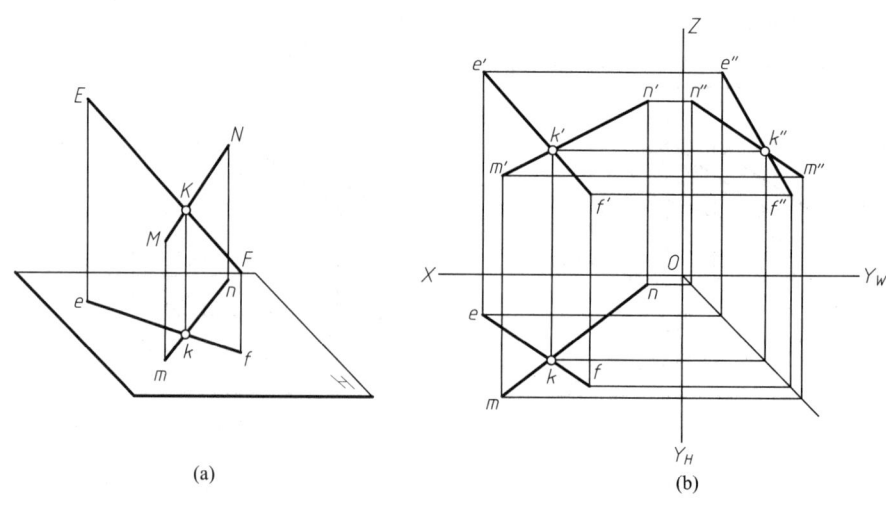

图 2-32 相交两直线的投影

由此可见,相交两直线的投影特征为:空间相交两直线,其同面投影必相交,且投影交点符合点的投影规律;反之,若两直线同面投影都相交,且交点符合点的投影规律,则此两直线在空间必相交。

对于一般位置直线,根据其两面投影即可判断它们在空间是否相交。但当两直线之一是投影面平行线时,还要根据直线在所平行的投影面上的投影才能确定是否相交。如图 2-33 所示,虽然 ab 与 cd 相交,$a'b'$ 与 $c'd'$ 相交,且 $kk' \perp OX$ 轴,但因 CD 是侧平线,还要看它们的侧面投影。虽然 $a''b''$ 与 $c''d''$ 相交,但交点不是 k'',即交点不符合点的投影规律,所以空间两直线不相交。用点分线段成定比的性质,不作侧面投影也可判别这类直线是否相交。如果 $K \in AB$,再看点 K 是否属于 CD,若 $K \in CD$,则两直线相交。

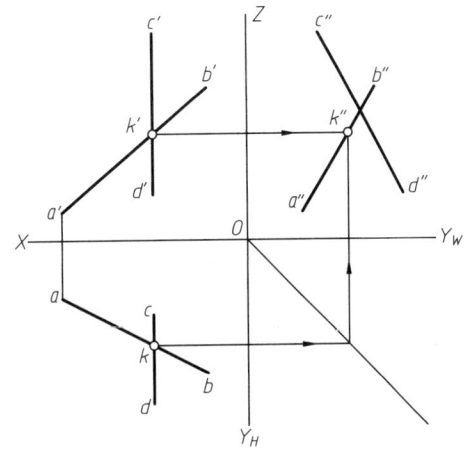

图 2-33 判别直线 AB 与 CD 是否相交

三、交叉两直线

两直线在空间既不平行也不相交,称为两直线交叉。

图 2-34 所示为交叉两直线 AB、CD 在两投影面体系中的投影情况。AB 和 CD 的两面投影都相交,但其交点是分别属于两交叉直线的重影点 I、III 和 II、IV 的投影,由于投影的交点并不是空间同一点的投影,所以不符合点的投影规律,即投影交点的连线不垂直于 OX 轴。对于重影点,须判别可见性,交叉两直线重影点可见性的判别方法,是以后判别重影的各类图形可见性的基础。

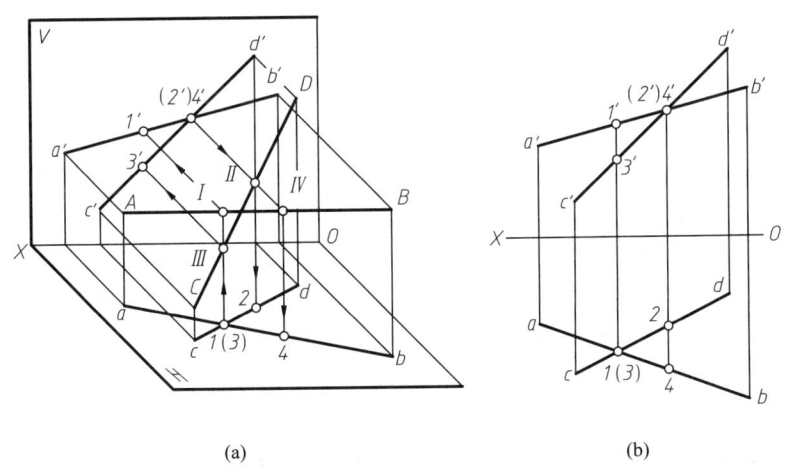

图 2-34 交叉两直线的投影

综上所述,可得到交叉两直线的投影特征:其同面投影可能有一组(图 2-31a)、两组(图 2-35)或三组(图 2-33)都相交,但各组投影的交点不符合点的投影规律;其同面投影可能有一组(图 2-35)、两组(图 2-31a)互相平行,但不可能三组都互相平行。

四、垂直两直线

只有当两直线同时平行于一个投影面时,它们在该投影面上的投影才会反映两直线所构成角度的真实大小。但当空间两直线(相交或交叉)成直角时,还具有下述重要的投影规律:

空间垂直(相交或交叉)的两直线,其中有一条直线平行于某一个投影面时,则两直线在该投影面上的投影仍保持垂直,此投影规律称为直角投影定理,如图 2-36a 所示。

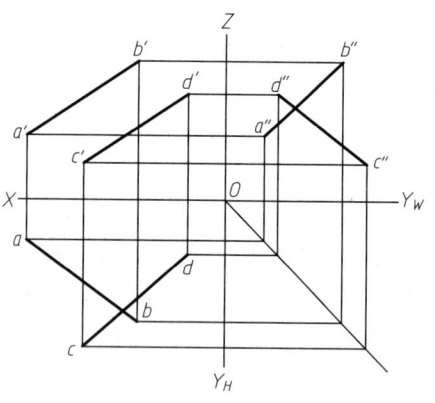

图 2-35 交叉两直线的投影

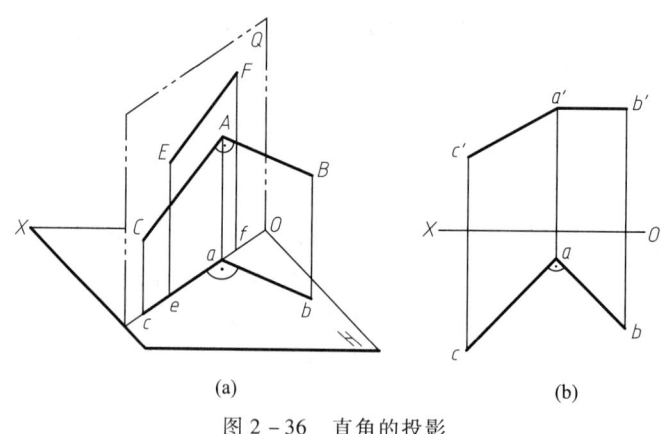

图 2-36 直角的投影

直线 AB 与 AC 垂直相交于点 A,其中 AB 平行于平面 H。

由于 AB//H,则 AB//ab,且 AB⊥Aa(投射线)。又因 AB⊥AC,所以 AB⊥Q(AC 与 Aa 相交),则 ab⊥Q,故 ab⊥ac,从而证明∠BAC 的水平投影∠bac 仍为直角。

若在平面 Q 内任取直线 EF,则 AB⊥EF,不难看出 EF 和 AC 的水平投影重影,所以 ab⊥ef。图 2-36b 是其投影图。

直角投影定理的逆定理也成立,即若两直线(相交或交叉)在某个投影面上的投影成直角,且其中一条直线平行于该投影面,则空间两直线一定垂直。另外空间互相垂直的两直线,若它们在某投影面上的投影仍垂直,则此两直线中至少有一直线与该投影面平行。

根据上述定理,不难判断图 2-37 所示的两直线是互相垂直的,而图 2-38 所示的两直线则不垂直。

图 2-37a 中,AB 为正平线,与 CD 交角在 V 面上反映直角,AB、CD 在空间垂直相交。在图 2-37b 中,AB 为水平线,AB、CD 在 H 面上的投影反映直角,AB、CD 在空间垂直交叉。

在图 2-38a 中,AB 为水平线,而 AB 与 BC 的水平投影不反映直角,则 AB 与 BC 在空间不垂直。在图 2-38b 中,AB 与 BC 在两个投影面上都反映直角,但没有一条是投影面平行线,故 AB、BC 在空间不垂直。

§2–5 两直线的相对位置   49

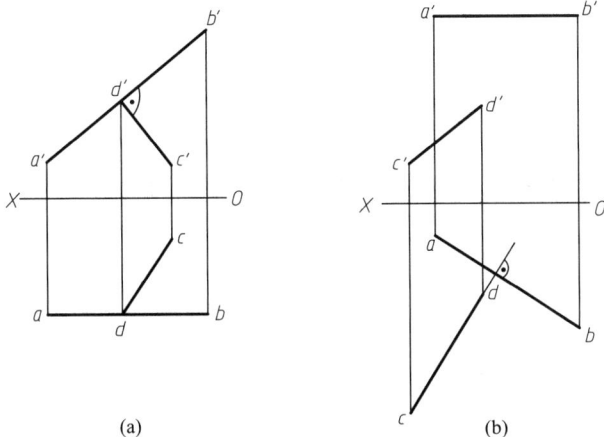

(a)   (b)

图 2–37 判断空间两直线是否垂直

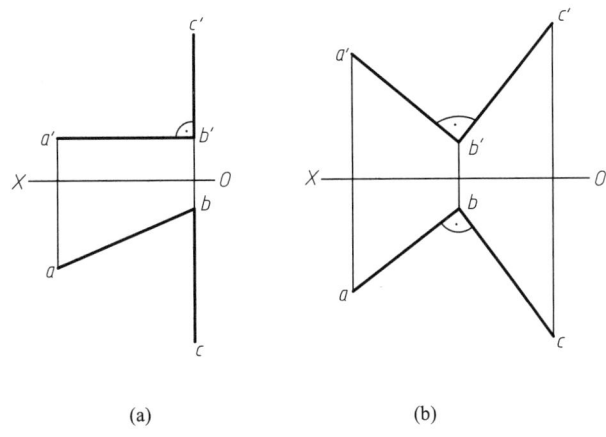

(a)   (b)

图 2–38 判断空间两直线是否垂直

【例 2–6】 过点 A 作一直线与 BC、DE 两直线相交,如图 2–39 所示。

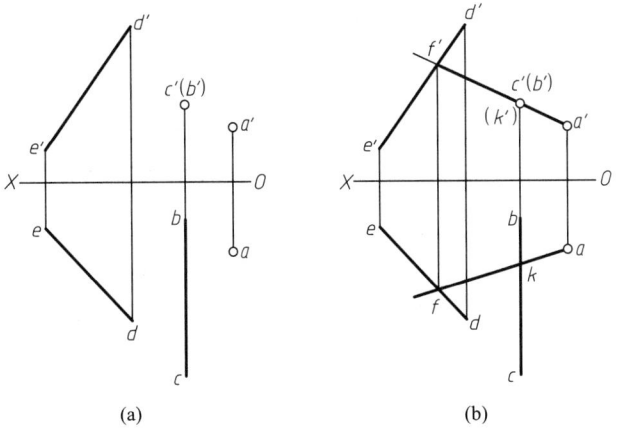

(a)   (b)

图 2–39 过点 A 作直线与 BC、DE 两直线相交

作图步骤:
① 过 a'、$(b')c'$ 作直线与 $d'e'$ 相交于点 f',这是因为直线 BC 为正垂线,所作直线的正面投影必然是由 a' 经过 $(b')c'$ 并与 $d'e'$ 相交。
② 由 f' 作 OX 轴的垂线与 de 相交于点 f。
③ 连接 a、f 并与 bc 相交于点 k,则 $a'(k')f'$ 和 akf 即为所求直线的两面投影。

【例 2-7】 过点 K 作两直线分别垂直于已知直线 AB、CD,如图 2-40 所示。

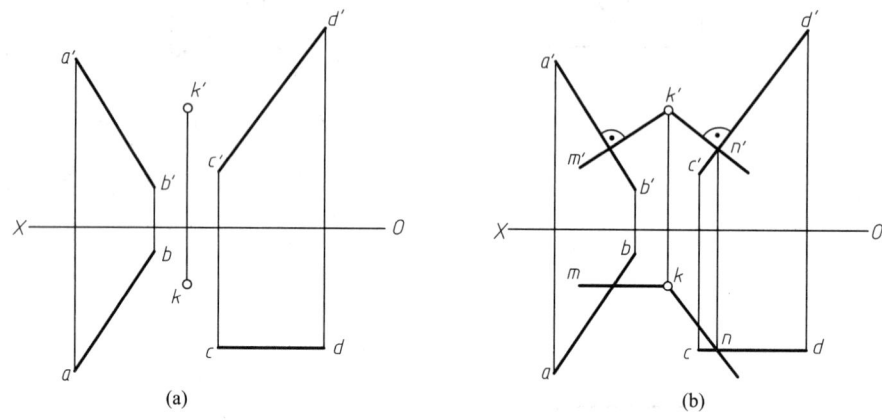

图 2-40　过点 K 作直线垂直于已知直线

分析:所给两直线中 AB 为一般位置直线,若过点 K 作直线同它垂直,目前只能作投影面平行线来实现垂直关系。因此,过点 K 作直线垂直于 AB 可有三解。CD 是正平线,过点 K 作直线同 CD 垂直,可作无数条,但其中一条是与 CD 垂直相交的直线。

作图步骤:
① 过点 K 作正平线 KM,使 $k'm' \perp a'b'$,$km // OX$ 轴(所作的 KM 与 AB 不相交,它们在空间垂直交叉)。
② 过 k' 作直线垂直于 $c'd'$,并与 $c'd'$ 交于点 n'。
③ 求出 n,连 k、n。KN、KM 即为所求。

【例 2-8】 已知正方形的水平投影 $abcd$ 为一矩形,并给出点 B 的正面投影,试作出正方形的正面投影。如图 2-41 所示。

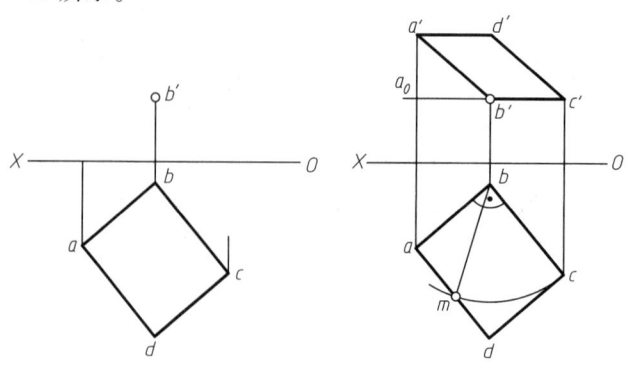

图 2-41　作正方形的正面投影

分析：根据正方形的水平投影为矩形即 $ab \perp bc$，又 $ab < bc$，可以判定在空间中 BC 平行于 H 面，AB 倾斜于 H 面。由于 $ABCD$ 为正方形，故 $AB = BC$，这样 AB 的实长及水平投影已知。又已知点 B 的正面投影 b'，就可利用直角三角形法求出点 A 的正面投影。再运用投影性质，可完成正方形的正面投影。

作图步骤：

① 过点 b' 作 OX 轴的平行线，作出 BC 的正面投影 $b'c'$。

② 以水平投影 ab 为一直角边，以 bc 为斜边作一直角三角形 abm，则另一直角边 am 即为点 A、B 的 z 坐标差。

③ 在正面投影图上量取 $a_0 a' = am$，得点 a'，连 a'、b'。

④ 过点 a' 作直线平行于 $b'c'$，过点 c' 作直线平行于 $a'b'$，两直线相交于点 d'，则平行四边形 $a'b'c'd'$ 即为所求。

§2-6 平面的投影

一、平面投影的表示法

1. 几何元素表示法

由初等几何可知，下列各组几何要素都可以决定平面在空间的位置。

① 不在一直线上的三个点。

② 一直线和直线外的一个点。

③ 相交的两直线。

④ 平行两直线。

⑤ 任意平面图形，如三角形、平行四边形和圆等。

图 2-42 是用各组要素所表示的同一平面的投影图。显然各组几何要素是可以互相转换的，如连接 A、B，即可由图 2-42a 变成图 2-42b，连接 A、B，B、C，C、A，又可变成图 2-42e 等。转换后，新的几何元素虽然在形式上有所变更，但依旧代表着原来一组几何元素所表示的平面。

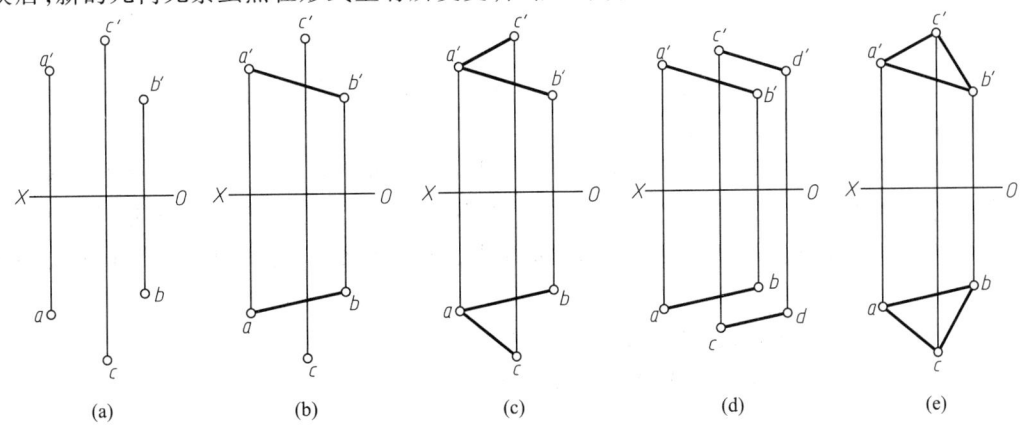

图 2-42 平面的几何元素表示法

2. 迹线表示法

在投影图上还可以用迹线表示平面。所谓迹线,就是平面与投影面的交线,平面 P 与 H、V、W 面的交线分别称为水平迹线、正面迹线和侧面迹线,以 P_H、P_V、P_W 表示,P_H、P_V、P_W 两两相交于 OX、OY、OZ 轴上的一点称为迹线集合点,分别以 P_X、P_Y、P_Z 表示。用迹线表示的平面称为迹线平面,如图 2-43 所示。

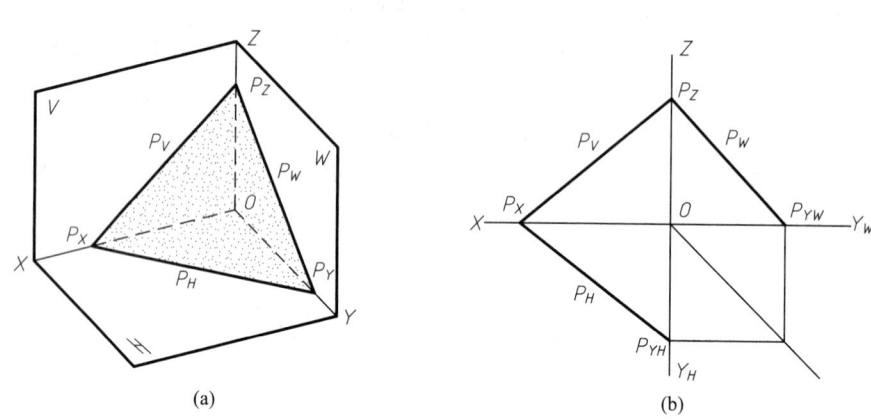

图 2-43 迹线平面

由于迹线在投影面上,因此在其所属投影面上的投影必定与迹线本身重合,另两个投影与相应的投影轴重合,规定这两个投影不画出,也不作标记。

又因为迹线是属于平面的直线,因此只要画出两条迹线,平面的空间位置即可确定。

二、各种位置平面

平面在空间相对于投影面的位置可以有三种情况:与一个投影面垂直而与另外两投影面倾斜的平面,称为投影面垂直面;与一个投影面平行而与另外两投影面垂直的平面,称为投影面平行面;与三个投影面都倾斜的平面,称为一般位置平面。前两种平面又称为特殊位置平面。我们又规定平面与 H、V、W 面的倾角分别用 α、β、γ 表示。下面分别讨论各种位置平面的投影特性。

1. 投影面垂直面

如表 2-3 所示,投影面垂直面可分为三种:垂直于 H 面的称为铅垂面,垂直于 V 面的称为正垂面,垂直于 W 面的称为侧垂面。

现以铅垂面为例分析投影面垂直面的投影特性。铅垂面由矩形给出,由于该平面垂直于 H 面,所以其水平投影积聚成一直线,称为成线影。成线影与 OX 轴及 OY_H 轴的夹角反映平面与 V 面及 W 面的倾角 β 和 γ。平面在 V 面及 W 面的投影仍为矩形,但此时已成为比实形要小的类似形。

正垂面和侧垂面也有类似的性质,如表 2-3 所示。

综上所述,投影面垂直面的投影特性归纳如下:

垂直面在其垂直的投影面上的投影积聚成一条直线,该直线与投影轴的夹角等于空间平面与其他两个投影面的真实倾角,其余两面投影为小于平面图形实形的类似形。

表 2-3 投影面垂直面的投影特性

垂直面	铅垂面（⊥H 面）	正垂面（⊥V 面）	侧垂面（⊥W 面）
立体图	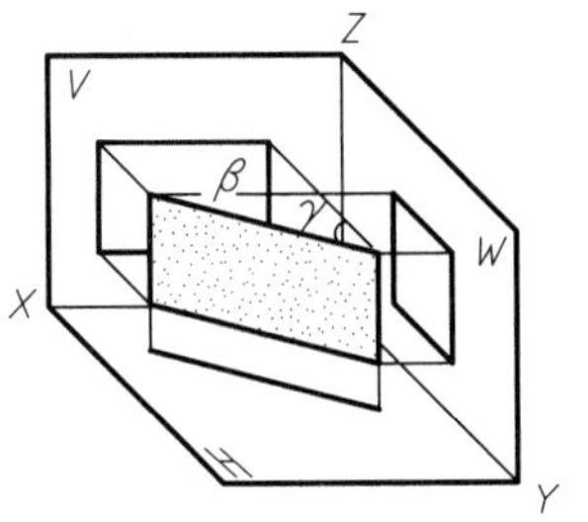	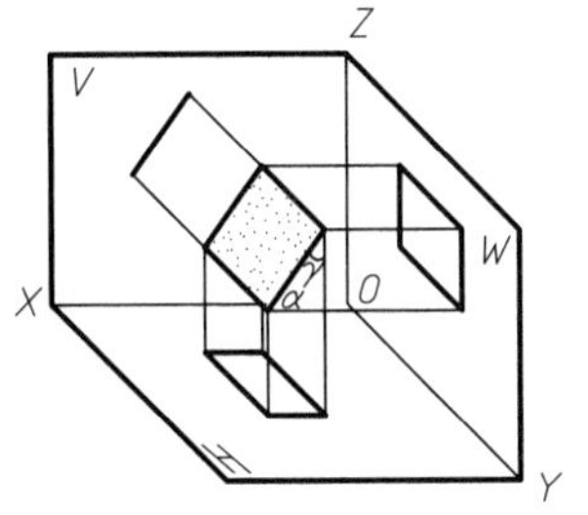	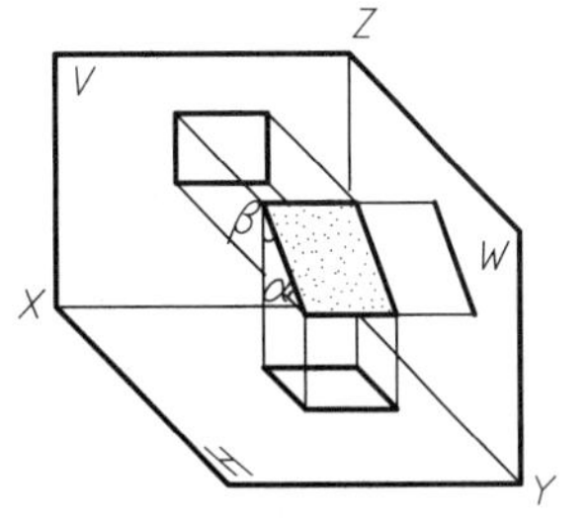
投影图	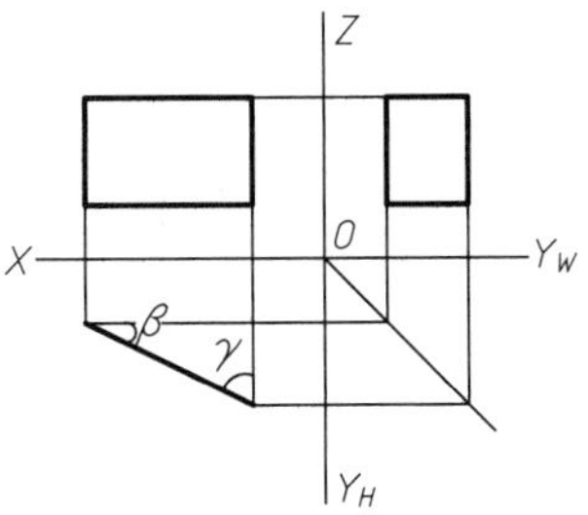	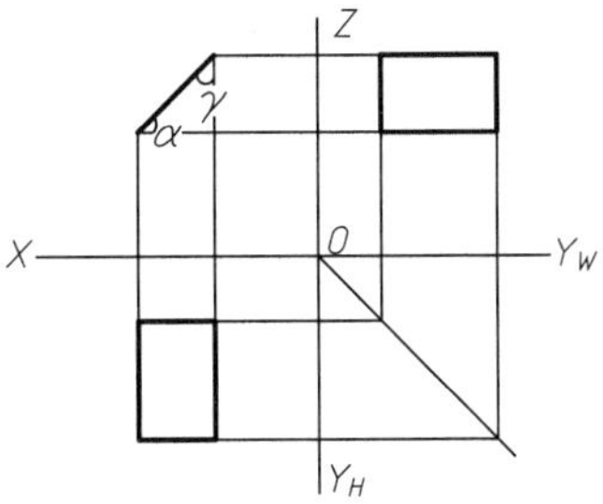	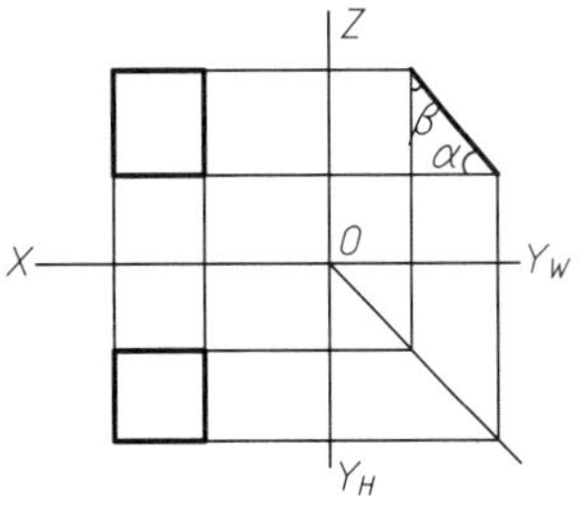
投影特性	(1) 水平投影积聚成一直线。 (2) 正面投影和侧面投影的形状和原形类似。 (3) 水平投影和 OX 轴的夹角为 β,与 OY_H 轴的夹角为 γ,$\alpha = 90°$。	(1) 正面投影积聚成一直线。 (2) 水平投影和侧面投影的形状和原形类似。 (3) 正面投影和 OX 轴的夹角为 α,与 OZ 轴的夹角为 γ,$\beta = 90°$。	(1) 侧面投影积聚成一直线。 (2) 水平投影和正面投影的形状和原形类似。 (3) 侧面投影和 OY_W 轴的夹角为 α,与 OZ 轴的夹角为 β,$\gamma = 90°$。

2. 投影面平行面

如表 2-4 所示,投影面平行面可分为三种:平行于 H 面的称为水平面,平行于 V 面的称为正平面,平行于 W 面的称为侧平面。

现以水平面为例分析投影面平行面的投影特性。水平面由四边形 ABCD 给出,它垂直于 V 面和 W 面,因而其 V 面和 W 面投影积聚成一直线,分别平行于 OX 轴和 OY_W 轴。在 H 面上的投影则反映平面的实形。正平面和侧平面也有类似的性质,如表 2-4 所示。

综上所述,投影面平行面的投影特性归纳如下:

平行面在其平行的投影面上的投影反映平面图形的实形,其余两投影积聚成直线,且平行于相应的投影轴。

3. 一般位置平面

图 2-44 所示△ABC 为与三个投影面都处于倾斜位置的平面,它的各个投影即不积聚成直线,也不反映该平面图形的实形,而是小于实形的类似形,也不反映该平面对投影面的倾角 α、β、γ,这就是一般位置平面的投影特性。

表 2 – 4 投影面平行面的投影特性

平行面	水平面 ($//H$ 面)	正平面 ($//V$ 面)	侧平面 ($//W$ 面)
立体图			
投影图			
投影特性	(1) 水平投影 $abcd$ 反映实形。 (2) 正面投影和侧面投影均积聚为直线。 (3) 正面投影 $//OX$,侧面投影 $//OY_W$。	(1) 正面投影 $a'b'c'd'$ 反映实形。 (2) 水平投影和侧面投影均积聚为直线。 (3) 水平投影 $//OX$,侧面投影 $//OZ$。	(1) 侧面投影 $a''b''c''d''$ 反映实形。 (2) 水平投影和正面投影均积聚为直线。 (3) 水平投影 $//OY_H$,正面投影 $//OZ$。

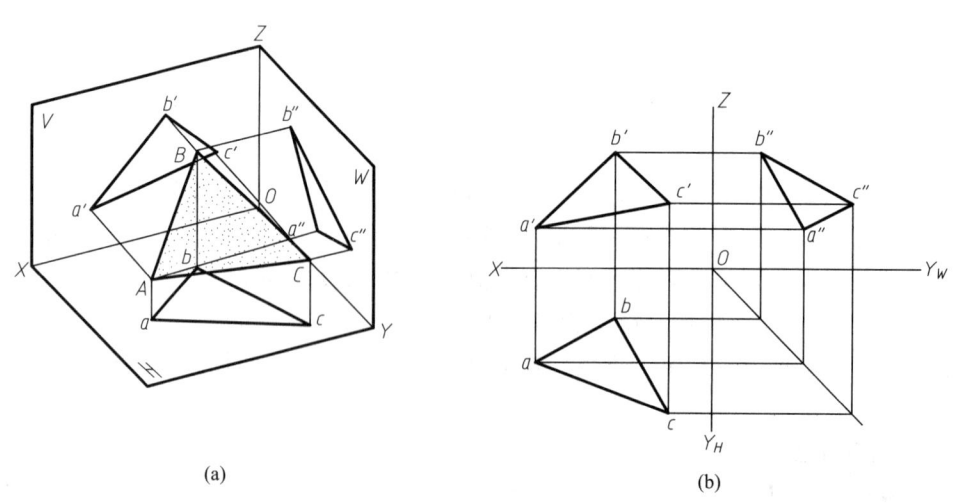

(a)　　　　　　　　(b)

图 2 – 44　一般位置平面

§2-7 属于平面的点和直线

一、作属于平面的点和直线的几何原理

作属于某平面的点和直线是投影作图中常见的重要作图问题,其作图依据是下面的几何原理。

① 若一点在某平面的一条直线上,则此点也属于该平面。
② 若一直线经过某平面上的两点,则此直线属于该平面。
③ 若一直线经过某平面上的一点,且平行于该平面内的一条直线,则此直线属于该平面。

下面举例说明如何运用上述几何原理解答有关的作图问题。

【例 2-9】 如图 2-45a 所示,已知点 K、F 属于平面 $\triangle ABC$,k' 及 f 已给出,求所缺投影 k 及 f'。

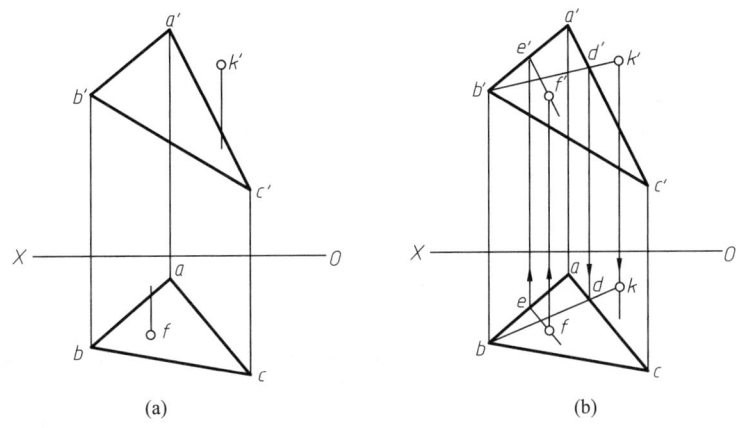

图 2-45 补属于平面的点所缺投影

分析:因点 K、F 属于平面 $\triangle ABC$,过 K、F 可以作属于平面 $\triangle ABC$ 的直线,则点 K、F 的投影必属于该直线的同面投影。

作图步骤如图 2-45b 所示。

① 在正面投影图上作辅助线 $k'b'$,与 $a'c'$ 交于点 d',求出点 D 的水平投影 d,连 b、d 并延长,则点 K 的水平投影 k 必属于 bd。

② 在水平投影图上,过 f 作 fe ∥ ac,与 ab 交于 e,由 e 求得 e'。再过 e' 作 $a'c'$ 的平行线,则点 F 的正面投影 f' 必属于该平行线。

【例 2-10】 如图 2-46a 所示,试判别点 K 是否属于已知平面 $(AB \cap BC)$。

分析:判别点是否属于平面,可归为判别点是否属于该平面的直线。

作图步骤:

① 过 k 作属于平面的直线 DE 的水平投影 de $(de \parallel bc)$,如图 2-46b 所示。

② 作出 DE 的正面投影 $d'e'$ $(d'e' \parallel b'c')$,如图 2-46c 所示。k 不属于 $d'e'$,因此点 K 不属

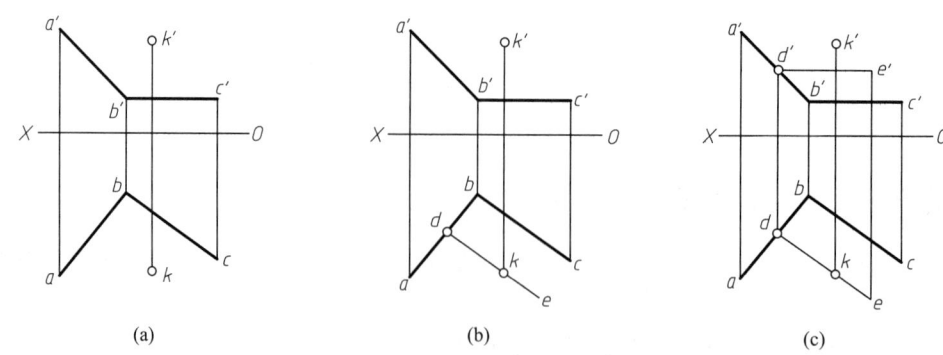

图 2-46 判别点是否属于平面

于已知平面 $AB \cap BC$。

【例 2-11】 完成平面图形 $ABCDEF$ 的水平投影,如图 2-47a 所示。

分析:运用点、直线及平面从属关系的几何原理和平行两直线的投影性质,即可补画出平面图形的水平投影。

作图步骤如图 2-47b、c 所示。

① 在正面投影图上,过点 d' 作 $d'g' /\!/ a'b'$,与 $b'c'$ 相交于 g',由 g' 求得点 g,过 g 作 ab 的平行线,则点 d 必属于该直线。

② 得到点 d 后,即可根据"平行两直线的同面投影必平行"这一性质,过点 d 作 $de /\!/ bc$,得点 e,再过 e 作 $ef /\!/ ab$,得点 f,连 af,得到 $abcdef$,即为所求。

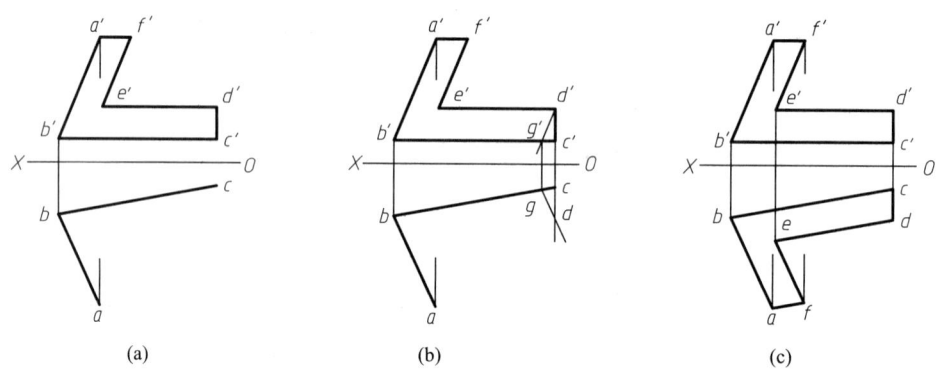

图 2-47 补画平面图形的水平投影

通过上述作图步骤得出答案后,还可通过检验 af 是否平行于 bc 来判断作图的准确性。此题也可根据平行关系,先求点 f,再求 e、d,这样作图更简捷。

【例 2-12】 如图 2-48a 所示,已知 AB 平行于 CD,完成平面图形的正面投影。

分析:运用点、直线及平面从属关系的几何原理和平行两直线的投影性质,即可补画出平面图形的水平投影。

作图步骤如图 2-48b 所示。

① 在正面投影图上,过点 b' 作 $c'd'$ 的平行线,则 a' 必在该平行线上,由 a 按点的投影规律求得 a'。

② 在水平投影图上延长 ae，交 cd 于一点 m，求出 m'。连接 a'、m'，则可求出 e'。

③ 在水平投影图上延长 fe，交 bc 于一点 n，求出 n'。连接 n'、e' 并延长，则可求出 f'。连接 d'、f'、e'、a'，完成平面图形的正面投影。

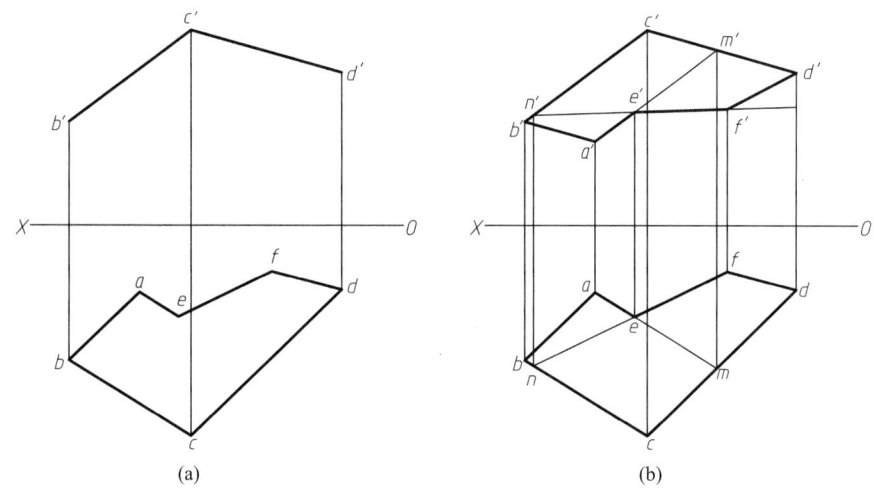

图 2-48 补画平面图形的正面投影

二、属于平面的特殊位置直线

在属于平面的所有直线中，有两类直线是值得特别研究的，它们是属于平面的投影面平行线和属于平面的投影面最大斜度线。

1. 属于平面的投影面平行线

属于平面的投影面平行线有属于平面的水平线、正平线和侧平线三种。平面内，平行于同一投影面的直线彼此平行，且平行于平面的同面迹线。它们既符合平面内直线的几何性质，又具有投影面平行线的投影特征，如图 2-49a 所示。

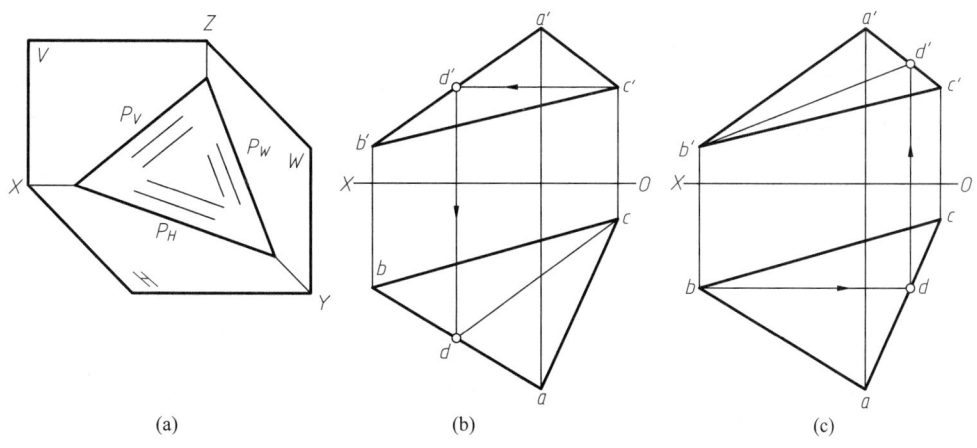

图 2-49 属于平面的投影面平行线

在作属于平面的投影面平行线时,应先作平行于投影轴的那个投影,再按补作属于平面的直线所缺投影的作图方法作出其他投影,如图 2-49b、c 所示。

【例 2-13】 求作属于已知平面(图 2-50a)的点 K,使点 K 到 H 面、V 面的距离均为 15 mm。

分析:属于已知平面,并且到 H、V 面为定距离的点的轨迹分别为属于已知平面的水平线和正平线,两条轨迹直线的交点即为所求的定点。

作图过程如图 2-50b、c、d 所示。图 2-50d 中,通过判断 k'、k 的投影连线是否垂直于 OX 轴可以检验作图的准确性。

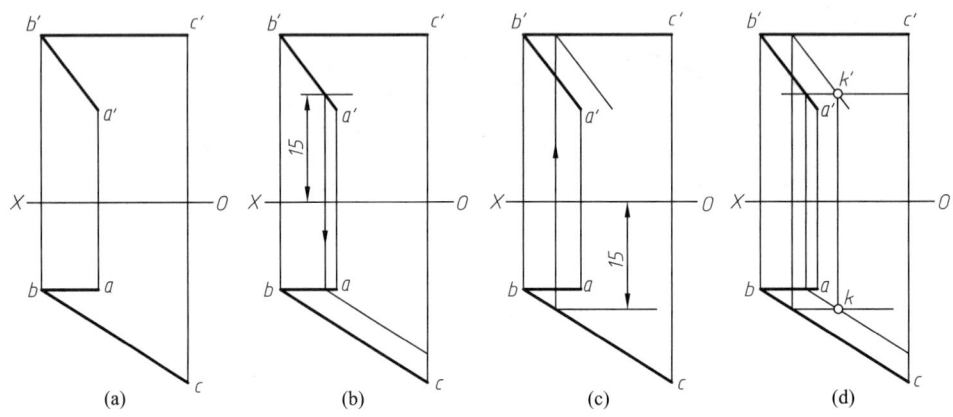

图 2-50 求作属于平面的点

2. 属于平面的投影面最大斜度线

属于平面的与某投影面成最大倾角的直线称为对该投影面的最大斜度线,分为对 H 面、V 面和 W 面的三种最大斜度线。下面以对 H 面的最大斜度线为例分析其投影性质,如图 2-51 所示。

直线 AE 是属于平面 P 的对 H 面的最大斜度线,对 H 面的倾角为 α。过点 A 可作无数条属于平面 P 的直线,如 AE、AE_1、AE_2、$\cdots$,它们对 H 面的投影分别为 ae、ae_1、ae_2、$\cdots$,由此可见 $\triangle Aae$、$\triangle Aae_1$、$\triangle Aae_2$、$\cdots$ 都是直角三角形。而它们有共同的直角边 Aa,由于 AE、AE_1、AE_2、$\cdots$ 的长度不同,其对 H 面的倾角 α、α_1、α_2、$\cdots$ 亦不相等,其中 α 角最大,因此 AE 在诸条线中最短,即为点 A 到线 P_H 的距离,故 $AE \perp P_H$。P_H 是平面 P 对 H 面的迹线,所以 AE 垂直于属于平面 P 的所有水平线。图 2-51 所示 MN 为过点 A 的 P 平面内的水平线,则 $AE \perp MN$,根据直角投影定理可知 $ae \perp mn$。

由此可以得知属于平面的对投影面最大斜度线的投影特性:

对 H 面的最大斜度线的水平投影必垂直于属于该平面的水平线的水平投影。同理,对 V 面的最大斜度线的正面投影必垂直于属于该平面的正平线的正面投影;对 W 面的最大斜度线的侧面投影必垂直于属于该平面的侧平线的侧面投影。

所以,属于平面的对三投影面的最大斜度线分别为三组互相平行的线集,如图 2-52 所示。

§2-7 属于平面的点和直线   59

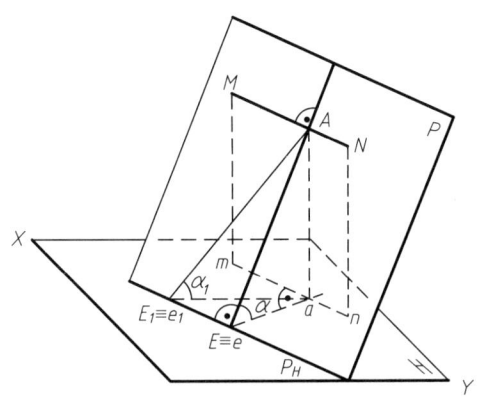

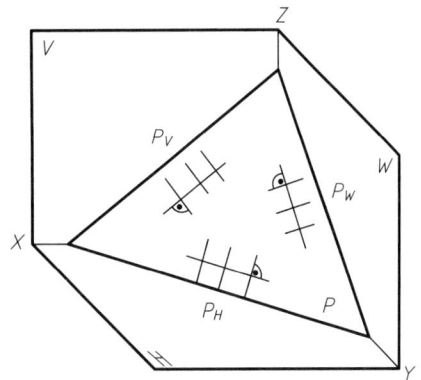

图 2-51 属于平面的对 H 面的最大斜度线　　　图 2-52 属于平面的对投影面的最大斜度线

由图 2-51 不难看出,最大斜度线 AE 与 H 面的夹角即为平面 P 对水平投影面的倾角,所以常常利用作平面最大斜度线的方法求得平面对投影面的倾角。

如图 2-53a 所示,为求 △ABC 平面对 H 面的倾角 α,应先作属于平面的对 H 面的最大斜度线,再用直角三角形法作出最大斜度线对 H 面的倾角即为所求。若求该平面对 V 面的倾角,则应作出属于平面的对 V 面的最大斜度线,并求其对 V 面的倾角,如图 2-53b 所示。

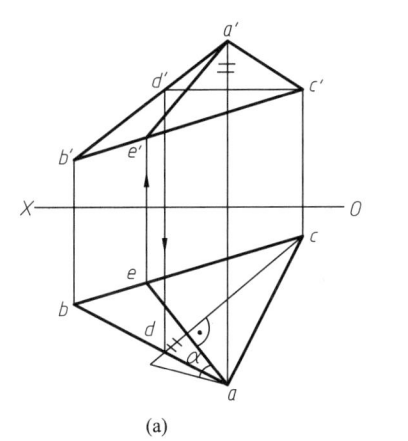
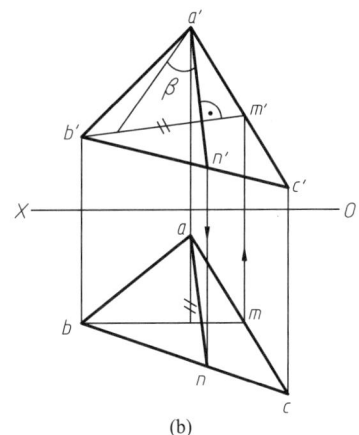

图 2-53 求平面对投影面的倾角

【例 2-14】 如图 2-54a 所示,试过水平线 AB 作一对 H 面成 45°倾角的平面。

分析:因属于平面的对 H 面的最大斜度线与 H 面的倾角反映该平面对 H 面的倾角,并且属于定平面的对某投影面的最大斜度线是一组互相平行的直线,故只要作出任意一条与 AB 垂直,且与 H 面成 45°倾角的直线 CD,则本题得解。

作图步骤如图 2-54b 所示。

① 在 ab 上任取一点 c,过 c 作 ab 的垂线 cd,长度任取。

② 由 c 求出 c',过 d 作投影连线,使 c'd' 的坐标差等于 cd,则 AB∩CD 即为所求平面。

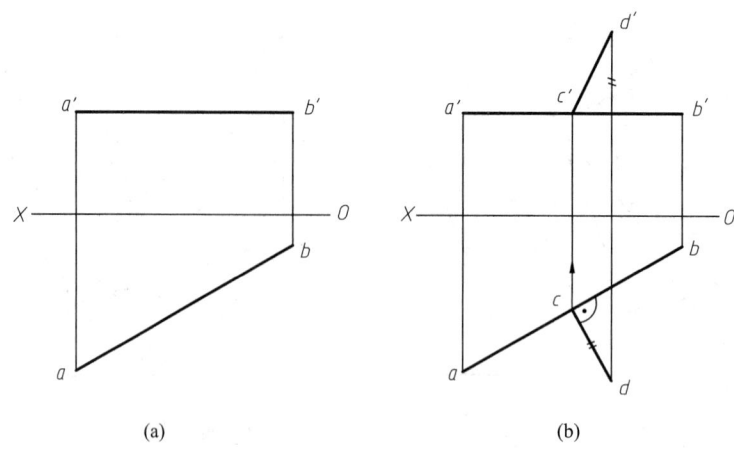

图 2-54 作对 H 面成 45°倾角的平面

第3章 直线与平面、平面与平面的相对位置

直线与平面、平面与平面在空间的相对位置有平行和相交两种情况,而垂直是相交的特殊情况。研究直线、平面间各种相对位置的投影特性以及如何根据投影图判断其空间相对位置,是画法几何解决空间几何元素之间定位和度量问题的基础。

§3-1 平行问题

一、直线与平面平行

1. 几何条件

若一直线平行于属于某平面的一条直线,则此直线平行于该平面。反之,若过某平面内的任一点能作出属于该平面的一条直线与空间已知直线平行,则该平面与已知直线平行。如图 3-1a 所示,$CD \in P$,$MN \mathbin{/\mkern-5mu/} CD$,故 $MN \mathbin{/\mkern-5mu/} P$。图 3-1b 是它们的投影图。

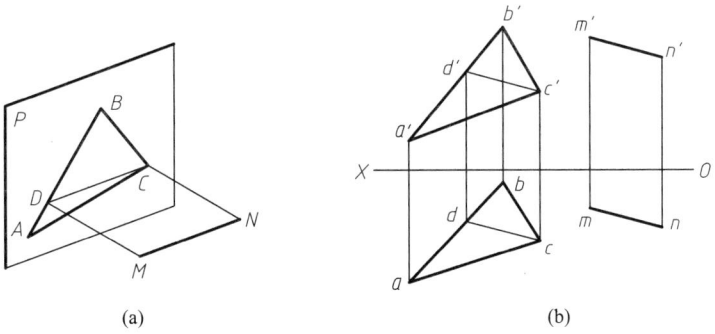

图 3-1 直线与平面平行

2. 作图举例

【例 3-1】 如图 3-2a 所示,过已知点 M 作一水平线 MN 平行于已知平面 $\triangle ABC$。

分析:过空间一点作已知平面的平行线可以作无数条,但本题要求所作直线为水平线,这样,所作直线应平行于属于 $\triangle ABC$ 的水平线。

作图步骤如图 3-2b 所示。

① 在平面 $\triangle ABC$ 内任作一水平线,设为 $CD(c'd' \mathbin{/\mkern-5mu/} OX)$,并作出其水平投影 cd。

② 根据直线、平面的平行条件,作 $m'n' \mathbin{/\mkern-5mu/} OX$,亦即 $m'n' \mathbin{/\mkern-5mu/} c'd'$,再作 $mn \mathbin{/\mkern-5mu/} cd$,$MN$ 即为所求。

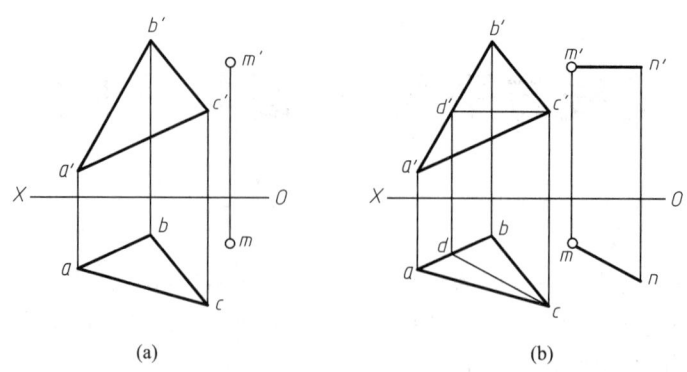

图 3-2　过已知点作水平线平行于已知平面

【例 3-2】　如图 3-3 所示,判别直线 AB 是否平行于△DEF。

分析:根据直线、平面的平行条件,若能作出属于△DEF 的一条直线与直线 AB 平行,则直线 AB 与△DEF 平行,否则不平行。

作图步骤:

① 作属于△DEF 的直线 CD,使得 cd∥ab,求出其正面投影 c'd'。

② 检查 c'd'与 a'b'是否平行。显然 c'd'不平行于 a'b',即直线 AB 与平面△DEF 不平行。

对于判别直线与特殊位置平面是否平行,只要判别在平面积聚为成线影的投影图上直线和面的投影是否平

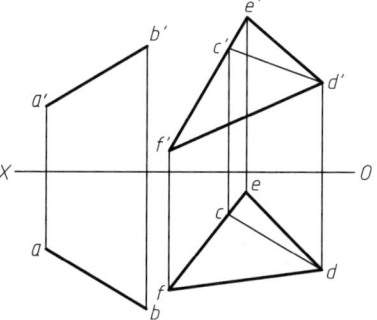

图 3-3　判别直线与平面是否平行

行即可。如图 3-4a 所示,直线 MN 与铅垂面 P 平行,其水平投影 mn∥P_H。图 3-4b 所示直线 LK 与水平面 ABCD 平行。

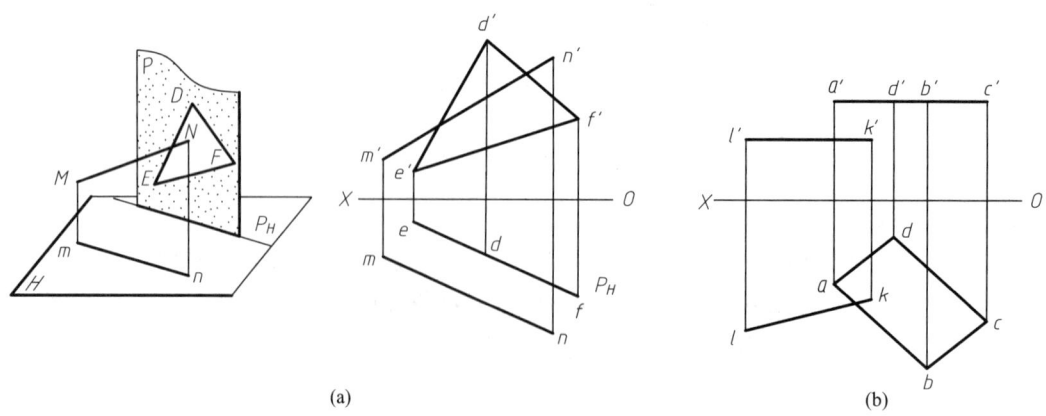

图 3-4　直线与特殊位置平面平行

二、平面与平面平行

1. 几何条件

若一平面上的两条相交直线对应平行于另一平面上的两条相交直线,则此两平面互相平行。

如图 3-5 所示,由于 $AB // EF$,$CD // GH$,则由相交两直线所确定的平面 P 与 Q 是平行的。

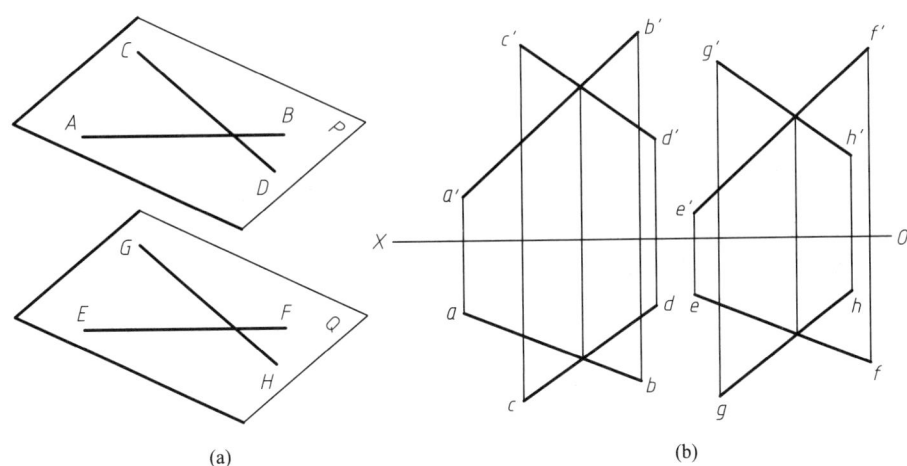

图 3-5 两平面互相平行

2. 作图举例

【例 3-3】 如图 3-6 所示,已知平面 △ABC 与面外一点 S,试过点 S 作一平面与平面 △ABC 平行。

分析:根据平面平行的几何条件,过点 S 作一对相交直线平行于 △ABC 内一对相交直线,则所作两相交直线所确定的平面即为所求。

作图步骤:

① 过点 S 作直线 SD // AB,即 $sd // ab$、$s'd' // a'b'$。
② 过点 S 作直线 SE // BC,即 $se // bc$、$s'e' // b'c'$。
③ 相交直线 SD 和 SE 所确定的平面即为所求。

【例 3-4】 如图 3-7 所示,判别平面 △ABC 与四边形 DEFG 是否平行。

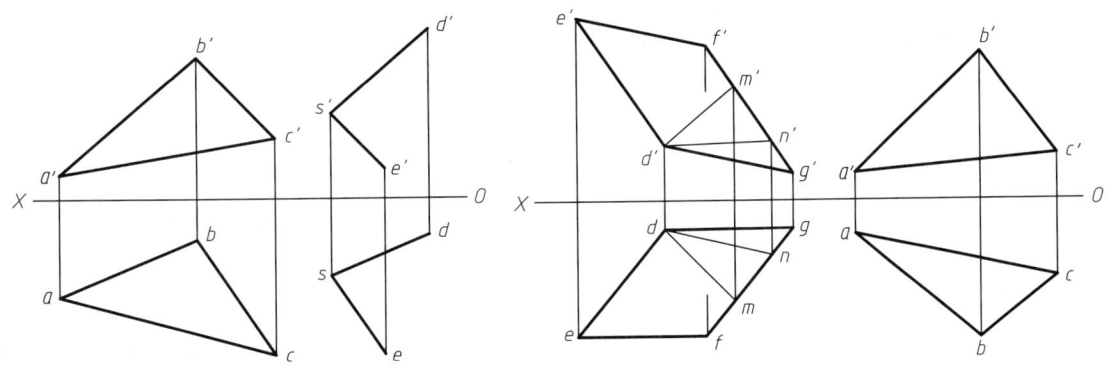

图 3-6 过点作平面与已知平面平行   图 3-7 判别两平面是否平行

分析:可在任一平面内作两相交直线,若在另一平面内也能作出与之对应平行的两相交直线,则两平面平行,否则不平行。

作图步骤:

① 在平面四边形 $DEFG$ 内过点 D 作两相交直线 DM 和 DN,使 $d'm' // a'b'$、$d'n' // a'c'$。

② 作出两相交直线 DM 和 DN 的水平投影 dm 和 dn。

③ 由于 $dm // ab$、$dn // ac$,即 $DM // AB$、$DN // AC$,所以可判定平面 $\triangle ABC$ 与四边形 $DEFG$ 平行。

若垂直于某投影面的两平面互相平行,则它们在该投影面上的投影——成线影必互相平行,如图 3-8 所示。这样,根据具有积聚性的同面投影是否平行,就可以判别特殊位置的两平面在空间是否平行了。

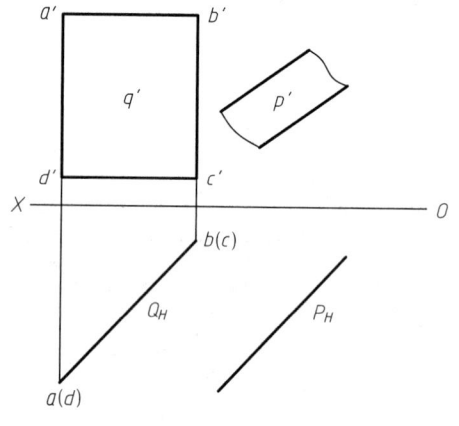

图 3-8 两垂直面互相平行

§3-2 相交问题

直线与平面、平面与平面如果不平行则必相交。直线与平面的交点,是直线与平面的共有点。两平面相交的交线,是相交两平面的共有线。求交线时,只要求出属于两平面的两个共有点或一个共有点及交线的方向,两平面的交线即可求出。下面讨论求交点、交线的作图方法。

一、投影积聚性法

当直线或平面垂直于投影面时,它们在所垂直的投影面上的投影有积聚性,利用投影积聚性,可以使求解过程大为简化。

1. 一般位置直线与特殊位置平面相交

如图 3-9a 所示,一般位置直线 MN 与铅垂面 $\triangle ABC$ 相交,交点 K 为直线 MN 与平面 $\triangle ABC$ 的共有点。由于铅垂面的水平投影有积聚性,这样,交点 K 的水平投影即是直线 MN 的水平投影 mn 与平面成线影的交点 k。根据点属于直线的作图方法,可求得交点 K 的正面投影 k',如图 3-9b 所示。

求出交点的投影后,还要对直线与平面重影部分的可见性进行判别。交点是直线投影可见与不可见部分的分界点,根据直线与平面的位置关系,MK 一段在铅垂面之前,KN 在其后。因此,正面投影 $m'k'$ 为可见的,画成粗实线;$k'n'$ 与 $\triangle a'b'c'$ 重影的一段为不可见的,画成细虚线。

图 3-9c 表示了一般位置直线与水平面相交求交点的作图过程。由积聚性可确定点 k',由 k' 得到 k,bk 可见,因为 BK 在水平面上方。

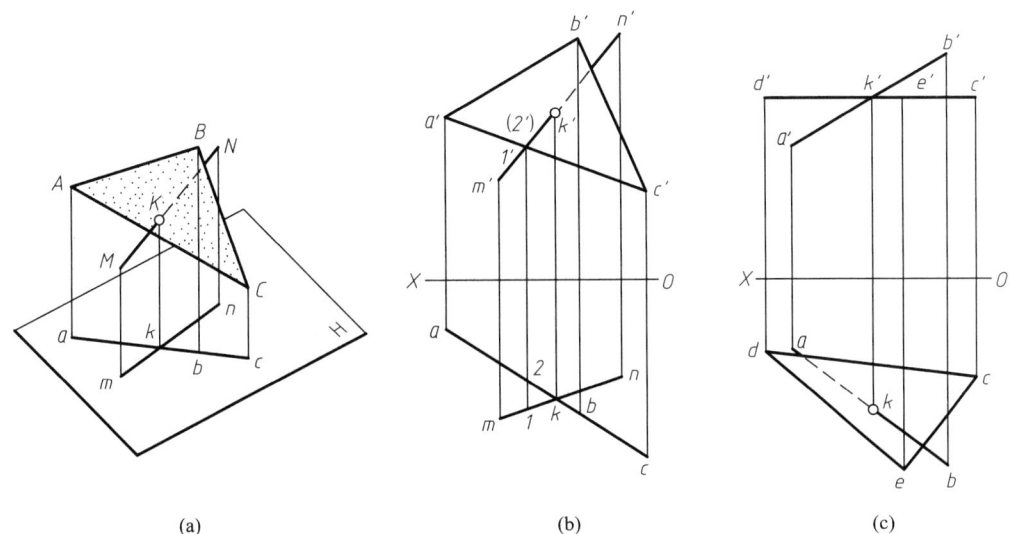

图 3-9 一般位置直线与特殊位置平面相交

2. 垂直线与一般位置平面相交

图 3-10 所示为一正垂线 MN 与一般位置平面 △ABC 相交。直线 MN 的正面投影有积聚性，即交点 K 的正面投影 k′ 与直线 MN 的正面投影 m′n′ 均重影为一点。

根据共有性，交点 K 又属于平面 △ABC，故可在 △ABC 内过点 K 作一辅助线 AD，即可确定交点 K 的水平投影 k。

判别重影部分的可见性，正面投影无可见性问题，其水平投影的可见性判别如下：直线 MN 与 △ABC 的边 AC 为交叉两直线，由它们水平投影的重影点Ⅰ、Ⅱ可判定 AC 在上，因而，直线 MN 的水平投影 2k 一段在 △abc 之下，为细虚线。

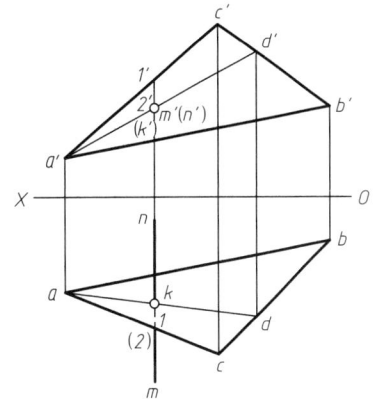

图 3-10 垂直线与一般位置平面相交

3. 特殊位置平面与一般位置平面相交

图 3-11a 所示为一铅垂面 ABCD 与一般位置平面 △EFG 相交，求其交线 MN。由于铅垂面 ABCD 的水平投影积聚为直线，根据共有性，交线 MN 的水平投影 mn 必与 a(b)(c)d 重合。由 mn 可以作出其正面投影 m′n′，如图 3-11b 所示。

可见性的判别。两平面的交线是两平面重影部分可见与不可见的分界线。同一平面交线两侧重影部分的可见性总是相反。因此，只要在每个投影面上任找一对重影点进行比较，就可判定整个投影的可见性。

现对两平面重影部分的可见性进行判别，水平投影无可见性问题。正面投影中选择一对重影点 1′≡2′=a′b′∩e′f′，Ⅰ∈AB、Ⅱ∈EF，由水平投影可判定Ⅰ在前、Ⅱ在后，即正面投影 a′b′ 挡住 e′f′，由此可得 m′n′ 左侧图形 m′n′f′e′ 与 □a′b′c′d′ 重合部分为不可见的，画成细虚线。按照"同面的异侧、异面的同侧可见性相反"的原则，即可确定全部投影的可见性。

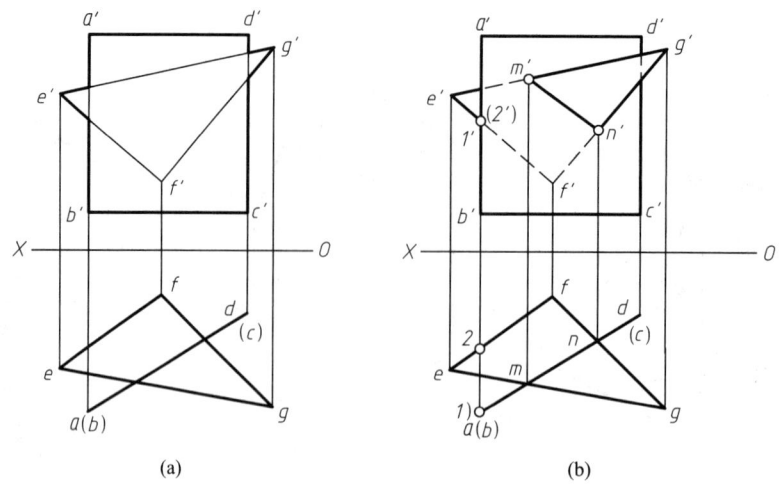

图 3-11 垂直面与一般位置平面相交

二、辅助平面法

当直线或平面都处于一般位置时,则不能利用投影积聚性法作图。此时,可利用作辅助平面的方法来求交点或交线。

1. 一般位置直线与一般位置平面相交

当平面和直线都处于一般位置时,只能应用辅助平面的方法来求交点,其原理如图 3-12 所示。假如包含直线 MN 作一辅助平面 P,则面 P 与平面 ABC 必有一交线 Ⅰ Ⅱ,它是两个平面的公有线,因此 MN 与 Ⅰ Ⅱ 的交点就是 MN 与平面 ABC 的公共点,也就是 MN 与平面 ABC 的交点。包含直线 MN 作辅助平面可以作无数个,为了使作图简化,一般都选择投影面的垂直面作为辅助平面。

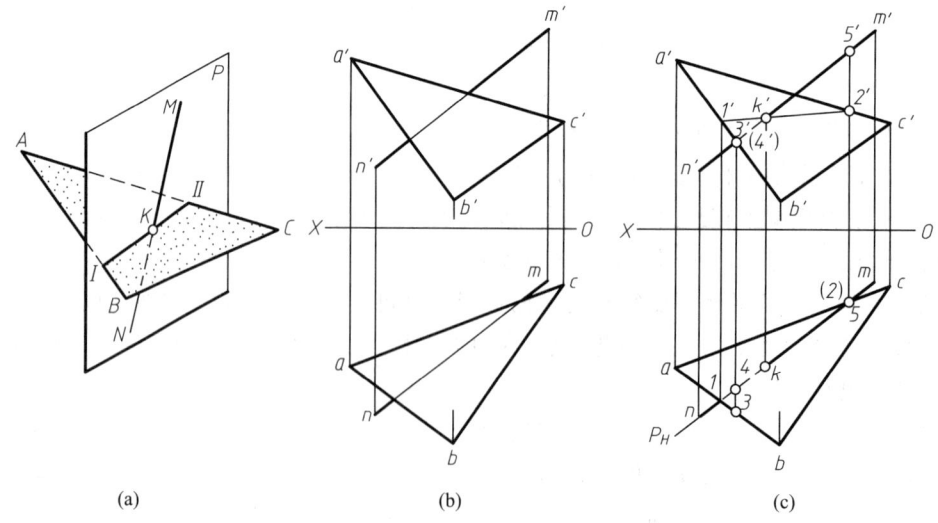

图 3-12 一般位置直线、平面相交

作图步骤:

① 包含直线 MN 作铅垂面 P 作为辅助平面。因为铅垂面的水平投影有积聚性,所以 P_H 与 mn 重合。

② 求辅助平面 P 与平面△ABC 的交线ⅠⅡ。交线ⅠⅡ的水平投影应与 P_H 重合,其上两点 1、2 是 P_H 与 ab 及 ac 的交点。因此,可求出交线的正面投影 1'2'。

③ 求交线ⅠⅡ与直线 MN 的交点 K。根据 1'2' 与 m'n' 的交点 k',在 mn 上求出 k,则 K 即为直线 MN 与平面 ABC 的交点。

④ 判别可见性。根据重影点Ⅲ和Ⅳ可判别出正面投影的可见性;根据重影点ⅡⅤ可判别出水平投影的可见性。

2. 两个一般位置平面相交

如果两平面不平行,就一定相交,交线为一直线,而且是两平面的共有线。所以,只要求出属于交线的两个共有点,便可求得交线。

求共有点常用以下两种方法:

(1) 线面交点法 在一平面内任取两条直线,作出它们与另一平面的交点,将所得交点连成直线,即为两平面的交线。

【例 3 - 5】 已知平面△ABC 和平面△DEF 的投影,如图 3 - 13a 所示,求两平面的交线。

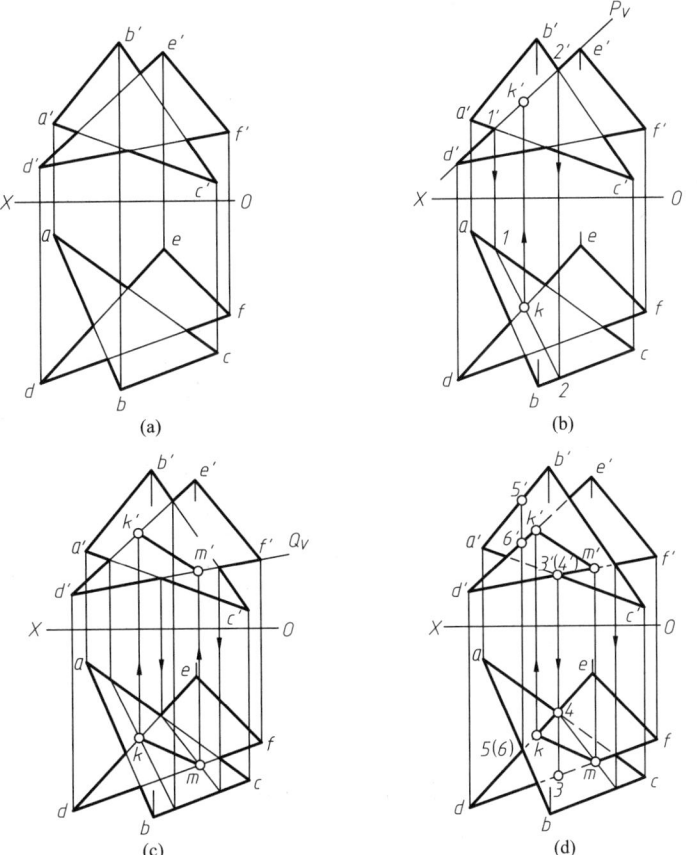

图 3 - 13 求两一般位置平面的交线

分析：利用线面交点法求交线上两点。平面△DEF 的两边 DE、DF 为空间一般位置直线,分别求出它们与△ABC 的交点 K、M,连接 KM 即为两平面的交线。

作图步骤：求 DE 边与△ABC 的交点 K,如图 3 – 13b 所示。

① 包含 DE 作辅助平面 P⊥V。
② 求 P 与△ABC 的交线 Ⅰ Ⅱ（12、1'2'）。
③ 求 Ⅰ Ⅱ 与 DE 的交点 K(k、k')。

点 K 即为两平面的一个共有点。同理,包含 DF 作辅助面 Q⊥V,可以求得另一个共有点 M(m、m'),见图 3 – 13c。连接 K、M 即为△ABC 与△DEF 的交线。

④ 判别可见性的方法同前。需要强调的是,交线是两相交平面投影重叠部分可见与不可见的分界线。每个投影面上,只要选择一对重影点,便可判别出全部投影的可见性。如图 3 – 13d 中正面投影选择重影点 3'、4'进行判别,水平投影选择重影点 5、6 进行判别。

（2）三面共点法　如图 3 – 14a 所示,在求两平面交线时,作一辅助平面 P_1,该辅助面与两已知平面产生交线,两条交线的交点即为三面共有点,也就是两已知平面的共有点。同样再作一辅助平面 P_2,又可求得一个共有点。将两个共有点连成直线,即为两平面的交线。

图 3 – 14b 表示出在投影图上运用三面共点法求交线的作图过程。两已知平面分别用△EFG 和 ABCD 给出。首先作水平辅助面 P_1,在正面投影图上用 P_{1V} 表示。然后求辅助平面与已知两平面的交线。交线的正面投影积聚在 P_{1V} 上,据此求出其水平投影。两条交线水平投影的交点 k_1 得到后,再求出其正面投影 k'_1（$k'_1 \in P_{1V}$）。则 $K_1(k_1、k'_1)$ 为两平面的一个共有点。同理,再作辅助平面 P_2,又可求得两平面的另一个共有点 $K_2(k_2、k'_2)$。连接 K_1、K_2 即为两平面的交线。为作图方便,辅助平面 P_1、P_2 均为水平面,这样,两辅助平面与已知平面产生的交线互相平行。

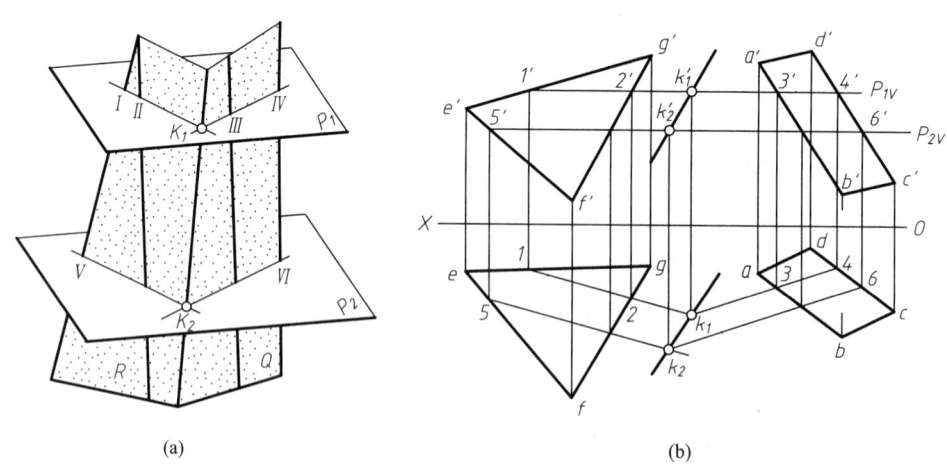

图 3 – 14　用三面共点法求两平面的交线

§3-3 垂直问题

研究直线、平面间的垂直问题,是解决空间几何元素之间距离、角度等度量问题的作图基础。要着重理解垂直关系的投影特性、判断依据和作图方法。

一、直线与平面垂直

1. 几何条件

若一直线垂直于属于某平面的任意两相交直线,则此直线垂直于该平面。反之,如果在某平面内过任意一点,均能作出两相交直线与空间已知直线垂直,则此平面与该直线垂直。若一直线垂直于一平面,则该直线必垂直于该平面上的一切直线。

如图 3-15 所示,直线 MK 垂直于平面 $\triangle ABC$,其垂足为 K。若过点 K 作一水平线 AD,则 $MK \perp AD$,由直角投影定理知 $mk \perp ad$。再过点 K 作一正平线 EF,则 $MK \perp EF$,同理,$m'k' \perp e'f'$。由此得到直线垂直于平面的投影规律如下:

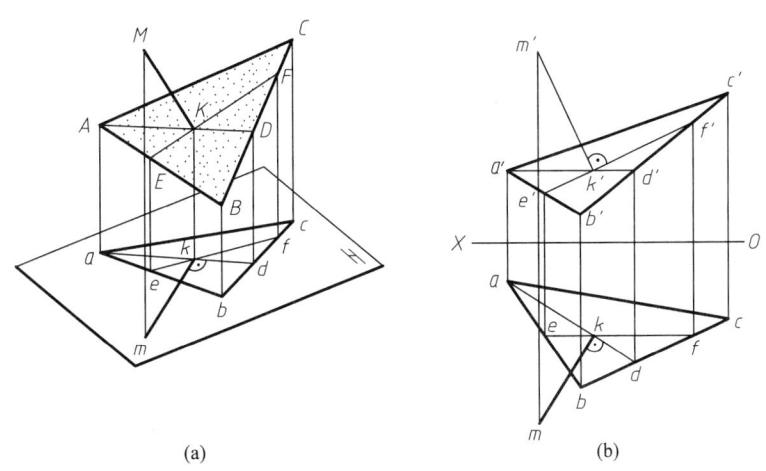

图 3-15 直线与平面垂直

若一直线垂直于某平面,则此直线的水平投影垂直于该平面内的水平线的水平投影,此直线的正面投影垂直于该平面内的正平线的正面投影。

反之,若一直线的水平投影垂直于某平面内的水平线的水平投影,直线的正面投影垂直于该平面内的正平线的正面投影,则此直线必垂直于该平面。

2. 作图举例

【例 3-6】 过点 S 作直线垂直于平面 $\triangle ABC$,如图 3-16a 所示。

作图步骤如图 3-16b 所示。

① 根据直线垂直于平面的投影规律,作属于 $\triangle ABC$ 的正平线 $A\mathrm{I}$ 。

② 作属于 $\triangle ABC$ 的水平线 $A\mathrm{II}$ 。

③ 由点 $S(s、s')$ 作 $l' \perp a'1'$,$l \perp a2$,则直线 $L(l、l')$ 即为所求。

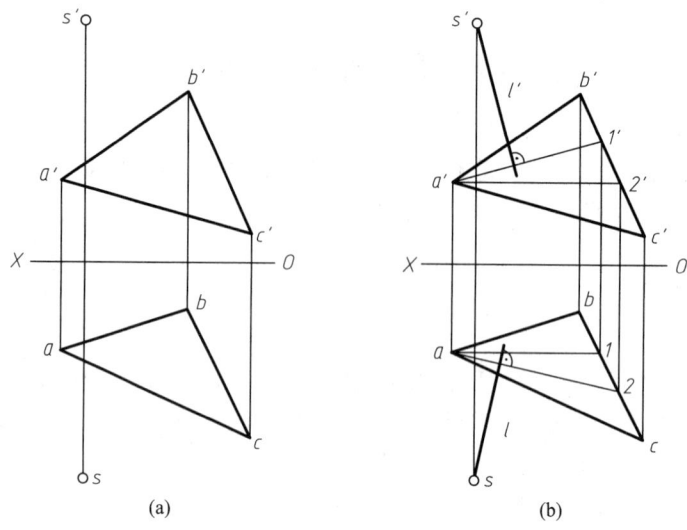

图 3-16 过点作直线垂直于平面

【例 3-7】 过点 S 作平面垂直于直线 AB,如图 3-17a 所示。

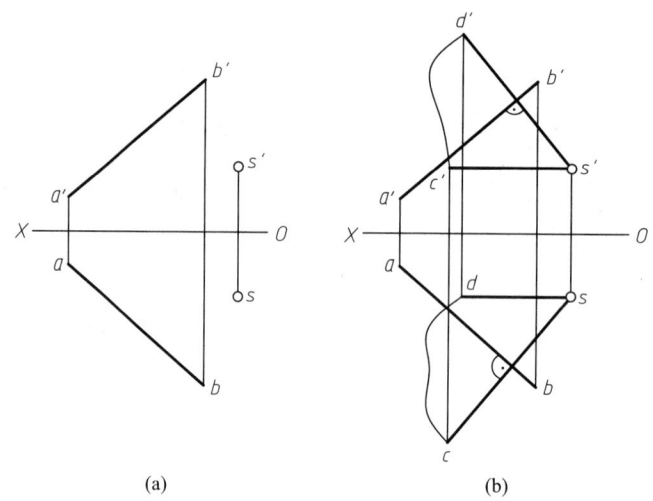

图 3-17 过点作平面垂直于直线

作图步骤如图 3-17b 所示。

① 根据直线与平面垂直的投影规律,过点 S 作水平线 SC,使其水平投影 $sc \perp ab$。

② 过点 S 作正平线 SD,使其正面投影 $s'd' \perp a'b'$。

③ 相交两直线 $SC \cap SD$ 所确定的平面即为所求。

【例 3-8】 如图 3-18 所示,判别直线 MN 是否垂直于平面 $\triangle ABC$。

作图步骤:

① 根据直线与平面垂直的投影规律,作属于 $\triangle ABC$ 的水平线 AD 和正平线 BE。

② 检查 MN 的水平投影 mn 是否与 AD 的水平投影 ad 垂直。

③ 检查 MN 的正面投影 m'n'是否与 BE 的正面投影 b'e'垂直。

④ 如果上述均垂直,则说明直线 MN 垂直于△ABC;否则,直线与平面不垂直。显然 MN 不垂直于平面△ABC。

若直线与特殊位置平面垂直,则在平面积聚为成线影的投影上直接反映垂直关系,此时的直线亦为特殊位置直线。如图 3-19a 所示,与正垂面垂直的直线必为正平线,在正面投影中反映垂直关系。图 3-19b 所示垂直于水平面的直线必为铅垂线,在正面投影上反映垂直关系。

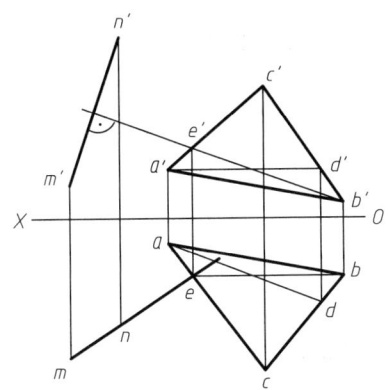

图 3-18 判别直线与平面是否垂直　　图 3-19 与特殊位置平面垂直的直线

二、两平面互相垂直

1. 几何条件

若一直线垂直于某平面,则包含这条直线的一切平面都垂直于该平面。反之,若两平面互相垂直,则由第一个平面内的任一点向第二个平面作垂线,此垂线必属于第一个平面。如图 3-20 所示。

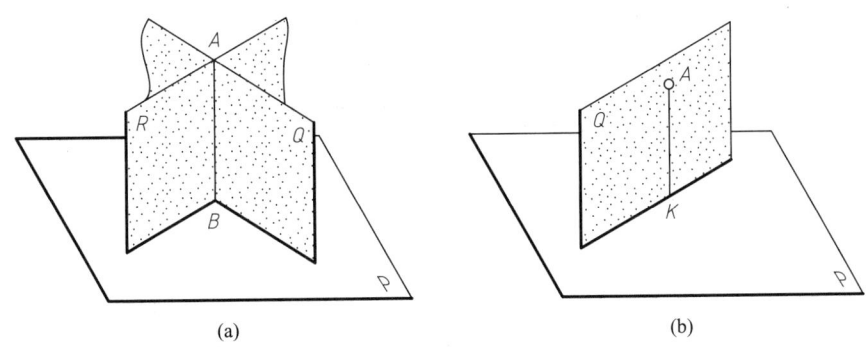

图 3-20 两平面互相垂直

2. 作图举例

【例 3-9】 过点 S 作一平面垂直于平面△ABC,如图 3-21 所示。

分析：根据两平面垂直的几何条件，首先过点 S 作 △ABC 的垂线 SD，再任作一条直线 SE 与 SD 相交，所组成的平面即为所求。显然，符合题意的平面有无数个，此例仅是其中之一。

作图步骤：

① 在 △ABC 内任作一条正平线 IC 和一条水平线 IIC，其投影为 1c、1'c' 和 2c、2'c'。

② 自点 S 作 SD⊥△ABC，即 s'd'⊥1'c'，sd⊥2c。

③ 过点 S 任作一直线 SE，与 SD 构成一平面即为所求。

【例 3-10】 如图 3-22 所示，判别平面 △ABC 和平面 △DEF 是否垂直。

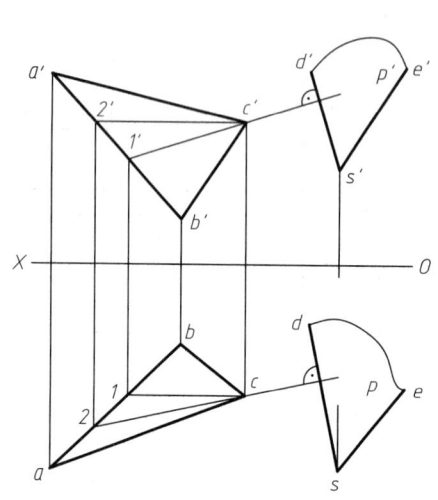
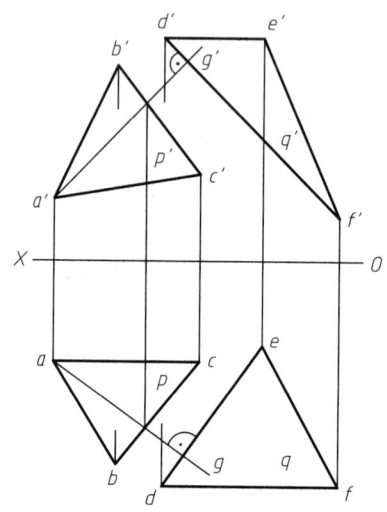

图 3-21 过点作已知平面的垂直面　　图 3-22 判别两平面是否垂直

分析：根据两平面垂直的几何条件，只要能在第一个平面内作出另一个平面的垂线，则两平面垂直，否则不垂直。

作图步骤：

① 由属于 △ABC 的点 A 作 △DEF 的垂线 AG，其投影 ag⊥de，a'g'⊥d'f'。

② 检查 AG 是否属于 △ABC，由图可见 AG 属于 △ABC，故两平面垂直。

§3-4 综合作图举例

一、解题的一般步骤

空间点、直线和平面相互间的定位和度量问题，是画法几何实际应用的重要课题，在解决这些问题时，需综合运用直线及平面平行、相交、垂直等的投影规律和作图方法，运用空间分析和空间想象的方法，从而使问题得到解决。

解题一般遵循下面的步骤：

① 分析已知条件　根据给出的投影图，想象所给出的几何元素的空间情况，分析各元素之间及其对投影面所处的相对位置情况。

② 明确所求结果　分析题目求解属于哪一类问题,建立已知条件与所求结果之间的几何联系,寻求解题途径。

③ 确定解题步骤　根据前面介绍的基本原理和基本作图方法确定解题步骤,同一题目常可有不同的作图方法,要进行分析、比较最后确定最简捷的解题方法。

④ 完成投影作图　按上面的分析,在投影图上一步一步完成作图。作图过程中注意尽量准确、减少误差。

⑤ 检查、核对、讨论　对所得结果进行检查、核对,分析讨论不同条件下的求解数量,很多情况下,题目有多种解法,但答案是唯一的。

二、综合问题举例

【例 3-11】 求点 S 到直线 AB 的距离,如图 3-23b 所示。

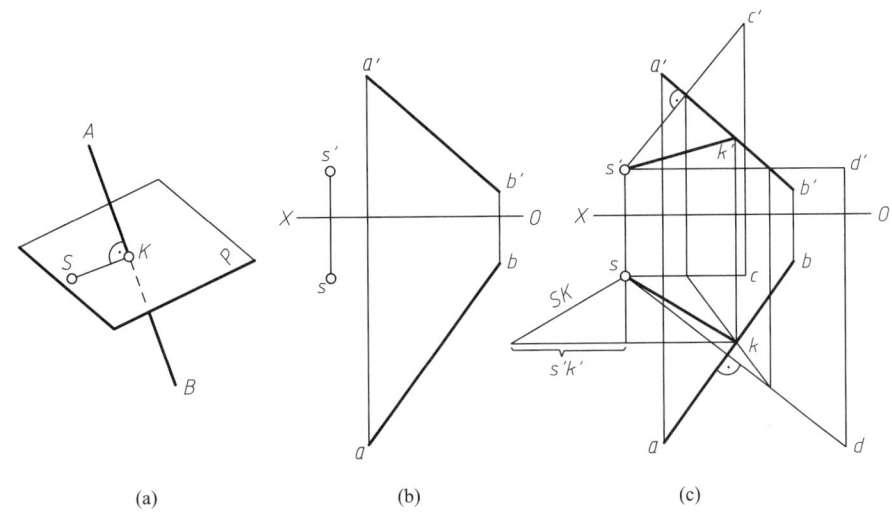

图 3-23　求点到直线的距离

分析:如图 3-23a 所示,由点 S 作直线 AB 的垂线,并作出垂足 K,SK 的实长即为点 S 到直线 AB 的距离。为求出点 K,可过点 S 作一平面 P 垂直于直线 AB,再求出 AB 与平面 P 的交点即为垂足 K。

作图步骤如图 3-23c 所示。

① 过点 S 作平面 P 垂直于直线 AB。为此作正平线 SC,使 $s'c' \perp a'b'$,再作水平线 SD,使 $sd \perp ab$。

② 求出直线 AB 与平面 P 的交点 K。

③ 连线 $s'k'$、sk 即为点 S 到直线 AB 的距离 SK 的两投影。用直角三角形法求出其实长,此题得解。

【例 3-12】 已知三直线 AB、CD、EF,求作一直线 MN 与 CD、EF 相交且与 AB 平行,如图 3-24b 所示。

分析:如图 3-24a 所示,所求的直线 MN 平行于 AB,MN 一定属于与 AB 平行的平面 P,MN 与交叉两直线 CD、EF 相交,则平面 P 应包含其中一直线 CD(或 EF),平面 P 与另一直线 EF(或 CD)相交,交点为 M,过 M 作直线平行于 AB,且与 CD(或 EF)相交于点 N,即为所求的直线 MN。

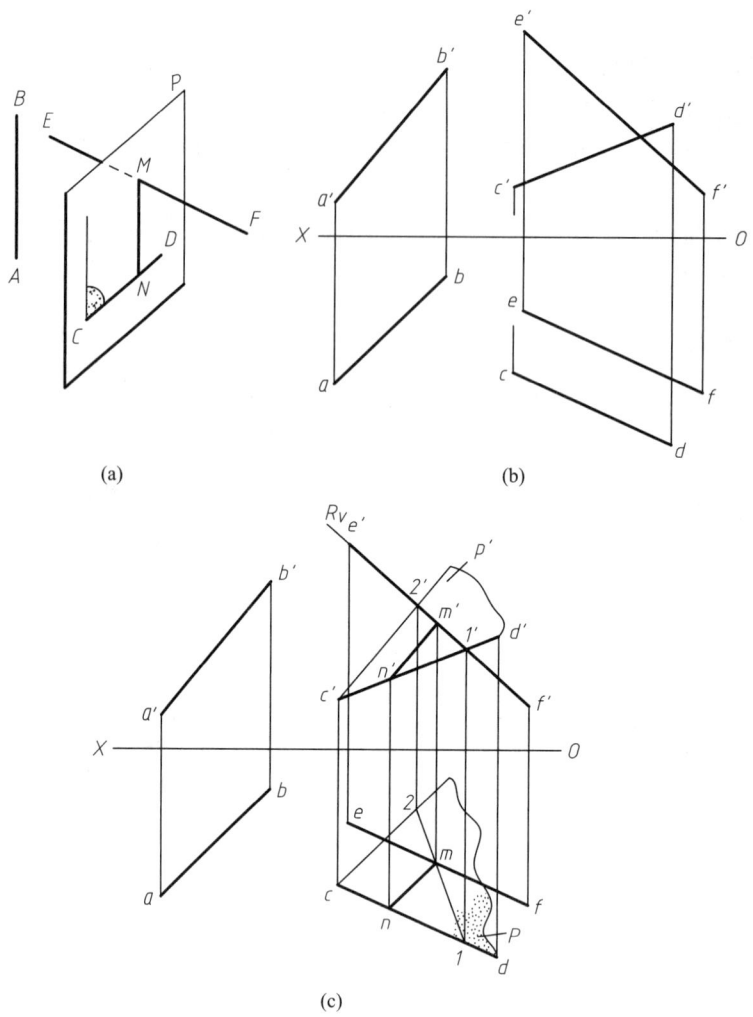

图 3-24 作一直线平行于一已知直线且相交于另两直线

作图步骤如图 3-24c 所示。

① 包含 CD 作 AB 的平行面 P。自 CD 上点 C 作直线 C Ⅱ 平行于 AB($c'2' // a'b'$、$c2 // ab$),则 $P = CD \cap C\ Ⅱ$。

② 求 EF 与平面 P 的交点 M。为此作辅助正垂面 R,求得 EF 与平面 P 的交点 M。

③ 过点 M 作直线平行于 AB,与 CD 相交于点 N,MN 为所求。

【例 3-13】 已知直角三角形 ABC 的直角边 AB,其斜边 BC 属于直线 BM,求作此直角三角形,如图 3-25b 所示。

分析:由于直角三角形 ABC 的 ∠BAC 是直角,所以与 AB 边垂直的另一直角边 AC 必在过点 A 且与 AB 垂直的平面 P 内,而点 C 即为面 P 与 BM 的交点。如图 3-25a 所示。

作图步骤如图 3-25c 所示。

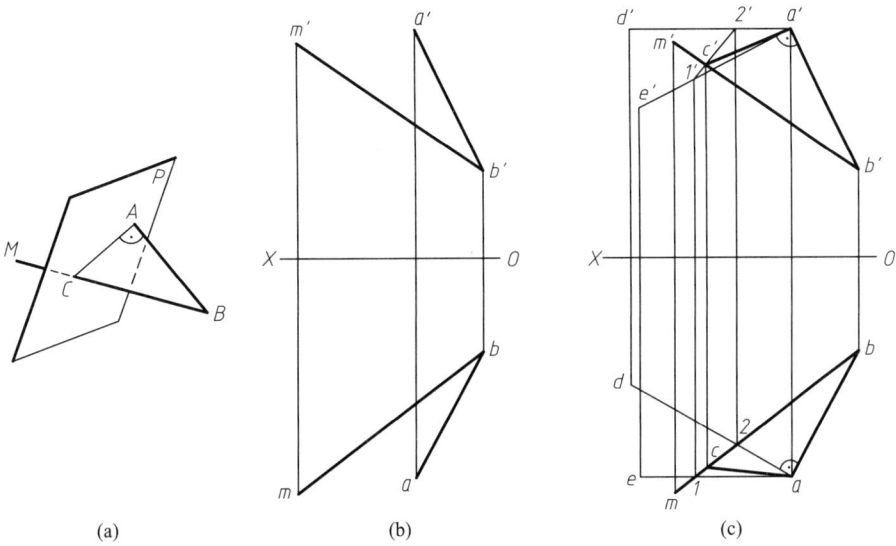

图 3-25 求作直角三角形

① 过点 A 作一平面 P 垂直于 AB。为此，由 A 作一水平线 AD 垂直于 AB，即 $a'd'$∥OX、ad⊥ab；再由 A 作一正平线 AE 垂直于 AB，即 ae∥OX、$a'e'$⊥$a'b'$。由相交两直线 AD 和 AE 所构成的平面 P 垂直于直线 AB。

② 利用辅助铅垂面求出 BM 与平面 P 的交点 C。

③ 连接 A、C 及 B、C，即得所求直角三角形 ABC。

【**例 3 – 14**】 如图 3-26a 所示，已知△ABC 和与该平面距离为 L 的一点 M 的正面投影 m'，求作点 M 的水平投影 m。

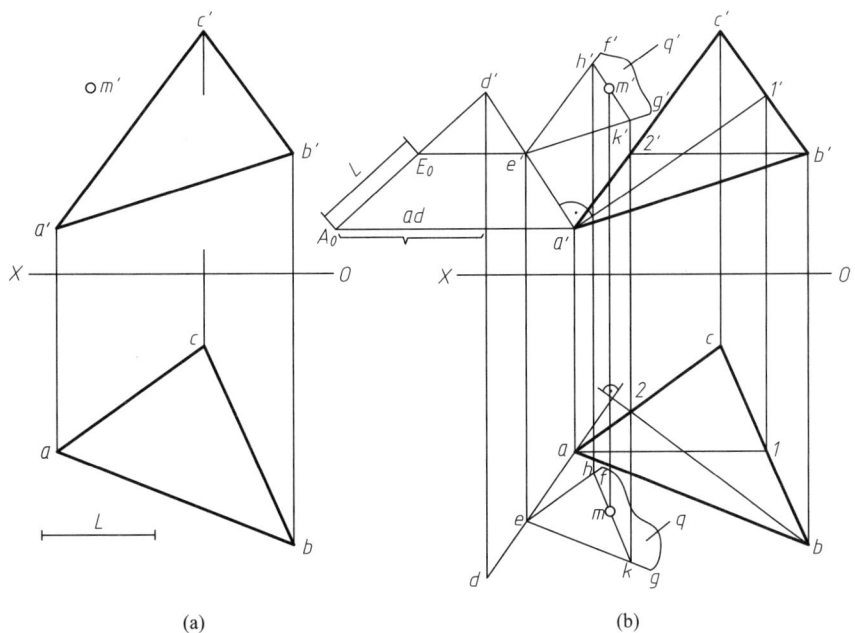

图 3-26 求作点的另一投影

分析：符合条件的点的轨迹是与 △ABC 的距离为 L 的一个平面，设为 Q，可先将此轨迹平面作出，所求点 M 一定属于该平面。根据从属性，按面内作点的方法便可作出点 M 的水平投影 m。

作图步骤如图 3-26b 所示。

① 自 △ABC 内任一点 A 作其垂线 AD。为此，在面内作正平线 AⅠ 及水平线 BⅡ，使 $a'd' \perp a'1'$、$ad \perp b2$。

② 作 AD 实长，取点 E，使 AE = L。

③ 过 E 作平面 Q(EF∩EG) 平行于 △ABC，EF∥AC、EG∥AB。

④ 根据 M∈Q，可求得点 M 的水平投影 m。

第4章 投 影 变 换

画法几何讨论的作图问题主要归结为两类:一是定位问题,即在投影图上确定空间几何元素(点、线、面)和几何体的投影;二是度量问题,即根据几何元素和几何体的投影确定它们的实长、实形、角度、距离等。

由前述两章内容可知,当空间的直线、平面对投影面处于特殊位置——平行或垂直时,上述两类问题的作图较为简便。本章将研究如何改变空间几何元素相对于投影面的位置,以达到有利于解题的目的。

投影变换的方法很多,其中比较简单和常用的有两种:变换投影面法(简称换面法)和旋转法。

§4-1 换 面 法

空间几何元素保持不动,用新的投影面替换原有的某个投影面,使空间几何元素对新投影面处于有利于解题的位置,称为换面法。

一、换面规则

更换投影面时,新投影面的位置并不是任意的。首先,空间几何元素在新投影面上的投影要有利于解题;此外,新投影面还要垂直于原来的某一个投影面,构成新的两投影面体系,如图4-1所示,以便运用正投影原理由原来的投影作出新投影。

由于新投影面的位置选择受到上述限制,解答某些问题时,更换一个投影面有时不能使空间几何元素与新投影面达到预期的相对位置,从而得不到有利于解题的新投影,这时需连续进行两次或多次换面,但每次只能更换一个投影面。如图4-2所示,先换V面,再换H面,也可以先换H面再换V面。

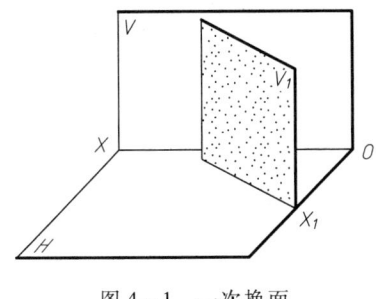

图4-1 一次换面

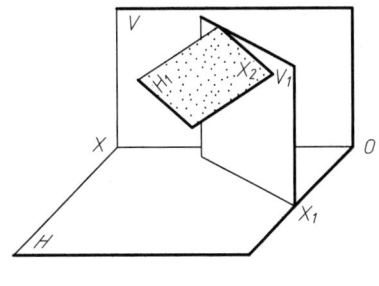

图4-2 两次换面

二、求作点的新投影

任何形体都可以看做是点的集合,所以研究运用换面法解决某些作图问题之前,首先要讨论点的新投影作法。

1. 一次换面

图 4-3 所示为更换正立投影面 V 时,点的投影变换规律。

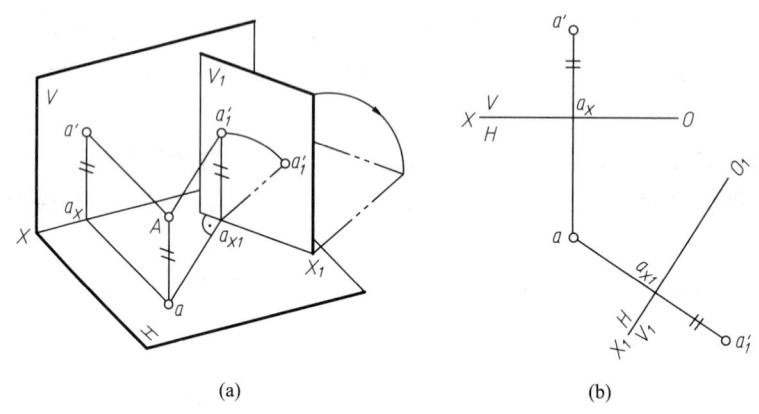

图 4-3 点的一次变换(换 V 面)

设给出 V、H 投影面体系(以后简称 V/H 体系)中的点 A 及其投影 a、a'。新投影面 V_1 垂直于原投影面 H,组成新投影面体系 V_1/H。原投影面体系 V/H 更换 V 面变成 V_1/H,称为更换正立投影面。其中,H 面称为保留投影面,V 面称为被替换投影面,V_1 面称为新投影面。H 与 V_1 面的交线 O_1X_1 称为新投影轴,简称新轴,原投影轴 OX 称为旧轴。将点 A 向 V_1 面作正投射,得到新投影 a_1'。在新、旧投影面体系中,由于 H 面保持不动,所以点 A 到 H 面的距离(z 坐标)不变,因而有 $a_1'a_{X1} = a'a_X$。

若使 V_1 面绕新轴 O_1X_1 旋转同 H 面位于同一平面,则得图 4-3b 所示的投影图。在投影图上有 $aa_1' \perp O_1X_1$,$a_1'a_{X1} = a'a_X$。其中 a 称为保留投影,a' 称为被替换投影,a_1' 称为新投影。

由上述分析可得出给定新轴 O_1X_1 的位置后求点 A 的新投影 a_1' 的作图步骤:

① 过保留投影 a 作直线 $aa_{X1} \perp O_1X_1$,得垂足 a_{X1}。

② 自 a_{X1} 在垂线上截取 $a_1'a_{X1} = a'a_X$,得点 a_1',a_1' 即是点 A 在 V_1 面上的新投影。

图 4-4 表示更换 H 面。取新投影面 H_1,使 $H_1 \perp V$,原投影面体系 V/H 变换成 V/H_1。V 面为保留投影面,H 面为被替换投影面,H_1 面为新投影面。

设点 A 在 H_1 面上的投影为 a_1,此时,点 A 到 V 面的距离(y 坐标)不变,所以 $a_1a_{X1} = aa_X$。

当新投影面 H_1 绕 O_1X_1 轴旋转同 V 面位于同一平面,在投影图上有 $a'a_1 \perp O_1X_1$,$a_1a_{X1} = aa_X$。

综合上述更换投影面的两种情况,得如下投影规律:

(1)点的新投影与保留投影的连线垂直于新轴。

(2)点的新投影到新轴的距离等于被替换投影到旧轴的距离。

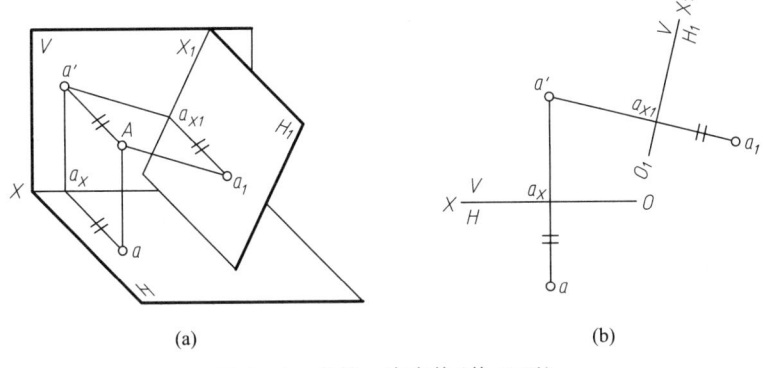

图 4-4 点的一次变换(换 H 面)

当新投影面的位置(新轴的位置)确定后,由点的原来投影作其新投影的步骤为:

(1)过点的保留投影作直线垂直于新轴,得一垂足,并延长到新投影面内。

(2)在新投影面上,自垂足在所作垂线的延长线上截取直线段等于被替换投影到旧轴的距离,截得的点即为所求新投影。

直线或平面的变换,可归结为直线上两点或平面上三点的变换,其方法、步骤与上述相同。

2. 两次换面

图 4-5 表示更换两次投影面时求作点的新投影的方法,其作图原理与更换一次投影面相同。在 V/H 体系中,先用 V_1 替换 V,使 $V_1 \perp H$ 组成 V_1/H 投影面体系(H 为保留投影面),求出 a_1'。

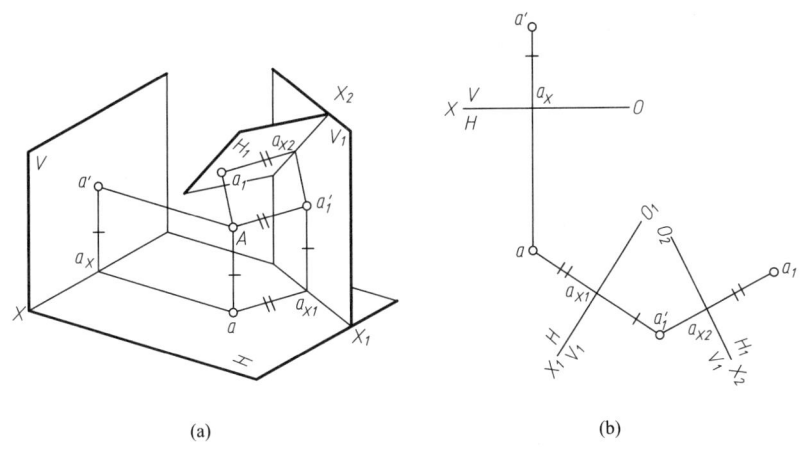

图 4-5 点的两次变换

再把 V_1/H 当做原投影面体系,用新投影面 H_1 替换 H,使 $H_1 \perp V_1$ 组成新的 V_1/H_1 投影面体系,求出新投影 a_1。此时 V_1 面为保留投影面,被替换投影面则为 H 面。V_1、H_1 面的交线为新轴 O_2X_2,而 O_1X_1 在第二次换面时被称为旧轴。

二次换面时,点的投影变换规律仍适用,即 $a_1'a_1 \perp O_2X_2$,$a_1a_{X2} = aa_{X1}$,如图 4-5b 所示。

在换面顺序上可以有两种方案,即 $V/H \rightarrow V_1/H \rightarrow V_1/H_1$ 或 $V/H \rightarrow V/H_1 \rightarrow V_1/H_1$,由需要而定。

三、基本作图问题

用换面法解答各类定位与度量问题时,均可归结为下列四个基本作图问题。

1. 把一般位置直线变换成新投影面平行线

由上述规则可知,要把一般位置直线变换成新投影面平行线,所选新投影面应与直线平行,同时又垂直于保留的原投影面,从而新轴应平行于直线的保留投影。

如图 4-6a 所示,AB 为 V/H 体系中的一般位置直线。若更换 V 面,把 AB 变换成 V_1 面的平行线,则新投影面 V_1 应平行于 AB 且垂直于 H。此时新轴 O_1X_1 应平行于 AB 的水平投影 ab。直线的投影可由其上任意两点确定,故新轴确定后,可按点的新投影的作法作出直线 AB 的新投影 $a_1'b_1'$,AB 变换成 V_1/H 体系内的平行线。

作图步骤:

① 如图 4-6b 所示,作新轴 $O_1X_1 \parallel ab$,作出点 A 及点 B 在 V_1 面上的新投影 a_1'、b_1'。

② $a_1'b_1'$ 反映直线段 AB 的实长,它与 O_1X_1 轴的夹角 α 为直线 AB 对 H 面的倾角。

若更换 H 面,可将 AB 变换成 H_1 面的平行线,如图 4-7 所示。此时 $O_1X_1 \parallel a'b'$,a_1b_1 反映 AB 的实长,其与 O_1X_1 轴的夹角 β 即为 AB 对 V 面的倾角。

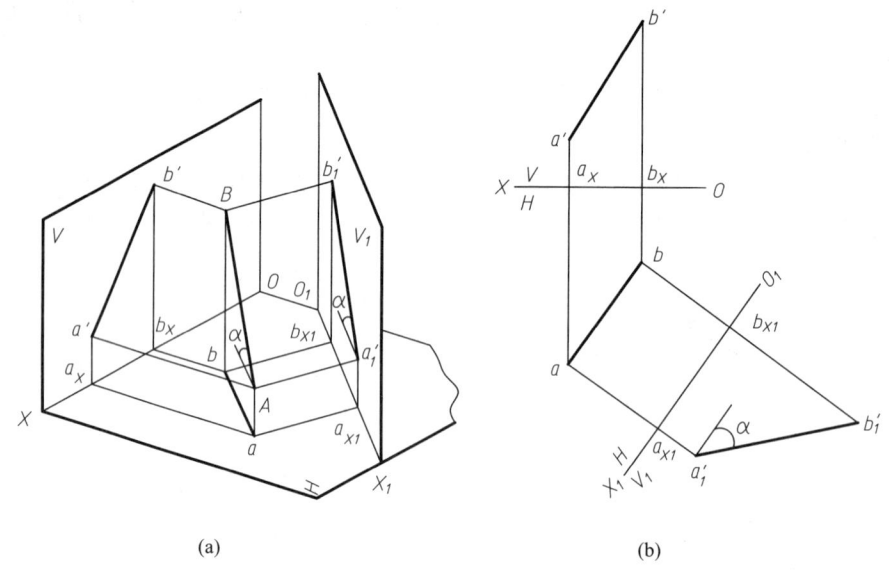

图 4-6 一般位置直线变换成 V_1 面平行线

2. 把一般位置直线变换成新投影面垂直线

要把一般位置直线变换成新投影面垂直线,只更换一个投影面显然不行。因为找不到一个新投影面,既与一般位置直线垂直,又与一个原投影面垂直。但如果所给直线是投影面平行线,要将其变换成新投影面垂直线,更换一次投影面即可完成。

如图 4-8a 所示,直线 AB 为 V/H 体系内的正平线,若将其变换成新投影面垂直线,需设新投影面 $H_1 \perp AB$。又因为 $AB \parallel V$,所以 H_1 必定垂直于 V 面,则 AB 变换为 V/H_1 体系内的垂直线。

作图步骤:

作新轴 $O_1X_1 \perp a'b'$,并作出 AB 在 H_1 面上的新投影 a_1b_1。a_1、b_1 重影为一点,图 4-8b 为其投影图。

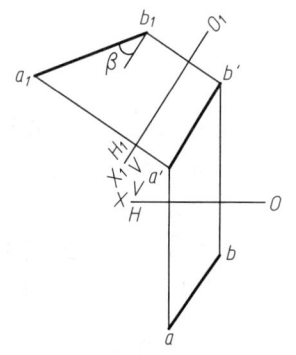

图 4-7 一般位置直线变换成 H_1 面平行线

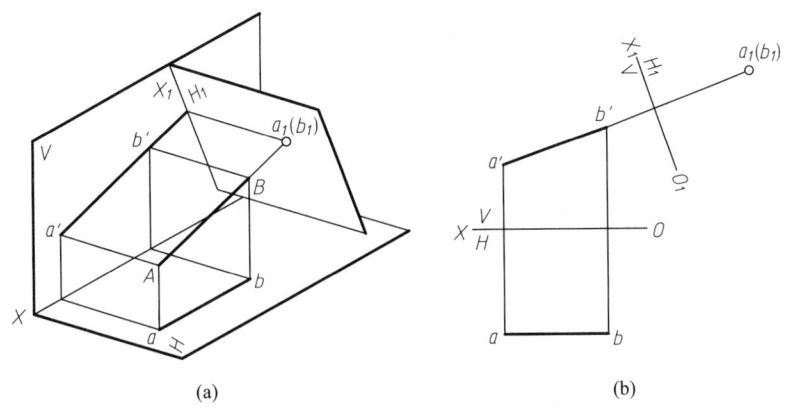

图 4-8 平行线变换成新投影面垂直线

综上可知,要把一般位置直线变换成新投影面垂直线,必须两次变换投影面。如图 4-9a 所示,把 V/H 体系内的一般位置直线 AB 先变换成 V_1/H 体系内的平行线,再换成 V_1/H_1 体系内的垂直线,作图过程如图 4-9b 所示。

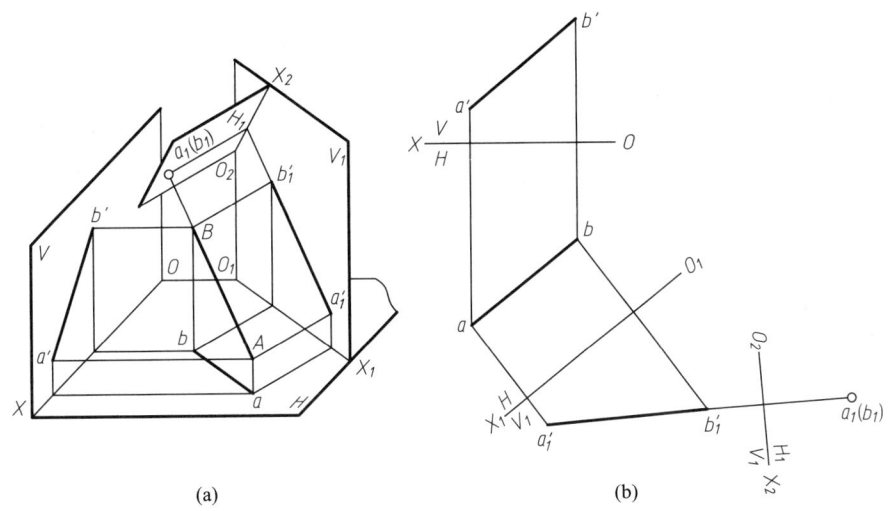

图 4-9 一般位置直线变换成新投影面垂直线

3. 把一般位置平面变换成新投影面垂直面

如图 4-10a 所示,平面 $\triangle ABC$ 在 V/H 体系内为一般位置平面,若把它变换成新投影面垂直面,可设新投影面 V_1 替换原投影面 V,并使 V_1 垂直于 $\triangle ABC$ 内的一直线 L。为保证 V_1 同时垂直于 H 面,应取 $L // H$,即 L 为 $\triangle ABC$ 内的水平线。根据投影性质,新轴 $O_1X_1 \perp l$。

作图步骤:

① 在 $\triangle ABC$ 内取水平线 $L(l、l')$。

② 作 $O_1X_1 \perp l$,按点的新投影的作法,作出 $\triangle ABC$ 各顶点在 V_1 面上的新投影 $a'_1、b'_1、c'_1$。由于 $L \perp V_1$,$\triangle ABC \perp V_1$,所以 $a'_1b'_1c'_1$ 成一直线段。

$a'_1b'_1c'_1$ 与 O_1X_1 轴的夹角为 $\triangle ABC$ 对 H 面的倾角 α。作图过程如图 4-10b 所示。

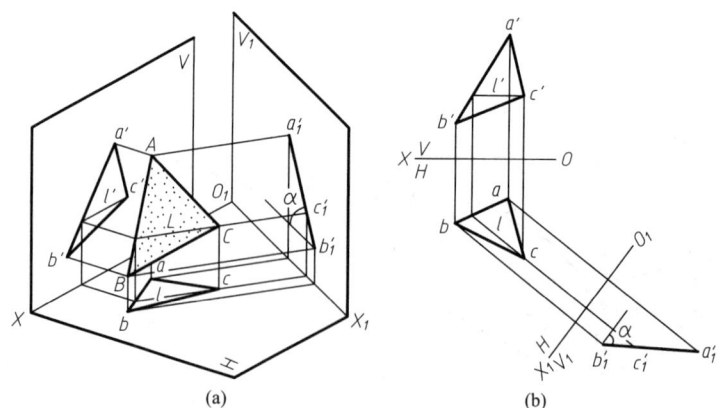

图 4-10 一般位置平面变换成 V_1 面的垂直面

同理,也可以更换 H 面把 $\triangle ABC$ 变换为 V/H_1 体系内的垂直面,如图 4-11 所示。此时,$a_1b_1c_1$ 与 O_1X_1 轴的夹角为 $\triangle ABC$ 对 V 面的倾角 β。

4. 把一般位置平面变换成新投影面平行面

要把一般位置平面变换成新投影面平行面,必须两次更换投影面。第一次把一般位置平面变换成新投影面垂直面,原理与作图方法如前所述。第二次把垂直面再变换成新投影面平行面。

如图 4-12a 所示,平面 $\triangle ABC \perp V_1$,再设新投影面 $H_1 \parallel \triangle ABC$,且 $H_1 \perp V_1$。根据平行面的投影性质,新轴 $O_2X_2 \parallel a_1'b_1'c_1'$。在 H_1 面上作出 $\triangle ABC$ 顶点的新投影 a_1、b_1、c_1,$\triangle a_1b_1c_1$ 为 $\triangle ABC$ 的实形。

图 4-12b 所示为一般位置平面两次变换为新投影面平行面的作图过程。

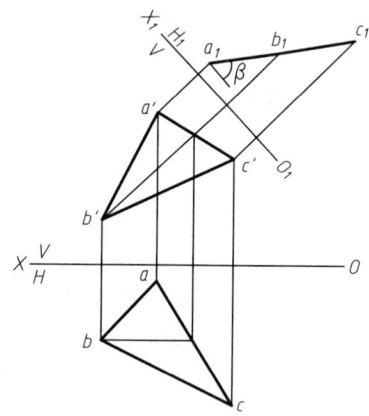

图 4-11 一般位置平面变换成 H_1 面的垂直面

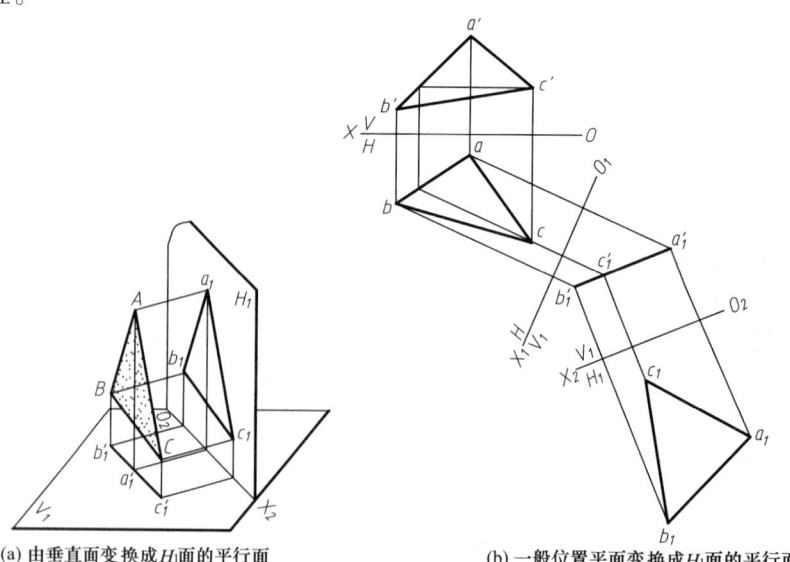

(a) 由垂直面变换成 H 面的平行面   (b) 一般位置平面变换成 H_1 面的平行面

图 4-12 平面的两次变换

应当注意,两次或多次换面时,不能连续更换一个投影面,而应两个投影面交替更换。

上述四个基本作图题综合运用,可以解决空间几何元素多种定位与度量问题。

四、解题举例

【例 4−1】 试过点 A 作直线与已知直线 BC 垂直相交,见图 4−13。

分析:当直线 BC 平行于某投影面时,由直角投影定理可知,与 BC 垂直的直线在该投影面上的投影反映其垂直关系。将直线 BC 由一般位置变换为某投影面平行线,需更换一次投影面。

作图步骤:

① 用 V_1 替换 V(也可以用 H_1 替换 H),将 BC 变换成 V_1 面的平行线。

② 点 A 随同直线 BC 一起变换,得新投影 a'_1。

③ 过 a'_1 向 $b'_1c'_1$ 作垂线得垂足 e'_1。e'_1 为两线垂直相交后的交点 E 在 V_1 面上的投影。

④ 将 e'_1 逆变换返回到 V/H 体系,得 e 及 e'。连线 ae、$a'e'$ 即为所求。

讨论:此题也可以将点 A 及直线 BC 看成同一平面。将平面 ABC 变换成新投影面平行面,在反映实形的新投影上作出点 A 到直线 BC 的距离 AE,然后返回到原投影面体系即可。用同样方法也可以求出两平行直线间的距离、两相交直线间的夹角、作角平分线等。因此,凡属同一平面内几何元素的定位、度量问题,均可将此平面变换成新投影面平行面加以解决。

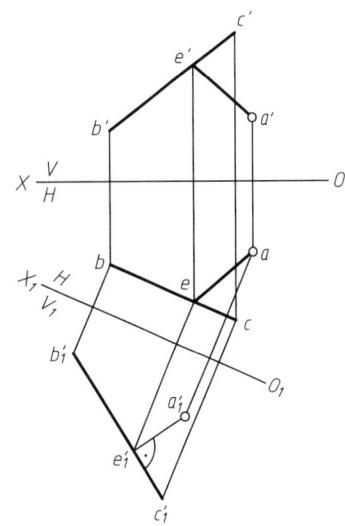

图 4−13 过点 A 作 AE 垂直于 BC

【例 4−2】 如图 4−14a 所示,求点 K 到平面 $P(ABCD)$ 的距离。

分析:如图 4−14a 所示,若过点 K 向平面 P 引垂线,则点 K 到垂足 L 的距离就是 K 到平面 P 的距离。如果平面 P 是某投影面垂直面,则垂线 KL 就是该投影面的平行线,距离可直接反映在投影图上。

由于平面 P 属一般位置平面,故本题需更换一次投影面,将其变换成新投影面垂直面。

作图步骤:

① 更换 V 面,把平面 P 变换成 V_1 面的垂直面。作新轴 $O_1X_1 \perp ad$(AD、BC 为 P 内水平线)。

② 作出 P 在 V_1 面上的成线影 p'_1 及点 K 的新投影 k'_1。

③ 过 k'_1 向 p'_1 作垂线,垂足为 l'_1。$k'_1l'_1$ 即为点 K 到平面 P 的真实距离,见图 4−14b。

讨论:如果需要作出 KL 的投影,可按照点的变换规则把 l'_1 返回到 V/H 体系。因 KL 是 V_1 面的平行线,所以过 k 作 $kl // O_1X_1$ 即可求出 l。再由 l、l'_1 定出 l'。

若本题变换一下已知条件,即给出点 K 到平面 P 的距离及点 K 的一个投影 k 或 k',而要补出 k'(或 k),应如何作图?请读者自行分析。

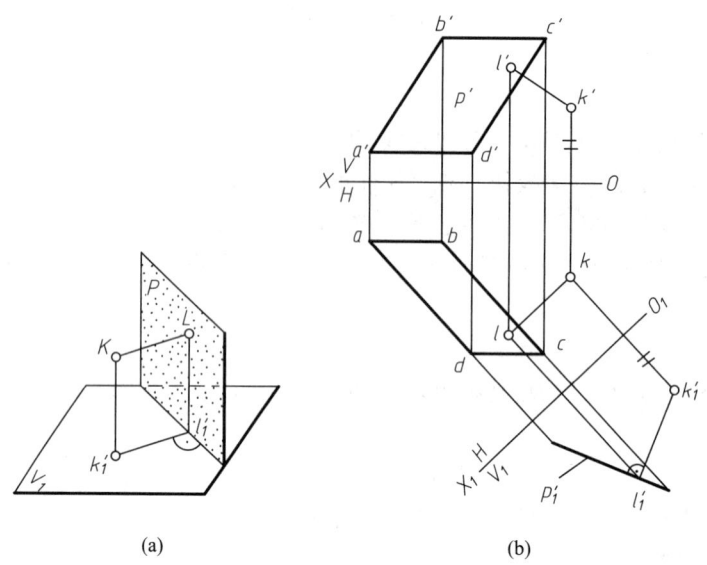

图 4-14 求点到平面的距离

【**例 4-3**】 已知平面 △ABC 及 △ABD，求此两平面的夹角。

分析：一般位置直线 AB 为 △ABC 与 △ABD 的交线。如图 4-15a 所示，当 AB 垂直于某新投影面时，两平面的新投影——积聚线段投影之间的夹角，即是两平面真实的夹角。为此应进行两次换面，将 AB 变换成新投影面垂直线。

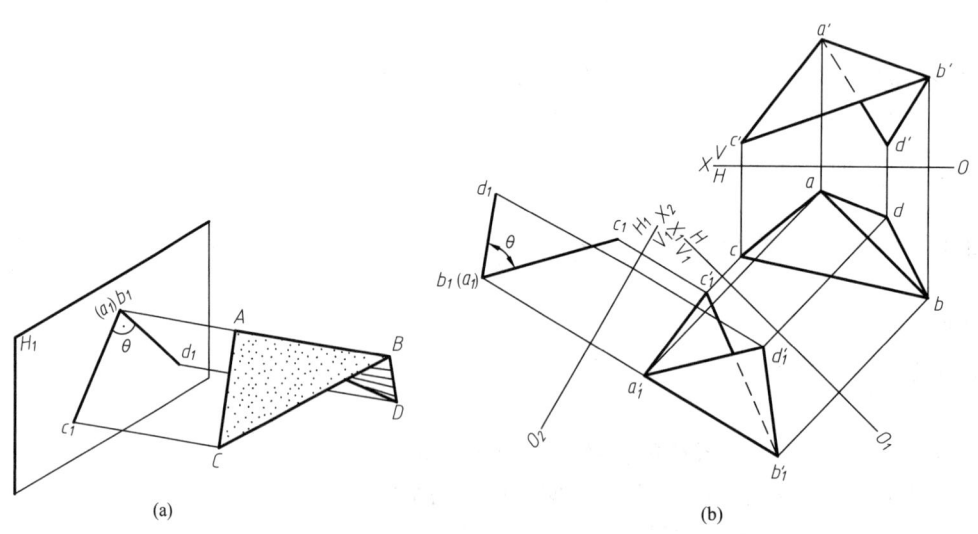

图 4-15 求两平面的夹角

作图步骤：

① 如图 4-15b 所示，更换 V 面把 AB 变换成 V_1 面的平行线。作新轴 $O_1X_1 \parallel ab$，并作出 A、B、C、D 在 V_1 面上的新投影 a_1'、b_1'、c_1'、d_1'。

② 更换 H 面，把 AB 变换成 H_1 面的垂直线。作新轴 $O_2X_2 \perp a_1'b_1'$，并作出 A、B、C、D 在 H_1 面上的新投影 a_1、b_1、c_1、d_1。其中 a_1、b_1 重影为一点。

成线影 $(a_1)b_1c_1$ 与 $(a_1)b_1d_1$ 之间的夹角 θ 即为 $\triangle ABC$ 与 $\triangle ABD$ 的夹角。

【例 4-4】 求交叉两直线 AB、CD 之间的距离及公垂线的投影。

分析：交叉两直线间的距离即是它们之间公垂线的实长。如图 4-16a 所示，若使两交叉直线之一 CD 变换成新投影面 H_1 的垂直线时，AB、CD 的公垂线 MN 必为该投影面的平行线，MN 在 H_1 面上的投影 m_1n_1 反映公垂线的实长；另一条直线 AB 虽为一般位置，但因 $MN \perp AB$，由直角投影定理有 $a_1b_1 \perp m_1n_1$，由此可定出公垂线的位置。

由于 AB、CD 均为一般位置直线，故本题需两次变换投影面。

作图步骤：

① 如图 4-16b 所示，将一般位置直线 CD 变换成新投影面垂直线。直线 AB 随同 CD 一起变换。

② 过重影点 $c_1(n_1、d_1)$ 向 a_1b_1 作垂线，垂足为 m_1。m_1n_1 即为 AB、CD 间公垂线的实长。

③ 将 m_1 逆变换返回，可定出 m_1'、m、m'。

④ 作 $m_1'n_1' \parallel O_2X_2$ 定出 n_1'，再逆变换求出 n、n'。mn、$m'n'$ 即为公垂线 MN 的投影。

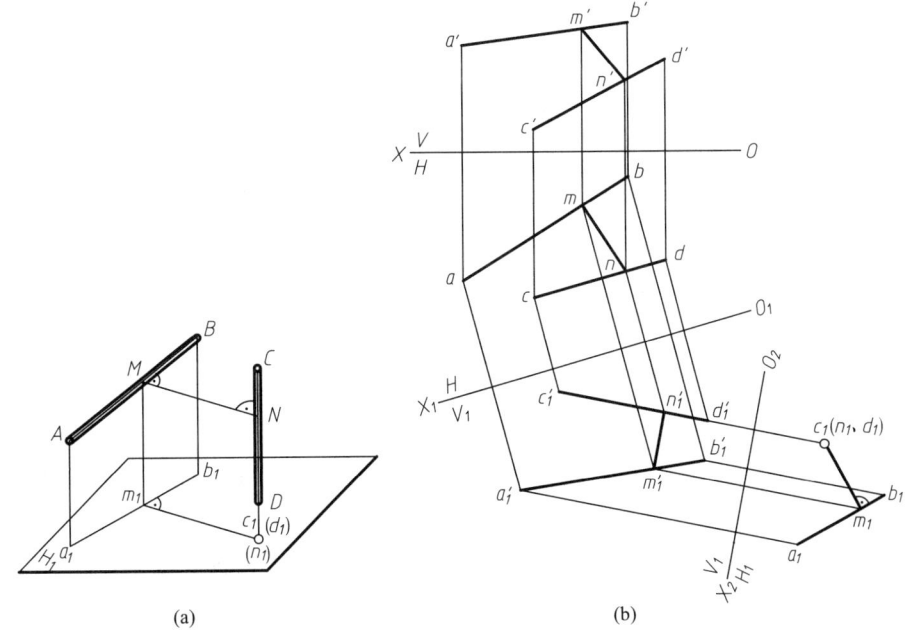

图 4-16 求交叉两直线间的距离及公垂线

将上述分析及作图进行类推，则可用来解答点到直线的距离、平行两直线间的距离、平行的直线与平面间的距离等度量问题，也可以在给定距离时反过来求解某些定位问题，如补投影等，望读者自己加以总结。

§4–2 旋 转 法

旋转法就是投影面保持不动,将空间几何元素绕某一轴线旋转,转到与投影面处于有利于解题的位置。

本书只讨论几何元素绕垂直于投影面的轴旋转。

一、点的旋转

如图 4–17a 所示,当空间点 A 绕垂直于 V 面的轴 OO 旋转时,点 A 的运动轨迹是以 O 为中心,OA 为半径的圆。该圆所在的平面 P 垂直于旋转轴 OO,即平行于 V 面。所以,点 A 的轨迹圆在 V 面上的投影反映圆的实形(以 o' 为圆心、$o'a'$ 为半径的圆);在 H 面上的投影为平行于 OX 轴的线段。

若点 A 顺时针转动 θ 角到达 A_1 的位置,其正面投影 a' 也沿轨迹圆的投影顺时针转 θ 角到 a'_1;水平投影沿平行于 OX 轴的方向移动到 a_1,如图 4–17b 所示。

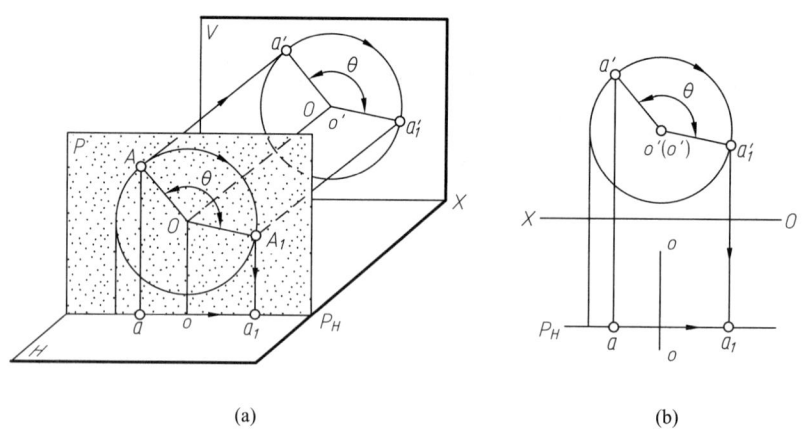

图 4–17 点绕正垂轴旋转

图 4–18a 所示为点 B 绕垂直于 H 面的轴旋转时投影变化的情况。由于点 B 的旋转平面 P 平行于 H 面,所以点 B 的轨迹圆在 H 面上的投影反映圆的实形;在 V 面上的投影为平行于 OX 轴的线段。

将点 B 逆时针旋转 θ 角至 B_1,则其水平投影 b 沿轨迹圆的投影转 θ 角至 b_1;b' 沿平行于 OX 轴的方向移动到 b'_1,见图 4–18b。

综上所述,得出点绕垂直轴旋转时投影变换规律:

当点绕垂直于某一投影面的轴旋转时,点在该投影面上的投影作圆周运动,另一投影则作平行于投影轴的直线运动。

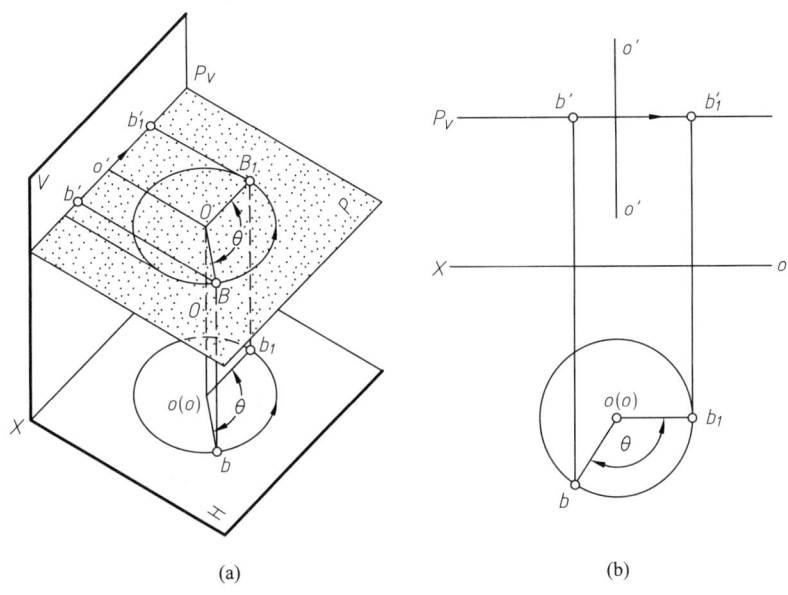

图 4-18 点绕铅垂轴旋转

二、直线、平面的旋转

直线可由其上任意两点决定,所以直线的旋转可归结为两个点的旋转,且两点的相对位置在旋转过程中保持不变。

当直线绕某一轴线旋转定角度时,只要将属于该直线的任意两点绕同一轴线、沿同一方向旋转同一角度,两点旋转后同面投影的连线即为直线旋转后的投影。

图 4-19 为直线 AB 绕铅垂轴 OO 顺时针旋转 θ 角时新投影的作法,步骤如下:

① 旋转点 A 至 A_1。以 o 为圆心、oa 为半径将 a 顺时针旋转 θ 角至 a_1。

② 过 a' 作 OX 轴的平行线,与过 a_1 引出的投影连线相交于 a_1'。a_1、a_1' 为点 A 旋转至 A_1 后的新投影,见图 4-19b。

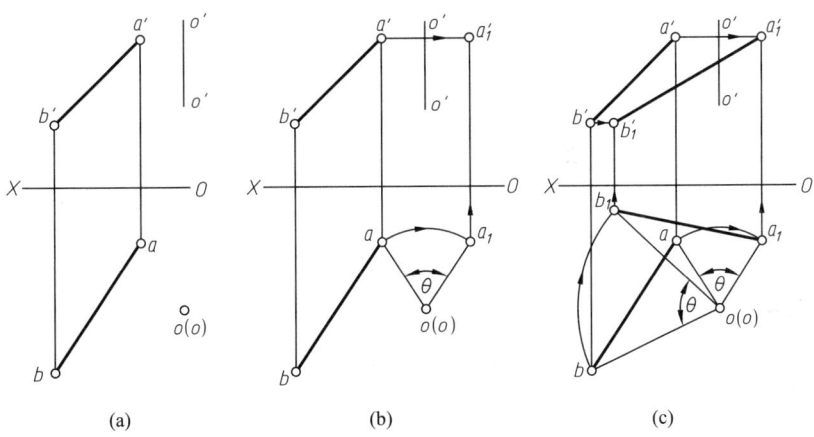

图 4-19 直线的旋转

③ 旋转点 B 至 B_1。按"三同"规则将 b 旋转到 b_1，并按相同的方法作出 b'_1，连接 a_1b_1、$a'_1b'_1$ 即为直线 AB 旋转后的新投影，见图 4-19c。

由图 4-19 可知，直线段 AB 绕铅垂轴旋转时，由于直线对 H 面的倾角不变，所以旋转前后水平投影长度不变（$ab = a_1b_1$）。

同理，当直线段绕正垂轴旋转时，其正面投影旋转前后长度不变。

当旋转轴通过直线段的某个端点时，求新投影的作图可以得到简化。如图 4-20 所示，轴线 OO 通过点 A，则点 A 旋转前后的位置不变，即 $A_1 \equiv A$。

平面 $\triangle ABC$ 绕铅垂轴 OO 逆时针旋转定角度 θ 后新投影的作法如图 4-21 所示。

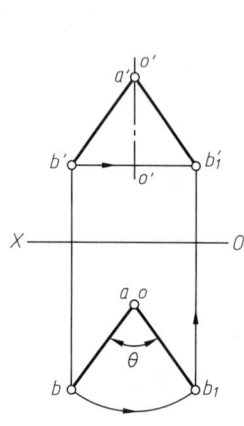

图 4-20 旋转轴过 A 点

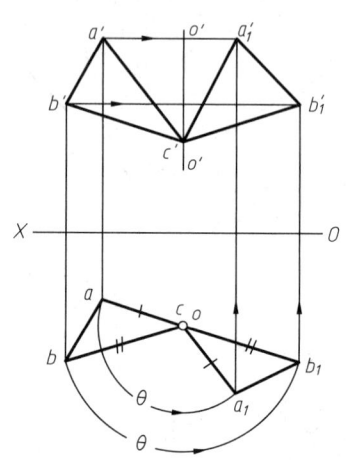

图 4-21 平面的旋转

图中旋转轴 OO 通过点 C。作图时把平面三角形的三个顶点 A、B、C，绕同一轴线（OO）、沿同一方向（逆时针）、旋转同一角度（θ），转到 A_1、B_1、C_1 的位置，其中 $C_1 \equiv C$。故旋转后的新投影为 $\triangle a_1b_1c$ 和 $\triangle a'_1b'_1c'$。

由于 $ab = a_1b_1$、$ac = a_1c$、$bc = b_1c$，则 $\triangle abc \cong \triangle a_1b_1c$。即在旋转过程中，由于 $\triangle ABC$ 平面与该投影面的倾角不变，所以水平投影的形状、大小不变。

同理，当 $\triangle ABC$ 绕正垂轴旋转时，其正面投影的形状、大小均不改变。

综上所述可归纳为：

（1）当直线或平面绕垂直于某投影面的轴线旋转时，直线或平面上的各点都绕同一轴线、沿同一方向旋转同一角度。

（2）当直线或平面绕垂直于某投影面的轴线旋转时，它们对该投影面的倾角不变，且在该投影面上的投影形状、大小均不改变。

三、基本作图问题

旋转法可以改变几何元素相对于某投影面的位置，以达到有利于解题的目的。若选用正垂轴，可以改变几何元素相对于 H 面的位置；若选用铅垂轴，则可以改变几何元素相对于 V 面的位置。要想同时改变几何元素相对于两个投影面的位置，必须进行两次旋转，而且绕正垂轴和绕铅垂轴旋转应交替进行。所以,用旋转法解决定位与度量问题时,其原理和分析方法与更换投影面法是一致的,只是作图方法不同。用绕垂直轴旋转解决各类问题时,也可归结为下列四个基本作图问题。

1. 把一般位置直线旋转成投影面平行线

图 4-22 所示为把一般位置直线 AB 旋转成正平线的作图过程。

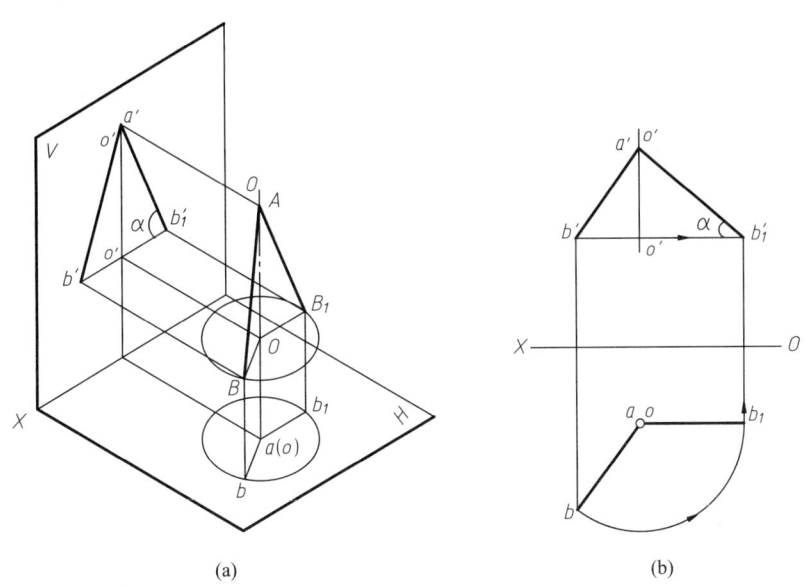

图 4-22 一般位置直线旋转成正平线

因为 AB 为一般位置直线,要改变它对 V 面的倾角,需选铅垂线为轴。令轴线 OO 过点 A。旋转点 B 至 B_1,使 $AB_1 // V$。

具体作法是:以 a 为圆心、ab 为半径将 b 旋转至 b_1,且使 $ab_1 // OX$;点 B 的正面投影 b' 平行于 OX 轴移动到 b_1',使 $b_1'b_1' // OX$。此时,$a'b_1'$ 即为直线段 AB 的实长,$a'b_1'$ 与 OX 轴的夹角为直线 AB 对 H 面的倾角 α。

同理,可将一般位置直线绕正垂轴旋转成水平线,作图过程如图 4-23 所示。新的水平投影 a_1b 反映直线段 AB 的实长,a_1b 与 OX 轴的夹角 β 反映直线 AB 对 V 面的倾角。

2. 把一般位置直线旋转成投影面垂直线

把一般位置直线旋转成投影面垂直线,例如铅垂线,必须同时改变 AB 对两个投影面的倾角。因为 AB 垂直于 H 面时必平行于 V 面,所以应进行两次旋转,即先把一般位置直线旋转为投影面平行线,然后再绕另一轴线将投影面平行线旋转为投影面垂直线。

图 4-24 示出把一般位置直线旋转为铅垂线的作图过程。第一次以过点 A 的铅垂线为轴(图中未画出),把 AB 旋转成正平线 AB_1,其水平投影 $ab_1 // OX$,正面投影为 $a'b_1'$。第二次以过点 B_1 的正垂线为轴,把 AB_1 旋转成铅垂线 A_2B_1,其水平投影积聚为一点 $a_2(b_1)$,正面投影为 $a_2'b_1'$。

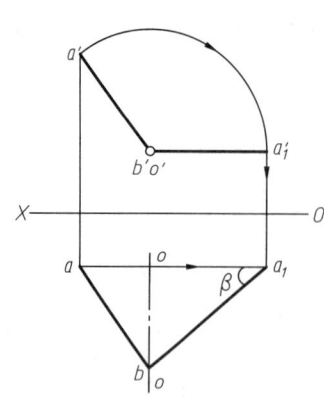
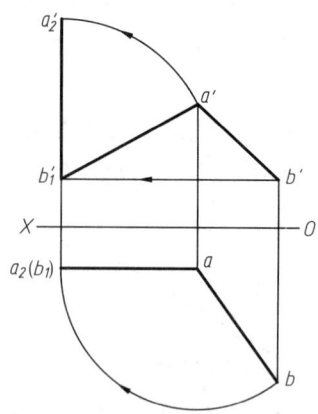

图 4-23 一般位置直线旋转成水平线　　图 4-24 一般位置直线旋转成铅垂线

同理,也可以把一般位置直线旋转成正垂线。

3. 把一般位置平面旋转成投影面垂直面

若把一般位置平面旋转成正垂面,应选择铅垂线作为旋转轴,如图 4-25 所示。

为将 △ABC 一次旋转成正垂面,可将面内一条直线一次旋转成正垂线。由前面作图可知,此直线应为 △ABC 内的水平线 $L(l、l')$。

具体作法是:在 △ABC 内作水平线 $L(l、l')$。选过点 A 的铅垂线 OO 为轴,以 $a(a\equiv o)$ 为旋转中心,将 l 旋转到 l_1,且使 $l_1\perp OX$。b、c 随同旋转到 b_1、c_1,作出 b_1'、c_1'。此时 △AB_1C_1 垂直于 V 面,成线影 $a'b_1'c_1'$ 与 OX 轴的夹角即为 △ABC 对 H 面的倾角 α。

同理,将一般位置平面旋转为铅垂面,须以正垂线为轴,取面内正平线为辅助线,如图 4-26 所示的第一次旋转。

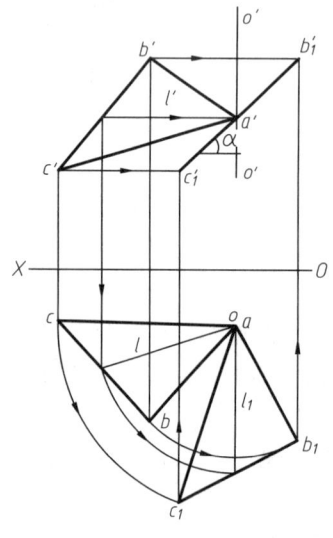
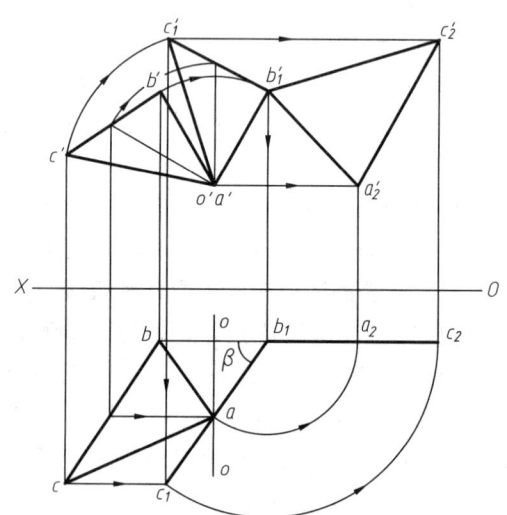

图 4-25 一般位置平面旋转成正垂面　　图 4-26 一般位置平面旋转成正平面

4. 把一般位置平面旋转成投影面平行面

把一般位置平面旋转成投影面平行面,须绕不同的轴旋转两次,第一次把一般位置平面旋转成投影面垂直面,第二次再把投影面垂直面旋转成投影面平行面。

图 4-26 所示是把一般位置平面 $\triangle ABC$ 旋转成为正平面的作图过程。先绕过点 A 的正垂轴将 $\triangle ABC$ 旋转成铅垂面 $\triangle AB_1C_1$;再绕过点 B_1 的铅垂轴将 $\triangle AB_1C_1$ 旋转成正平面 $\triangle A_2B_1C_2$。此时,$a_2b_1c_2 /\!/ OX$;$\triangle a_2'b_1'c_2'$ 反映 $\triangle ABC$ 的实形。

同理,也可以先绕铅垂轴,再绕正垂轴将 $\triangle ABC$ 两次旋转成水平面。在绕垂直轴旋转作图时,为使旋转后的图形排列得更清晰,可将图 4-25 所示的图形画成图 4-27 所示不指明轴旋转的形式。此时,旋转轴的位置不事先固定,不必画出。A、B、C 三点分别在三个平行于 H 面的旋转平面内移动,直到面内水平线 L 垂直于 V 面。

由于旋转前后水平投影的形状、大小均不改变,只是位置变化,故新的水平投影只需保证 $l_1 \perp OX$ 及 $\triangle abc \cong \triangle a_1b_1c_1$ 即可,这种作图方法称为不指明轴旋转法。

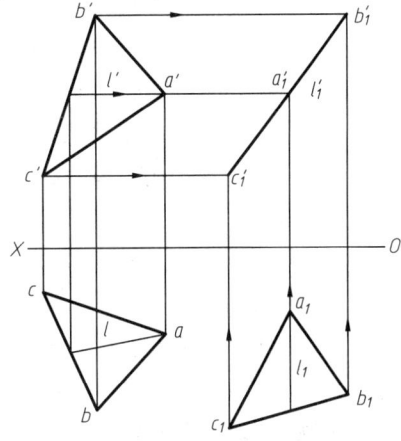

图 4-27 不指明轴旋转

四、作图举例

【例 4-5】 求点 D 到直线 L 的距离,见图 4-28a。

分析:若把直线 L 旋转成投影面平行线,点 D 随同旋转,根据直角投影定理,距离的投影可以作出。再旋转一次则定出距离的实长(转成平行线)。

作图步骤:

① 见图 4-28b,取过点 D 的铅垂线为轴将 L 旋转成正平线。为此作 $dc_1 \perp l$,将 c 旋转至 c_1 使 $dc_1 \perp OX$。此时 l 移动到 l_1 的位置,$l_1 /\!/ OX$。作出 l_1'。

② 过 d' 作 $d'e_1' \perp l_1'$,e_1' 为垂足。DE_1 为点 D 到 L 的距离。

③ 以过点 D 的正垂线为轴,将 DE_1 旋转成水平线 DE_2,de_2 为所求实长。

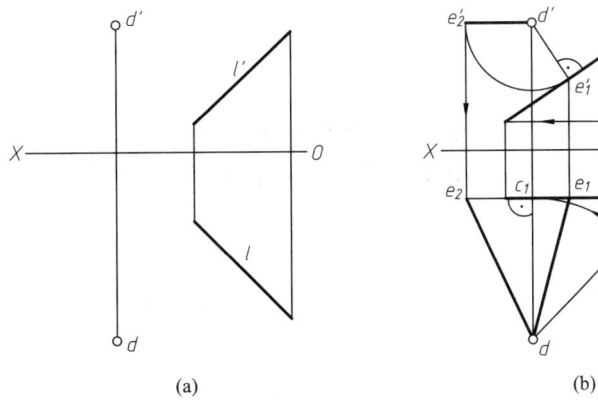

(a)   (b)

图 4-28 求点到直线的距离

讨论:此题还可以有其他作法。如把直线 L 两次旋转成投影面垂直线,点 D 随同旋转,则点 D 到直线 L 的距离与该投影面平行,实长直接可求。

【例 4 – 6】 将点 D 绕 MN 轴旋转到平面 P 内,如图 4 – 29 所示。

分析:由于旋转轴 $MN \perp H$,所以点 D 的旋转平面 R 为水平面,其正面迹线 $R_V \parallel OX$。若将点 D 旋转到 P 平面内,则 D_1 应在 R 与 P 的交线——水平线 EF 上。

作图步骤:过 d' 作 P 平面内的水平线 $EF(ef、e'f')$,$EF \in R \cap P$。将点 D 绕 MN 轴旋转到 EF 上得点 $D_1(d_1、d'_1)$,即为所求。

【例 4 – 7】 过点 B 作一属于 $\triangle ABC$ 且与 H 面成 $45°$ 的直线,见图 4 – 30a。

分析:所给 $\triangle ABC$ 位于一般位置,AC 为水平线。过点 B 可以作无数条 $\alpha = 45°$ 的直线,但只有正平线 BD 反映真实倾角,见图 4 – 30b。

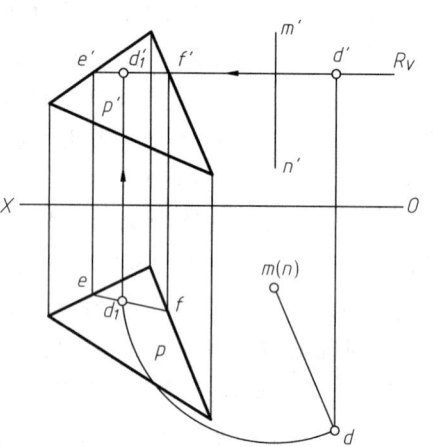

图 4 – 29 点 D 旋转到平面 P 内

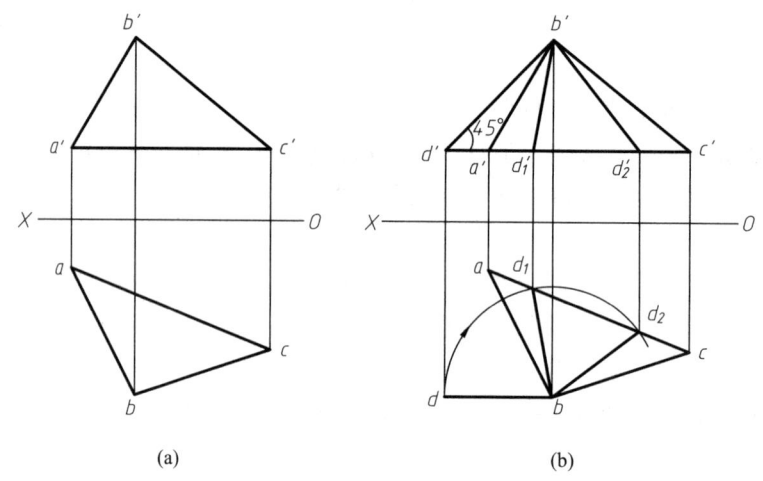

图 4 – 30 作属于平面且 $\alpha = 45°$ 的直线

若将 BD 绕过点 B 的铅垂轴旋转,则其与 H 面的倾角不变。因此,把 BD 上的任一点,例如点 D 旋转到 $\triangle ABC$ 内即可求得答案。作出 BD 后将点 D 绕铅垂轴旋转到 $\triangle ABC$ 内的作图与上例相同,BD_1、BD_2 均为所求。

【例 4 – 8】 求平面 $\triangle ABC$ 与平面 $\triangle ABD$ 的夹角,用不指明轴旋转法。

分析:若把两平面的交线 AB 旋转成铅垂线,则两平面在 H 面上的成线影反映真实夹角;若把 AB 旋转成正垂线,两平面在 V 面上的成线影反映真实夹角。本题须进行两次旋转。

作图步骤:如图 4 – 31 所示。用不指明轴旋转法,先将 AB 绕铅垂轴旋转成正平线 A_1B_1;再绕正垂轴将 A_1B_1 旋转成铅垂线 A_2B_2,其水平投影 $a_2、b_2$ 重影为一点。成线影 $(a_2)b_2c_2$ 与

$(a_2)b_2d_2$ 的夹角即为平面 $\triangle ABC$ 与平面 $\triangle ABD$ 的真实夹角。

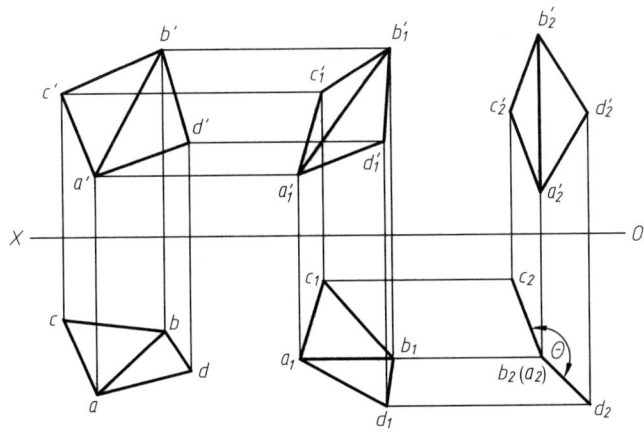

图 4-31 求两平面的夹角

第 5 章　曲线与曲面

§5-1　曲线概述

一、曲线的形成与分类

曲线可看做是一个点运动时，方向连续改变所形成的轨迹。按点的运动有无规律，曲线可以分为规则曲线和不规则曲线。通常研究的是规则曲线。

按曲线上各点的相对位置，曲线可分为平面曲线和空间曲线两类。

若曲线上所有的点都属于同一平面，称为平面曲线。常见的平面曲线有圆、椭圆、抛物线、双曲线、渐开线和摆线等。

若曲线上任意四个点不属于同一平面，则称为空间曲线，例如螺旋线。

二、曲线的投影

作曲线的投影时，一般要作出曲线上一系列点的投影，并将各点的同面投影顺次光滑地连接起来，即得到曲线的投影，如图 5-1 所示。

曲线的投影有如下性质：

（1）曲线的投影一般情况下仍为曲线。

（2）属于曲线的点，其投影仍属于该曲线的同面投影。

（3）属于曲线某点的切线，它的投影与该曲线在同一投影面上的投影仍相切，且切点为该点的投影，如图 5-2 所示。图中，直线 MN 与曲线 $ABCDE$ 相切于点 C，则其水平投影 mn 与 $abcde$ 相切于点 c。

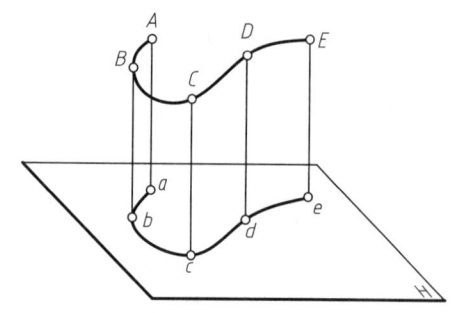

图 5-1　曲线的投影

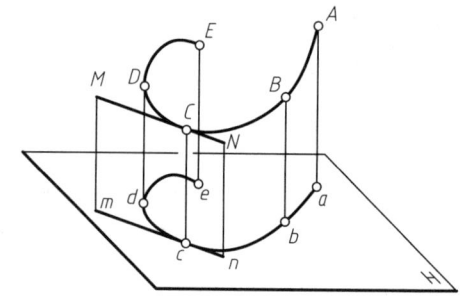

图 5-2　曲线的投影性质

对于平面曲线,除具有上述投影性质外,尚有下列投影特性:

(1) 平面曲线所在的平面平行于某一投影面时,则平面曲线在该投影面上的投影反映实形,如图 5-3 所示。

(2) 平面曲线所在的平面垂直于某一投影面时,则平面曲线在该投影面上的投影积聚成一直线段,如图 5-4 所示。

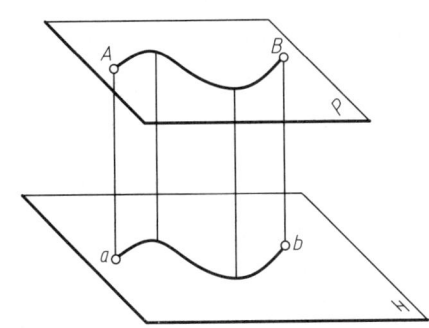

图 5-3 平面曲线平行于投影面

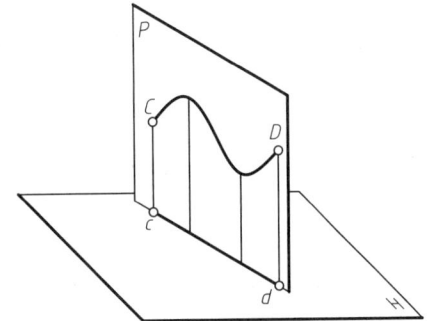

图 5-4 平面曲线垂直于投影面

§5-2 圆的投影

圆是最常见的平面曲线,具有平面曲线的投影特性。圆的投影有三种情况:

(1) 当圆平面平行于投影面时,其投影反映圆的实形。

(2) 当圆平面垂直于投影面时,其投影积聚成直线段。

(3) 当圆平面倾斜于投影面时,其投影则为椭圆。

如图 5-5 所示,平面 P 上有一圆心为 O 的圆,它与水平投影面处于倾斜位置,因此圆的水平投影为椭圆。要作出该椭圆,则应首先确定椭圆的长、短轴方向及其尺寸。先过圆心作平行于 H 面的直径 AB 和垂直于 AB 的直径 CD。则 AB 与 CD 的水平投影 ab 和 cd 也互相垂直。因 AB // H 面,故 $ab = AB$,而圆上其他位置的直径的水平投影均比 ab 短,所以 ab 为椭圆的长轴。又因 $CD \perp AB$,故 CD 是平面 P 内对 H 面的一条最大斜度线,其水平投影 cd 最短,所以 cd 为椭圆的短轴。

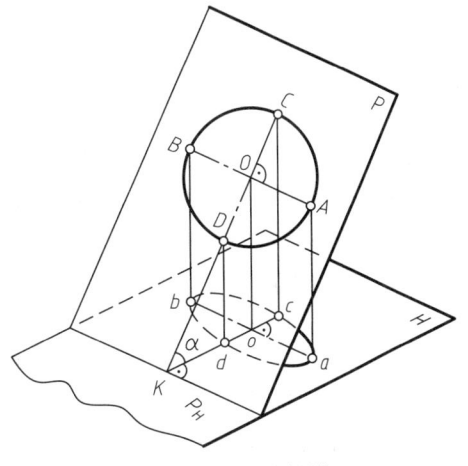

图 5-5 圆的投影

由此可得:圆的水平投影若为椭圆,其长轴为圆内平行于 H 面的直径的水平投影,长度为圆的直径 d;短轴为圆内对 H 面为最大斜度线的直径的水平投影,若平面 P 对 H 面的倾角为 α,则短轴长度为 $d \cdot \cos \alpha$。

同理可得,当圆所属平面倾斜于 V 面时,圆的正面投影为椭圆,其长轴为圆内平行于 V 面的直径的正面投影,长度等于圆的直径 d,短轴为圆内对 V 面为最大斜度线的直径的正面投影。若圆所属平面对 V 面的倾角为 β,则短轴长度为 $d \cdot \cos \beta$。

下面作位于投影面垂直面内的圆的投影。

已知正垂面 P 内有一圆,其圆心为 $Q(q,q')$,直径为 $2R$,求作该圆的投影,如图 5-6a 所示。

圆的正面投影为一直线段,其长度为 $2R$;水平投影为一椭圆。椭圆的长轴 ab 为平行于 H 面的直径 AB 的水平投影,由于平面 P 为正垂面,故 AB 为正垂线,因此 $ab \perp OX$ 轴,长度为 $2R$。椭圆的短轴 cd 为对 H 面的最大斜度线的直径 CD 的水平投影,此时 CD 线恰为正平线,故可先取 $c'd'$,使 $c'd' = 2R$,由 $c'd'$ 求出 cd。至于圆上其他各点的投影,可利用投影变换的方法求作。图中示出了利用换面法作出点 $I(1,1')$ 和 $II(2,2')$ 的过程。按此方法求得圆上一系列点的投影,依次光滑相连即得圆的水平投影。具体作法如图 5-6b 所示。

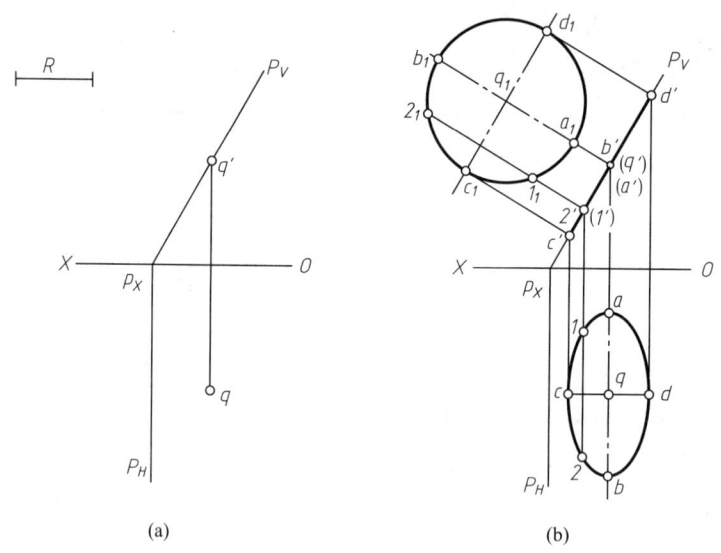

图 5-6 正垂面内圆的投影

现在介绍位于一般位置平面内的圆的投影图作法。

已知平面 $MNKL$ 内有一点 Q,求作以 Q 为圆心、R 为半径的圆的投影,如图 5-7a 所示。

由于平面 $MNKL$ 为一般位置平面,所以圆在 H 面及 V 面上的投影皆为椭圆。

求 H 面上的投影,如图 5-7a 所示。

(1) 确定长轴 ab

过圆心 Q 取水平线 $I\,II\,(12,1'2')$,则 ab 在 12 线上。取 $qa = qb = R$,得长轴 ab。

(2) 确定短轴 cd

过 Q 作平面内对 H 面的最大斜度线 $EF(ef,e'f')$,$ef \perp ab$。利用直角三角形法求出 QE 的实长 qE_0。在直角 $\triangle qeE_0$ 中,按 $qD_0 : qE_0 = R : qE_0 = qd : qe$,确定出 qd,qd 即为短半轴,从而得短轴 cd。

求 V 面上的投影,如图 5-7b 所示。

(1) 确定长轴 $g'h'$

过圆心 Q 取正平线 $III\,IV\,(34,3'4')$,则 $g'h'$ 在 $3'4'$ 线上,取 $q'g' = q'h' = R$,得长轴 $g'h'$。

(2) 确定短轴 $s't'$

过 q' 作 $3'4'$ 的垂线 $5'6'$，则短轴在 $5'6'$ 线上，现用换面法确定短轴长度。将 $MNKL$ 面换成 H_1 面的垂直面，得圆心 Q 在 H_1 面上的投影 q_1，量取 $q_1s_1 = q_1t_1 = R$，得 s_1t_1，s_1t_1 即为短轴 $s't'$ 在 H_1 面内的投影，按换面法作图原理，在 $5'6'$ 线上求出 $s't'$。

得到椭圆的长、短轴后，即可画出圆的正面投影，如图 5-7b 所示。

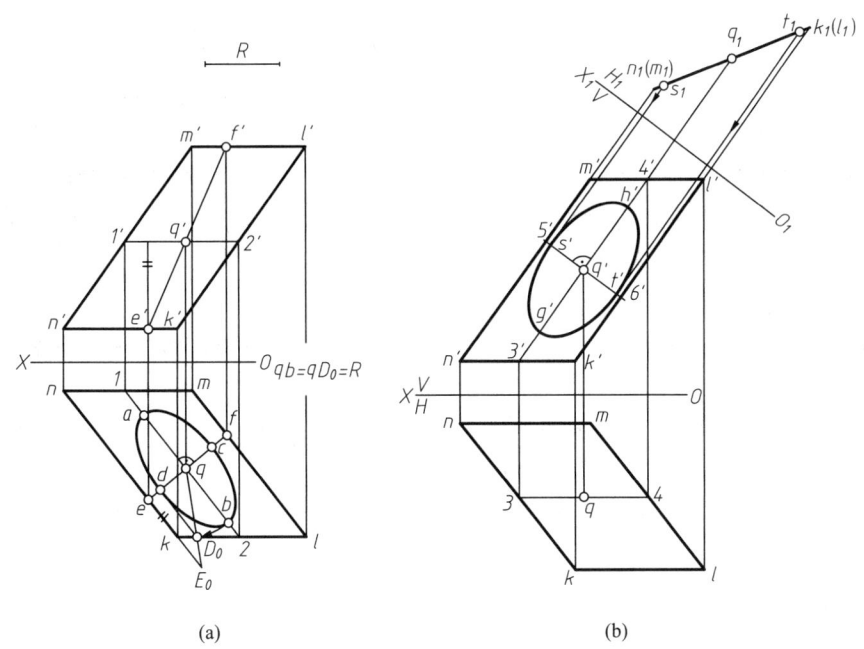

图 5-7 一般位置平面内圆的投影

§5-3 螺 旋 线

螺旋线是工程上应用较广的空间曲线之一，螺旋线可以在不同的曲面上形成，根据它所从属的曲面的形状，可分为圆柱螺旋线、圆锥螺旋线。其中最常见的是圆柱螺旋线。

一、圆柱螺旋线

一动点 A 沿圆柱母线作等速直线运动，同时母线又绕圆柱的轴线作等速旋转运动，点 A 在空间形成的轨迹称为圆柱螺旋线，如图 5-8 所示。

当母线旋转一周时，点沿着母线移动的距离称为螺旋线的导程，用 S 表示。

螺旋线所在的圆柱面称为导圆柱面。导圆柱面的轴线即为螺旋线的轴线，其直径即是螺旋线的直径。

由于动点所在母线的旋转方向不同，螺旋线有右旋和左旋之分。观察螺旋线时，若其可见部分自左向右上升为右旋，否则为左旋，如图 5-9 所示。

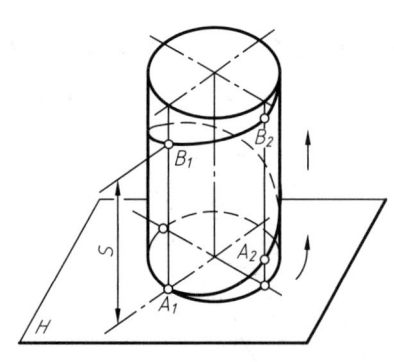
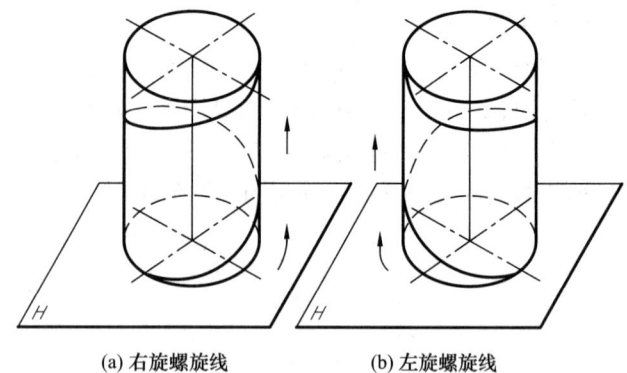

(a) 右旋螺旋线　　(b) 左旋螺旋线

图 5-8　圆柱螺旋线的形成　　图 5-9　圆柱螺旋线的旋向

如已知右旋圆柱螺旋线导圆柱的直径为 D，导程为 S，动点 A 的原始位置 A_1，其两面投影的作图过程如图 5-10 所示。

螺旋线的水平投影为圆周，其直径为 D。正面投影作法如下：

(1) 以直径 D 和导程 S 为边长过 a_1' 作矩形。把水平投影圆和正面投影中导程 S 分为相同的 n 等份，图中取 $n=12$。

(2) 由圆周上各等分点作 OX 轴的垂线，与导程上相应的各等分点所作的平行于 OX 轴的直线相交，则交点 $1', 2', 3', \cdots$ 即为螺旋线上点的正面投影。

(3) 依次光滑连接 $1', 2', 3', \cdots$ 各点(可见部分用粗实线，不可见部分用细虚线连接)，即得螺旋线的正面投影。

二、圆锥螺旋线

一动点沿圆锥的直母线作等速直线运动，同时母线又绕圆锥的轴线作等速旋转运动，这时动点在空间形成的轨迹称为圆锥螺旋线。图 5-11a 为圆锥螺旋线的形成，图 5-11b 是圆锥螺旋线的投影图，作图方法与圆柱螺旋线类似。

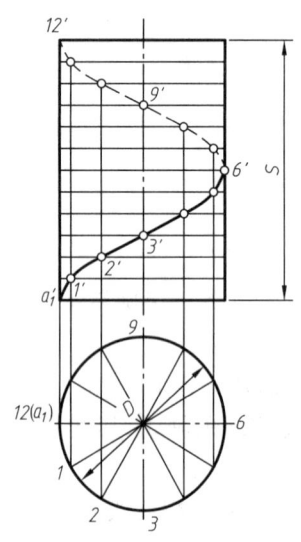
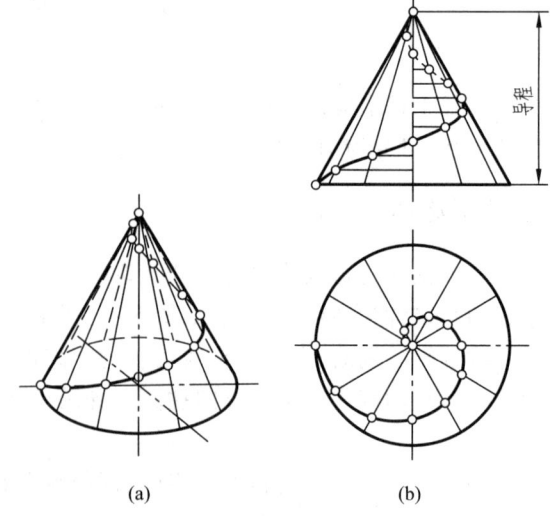

图 5-10　圆柱螺旋线的投影图　　图 5-11　圆锥螺旋线的形成及投影图

§5-4 曲面概述

曲面可以看做是一动线在空间连续运动所形成的轨迹。当动线按一定的规则运动时,形成规则曲面;动线作不规则运动时,则形成不规则曲面。母线在曲面上的任一位置称为素线;控制母线运动的一些不动点、线、面分别称为定点、导线和导面,如图 5-12 所示。当直线 AB 运动时,点 A 沿曲线 $AA_1A_2\cdots$ 滑动,并始终平行于固定直线 S,AB 连续运动则形成一曲面。AB 为母线,$AA_1A_2\cdots$ 为曲导线,S 为直导线。

母线 AB 在曲面上的任意位置称为素线,如图中 A_1B_1。

母线可以是直线,也可以是曲线。由直母线形成的曲面称为直线面,由曲母线形成的曲面称为曲线面。

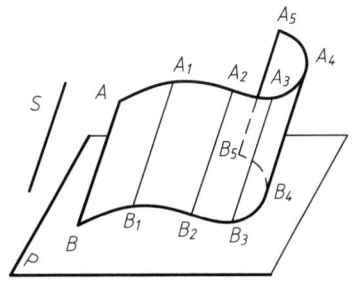

图 5-12 曲面的形成

按曲面是否可以连续展开在一个平面上,又可分为可展曲面与不可展曲面。

下面讨论几种工程上常见的曲面的形成及其投影作图。

§5-5 柱面与锥面

柱面与锥面是最常见的直线面。

一、柱面

柱面由一直母线沿一曲导线运动且始终平行于一直导线而形成。

图 5-12 所示曲面即为柱面。柱面的曲导线可以是封闭的,也可以是不封闭的。

当垂直于柱面素线的截平面与柱面相交,所得交线为圆时,称为圆柱面;交线为椭圆时,称为椭圆柱面。如图 5-13 所示。

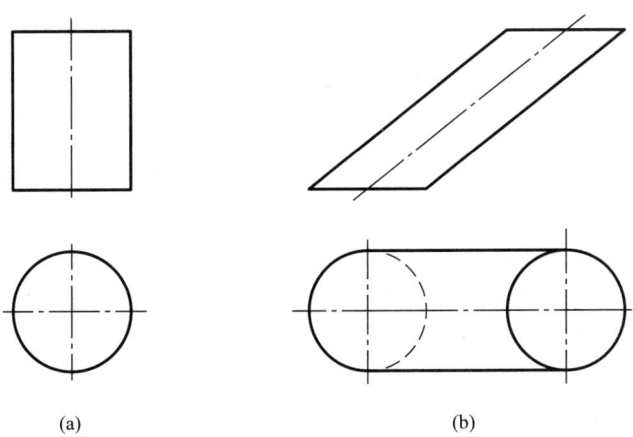

图 5-13 圆柱面及椭圆柱面

二、锥面

锥面是直母线通过一个定点（锥顶），沿曲导线运动所形成的曲面，如图 5-14 所示。点 S 称为锥顶，$ABCDE$ 为曲导线，SA 为母线，SB、SC、SD、…是素线。曲导线可以是封闭的，亦可以不封闭。若锥面有两个或两个以上的对称面，则对称面的交线为锥面的轴线。垂直于轴线的平面与锥面的交线为圆时，则锥面称为圆锥面；若为椭圆时称为椭圆锥面。图 5-15a 为正圆锥面，图 5-15b 为斜椭圆锥面的投影图。

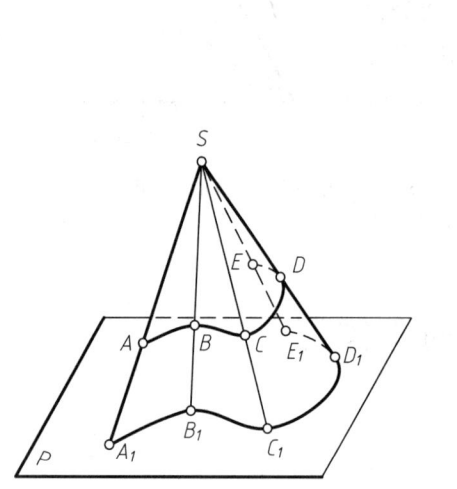

图 5-14 锥面的形成

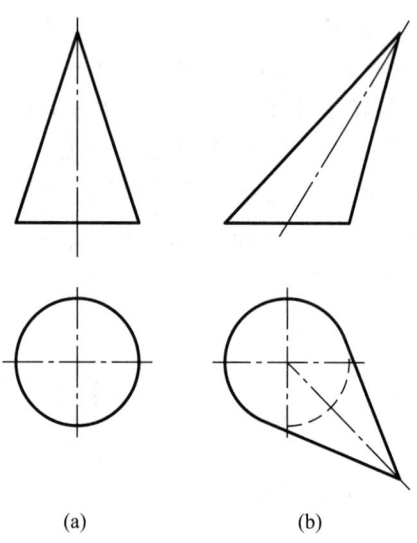

图 5-15 正圆锥面及斜椭圆锥面

§5-6 单叶双曲回转面

当直母线绕与它交叉的轴线回转时，形成单叶双曲回转面，如图 5-16a 所示。单叶双曲回转面也可以由双曲线绕其虚轴回转而形成。

图 5-16a 中，直线 MN 为母线，MN 绕 OO 轴旋转而形成曲面。母线 MN 上的每一个点，例如 M、E、N 都分别在垂直于轴线的平面内作圆周运动。由于点 E 距 OO 轴最近，故点 E 回转形成的圆最小，称其为曲面上的喉圆，点 N、M 回转形成的圆分别称为顶圆与底圆。

绘制单叶双曲回转面时，一般取其轴线垂直于水平面。其水平投影除画出母线的投影外还需画出顶圆、底圆和喉圆的投影。由于水平投影为一系列的同心圆，因此需画出圆的中心线。正面投影除画出其轴线、母线的投影外，还需画出母线上各点如 M、N、E 等特殊点和一系列一般点，如 A、B 等点的轨迹圆的投影——直线段，为了图形清晰起见，还需画出 V 面的轮廓线（单叶双曲回转面的外形素线为双曲线）。

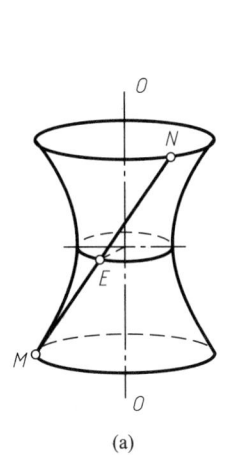
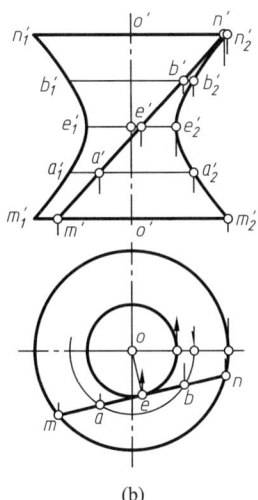

图 5-16 单叶双曲回转面

具体作图方法如图 5-16b 所示。
(1) 画出母线 MN 及轴线 OO 的投影。
(2) 取属于 MN 上的若干点,图中在 MN 上取点 $A(a,a')$、$B(b,b')$ 等。
(3) 在水平投影上过点 o 作 mn 的垂线,得垂足 e,点 $E(e,e')$ 为属于 MN 且距离轴线 OO 最近的点。其运动轨迹即是喉圆,oe 为喉圆的半径,喉圆的水平投影必须画出。
(4) 以 o 为圆心,分别以 om、oa、ob、… 为半径画细实线的圆,得各点所形成的圆的水平投影;其正面投影为直线段 $m_1'm_2'$、$a_1'a_2'$、$b_1'b_2'$ 等。
(5) 依次用粗实线光滑连接各端点 m_1'、a_1'、e_1'、b_1'、… 和 m_2'、a_2'、e_2'、b_2'、…,即得单叶双曲回转面的正面投影的轮廓线——双曲线。并用粗实线画出顶线及底线。
(6) 在水平投影中,最后应用粗实线画出顶圆、底圆及喉圆(其他圆为辅助作图线)。

§5-7 螺 旋 面

螺旋面是由直母线以螺旋线及其轴线为导线,做螺旋运动而形成的曲面。

母线与轴线相交成直角时所形成的螺旋面,称为正螺旋面;与轴线倾斜相交时所形成的螺旋面,称为斜螺旋面。

一、正螺旋面

图 5-17 所示为一正螺旋面。$A_0A_1A_2\cdots$ 为圆柱螺旋线,$O_0O_1O_2\cdots$ 为螺旋线的轴线,母线沿此两导线运动,且始终与轴线垂直相交。当母线 O_0A_0 移动到 O_1A_1 位置时,端点 A_0 转过一个角度,并上升一个高度到达点 A_1。与此同时,母线上的各点,例如点 B_0 也转过同一角度,上升同样高

度到达点 B_1。由此可知,正螺旋面上任意点的运动轨迹是与曲导线——螺旋线的导程相同而直径不同的螺旋线。

正螺旋面的投影图如图 5-18 所示,它的画法与圆柱螺旋线基本相同。首先画出圆柱螺旋线及轴线的投影,其次为了清晰地表示出螺旋面,还要画出一系列素线的投影。由于螺旋面的轴线垂直于水平投影面,故与轴线垂直的素线是一些水平线段。它们的正面投影垂直于轴线的正面投影,水平投影为圆的一系列半径线。

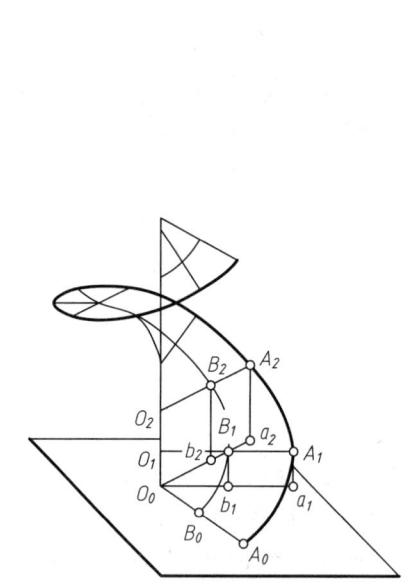
图 5-17 正螺旋面的形成

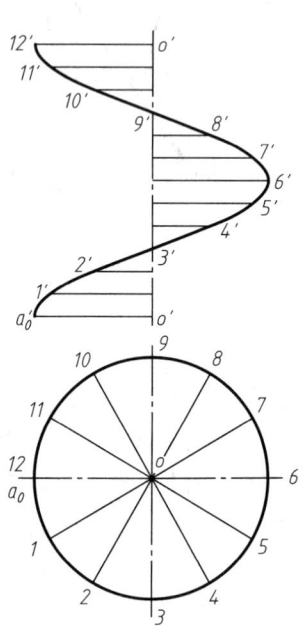
图 5-18 正螺旋面的画法

二、斜螺旋面

图 5-19 所示为一斜螺旋面。$A_0A_1A_2\cdots$ 为圆柱螺旋线,$O_0O_1O_2\cdots$ 为其轴线。O_0A_0 为母线,其沿此两导线运动时始终与轴线斜交 α 角。与正螺旋面一样,当母线 O_0A_0 移动时,母线上任意点的运动轨迹是与曲导线——螺旋线的导程相同而直径不同的螺旋线。

斜螺旋面的投影作图如图 5-20 所示。螺旋面的母线与轴线的交角为 α。首先画出圆柱螺旋线及轴线的投影,然后作一条平行于正面的素线 O_0A_0,此时其正面投影 $o_0'a_0'$ 与轴线正面投影的夹角反映 α 角的实形。而其水平投影 o_0a_0 平行于 OX 轴。其余的素线可按螺旋面的形成规律作出。例如作素线 O_1A_1 时,在螺旋线上定出点 $A_1(a_1,a_1')$(图中把导程分为 12 等份),在轴线上自 o_0' 向上量取 $S/12$,定出 o_1' 点,连接 o_1'、a_1' 得素线 O_1A_1 的正面投影。依此类推,作出一系列素线的正面投影。斜螺旋面的正面投影中有一部分轮廓线是各素线的包络曲线,这样更能形象地表示出斜螺旋面的投影。各素线的水平投影仍为圆的一系列半径线。

§5–7 螺旋面 103

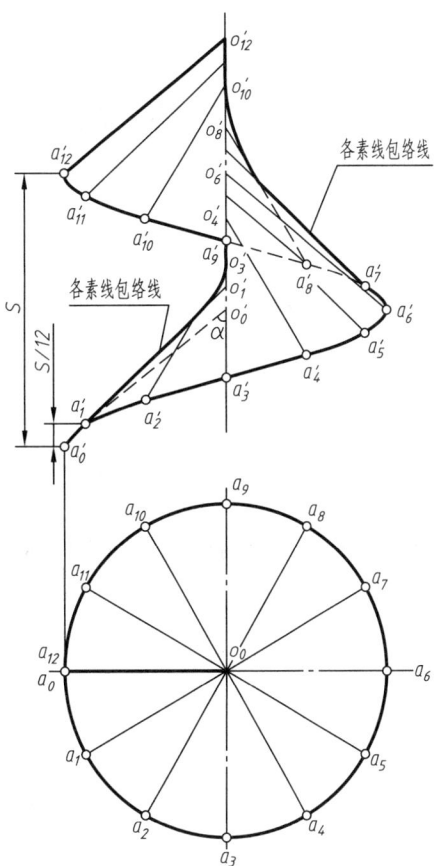

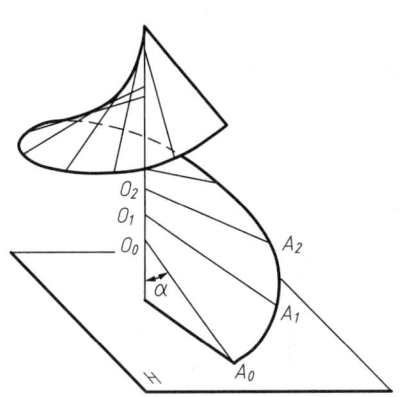

图 5–19 斜螺旋面的形成

图 5–20 斜螺旋面的画法

第 6 章 立 体

立体是由若干表面围成的实体。按其表面性质,分为平面立体和曲面立体。本章讨论立体的投影作图问题。

§6-1 平 面 立 体

平面立体是由平面围成的封闭几何体。常见的简单平面立体有棱柱、棱锥及正多面体,如图 6-1 所示。

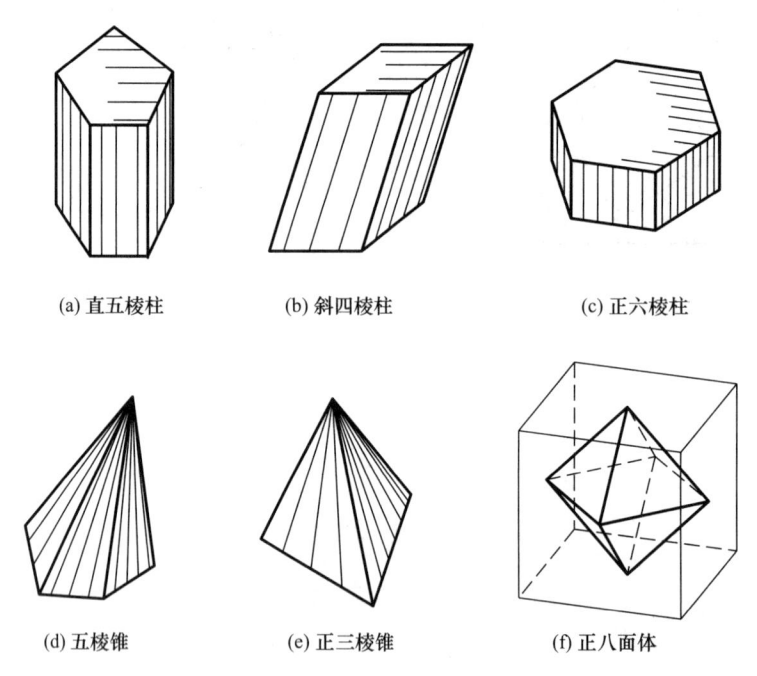

(a) 直五棱柱　　(b) 斜四棱柱　　(c) 正六棱柱

(d) 五棱锥　　(e) 正三棱锥　　(f) 正八面体

图 6-1　平面立体

围成平面立体的每个平面多边形称为棱面,多边形的边即相邻两棱面的交线称为棱线,各棱线的交点称为平面立体的顶点。

作平面立体的投影时,首先应根据所设定的平面立体的位置,分析其各棱面、棱线相对于投影面的位置,再按合理的作图顺序,画出各棱线及顶点的投影。各棱线的投影应按其可见性画成粗实线或细虚线。

一、棱柱

棱柱的上、下底面为互相平行且全等的多边形,除属于上、下底面的棱线外,其侧棱线都互相平行。若上、下底面的多边形的边数为 n,则称 n 棱柱。当 n 棱柱的侧棱垂直于底面时,称之为直 n 棱柱;其侧棱与底面斜交时,称之为斜 n 棱柱;上、下底面均为正 n 边形的直棱柱又称正 n 棱柱。图 6 – 1a 是直五棱柱,图 6 – 1b 是斜四棱柱,图 6 – 1c 是正六棱柱。

1. 棱柱的投影

图 6 – 2a 所示为一正六棱柱,图 6 – 2b 是它的投影图。它由六个侧棱面和上、下底面围成。上底面和下底面为水平面,它们的水平投影反映实形且重合,为正六边形。正面投影和侧面投影分别积聚为直线。正六棱柱的六个侧棱面中,其前后棱面为正平面。它们的正面投影反映实形,水平投影和侧面投影都积聚成平行于相应投影轴的直线。其余四个侧棱面都为铅垂面,水平投影分别积聚成倾斜于投影轴的直线,正面投影和侧面投影均为类似形(矩形)。由于六个侧棱面的水平投影均有积聚性,故与上、下底面的水平投影正六边形的边重合。正六棱柱的六条侧棱线均为铅垂线,它们投影图的特点及作法在前面章节已经介绍,这里不再赘述。

2. 在棱柱表面上取点

在平面立体表面上取点的方法与在平面上取点的方法相同。如图 6 – 2b 所示,正六棱柱的表面上有一点 M,已知它的正面投影 m',求其水平投影 m 和侧面投影 m''。因点 M 的正面投影可见,故可判断点 M 在棱面 $ABCD$ 上。而该棱面为铅垂面,其水平投影积聚成直线,点 M 的水平投影 m 必在此直线上。再根据投影关系由 m' 和 m 求得 m''。又如已知点 N 的水平投影 n,由于点 n 可见,可判断该点在上底面上。因上底面为水平面,其正面投影和侧面投影都具有积聚性,因此 n'、n'' 分别在上底面的正面投影和侧面投影所积聚的直线上。n' 可由水平投影直接求得,n'' 由投影关系求得。作图过程如图 6 – 2b 所示。

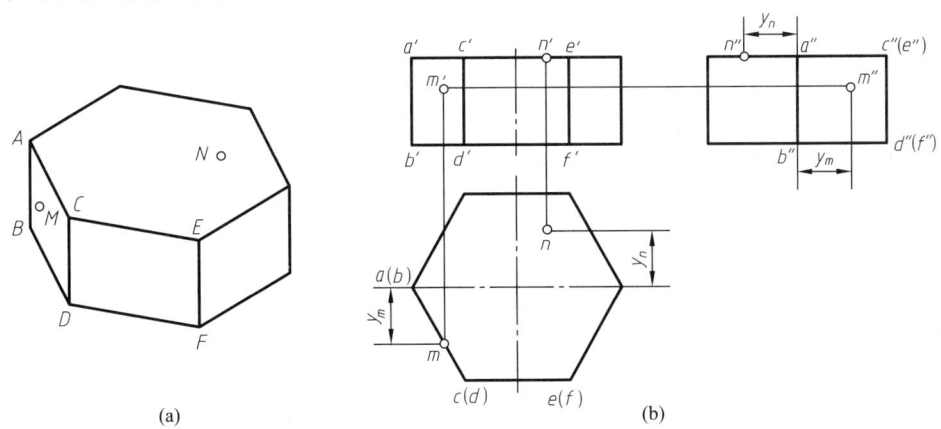

图 6 – 2 棱柱的投影及表面上取点

二、棱锥

棱锥的底面为多边形,其余的棱面都是三角形,且交于一点——锥顶,即除底边外各棱线都交汇于锥顶,棱锥底面多边形若为 n 边形,则称为 n 棱锥;底面若是正 n 边形,且锥顶对底面的正投影是正 n 边形的中心,则称为正 n 棱锥。图 6-1d 是五棱锥,图 6-1e 是正三棱锥。

1. 棱锥的投影

图 6-3 所示为一正三棱锥,锥顶点为 S,棱锥底面为等边三角形 ABC,且平行于 H 面,其水平投影△abc 反映实形,正面投影和侧面投影分别积聚为直线段。棱面 SAC 为侧垂面,其侧面投影积聚为一直线段,水平投影和正面投影仍为三角形。棱面 SAB 和 SBC 均为一般位置平面,它们的三面投影均为三角形。棱线 SB 为侧平线,SA、SC 为一般位置直线;底边 AC 为侧垂线,AB、BC 为水平线。它们的投影可根据不同位置直线的投影性质进行分析。正三棱锥的投影如图 6-3b 所示。

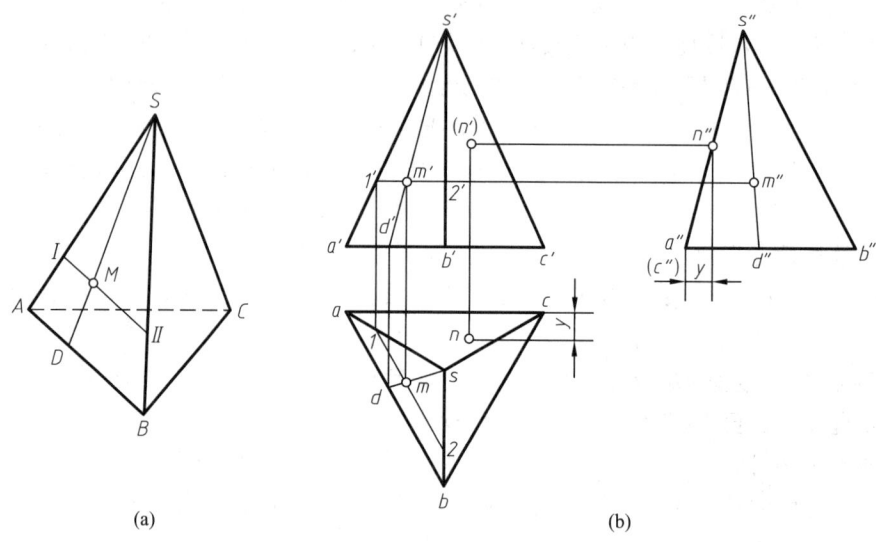

图 6-3 正三棱锥的投影及表面上取点

三棱锥的三面投影中,除棱线 $s''c''$ 与棱线 $s''a''$ 重合之外,其余各棱线的投影都可见,故无细虚线。

2. 在棱锥表面上取点

如图 6-3 所示,正三棱锥表面上有一点 M,已知它的正面投影 m',求作另外两个投影。由于 m' 是可见的,得知点 M 属于棱面 SAB,可过点 M 在△SAB 内作一直线 SD,即过 m' 作 $s'd'$,再作出 sd 和 $s''d''$。也可以过点 M 在△SAB 内作平行于底边 AB 的直线 I II,同样可以求得点 M 的另外两个投影。

又已知棱锥表面上点 N 的水平投影 n,根据 n 可见,得知点 N 属于棱面 SAC。因此,可以由水平投影直接求得侧面投影 n'',再由 n 和 n'' 求得点 N 的正面投影(n')。

§6-2 平面与平面立体相交

平面与平面立体相交,可以认为是平面立体被平面所截切。通常将该平面称为截平面,截平面与平面立体表面的交线称为截交线。当平面切割平面立体时,由截交线围成的平面图形称为截断面。本节研究的主要内容是截交线的投影。

图 6-4 表示截平面 P 与正四棱锥相交,其截交线是一封闭的平面多边形,多边形的边是截平面与各棱面和底面的交线,多边形的顶点是截平面与平面立体的棱线和底边的交点。由此,可得出作平面立体截交线的两种方法:

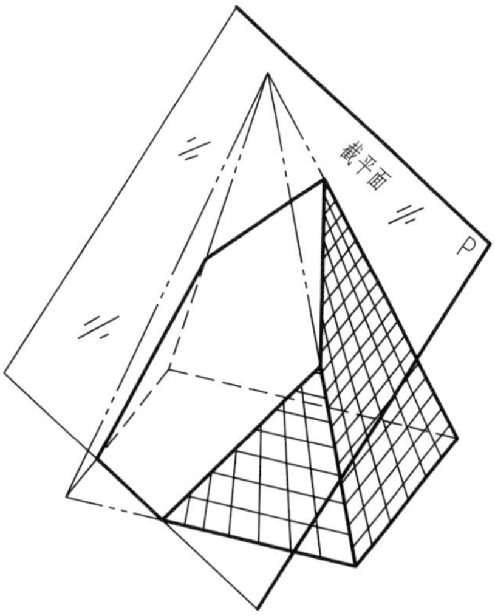

（1）线面交点法 作出平面立体的各条棱线与截平面的交点,然后按顺序将同一棱面上的两点用直线连接,便得截交线。

（2）面面交线法 分别作出平面立体各棱面与截平面的交线,各段交线围成的多边形即为所求截交线。

上述两种方法,实质上是多次求作直线与平面的交点,或多次求作两平面的交线。作图时,两种方法往往结合起来应用。

当截平面是特殊位置平面或平面立体的棱面处于特殊位置时,求截交线的作图将得到简化。

在投影图上,为使作出的图形直观,作出截交线之后,还需要对其判别可见性。

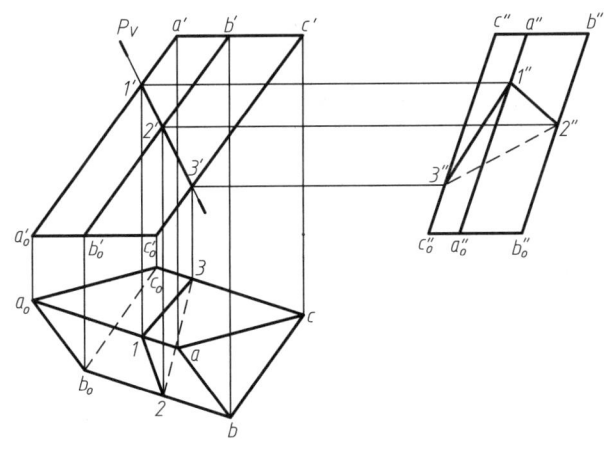

图 6-4 平面与平面立体相交

【例 6-1】 已知斜三棱柱的三面投影及正垂面 P 的正面投影,求正垂面 P 与斜三棱柱的截交线的水平投影和侧面投影,如图 6-5 所示。

图 6-5 正垂面与斜三棱柱的截交线

分析:截平面 P 为正垂面,其正面投影有积聚性,故截交线的正面投影重影为一直线段,且与 P_V 重合;水平投影和侧面投影为三角形。欲求截交线,可采用线面交点法,求出三棱柱的三条棱线 AA_0、BB_0 和 CC_0 与截平面 P 的交点 Ⅰ、Ⅱ、Ⅲ 的投影,然后依次连接各点的同面投影并判别可见性即可。

作图步骤：

① 在正面投影中，P_V 与 $a'a_0'$、$b'b_0'$、$c'c_0'$ 的交点 $1'$、$2'$、$3'$ 为截平面 P 与各棱线的交点 Ⅰ、Ⅱ、Ⅲ 的正面投影。直线段 $1'2'$、$2'3'$、$3'1'$ 即为截交线的正面投影。

② 自正面投影 $1'$、$2'$、$3'$ 各点分别向 H 面和 W 面作投影连线，在相应的棱线上可求得 1、2、3 和 $1''$、$2''$、$3''$。

③ 依次连接各点的同面投影，即得到截交线的三个投影。

因棱面 BCC_0B_0 的水平投影和侧面投影都是不可见的，所以三棱柱被截后，截交线ⅡⅢ的水平投影 23 和侧面投影 $2''3''$ 各为一段细虚线。

【例 6-2】 已知五棱柱被截切的正面投影，求其水平投影和侧面投影，如图 6-6 所示。

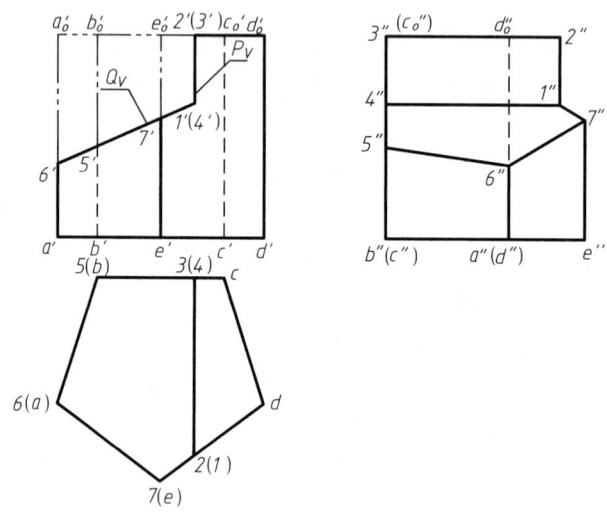

图 6-6 截切的五棱柱的截交线

分析：由图 6-6 可知，五棱柱是被侧平面 P 与正垂面 Q 两个特殊平面所截切而形成的。因此需要求出各截平面与五棱柱的截交线，以及 P 与 Q 两平面的交线。侧平面 P 与五棱柱三个棱面相交，截交线分别为 ⅠⅡ、ⅡⅢ、ⅢⅣ；正垂面 Q 与五棱柱四个棱面相交，截交线分别为 ⅣⅤ、ⅤⅥ、ⅥⅦ、ⅦⅠ；平面 P 与 Q 的交线为 ⅠⅣ。

作图步骤：

由正面投影可知，点 Ⅰ、Ⅱ 在 D_0D、E_0E 棱所在的前表面上，点 Ⅲ、Ⅳ 在 B_0B、C_0C 棱所在的后表面上，这两个平面的水平投影积聚为直线，由此可根据投影直接求出 1、2、3、4，然后再求出 $1''$、$2''$、$3''$、$4''$；Ⅴ、Ⅵ、Ⅶ 点分别在 B_0B、A_0A、E_0E 棱上，利用直线上求点的方法求出 5、6、7 及 $5''$、$6''$、$7''$，作法如图 6-6 所示。

依次用直线连接各点的同面投影，即得到被截切五棱柱的投影。A_0A、B_0B、E_0E 棱在 Ⅵ、Ⅴ、Ⅶ 点以上的部分被截掉，仅余 ⅥA、ⅤB、ⅦE 段，侧面投影 D_0D 棱不可见，故为细虚线，其余均可见，为粗实线。

【例 6-3】 已知带缺口的三棱锥 $S-ABC$ 的正面投影，求其水平投影和侧面投影，如图 6-7 所示。

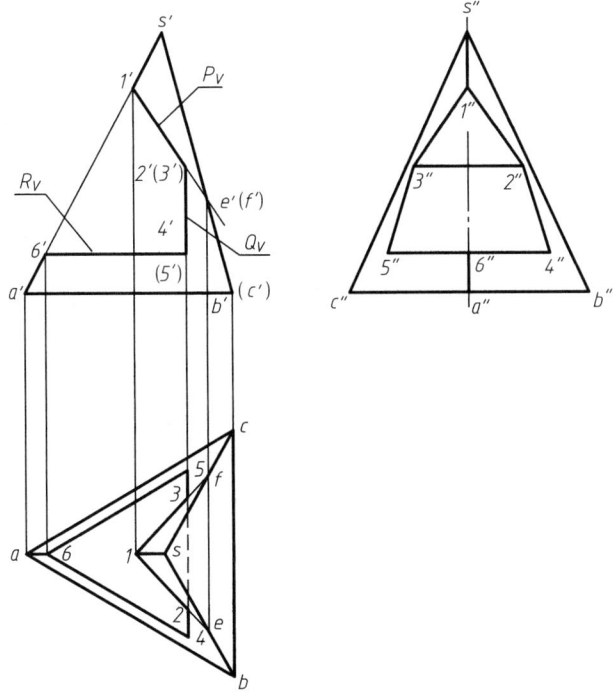

图 6-7 带缺口三棱锥的截交线

分析：由图 6-7 可知，该缺口是由三个特殊位置平面（正垂面 P、侧平面 Q、水平面 R）截切三棱锥而形成的。因此，需求出各截平面与三棱锥的截交线 Ⅰ Ⅱ Ⅳ Ⅵ Ⅴ Ⅲ Ⅰ，以及面 P 与面 Q 的交线 Ⅱ Ⅲ 和面 Q 与面 R 的交线 Ⅳ Ⅴ。

作图步骤：

由正面投影可知，点 Ⅰ、Ⅵ 在棱线 SA 上，因此 1、6 和 1″、6″ 可根据投影关系直接在 sa 和 $s''a''$ 上求得。点 Ⅱ、Ⅲ 可利用辅助线 IE、IF 求得，而点 Ⅳ、Ⅴ 则可利用 Ⅵ Ⅳ∥AB、Ⅵ Ⅴ∥AC 来求得，作法如图 6-7 所示。

依次用直线连接各点的同面投影，即得三棱锥缺口的三面投影。因水平投影中 23 一段不可见，故连成细虚线，其余均可见。

§6-3 曲面立体

表面由曲面或由曲面和平面组成的立体称为曲面立体。工程上常见的曲面立体是回转体，主要有圆柱、圆锥、球、圆环等。现对它们的投影及在其表面上取点进行研究。

一、圆柱

圆柱是由圆柱面和顶面、底面所围成的实体。圆柱面由一直母线绕与之平行的轴线旋转而成。在圆柱面上平行于轴线的任一位置的母线称为圆柱的素线，如图 6-8a 所示。

1. 圆柱的投影

如图 6-8b 所示，圆柱的轴线垂直于水平投影面，故圆柱面上所有素线也都垂直于 H 面，因此圆柱的水平投影积聚成一个圆，圆柱面上的点和线的水平投影都积聚在这个圆周上。圆柱面的顶面和底面是水平面，它们的水平投影反映实形，也为圆。用细点画线画出圆的中心线，圆心即为轴线的水平投影。

圆柱的顶面、底面的正面投影和侧面投影都积聚为直线；轴线和素线为铅垂线，它们的正面投影和侧面投影仍为直线。轴线的投影依然用细点画线绘制。圆柱的正面投影和侧面投影是形状相同的矩形。正面投影矩形的左右两条线是圆柱面正面投影的转向轮廓线 a'_0a' 和 b'_0b'，它们分别是圆柱面上最左、最右素线 A_0A、B_0B（也就是正面投影可见的前半圆柱面和不可见的后半圆柱面的分界线）的正面投影；A_0A 和 B_0B 的侧面投影 a''_0a'' 和 b''_0b'' 则与轴线的侧面投影相重合。侧面投影矩形的前后两条线是圆柱面侧面投影的转向轮廓线 c''_0c'' 和 d''_0d''，它们分别是圆柱面上最前、最后素线 C_0C 和 D_0D（也就是侧面投影可见的左半圆柱面和不可见的右半圆柱面的分界线）的侧面投影；C_0C 和 D_0D 的正面投影 c'_0c' 和 d'_0d' 则与轴线的正面投影相重合。

圆柱的三面投影如图 6-8c 所示。

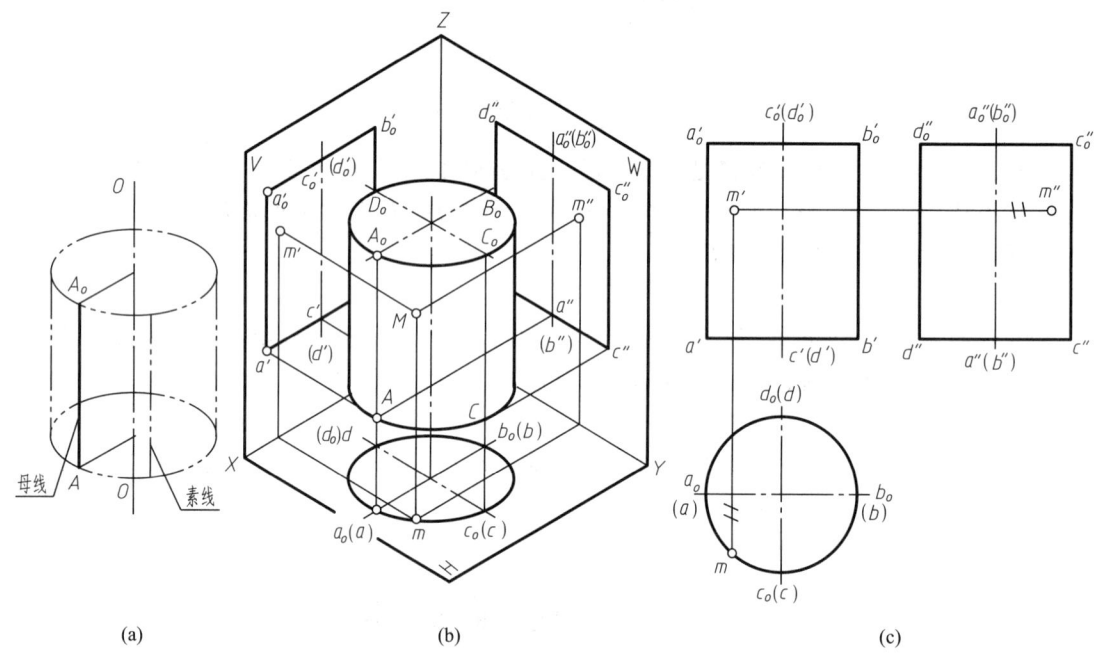

图 6-8 圆柱的投影及表面上取点

2. 在圆柱表面上取点

如图 6-8c 所示，已知圆柱表面上点 M 的正面投影 m'，求 m 和 m''。由于 m' 是可见的，因此点 M 必定在前半个圆柱面上。其水平投影 m 在圆柱具有积聚性的水平投影圆的前半个圆周上。由 m' 和 m 可求出 m''。因点 M 在圆柱的左半部，故 m'' 可见。

二、圆锥

圆锥由圆锥面和底面所围成。如图6-9a所示,圆锥面由一直母线绕与之相交的轴线回转而成。在圆锥面上通过锥顶的任一直线称为圆锥的素线。

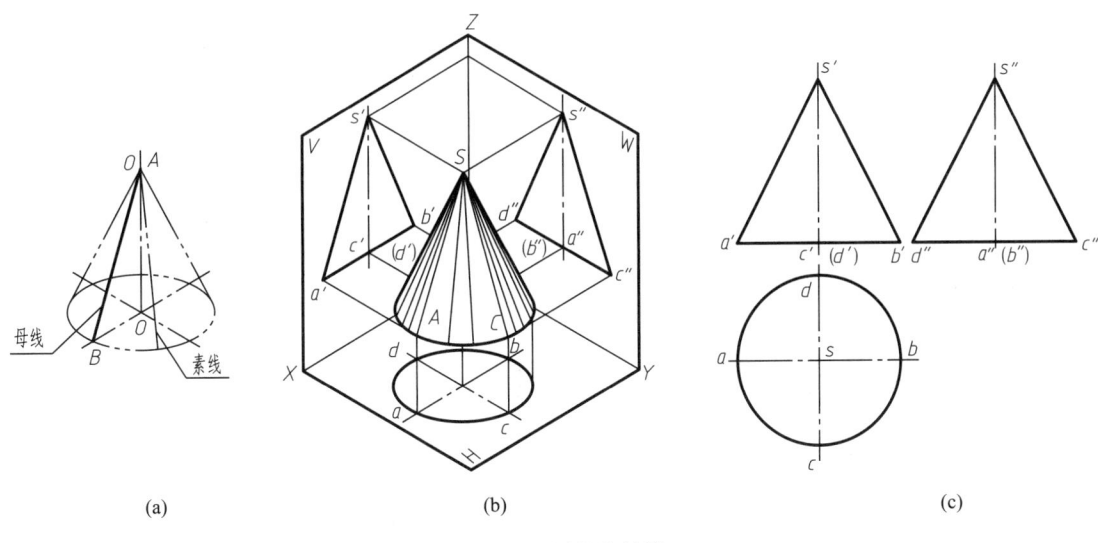

图6-9 圆锥的投影

1. 圆锥的投影

如图6-9b所示,圆锥的轴线垂直于水平投影面,其水平投影为一圆,此圆即是整个圆锥面的水平投影,圆锥面上的点和线的水平投影均在这个圆内。圆锥面的底面是水平面,它的水平投影反映实形,也是这个圆。用细点画线画出对称中心线,对称中心线的交点即为轴线的水平投影。

圆锥底面的正面投影和侧面投影都积聚为直线;轴线和素线的投影仍为直线,轴线的投影依然用细点画线绘制;圆锥的正面投影和侧面投影是形状相同的等腰三角形。正面投影三角形的左、右两条线是圆锥面正面投影转向轮廓线 $s'a'$ 和 $s'b'$,它们分别是圆锥面上最左、最右素线 SA、SB(也是正面投影可见的前半圆锥面和不可见的后半圆锥面的分界线)的正面投影;SA 和 SB 的侧面投影 $s''a''$ 和 $s''b''$ 则与轴线的侧面投影相重合。侧面投影三角形的前、后两条线是圆锥面侧面投影的转向轮廓线 $s''c''$ 和 $s''d''$,它们分别是圆锥面上最前、最后素线 SC、SD(也是侧面投影可见的左半圆锥面和不可见的右半圆锥面的分界线)的侧面投影;SC 和 SD 的正面投影 $s'c'$ 和 $s'd'$ 则与轴线的正面投影相重合。

圆锥的三面投影如图6-9c所示。

2. 在圆锥表面上取点

如图6-10所示,已知圆锥表面上点 M 的正面投影 m',求 m 和 m''。因圆锥面的三个投影均无积聚性,故不能像在圆柱面上那样利用积聚性求其表面上点的投影,可用在圆锥面上作辅助线的方法作图。作辅助线的方法有两种,即辅助素线法和辅助圆法。

辅助素线法:过锥顶 S 和点 M 作一辅助线 SI。在投影图上分别作出 SI 的各个投影后,即可按线上取点的方法由 m' 求出 m 和 m''，如图 6-10a 所示。

辅助圆法：过点 M 在圆锥面上作一与轴线垂直的水平辅助圆。该圆的正面投影为过 m' 且垂直于轴线的直线段，它的水平投影为与底圆同心的圆，m 必在此圆周上。由 m' 可求出 m，再由 m' 和 m 求得 m''，如图 6-10b 所示。

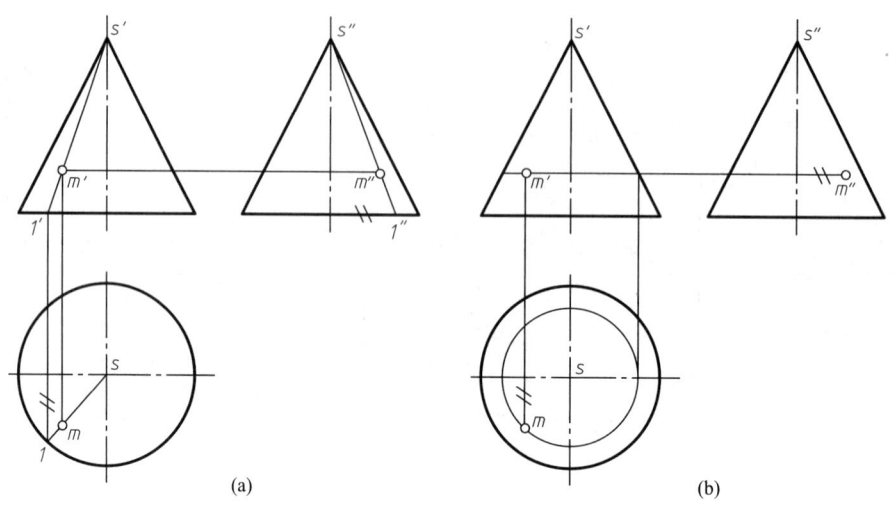

图 6-10　在圆锥表面上取点

三、球

一圆母线以自身的直径为轴线回转而形成圆球面，球面围成球体，如图 6-11a 所示。

1. 球的投影

如图 6-11b 所示，球的三个投影都是与球的直径相等的圆，它们分别是球面对三个投影面的转向轮廓线。分别用细点画线画出圆的对称中心线，用粗实线绘制三个圆，即为球的投影图。

球正面投影的转向轮廓线圆 a' 是球面上平行于 V 面的最大圆 A 的投影。它的水平投影积聚成一直线并与水平对称中心线重合；侧面投影与侧面圆的竖直对称中心线相重合。正面投影圆 a' 把球面分成前、后两部分，前半球正面投影可见，后半球正面投影不可见，它是正面投影可见与不可见面的分界线。

球水平投影的转向轮廓线圆 b 是球面上平行于 H 面最大圆 B 的投影。它的正面投影积聚成一直线并与正面圆的水平对称中心线相重合；它的侧面投影重合在侧面圆的水平对称中心线上。水平投影圆 b 把球面分成上、下两部分，上半球水平投影可见，下半球水平投影不可见，它是水平投影可见与不可见面的分界线。

球侧面投影的转向轮廓线圆 c'' 是球面上平行于 W 面的最大圆 C 的投影。它的正面投影和水平投影分别重合于相应投影圆的竖直对称中心线上。侧面投影圆 c'' 把球面分成左、右两部分，左半球侧面投影可见，右半球侧面投影不可见，它是侧面投影可见与不可见面的分界线。

2. 在球表面上取点

如图 6-11c 所示,已知球表面上点 M 的水平投影 m,求 m′和 m″。因球面的投影均无积聚性,故采用以球面上平行于投影面的圆为辅助线的方法作图。可过点 M 作一平行于正面的辅助圆,它的水平投影为过 m 且平行于 OX 轴的直线段 12,正面投影是以 1′2′为直径的圆,m′必在该圆上。由 m 可求得 m′,再由 m′和 m 可求得 m″。由于点 M 位于上、前、左半球面,故正面投影 m′和侧面投影 m″均是可见的。

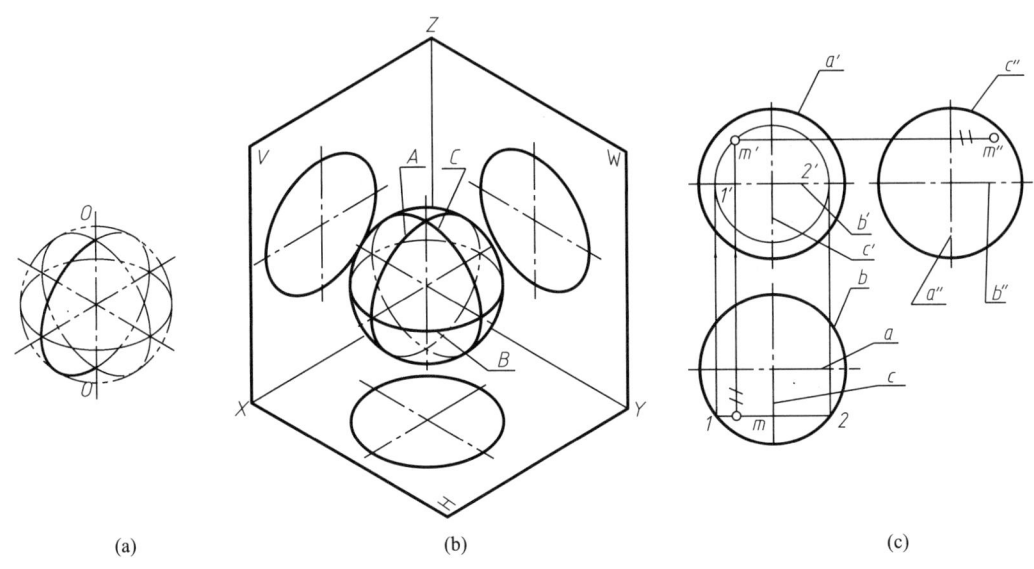

图 6-11　球的投影及表面上取点

当然,也可以过点 M 作平行于 H 面或平行于 W 面的辅助圆来作图,请读者自行分析。

四、圆环

圆环的表面是圆环面,圆环面是一圆母线绕与圆共面但不通过圆心的轴线回转而成的,如图 6-12a 所示。

1. 圆环的投影

如图 6-12b 所示,圆环轴线垂直于 H 投影面。V 面投影上的左、右两圆是圆环上平行于正面的 A、B 两素线圆的投影;W 面投影上的两圆是圆环上平行于侧面的 C、D 两素线圆的投影;V 面和 W 面投影中上、下两直线段是环面上最高、最低圆的投影;水平投影上的最大和最小圆是圆环最内、最外圆的投影。

2. 在圆环表面上取点

如图 6-12b 所示,已知圆环面上点 M 的 V 面投影 m′,求 m 和 m″。可过点 M 作平行于 H 面的辅助圆来求得,该圆的 V 面投影为过 m′且平行于 OX 轴的水平线段 1′2′,水平投影为直径等于 12 的圆,m 必在此圆上,由 m′可求得 m,再由 m′、m 求得 m″。

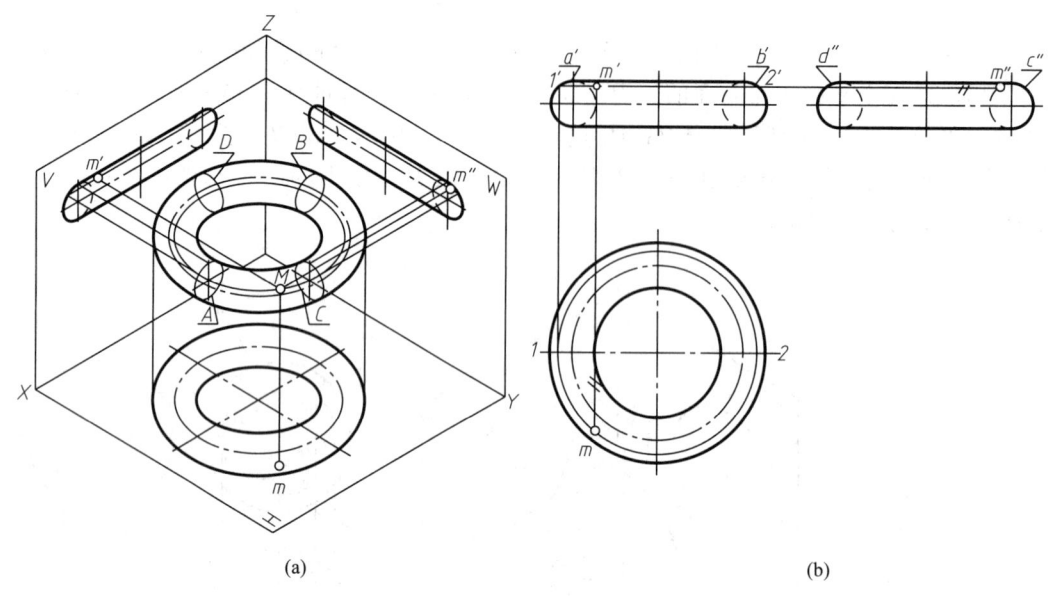

图 6-12 圆环的投影及表面上取点

§6-4 平面与曲面立体相交

一、概述

平面与曲面立体相交，如图 6-13 所示，平面称为截平面，截平面与曲面立体表面的交线称为截交线，截交线围成的图形称为截断面。

平面与曲面立体表面相交的截交线有如下性质：

(1) 截交线一般是封闭的平面曲线。

(2) 截交线是截平面与曲面立体表面的共有线，截交线上的点是截平面与曲面立体表面的共有点。

由上述性质可知，求曲面立体截交线的投影，可归结为作出平面和曲面的一系列共有点的投影。

求截交线上的共有点可运用辅助平面法，辅助平面法的实质是"三面共点"。如图 6-14 所示，已知圆锥与平面 P 相交，作辅助水平面 Q，Q 与圆锥面的交线为一圆，Q 与平面 P 的交线为一直线 AB，圆与直线同属平面 Q，则相交于两点 C、D，此两点为圆锥面、平面 P 和平面 Q 三面共有点，即是截交线上的点。若作一系列辅助平面，便可以得到一系列截交线上的点。

用辅助平面法求截交线时，选择辅助平面的原则是：辅助平面与曲面立体表面相交时，得到的交线及其投影都应是最简单的图形，如直线或圆，这样可使作图简便、准确。但是辅助平面的取作必须在截交线范围内才是可行的。

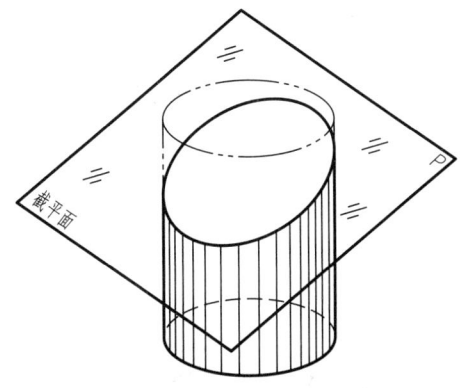
图 6-13 平面与曲面立体相交

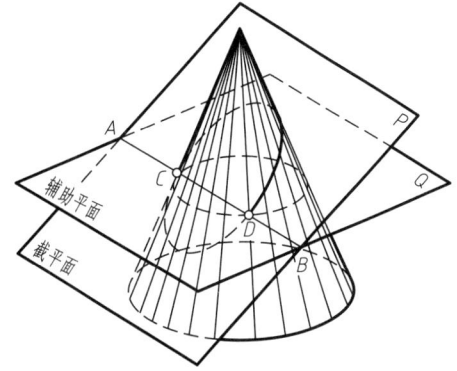
图 6-14 辅助平面法求截交线上的点

截交线的空间形状取决于曲面立体的表面性质及截平面与曲面立体的相对位置。例如，平面截切圆柱有三种情况，见表 6-1。

① 当截平面 P 平行于圆柱轴线时，截交线为矩形。
② 当截平面 P 垂直于圆柱轴线时，截交线为圆。
③ 当截平面 P 倾斜于圆柱轴线时，截交线为椭圆。

平面与圆球相交时，无论截平面处于何种位置，其截交线都是圆。但由于截平面对投影面所处的位置不同，截交线圆的投影可能是圆、椭圆或直线。见表 6-1。

平面截切圆锥时，其截交线是圆锥曲线，有五种情况，见表 6-2。

① 当截平面 P 垂直于圆锥轴线时，截交线为圆。
② 当截平面 P 倾斜于圆锥轴线，且与圆锥所有的素线都相交时，截交线为椭圆。
③ 当截平面 P 倾斜于圆锥轴线，且平行于圆锥的一条素线时，截交线为抛物线。
④ 当截平面 P 平行于圆锥轴线，或倾斜于圆锥轴线且平行于圆锥的两条素线时，截交线为双曲线。
⑤ 当截平面 P 通过圆锥锥顶时，截交线为一对相交于锥顶的直线。

在求平面与曲面立体表面的截交线时，为使其投影作得准确，首先，要根据曲面立体的表面性质及截平面相对于曲面立体的位置，判断截交线的空间形状及投影特点。然后，先求出截交线上某些特殊位置点的投影，如最高、最低点，最左、最右点，最前、最后点，曲面立体投影转向轮廓线上的点（可见性分界点）等。为使截交线连接光滑，还应求出截交线上一系列一般位置点的投影。最后，判别可见性，依次光滑连接各点的同面投影，即得截交线的投影。

二、特殊位置平面与曲面立体相交

当截平面对投影面处于特殊位置（平行或垂直）时，求截交线的投影将得到简化。此时，截交线的一个投影必重影在截平面的积聚投影线上，可以直接确定。

【例 6-4】 圆柱被正垂面 P 所截，已知正面投影和水平投影，完成侧面投影，如图 6-15 所示。

表 6-1 平面与圆柱、圆球的截交线

截平面的位置	截平面与圆柱轴线平行	截平面与圆柱轴线垂直	截平面与圆柱轴线倾斜	截平面平行于投影面截圆球	截平面倾斜于投影面截圆球
立体图					
投影图					
截交线	矩形	圆	椭圆	圆	圆（投影为椭圆）

表 6-2 平面与圆锥的截交线

截平面的位置	截平面与圆锥轴线垂直	截平面与圆锥轴线相交 ($\theta > \alpha$)	截平面与圆锥轴线相交 ($\theta = \alpha$)	截平面与圆锥轴线平行或相交 ($\theta = 0$ 或 $\theta < \alpha$)	截平面通过圆锥顶
立体图					
投影图					
截交线	圆	椭圆	抛物线	双曲线	两相交直线

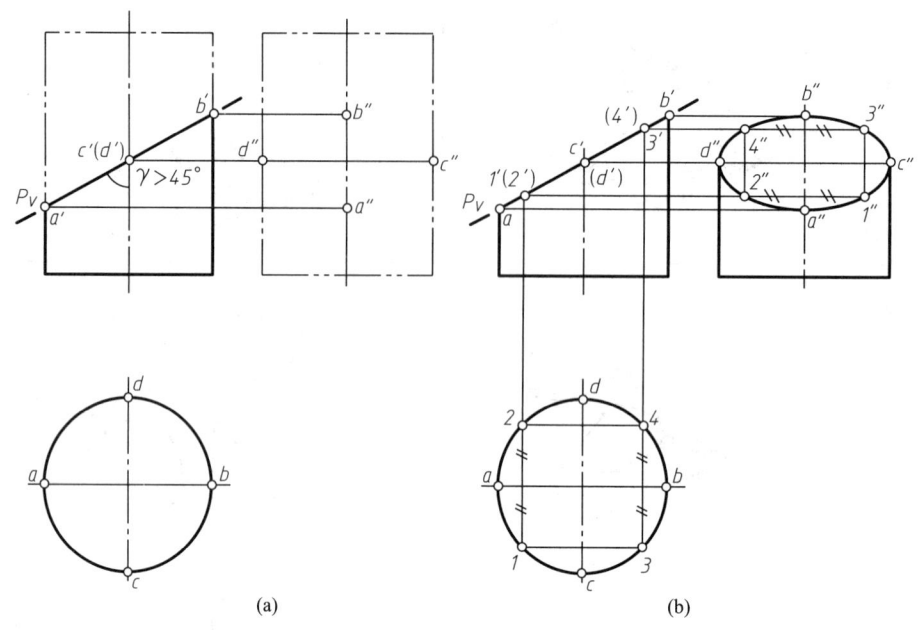

图 6-15 正垂面截切圆柱的截交线

分析：圆柱的轴线为铅垂线，截平面 P 为正垂面，与圆柱轴线斜交，截交线为一椭圆。其正面投影与截平面 P 的正面投影 P_V 重合；水平投影与圆柱的水平投影——圆重合；它的侧面投影为不反映截交线实形的椭圆，需作图求出。

作图步骤：

① 求特殊位置点　根据上述分析，A、B 两点是椭圆的最低和最高点，位于圆柱最左、最右两条素线上，也是最左、最右点。C、D 是椭圆的最前和最后点，位于圆柱的最前、最后两条素线上。同时，A、B、C、D 又是椭圆长、短轴的四个端点。这些点的正面投影是 a′、b′、c′、(d′)，水平投影为 a、b、c、d。根据投影规律可求出它们的侧面投影 a″、b″、c″、d″，如图 6-15a 所示。

② 求一般位置点　首先在正面投影和水平投影中取若干一般位置点的投影，如 Ⅰ、Ⅱ、Ⅲ、Ⅳ 点的投影 1′、(2′)、3′、(4′) 和 1、2、3、4，然后，求出它们的侧面投影 1″、2″、3″、4″，如图 6-15b 所示。

③ 光滑连接各点　光滑连接所求各点的侧面投影，即得截交线的侧面投影椭圆。

讨论：当用正垂面斜截轴线为铅垂位置的圆柱时，其截交线椭圆的侧面投影形状与截平面对 W 面的倾角 γ 有关。若设圆柱的直径为 D，则当 γ>45° 时，其侧面投影椭圆长轴为 c″d″，且 c″d″=D，短轴为 a″b″，且 a″b″<D，如图 6-15b 所示；当 γ<45° 时，其侧面投影椭圆的长轴为 a″b″，且 a″b″>D，短轴为 c″d″，且 c″d″=D，如图 6-16a 所示；当 γ=45° 时，a″b″=c″d″=D，此时截交线的侧面投影为圆，如图 6-16b 所示。

【例 6-5】　已知带槽圆柱筒的正面投影和水平投影，求其侧面投影，如图 6-17 所示。

分析：圆柱筒轴线垂直于水平投影面。可将圆柱筒看做两个同轴而直径不同的圆柱表

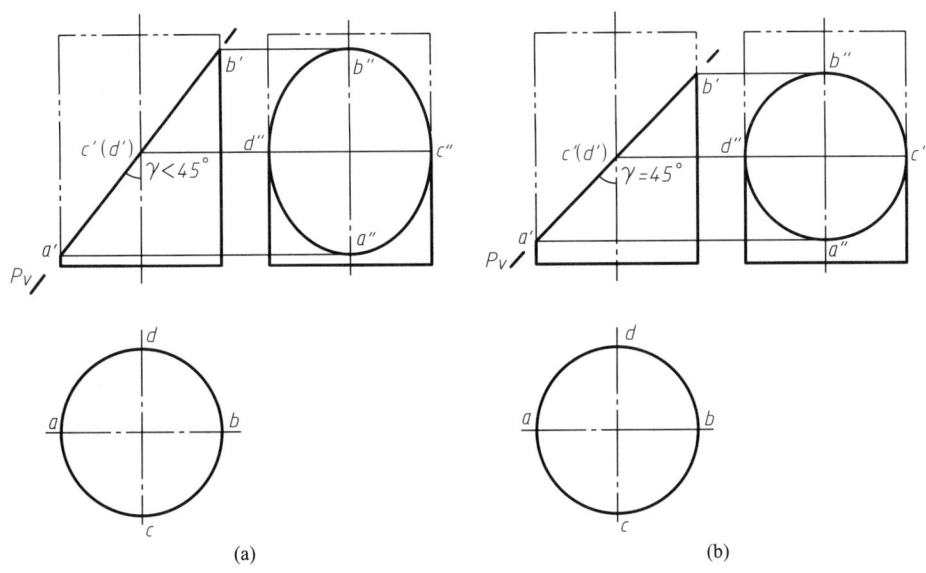

图 6-16 截交线椭圆的趋势

面——圆柱筒外表面和内表面。圆柱筒上端所开通槽可以看做是被两个侧平面和一个水平面所截而成。三个截平面与圆柱筒的内、外表面均产生截交线。两个侧平面截圆柱筒的内、外表面及上端面所得截交线均为直线,水平面截圆柱筒内、外表面所得截交线为圆弧。截交线的正面投影重影为三段直线,水平投影重影为四段直线和四段圆弧,这四段圆弧都重影在圆柱筒的内、外表面的水平投影圆上。可以根据截交线的正面投影和水平投影,求得其侧面投影。

作图步骤:

根据圆柱筒外表面截交线上点的正面投影 a'、(b')、(c')、d'、e'、(f')、(g')、h' 和水平投影 a、b、(c)、(d)、e、f、(g)、(h),利用投影规律求出侧面投影 a''、b''、c''、d''、(e'')、(f'')、(g'')、(h'')。

用相同的方法可以求得圆柱筒内表面截交线上各点的侧面投影。

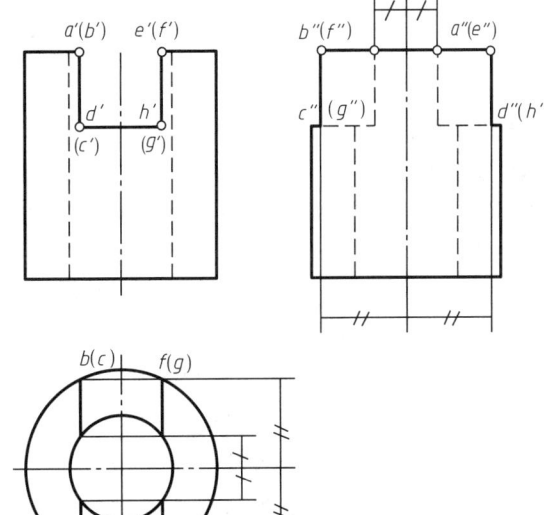

图 6-17 求带槽圆柱筒的侧面投影

依次连接截交线上各点的侧面投影。因圆柱筒内表面的侧面投影是不可见的,故截交线为细虚线。另外,槽底的侧面投影大部分是不可见的,故有两段细虚线。

由于开通槽缘故,圆柱筒内、外表面的最前、最后两条素线在开槽部分被截去一段,因此在侧面投影中,槽口部分的轮廓不再是圆柱面的转向轮廓线。

【例 6-6】 求铅垂面 P 与圆锥的截交线,如图 6-18 所示。

分析:圆锥轴线为铅垂线,截平面 P 与圆锥轴线平行,截交线为双曲线。其水平投影与 P_H 重合,正面投影和侧面投影仍为双曲线,待求。

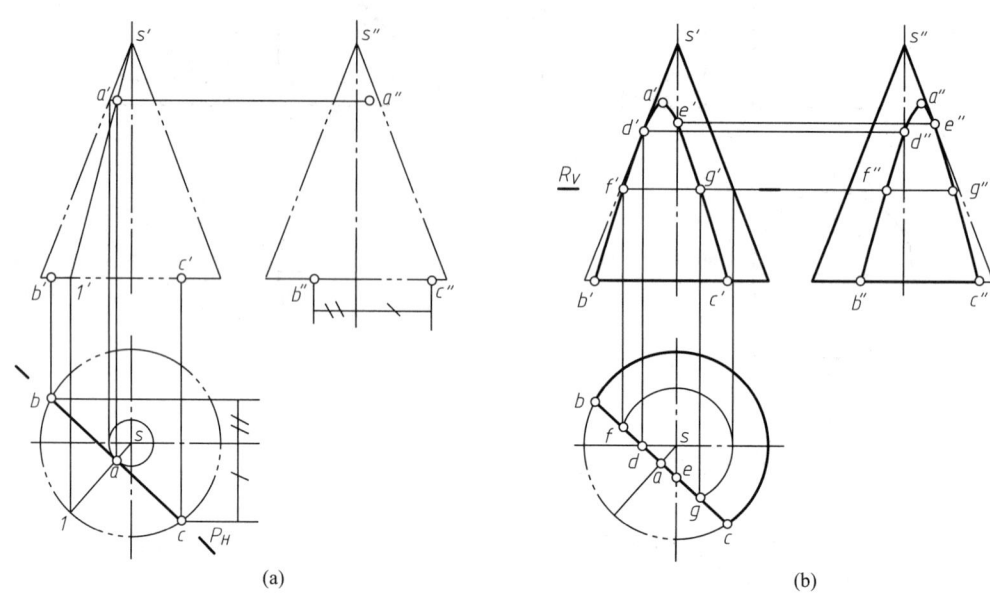

图 6-18 铅垂面截圆锥的截交线

作图步骤:

① 求特殊位置点 截交线的最低点是截平面 P 与圆锥底圆的交点 B、C,它们的水平投影为圆锥底圆与 P_H 的交点 b、c,由此可作出其正面投影 b'、c' 和侧面投影 b''、c''。

截交线的最高点 A(即双曲线的顶点)是截交线上距锥顶最近的点。若过点 A 在圆锥面上所作的辅助纬圆必是与截平面相切的圆。因此先在水平投影中,以锥顶 S 为圆心,以 sa($sa \perp P_H$)为半径作一圆与 P_H 相切。求出此圆的正面投影,即可作出点 A 的正面投影 a',由 a'、a 求出 a''。作法如图 6-18a 所示(图中还示出了如何用素线法求 a')。

求转向轮廓线上的点。由图 6-18b 中水平投影可见,P_H 与圆锥的最左、最前两条素线的投影分别交于 d、e 两点,由此可求得 d'、e'、d''、e''。

② 求一般位置点 在最高点 A 和最低点 B、C 之间作一辅助水平面 R,求得 F、G 两点的投影。根据需要,可用同样的方法求得足够的一般位置点,如图 6-18b 所示。

③ 判别可见性 截交线的水平投影积聚为直线,可见;正面投影前面无遮挡也是可见的;侧面投影也是可见的。

④ 光滑连接各点 将所求截交线上各点的同面投影依次光滑连接(可见的连成粗实线,不可见的连成细虚线)。

【例 6-7】 已知带缺口圆锥的正面投影,求其水平投影和侧面投影,如图 6-19 所示。

分析:图 6-19 所示的圆锥轴线为铅垂线,圆锥缺口部分可以看做是被 P、Q、R 三个平面截

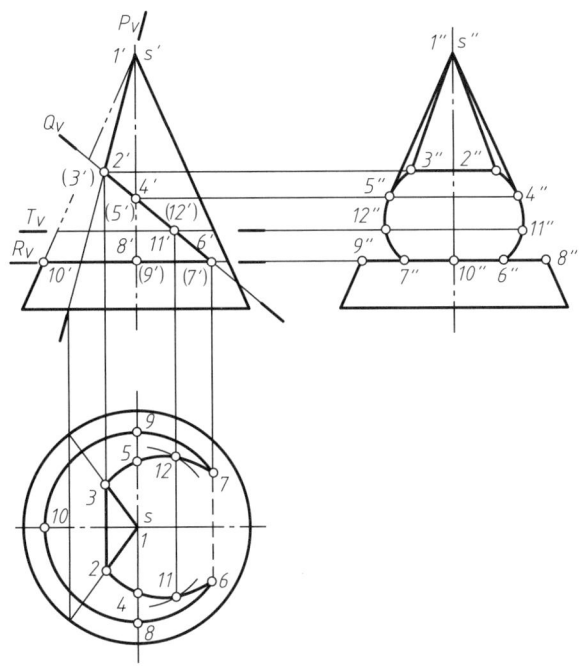

图 6-19 带缺口圆锥的截交线

切而成。面 P 是正垂面,且通过锥顶,截交线为相交于锥顶的两段直线;面 Q 是正垂面,与圆锥轴线倾斜,且与圆锥素线相交,截交线为椭圆的一部分;面 R 为水平面,与圆锥轴线垂直,截交线为圆的一部分。即圆锥缺口部分的截交线由直线、椭圆弧和圆弧组成。而截平面 P、Q 及 Q、R 又各相交且交线均为一直线段。

作图步骤:

① 求特殊位置点 在正面投影中,确定各段截交线的结合点及投影转向轮廓线上点的投影 $1'、2'、(3')、4'、(5')、6'、(7')、8'、(9')、10'$。然后,求出这些点的水平投影和侧面投影,如图 6-19 所示。

② 求一般位置点 为使截交线椭圆一段连接准确,在点 Ⅳ、Ⅵ 之间作辅助水平面 T,可求得一般位置点 Ⅺ、Ⅻ。还可以用同样方法求得足够的一般位置点。

③ 判别可见性 截交线的正面投影和侧面投影均可见。水平投影中 Q、R 两平面的交线 67 不可见,为细虚线。

④ 光滑连接各点 将所求各点的同面投影依次用直线、椭圆弧和圆弧连接,即得带缺口圆锥的水平投影和侧面投影。

因圆锥侧面投影转向轮廓线 $4''8''、5''9''$ 一段被截去,故其侧面投影不存在。

【例 6-8】 已知带凹槽半球的正面投影,求其水平投影和侧面投影,如图 6-20a 所示。

分析:由给定的正面投影可知,凹槽是由两个侧平面和一个水平面截切半球而成,截交线均为圆的一部分。凹槽的底面,其水平投影反映实形:由两段圆弧和两段直线段(凹槽两侧面的投影)围成。侧面投影反映凹槽两侧面的实形:由一段圆弧和一段直线段(凹槽底面的投影)围成。

作图方法如图 6-20b~d 所示。

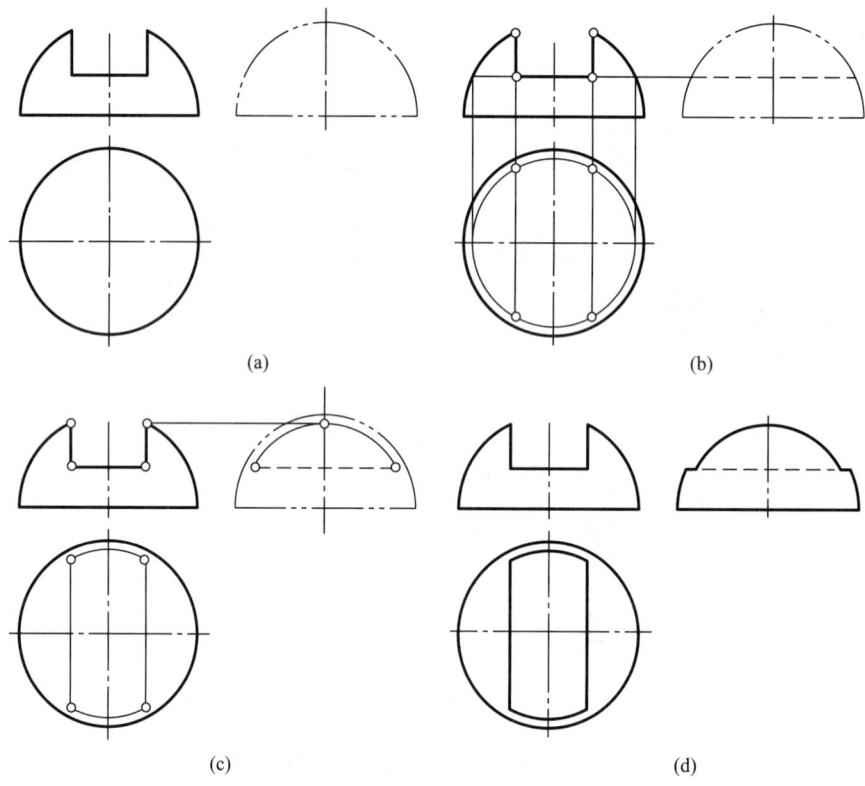

图 6-20 带凹槽半球的截交线

【例 6-9】 已知平面与组合回转体截切所得截交线的水平投影和侧面投影，求截交线的正面投影，如图 6-21 所示。

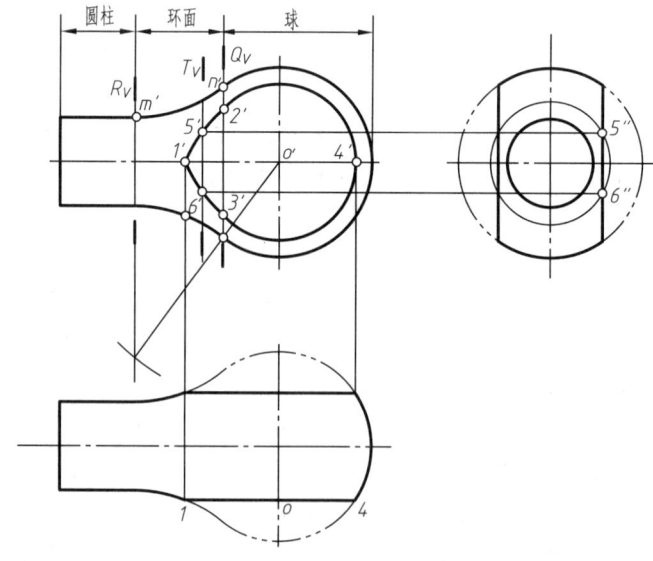

图 6-21 组合回转体的截交线

分析：图 6-21 所示组合回转体是由同轴的圆柱、圆环和圆球组合而成，其轴线为侧垂线。m' 和 n' 为正面投影各段轮廓线的切点。过点 M 的侧平面 R 是圆柱与环面的分界面；过点 N 的侧平面 Q 是环面与球的分界面。该组合回转体被对称于轴线的两个正平面截切。从水平投影可以看出，截平面只与环面和球相交，与环面的交线为平面曲线，与球面的交线为圆的一部分，这两条交线组成封闭的平面曲线。其水平投影和侧面投影均重影为一段直线，正面投影反映实形且前、后重合。

作图步骤：

① 求特殊位置点　Ⅰ、Ⅳ 两点为截交线的最左、最右点，在水平投影中可以直接确定 1、4，再由 1、4 求得 $1'$、$4'$；Ⅱ、Ⅲ 两点为截交线上平面曲线与圆的分界点，属于 Q 面。在正面投影中以 o' 为圆心，$o'4'$ 为半径作圆弧交 Q_V 于 $2'$、$3'$ 点。即 $2'$、$3'$ 右侧为圆，左侧为平面曲线。

② 求一般位置点　在 Ⅰ、Ⅱ 之间作一辅助侧平面 T，可以求得一般位置点 Ⅴ、Ⅵ。

③ 光滑连接各点　将所求各点光滑连接，即得截交线的正面投影。因截交线前后对称，故无细虚线。

§6-5　两曲面立体相交

一、概述

在机械零件中，经常会遇到两曲面立体相交的情况，如图 6-22 所示。通常把相交的两曲面立体称为相贯体，两相贯体表面的交线称为相贯线。在绘制这些零件时，需要准确地画出这些相贯线的投影。

一般情况下，相贯线是封闭的空间曲线，在某些情况下，空间曲线可能转化为平面曲线或直线。

相贯线是两曲面立体表面的共有线，也是两曲面立体表面的分界线，如图 6-22 所示。显然，相贯线上的点是两曲面立体表面的共有点。所以，求相贯线的投影可归结为求相交两曲面立体表面一系列共有点的投影。然后，将这些共有点的同面投影依次光滑连接即可。

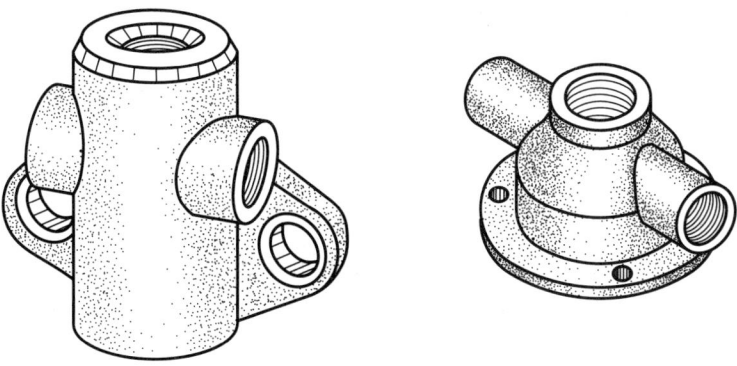

图 6-22　零件上的相贯线

求相贯线的基本方法是:
(1) 利用形体投影的积聚性。
(2) 利用辅助平面。
(3) 利用辅助球面。

求相贯线的一般步骤是:
(1) 分析两相贯形体的形状、尺寸大小及对投影面的相对位置和两形体之间的相对位置。
(2) 确定适当的作图方法。利用积聚性、采用辅助平面或辅助球面法来求相贯线上的点。
(3) 求特殊位置点。相贯线上特殊位置的点包括最高、最低点,最前、最后点,最左、最右点和投影轮廓线上的点。这些特殊位置点确定了相贯线的范围和变化趋势。
(4) 求一般位置点,其目的是使相贯线的投影连接更光滑、更准确。
(5) 判别相贯线投影的可见性。判别可见性的原则是:同时位于两相贯体可见表面的相贯线的投影为可见,否则为不可见。
(6) 依次光滑连接各点的同面投影,可见的连成粗实线,不可见的连成细虚线。
(7) 整理两相贯体投影转向轮廓线。要对两相贯体投影重叠部分的轮廓线进行分析,有的因形体相贯而消失,有的被遮挡而成为细虚线。

二、利用形体投影的积聚性求相贯线

当相贯体为垂直相交的两圆柱,且两圆柱的轴线分别垂直于投影面时,圆柱表面在轴线所垂直的投影面上的投影有积聚性,相贯线的投影必重影在有积聚性的圆周上。此时,可根据相贯线已知的两投影作出第三投影。

【例 6-10】 两圆柱体相贯,求它们相贯线的投影,如图 6-23 所示。

分析:如图 6-23a 所示,圆柱 A 的轴线垂直于水平投影面,其水平投影有积聚性;圆柱 B 的轴线垂直于侧立投影面,其侧面投影有积聚性。两圆柱轴线垂直相交,亦称正交。圆柱 A 的直径小于圆柱 B 的直径,圆柱 A 贯入圆柱 B 之中。所以,相贯线的水平投影重影在圆柱 A 的水平投影上,相贯线的侧面投影重影在圆柱 B 与圆柱 A 侧面投影相交部分的圆周上。故相贯线的两个投影是已知的。可根据点的投影规律,作出相贯线上一系列点的正面投影,连之即得。

作图步骤:

① 求特殊位置点 如图 6-23b 所示,从水平投影和侧面投影可知,I、II 是最左、最右点,也是最高点;III、IV 是最前、最后点,也是最低点。

② 求一般位置点 如图 6-23c 所示,在相贯线的水平投影上任取一点 5,作出 5″,再由 5 和 5″求得 5′。同样,可求得一系列一般位置点。

③ 光滑连接各点 由于相贯线对称于过两圆柱轴线的正平面,故其正面投影前后重合,依次光滑连接各点即可。

如果在圆柱 B 上开孔,就产生了圆柱表面与圆柱孔表面的相贯线,如图 6-24a 所示。这时,相贯线可以看成是由图 6-23 中 A、B 两圆柱相贯后,抽去圆柱 A 而形成的。因此,相贯线的形状和画法与图 6-23 所示的完全相同。由于是在圆柱的内部打孔,故其正面投影和侧面投影的转向轮廓线是不可见的,画成细虚线。

§6–5 两曲面立体相交 **125**

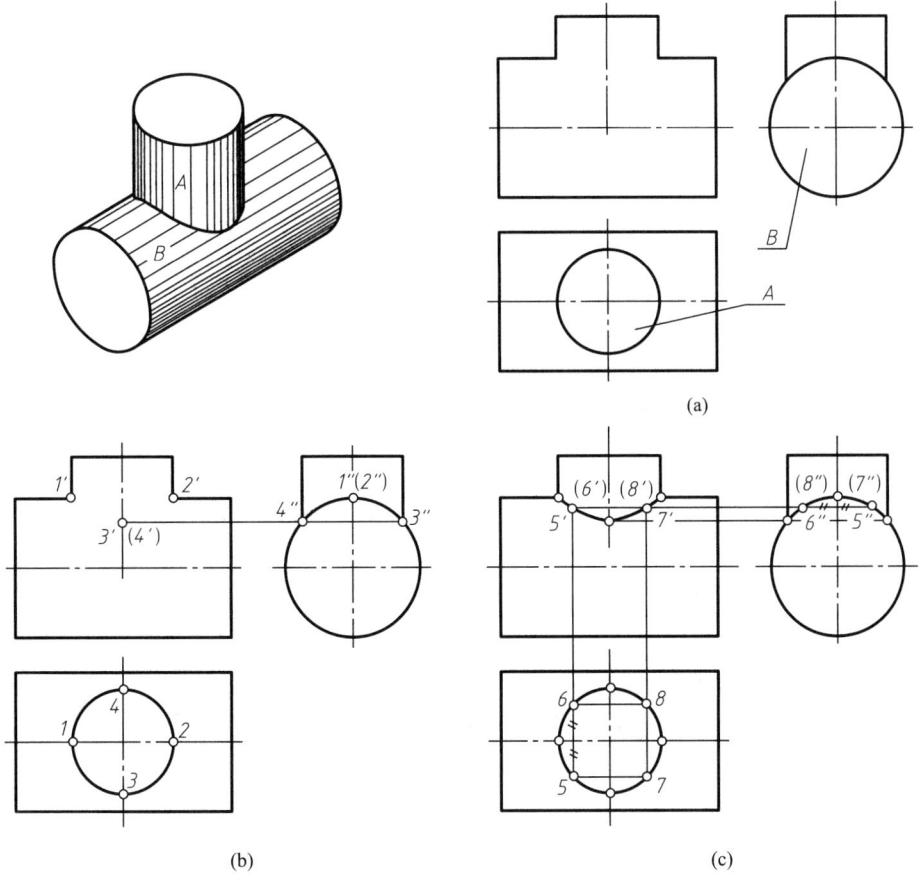

图 6–23 正交两圆柱的相贯线

图 6–24b 所示是在圆柱筒上开孔，于是产生了圆柱筒内、外表面与圆柱孔的相贯线。其相贯线的作法也与图 6–23 所示的方法相同。此时，内表面上的相贯线为细虚线。

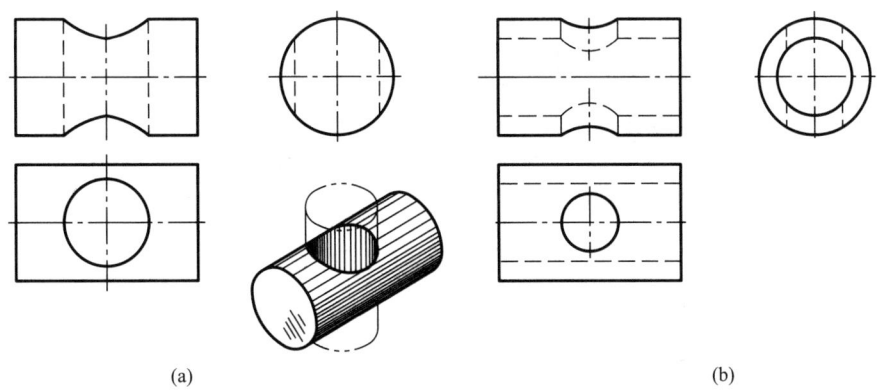

图 6–24 圆柱体开孔的相贯线

【例 6-11】 已知两圆柱偏交,求相贯线的三面投影,如图 6-25 所示。

分析:如图 6-25 所示,A、B 两圆柱轴线垂直交叉,轴线分别垂直于 H 面和 W 面,两圆柱体部分相交,相贯线是一条封闭的空间曲线,左右、上下对称。相贯线的水平投影重影在圆柱 A 的水平投影上,相贯线的侧面投影重影在圆柱 B 的侧面投影上,只要求出相贯线的正面投影即可。

作图步骤:

① 求特殊位置点 在侧面投影图上,可以确定相贯线上的最高点 1″、(2″)和最低点 3″、(4″),它们位于圆柱 B 的正面投影轮廓线上,其水平投影 1、(3)、2、(4)可以直接确定。再由水平投影可以求得最高点和最低点的正面投影(1′)、(2′)、(3′)、(4′)。

在水平投影图上可以确定相贯线上的最左点 5、(6)和最右点 7、(8),它们位于圆柱 A 的正面投影轮廓线上。先作出 5″、6″、(7″)、(8″),再求得 5′、6′、7′、8′。在水平投影和侧面投影上确定相贯线上的最前点 9、9″、10、(10″)和最后点 11、11″、(12)、12″,再求得 9′、10′、(11′)、(12′)。

② 求一般位置点 在适当位置,如在水平投影和侧面投影上距圆柱 A 轴线为 y 处取 13、(14)、15、(16)和 13″、14″、(15″)、(16″),再求得 13′、14′、15′、16′。同理,可根据需要求作足够的一般位置点。

③ 判别可见性 根据可见性判别原则,圆柱 A 前半部分相贯线的正面投影为可见,圆柱 A 后半部分相贯线的正面投影为不可见。因此,点 5′、6′、7′、8′是相贯线正面投影可见性的分界点。

④ 光滑连接各点 用曲线依次光滑连接各点,可见的连粗实线,不可见的连细虚线。

⑤ 整理轮廓线 由于圆柱 A 在圆柱 B 之前,所以,圆柱 A 正面投影转向轮廓线在圆柱 B 正面投影转向轮廓之前。圆柱 B 正面投影转向轮廓线被遮挡部分为不可见的,画成细虚线。

为清晰地表示相贯线和转向轮廓线的连接关系,特采用局部放大图画出,如图 6-25 中所示的(2′)至 7′点。

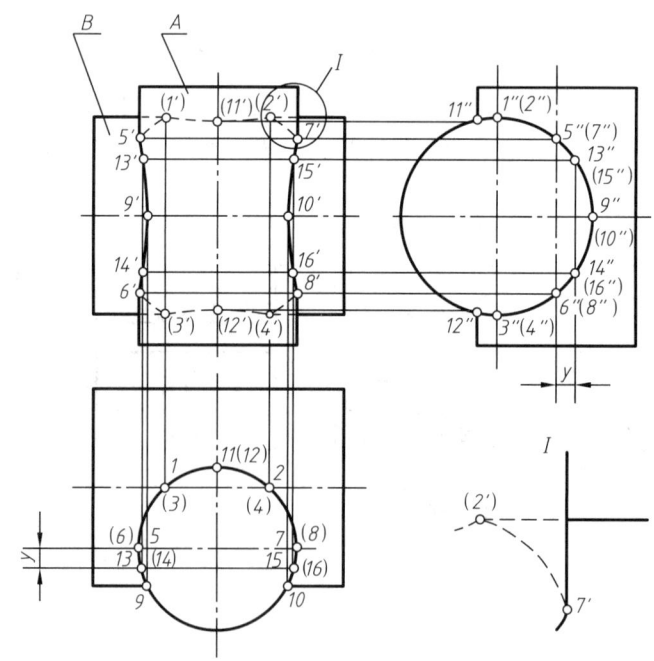

图 6-25 两圆柱偏交的相贯线

三、利用辅助平面法求相贯线

除上述利用两相贯体表面投影积聚性求相贯线外,在很多情况下则需要利用辅助平面法来求相贯线上的点。

辅助平面法是在两相贯体的适当位置,作一辅助平面 P,使其与两相贯体相交,分别作出 P 与两相贯体的截交线,再求得两截交线的交点 C、D,便是相贯线上的点(即三面共点)。如图 6-26 所示,作一系列辅助平面,可求得一系列相贯线上的点。

【例 6-12】 已知圆锥和圆柱轴线垂直相交,完成其三面投影,如图 6-27 所示。

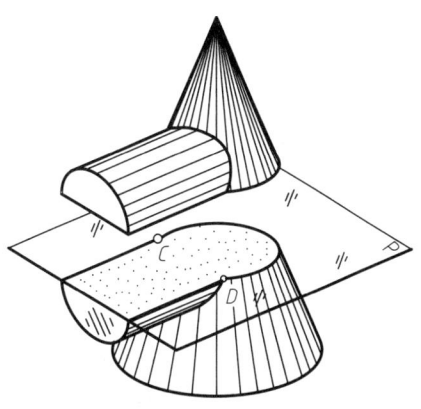

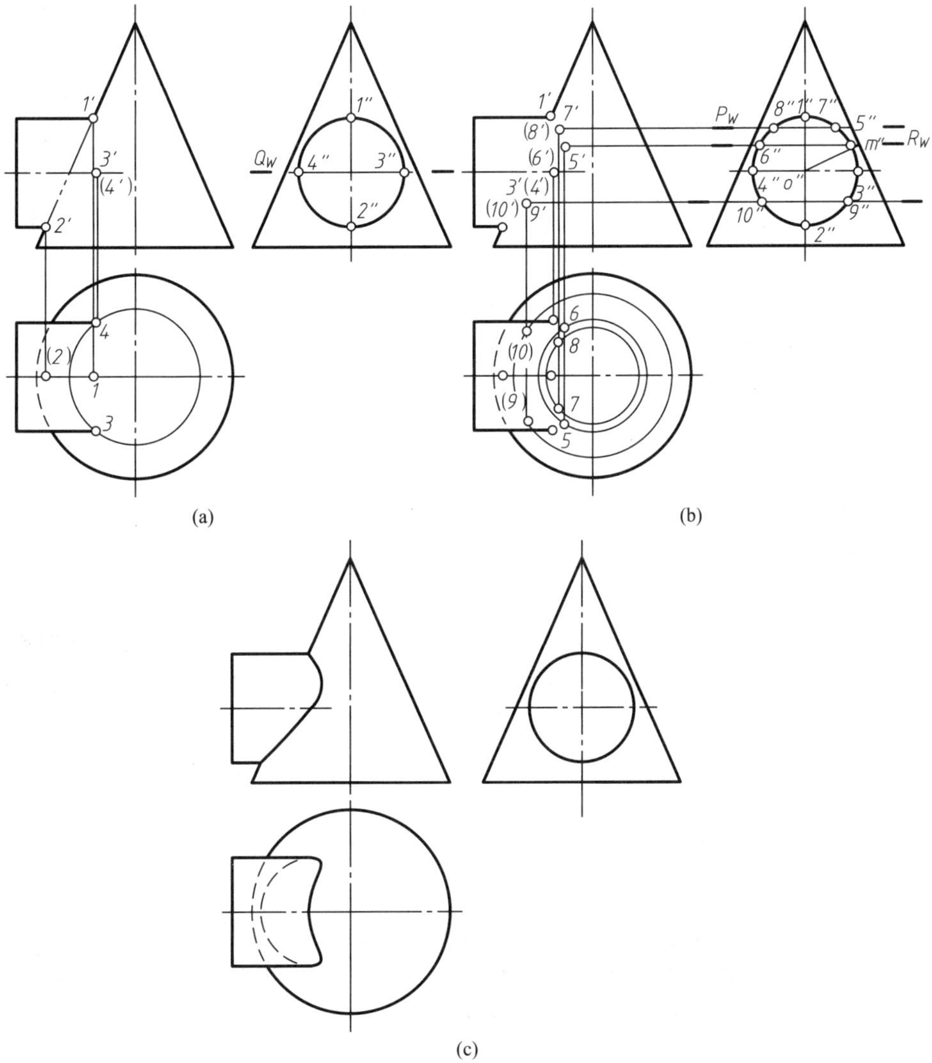

图 6-26 用辅助平面求相贯线上的点

(a)

(b)

(c)

图 6-27 圆锥和圆柱正交的三面投影

分析：圆柱完全与圆锥相贯，相贯线是一条封闭的、前后对称的空间曲线。圆柱的轴线垂直于侧面，其侧面投影积聚为圆，故相贯线的侧面投影重影在圆柱的投影圆上。可利用辅助平面法来求相贯线的水平投影和正面投影。根据辅助平面的选择原则，选定水平面作为辅助平面。

作图步骤：

① 求特殊位置点　如图 6 - 27a 所示，由侧面投影可知，$1''$、$2''$ 是最高点和最低点的侧面投影。在正面投影中，两形体轮廓线的交点 $1'$、$2'$ 是其正面投影。根据 $1'$、$2'$ 和 $1''$、$2''$ 可求得其水平投影 1、2。同时，点 Ⅱ 也是相贯线的最左点。

侧面投影 $3''$、$4''$ 是相贯线的最前、最后点的侧面投影。过 $3''$、$4''$ 作辅助平面 Q，平面 Q 截圆锥为圆，截圆柱为两直线，即水平投影两轮廓线，可求得水平投影 3、4 和正面投影 $3'$、$(4')$。Ⅲ、Ⅳ 两点位于圆柱水平投影轮廓线上，因此，3、4 两点是相贯线水平投影可见性的分界点。

侧面投影 $5''$、$6''$ 是相贯线的最右点的侧面投影。求作方法是：过圆柱侧面投影圆圆心 o'' 向圆锥侧面投影转向轮廓线作垂线，与其相交于点 m''，过点 m'' 作辅助水平面 R，则最右点 Ⅴ、Ⅵ 属于 R 平面，利用辅助平面 R 可求得其水平投影 5、6 和正面投影 $5'$、$(6')$。

② 求一般位置点　如图 6 - 27b 所示，在适当位置任作一水平辅助面 P，P 与圆柱相交为两条素线，与圆锥相交为圆，两者相交于点 Ⅶ、Ⅷ，即为相贯线上点。同理，还可求得一般位置点 Ⅸ、Ⅹ。

③ 判别可见性　由于相贯线前后对称，故相贯线正面投影前后重合。在水平投影中，相贯线在圆柱上半部的 3、5、7、1、8、6、4 点是可见的，连成粗实线，其余各点在圆柱下半部是不可见的，连成细虚线。

④ 光滑连接各点　用曲线依次光滑连接各点的同面投影，即得相贯线的正面投影和水平投影。圆柱水平投影转向轮廓线应画到 3、4 两点为止，如图 6 - 27c 所示。

【例 6 - 13】　已知圆柱与半球相交，完成其正面投影和水平投影，如图 6 - 28 所示。

分析：如图 6 - 28 所示，圆柱与半球相交，圆柱的轴线为铅垂线，它们的公共对称面是通过圆柱轴线和球心的铅垂面 P。相贯线为一封闭的空间曲线，其水平投影重影在圆柱的水平投影圆上。因公共对称面 P 不是正平面，所以，相贯线的正面投影是不对称的封闭图形，需作图求出。作图可采用辅助平面法，选择正平面或水平面为辅助平面。

作图步骤：

① 求特殊位置点　点 Ⅰ、Ⅱ 是相贯线上的最低点和最高点，在两相贯体的公共对称面上，点 Ⅰ 位于半球的底圆上，其正面投影 $1'$ 可由水平投影直接求得。点 Ⅱ 的正面投影 $2'$ 可作辅助平面 Q 求得。

Ⅲ、Ⅳ 两点是半球正面投影转向轮廓线上的点，可根据其水平投影直接作得正面投影 $(3')$、$(4')$。

Ⅴ、Ⅵ 两点是相贯线的最左、最右点，位于圆柱正面投影转向轮廓线上。作辅助平面 R，可求得其正面投影 $5'$、$6'$。

Ⅶ、Ⅷ 两点是相贯线的最前、最后点，同样，用辅助平面法可求得其正面投影 $7'$、$(8')$。

Ⅸ、Ⅹ 两点位于半球的侧面投影转向轮廓线上，本题虽未画侧面投影，也属特殊点。其正面投影位于半球正面投影的竖直中心线上。用辅助平面法可求得 $9'$、$(10')$。

② 求一般位置点　用相同方法，可根据需要求得若干一般位置点的投影，如图中 Ⅺ 点。

③ 判别可见性、光滑连接各点　根据可见性的判别原则，相贯线的正面投影 $5'$、$1'$、$7'$、$9'$、

$11'$、$6'$是可见的,连成粗实线;$6'$、$(4')$、$(2')$、$(10')$、$(8')$、$(3')$、$5'$是不可见的,连成细虚线。

④ 整理投影轮廓线 圆柱正面投影转向轮廓线到$5'$、$6'$为止;半球正面投影转向轮廓线到$(3')$、$(4')$为止,有一段被圆柱遮挡,画成细虚线,如图 6-28 所示。

【例 6-14】 已知半球与圆台相交,完成其三面投影,如图 6-29 所示。

分析:圆台轴线为铅垂线,与半球的公共对称面是正平面,故相贯线为前后对称的封闭空间曲线。因圆台和半球的投影均无积聚性,故相贯线的三个投影均需求出。

作图选用辅助平面法,可采用水平面及过锥顶的正平面和侧平面作为辅助平面。

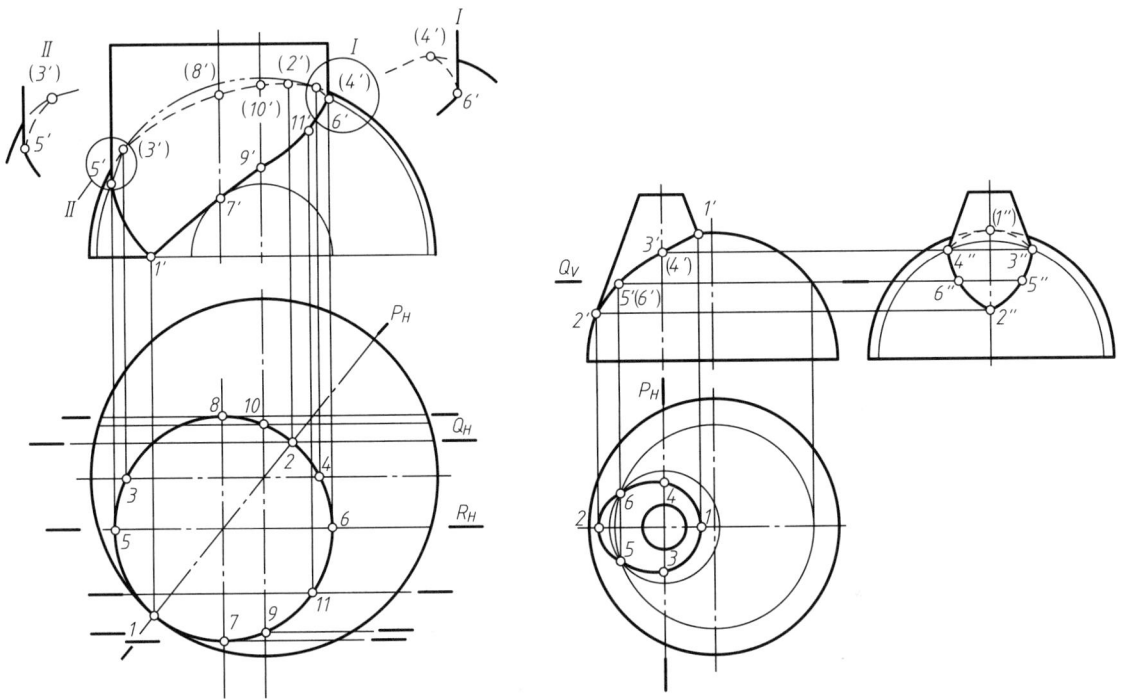

图 6-28 圆柱与半球相交　　　　图 6-29 圆台与半球的相交

作图步骤:

① 求特殊位置点 因两相贯体的公共对称面为正平面,所以它们正面投影转向轮廓线的交点$1'$、$2'$是相贯线上的最高点和最低点,也是最右点和最左点。1、2 和$(1'')$、$2''$可以直接求得。

过圆台轴线作侧平面 P,可求得圆台侧面投影转向轮廓线上点Ⅲ(3、$3'$、$3''$)和Ⅳ(4、$4'$、$4''$)。

② 求一般位置点 在适当位置作水平辅助面 Q,求得点Ⅴ、Ⅵ的各投影。根据需要,可以求得足够的一般位置点。

③ 判别可见性、光滑连接各点 相贯线的正面投影前后重合为可见的。水平投影也全都可见。侧面投影中,$3''$、$5''$、$2''$、$6''$、$4''$在圆台的左半部,是可见的,故连成粗实线。其余在圆台的右半部,是不可见的,连成细虚线。

④ 整理轮廓线 圆台侧面投影转向轮廓线画到$3''$、$4''$点为止。半球侧面投影被圆台遮挡部分的转向轮廓线画为细虚线。

四、辅助球面法

辅助球面法的作图原理是：当回转体的轴线通过球的球心时，它们的相贯线为垂直于回转体轴线的圆，当回转体的轴线平行于某投影面时，在该投影面上此圆的投影成直线。根据这一性质，当两回转体的轴线相交，且平行于同一投影面时，便可以应用辅助球面法进行作图。

采用辅助球面法的作图步骤如下（图 6-30）：

① 以两回转体轴线的交点为球心，以适当长度为半径作辅助球面。

② 求辅助球面与两回转体的相贯线。由上述作图原理可知，该相贯线为圆，在相交两轴线所平行的投影面上的投影为直线。两直线的交点即为两回转体表面的共有点——相贯线上点的投影。

③ 改变球的半径，用同样的方法可求得一系列相贯线上的点。依次光滑连接各点，便得相贯线的投影。

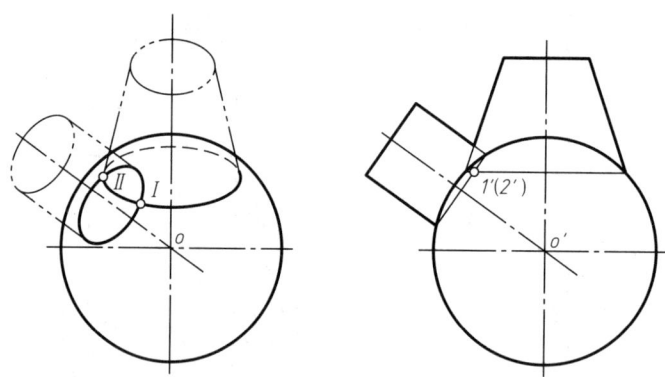

图 6-30 用辅助球面法求相贯线上的点

应用辅助球面法可以解决一些不宜采用辅助平面法来求相贯线的作图问题，而且可以单独在一个投影图上完成相贯线的投影作图。

图 6-31a 所示为两圆柱相交的正面投影，它们的轴线倾斜交于点 o'，且平行于正面，满足辅助球面法的应用条件。在正面投影上可直接利用辅助球面法求得相贯线的投影。

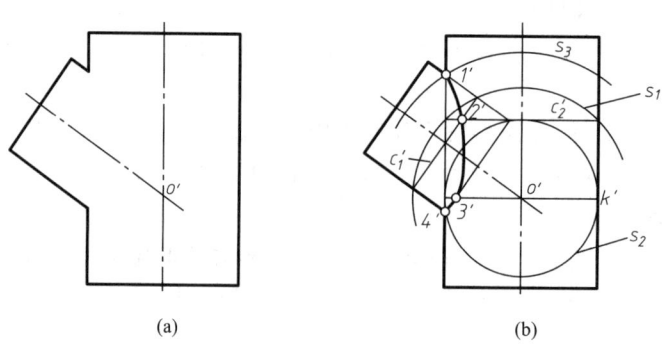

图 6-31 用辅助球面法求相贯线

作图过程如图 6-31b 所示。由两圆柱的相对位置可知正面投影轮廓线的交点 I、IV 为相贯线上点。以两圆柱轴线交点 O 为球心，适当长为半径作球面 S_1，该球面的正面投影为圆，球面与两圆柱相贯线的正面投影为 c'_1 和 c'_2，其交点 $2'$ 即为相贯线上的点。改变辅助球面的半径，作辅助球面 S_2，可求得点 $3'$。同理，可求得一系列相贯线上的点。将这些点用曲线光滑连接，便得相贯线的投影。因相贯线前后对称，故正面投影前后重合。

用辅助球面法时，辅助球面的最大半径为球心与相交两轮廓线的交点中较远点之间的距离，如图 6-31b 中 S_3 是最大辅助球面，其半径为 $o'1'$。辅助球面的最小半径是两回转体内切球中半径较大的球面的半径，如图中 S_2 是最小辅助球面，其半径为 $o'k'$。

图 6-31 只作出正面投影，欲作水平投影，可根据相贯线属于两立体表面，用立体表面取点的方法求出，作图过程略。

五、相贯线的特殊情况

相贯线在一般情况下是封闭的空间曲线，特殊情况下转化为平面曲线或直线。下面讨论几种特殊情况。

① 同轴回转体相交，其相贯线为垂直于回转体轴线的圆。当轴线平行于某投影面时，相贯线在该投影面上的投影为垂直于轴线的直线段，如图 6-32 所示。

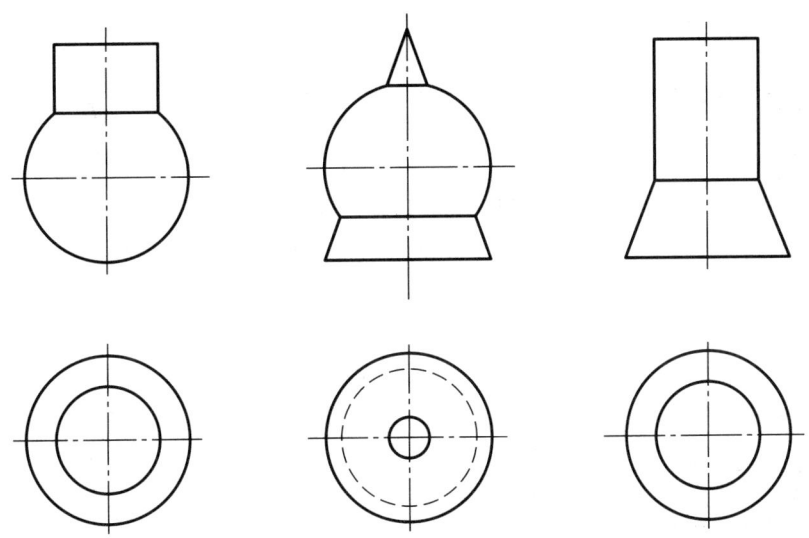

图 6-32 相贯线为垂直于轴线的圆

② 两圆柱轴线平行或两锥体共锥顶时，其相贯线为直线，如图 6-33 所示。

③ 两个二次曲面（如圆柱、圆锥面）公切于第三个二次曲面（球面），其相贯线为平面曲线，且通过两曲面的公切点，如图 6-34 所示。

掌握这些相贯线的特殊情况，可以使某些相贯线的求作过程大大简化，它们在工程实际中有许多应用。

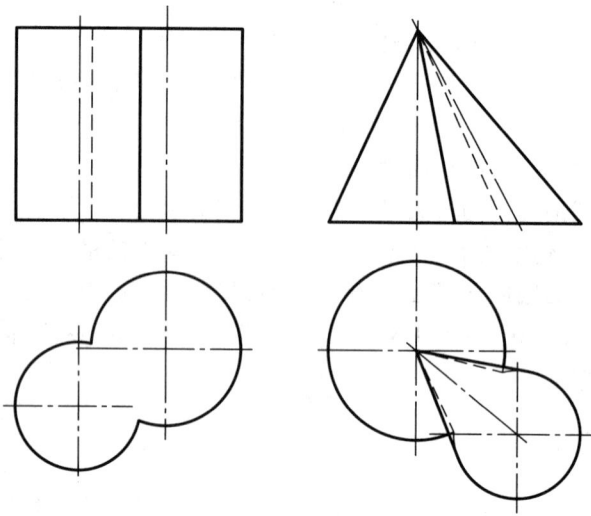

图 6-33　相贯线为直线

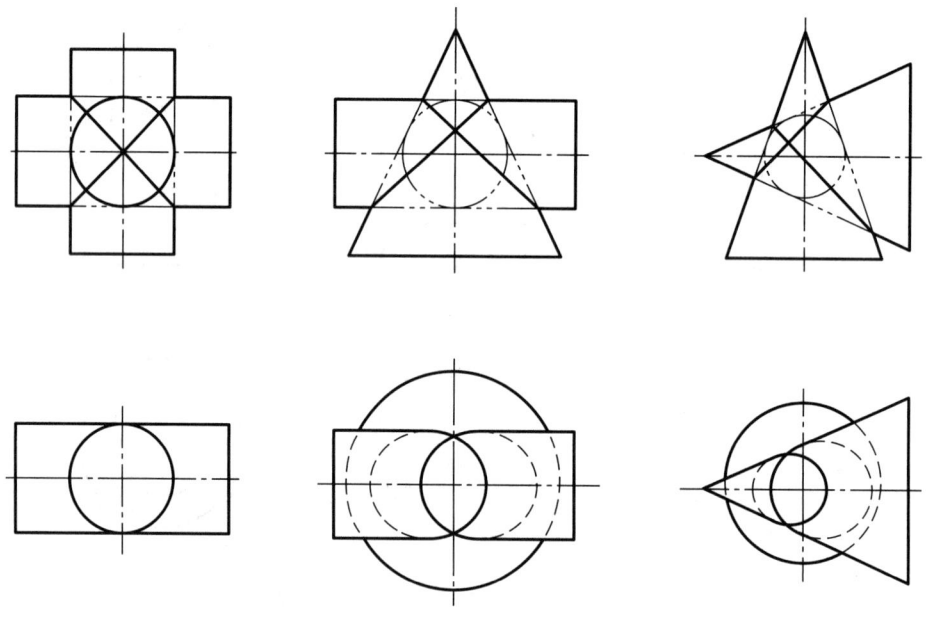

图 6-34　两二次曲面公切于球面

六、复合相贯线

三个或三个以上的形体相交时,所形成的相贯线称为复合相贯线。复合相贯线为若干相贯线组合而成,每两条相贯线的交点称为结合点。结合点是三个相贯体的共有点,也是各条相贯的分界点。复合相贯线的情况比较复杂多样,欲求复合相贯线,首先要对相贯的各形体进行分析,弄清各形体的表面性质,然后判断哪些地方有相贯线,初步分析各段相贯的范围和趋势,最后求出相贯线的结合点及各条相贯线,连成复合相贯线。

【**例 6-15**】 求图 6-35 所示形体的相贯线。

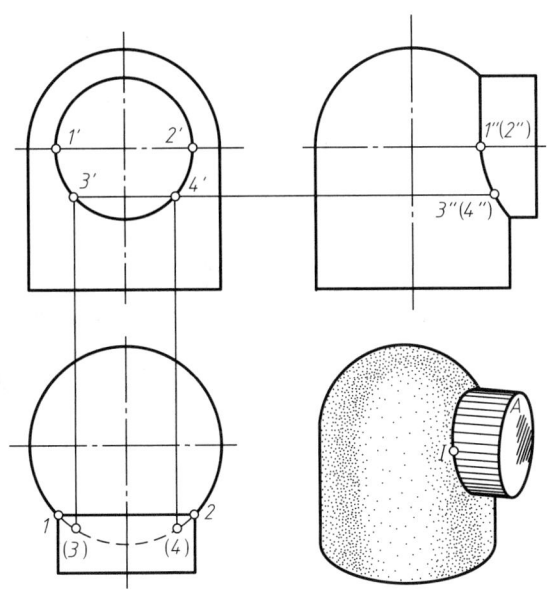

图 6-35 复合相贯线

分析:该形体直立部分是由直径相同的半球与圆柱相接而成,它与轴线为正垂线的圆柱 A 相贯(三体相贯)。

圆柱 A 的轴线过球心,上半部与半球相交,相贯线为垂直于圆柱 A 轴线的半圆,其正面投影重影在圆柱 A 正面投影的上半圆周上,水平投影和侧面投影都积聚为一直线段。

圆柱 A 的下半部分与直立圆柱垂直相交,相贯线为一空间曲线,其正面投影重影在圆柱 A 正面投影的下半圆周上,水平投影重影在直立圆柱水平投影的一段圆弧上(细虚线)。可利用积聚性求得其侧面投影(如点Ⅲ的侧面投影 3″)。Ⅰ、Ⅱ两点为相贯线的结合点。

【**例 6-16**】 求图 6-36 所示形体的相贯线。

分析:图 6-36 所示形体是由 A、B、C 三个圆柱相交而成。A、C 两圆柱同轴且垂直于水平投影面,与轴线为侧垂线的圆柱 B 相交。圆柱 A 与圆柱 B 直径相等(同切一球面),其相贯线为平面曲线,它的正面投影为两段直线,水平投影和侧面投影重影在 A、B 两圆柱相应的投影圆周上。

圆柱 B 与圆柱 C 的交线为两部分:圆柱 B 的表面与圆柱 C 的上端面相交为两条直线段 ⅠⅢ、ⅡⅣ,其正面投影 1′3′、(2′)(4′)重影在圆柱 C 上端面的正面投影上,水平投影为两段细虚线,侧面投影积聚成两个点;圆柱 B 的表面与圆柱 C 的表面相交为一段空间曲线,其正面投影为一段曲线,水平投影和侧面投影重影在 C、B 两圆柱相应的投影圆周上。点Ⅰ、Ⅱ为复合相贯的结合点。

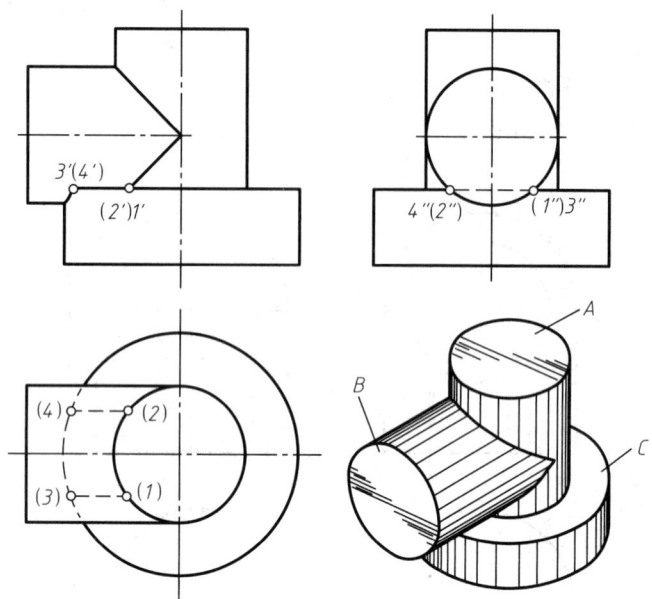

图 6-36 复合相贯线

第7章 轴测投影

§7-1 概　　述

多面正投影图能完整、确切地表达出物体各部分的形状、大小，而且绘图方便，所以它是工程上常用的图样，如图7-1a所示。但是正投影图缺乏立体感，只有具备一定读图能力的人才能看懂，为了帮助读图，工程上常采用轴测投影图。它能在一个投影面上同时显示出物体长、宽、高三个方向的形状，因而富有立体感，易为人们接受，如图7-1b所示。但由于这种图存在绘制复杂、度量性差等缺点，所以在工程上仅作为辅助图样，用来表达零件、机器设备外观，空间机构和管路布局以及作为科技图书及产品说明书的插图等。

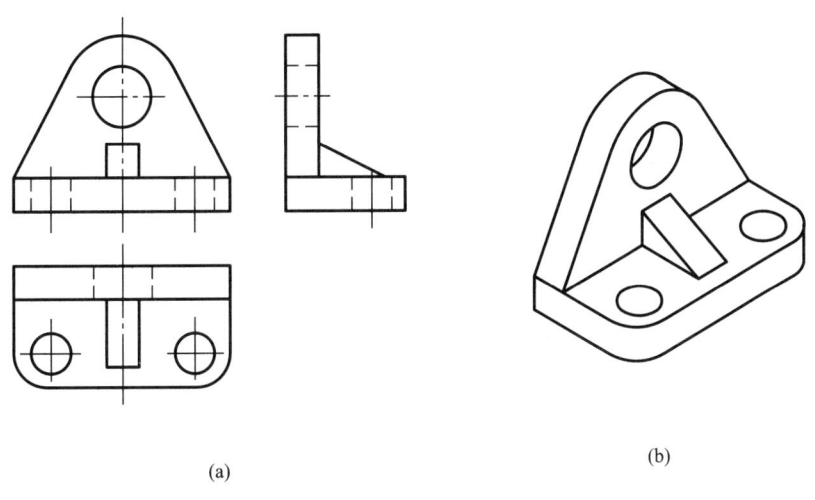

图7-1　正投影图与轴测投影图

一、轴测投影的形成

如图7-2所示，将物体连同确定其空间位置的直角坐标系一起，沿不平行于任一坐标面的方向，用平行投影法投射到某一选定的投影面 P 上，得到的图形称为轴测投影（即轴测图）。该投影面 P 称为轴测投影面，S 为投射方向。

图7-2a所示为投射方向 S 与轴测投影面 P 垂直，此时三个坐标轴都与 P 倾斜，这样得到的轴测投影称为正轴测投影。

图7-2b所示为投射方向 S 与 P 倾斜。为便于作图，常取物体的某个坐标面如 XOZ 与 P 平

行,这样得到的轴测投影称为斜轴测投影。

二、轴间角及轴向伸缩系数

图 7-2 中直角坐标轴 OX、OY、OZ 在轴测投影面 P 上的投影 O_1X_1、O_1Y_1、O_1Z_1 称为轴测轴;轴测轴之间的夹角 $\angle X_1O_1Y_1$、$\angle X_1O_1Z_1$、$\angle Y_1O_1Z_1$ 称为轴间角。

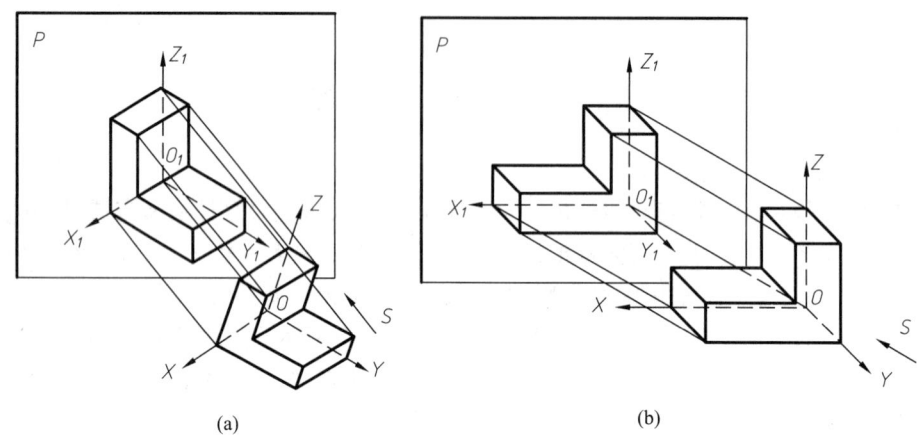

图 7-2 轴测投影的形成

如图 7-3 所示,在直角坐标轴 OX、OY、OZ 上各取相等的单位长度 u 投影到平面 P 上,在轴测轴 O_1X_1、O_1Y_1、O_1Z_1 上相应的投影长度为 i、j、k。投影长度与原坐标轴上单位长度 u 之比,称为轴向伸缩系数。

设 $i/u = p$,$j/u = q$,$k/u = r$,则 p、q、r 分别称为沿 OX、OY、OZ 轴的轴向伸缩系数。

由于轴间角和轴向伸缩系数确定着轴测投影的形状与大小,因此它们是轴测投影的两个基本要素。

三、轴测投影的性质

轴测投影是用平行投影法获得的单面投影图,因此,轴测投影具有平行投影的一切性质。还应特别指出:

(1)物体上互相平行的线段,其轴测投影仍互相平行,且线段长度之比,等于其轴测投影长度之比。

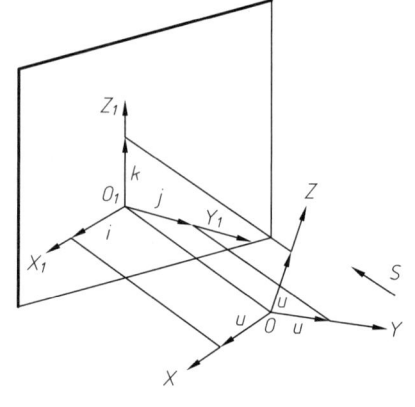

图 7-3 轴向伸缩系数

(2)物体上与某坐标轴平行的线段,其轴测投影必平行于相应的轴测轴,且与该轴有相同的伸缩系数。

四、轴测投影的分类

根据投射方向 S 相对于轴测投影面 P 的位置,轴测投影可分为两类:

正轴测投影——投射方向 S 垂直于投影面 P 时所得的轴测投影。

斜轴测投影——投射方向 S 倾斜于投影面 P 时所得的轴测投影。

这两类轴测投影根据轴向伸缩系数不同又各分为三种：

（1）$p=q=r$，称为正（斜）等轴测投影，简称正（斜）等测。

（2）$p=q\neq r$ 或 $p=r\neq q$ 或 $q=r\neq p$，称为正（斜）二等轴测投影，简称正（斜）二测。

（3）$p\neq q\neq r$，称正（斜）三测轴测投影，简称正（斜）三测。

从立体感强和作图方便出发，国家标准《机械制图》中推荐采用三种轴测图：正等测、正二测和斜二测。本书只介绍正等测和斜二测两种。

§7-2 正等轴测图

一、轴间角和轴向伸缩系数

当投射方向 S 垂直于轴测投影面 P，使三个坐标轴对轴测投影面的倾角保持相等，则空间三个坐标轴的轴向伸缩系数相等，这样得到的轴测图称为正等轴测图。由理论计算可得，正等轴测图的轴间角均为 $120°$，轴向伸缩系数 $p=q=r=0.82$，见图 7-4a。

作图时，一般使 O_1Z_1 轴处于铅垂位置，O_1X_1、O_1Y_1 轴分别与 O_1Z_1 轴成 $120°$，可以利用 $30°$ 三角板方便地作出。

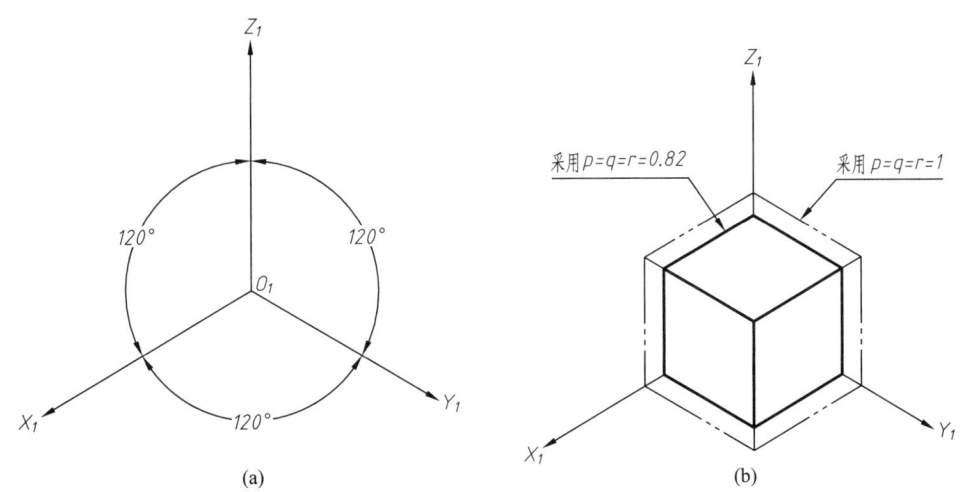

图 7-4 正等轴测图的轴间角及轴向伸缩系数

采用 $p=q=r=0.82$ 绘制正等轴测图时，沿轴向量取的每一线段长度应乘以 0.82。为简化作图，常取 $p=q=r=1$，称为简化伸缩系数。这时画出的正等轴测图沿各轴向都放大了 $1/0.82\approx 1.22$ 倍，但形状并未改变，故不影响立体感。采用这两种轴向伸缩系数绘图产生的差异如图 7-4b 所示。

二、正等轴测图的画法

根据物体与坐标系的相对位置，按坐标关系作出物体各顶点或线段端点的轴测投影，再将这些点的投影按原有关系连接起来,即可作出物体的轴测图,这种方法称为坐标法,它是绘制轴测图的基本方法。

1. 点的正等轴测图

点是最基本的几何要素,因此必须首先掌握点的正等轴测图的画法。

【**例 7-1**】 图 7-5a 给出了点 A 的正投影图,试作出其正等轴测图。

作图步骤:

① 按轴间角互为 120°画出轴测轴 O_1X_1、O_1Y_1、O_1Z_1,轴 O_1Z_1 取铅垂位置。

② 在 O_1X_1 轴上取 $O_1a_{X1} = Oa_X = x_A$。

③ 过 a_{X1} 作 $a_{X1}a_1 // O_1Y_1$,使 $a_{X1}a_1 = aa_X = y_A$。

④ 过 a_1 作 $a_1A_1 // O_1Z_1$,使 $a_1A_1 = a'a_X = z_A$。

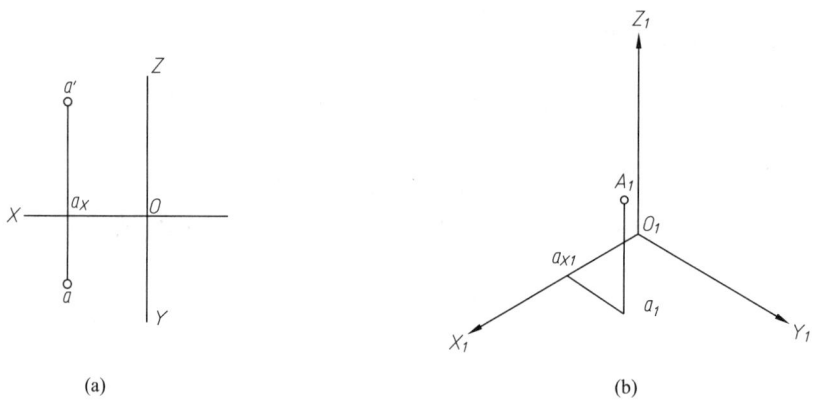

(a)   (b)

图 7-5 点的正等轴测图

点 A_1 即为空间点 A 的正等轴测图,a_1 称为点 A 在 $X_1O_1Y_1$ 面上的次投影,如图 7-5b 所示。仅有点的轴测投影并不能确定点的空间位置,必须同时给出它的某一个次投影。

2. 平面立体的正等轴测图

虽然画轴测图的基本方法是坐标法,但是实际作图时,应根据立体的形状特点灵活运用。

【**例 7-2**】 已知截头三棱锥的正投影图(图 7-6),试画出其正等轴测图。

分析:三棱锥由各种位置平面围成,作图时可先画出顶点和底面,然后连接各棱线即得三棱锥的轴测图;再根据截头三棱锥截面各端点的位置作出其轴测图。

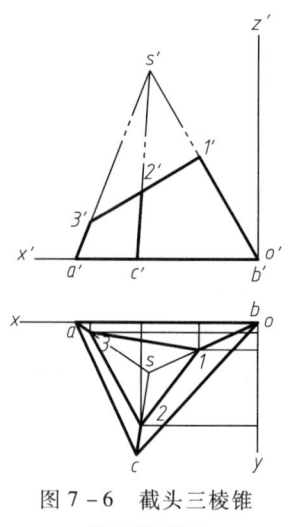

图 7-6 截头三棱锥的正投影图

作图步骤:

① 在给定的投影图上选取坐标系,确定三棱锥各顶点 S、A、B、C 和截交线的交点 Ⅰ、Ⅱ、Ⅲ 的坐标,如图 7-6 所示。

② 画轴测轴,并根据各点的坐标作出 S_1、A_1、B_1、C_1,如图 7-7a 所示。

③ 完成三棱锥的正等轴测图,并在底面按 x、y 坐标作出截面的次投影 1_1、2_1、3_1,如图 7-7b 所示。

④ 过 1_1、2_1、3_1 向上作 O_1Z_1 的平行线,与相应的棱线交于 I_1、II_1、III_1,连接各点即为截断面的轴测图,如图 7-7c 所示。

⑤ 擦去作图线、描深,完成全图,如图 7-7d 所示。

对于不可见轮廓线,在轴测图中不画。

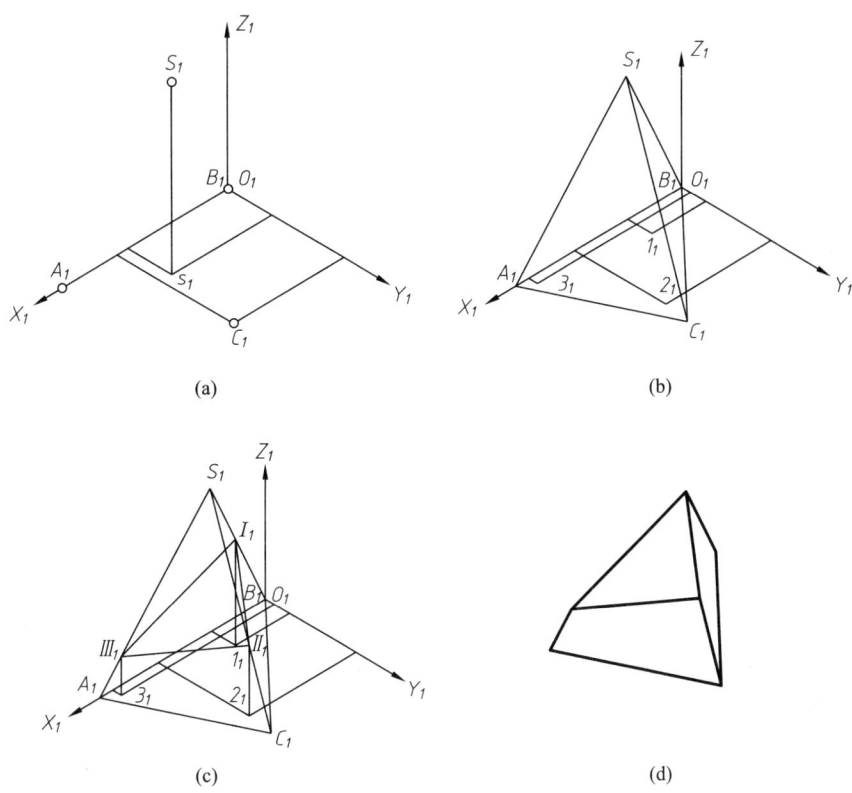

图 7-7 截头三棱锥正等轴测图的画法

【例 7-3】 作出图 7-8 所示正六棱柱的正等轴测图。

分析:为减少不必要的作图线,先从正六棱柱顶面开始作图比较方便。故把顶面作为坐标面 XOY,且使 Z 轴过顶面中心。

作图步骤:

① 在正投影图中选定直角坐标系,并在俯视图中确定坐标轴上的点 1、2、3、4,以及六棱柱顶面正六边形的顶点 5、6、7、8,如图 7-8 所示。

② 画轴测轴,并根据正六棱柱的水平投影作出坐标轴上点 1、2、3、4 的轴测投影 1_1、2_1、3_1、4_1,如图 7-9a 所示。

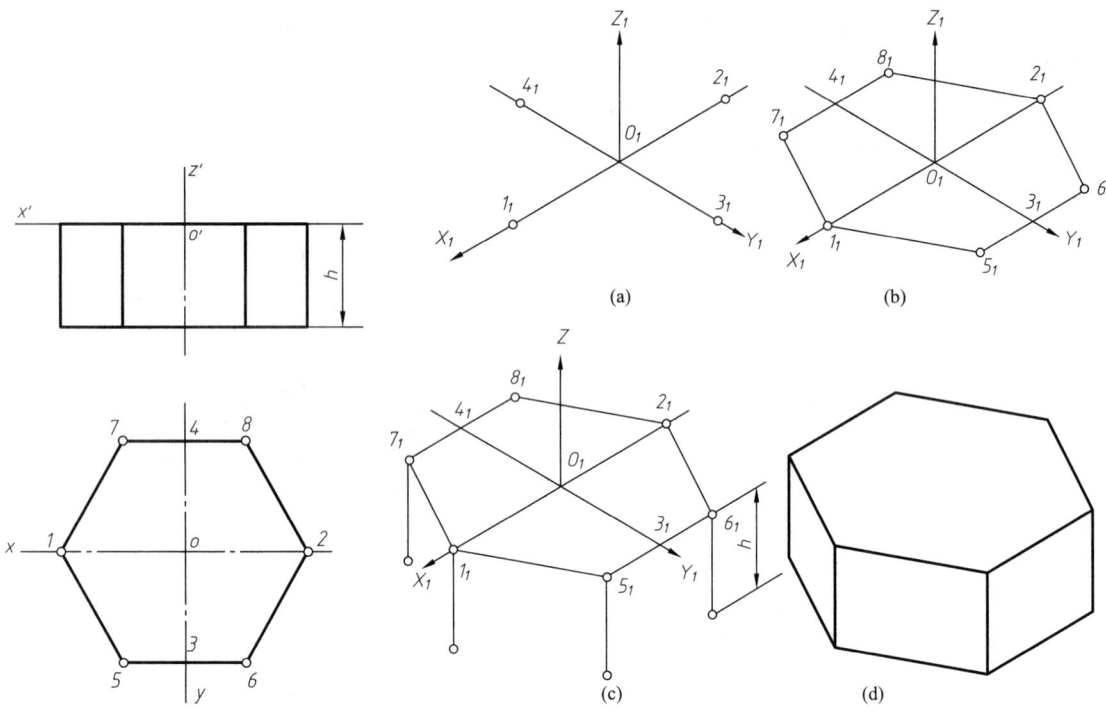

图 7-8 正六棱柱的正投影图　　　　图 7-9 正六棱柱正等轴测图的画法

③ 过 3_1、4_1 分别作直线平行于轴 O_1X_1，并量取 $3_15_1=35$，$3_16_1=36$，$4_17_1=47$，$4_18_1=48$；得点 5_1、6_1、7_1、8_1。用直线连接各点完成顶面轴测图，如图 7-9b 所示。

④ 过 7_1、1_1、5_1、6_1 各点作棱线平行于 O_1Z_1 轴，长度等于正六棱柱的高度 h，得底面上各点，如图 7-9c 所示。

⑤ 作出正六棱柱底面的可见棱线，擦去多余作图线，描深全图，如图 7-9d 所示。

【例 7-4】 作出图 7-10a 所示垫块的正等轴测图。

分析：图 7-10a 所示垫块是一个简单组合体，画其轴测图时可采用形体分析法，想象它是由基本几何体切割而成，因而在作图时可以采用切割法，作图步骤如下：

① 在正投影图上确定坐标系，如图 7-10a 所示。
② 画长方体外形，如图 7-10b 所示。
③ 切去左前方一长方体，再切去左后方一三棱柱，如图 7-10c 所示。
④ 擦去多余线、描深，如图 7-10d 所示。

3. 圆及圆角的正等轴测图

（1）圆的正等轴测图的一般画法

在一般情况下，圆的轴测投影均为椭圆。作图时可以用坐标法（也称平行弦法）作出一系列点的轴测投影，然后依次光滑连接起来，即得圆的轴测图。

图 7-11a 为一水平面上的圆，其正等测的作法如下：

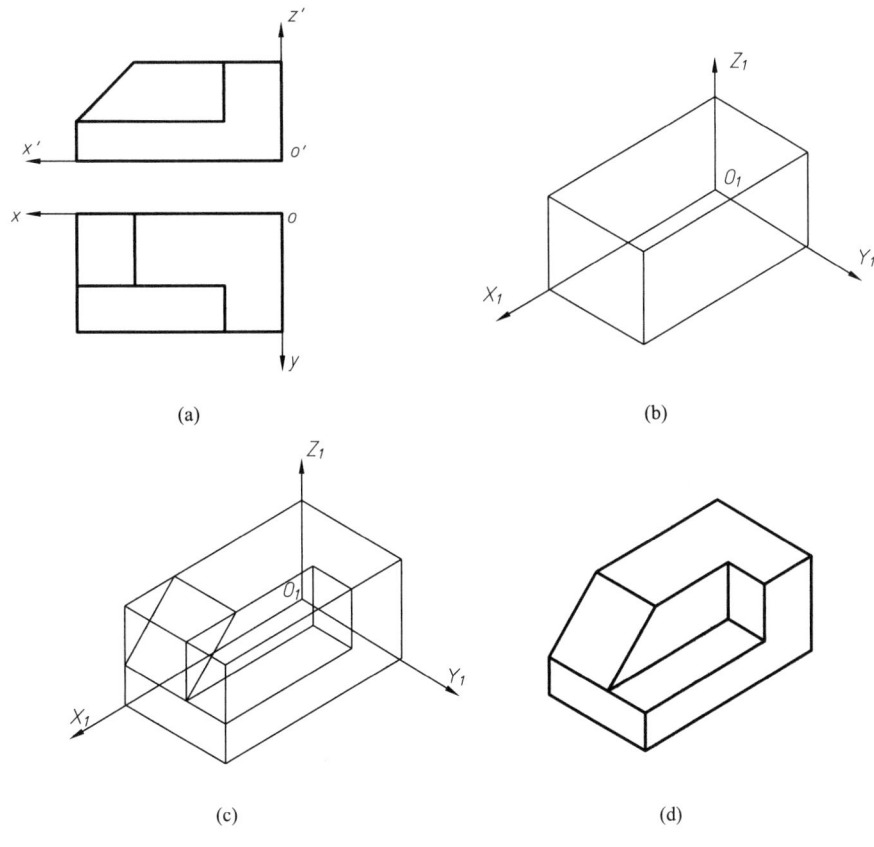

图 7-10 垫块正等轴测图的画法

① 画出轴测轴 O_1X_1、O_1Y_1，并在其上按圆的直径大小定出 A_1、B_1、C_1、D_1 各点，如图 7-11b 所示。

② 为作出不在轴测轴上的其余各点，可过 OY 轴上的 1、2 等各点作一系列平行于 OX 轴的平行弦，见图 7-11a。按坐标相应地作出这些弦长的正等轴测图，得各弦的端点 E_1、F_1、G_1、H_1、…，如图 7-11c 所示。

③ 依次光滑连接各点即为该圆的正等轴测图，见图 7-11d。

平行于坐标面的圆可以采用坐标法来画椭圆。同样，对于一般位置平面上的圆或曲线也可以采用坐标法来画其轴测图。

(2) 坐标面(或平行于坐标面)上圆的正等轴测图的近似画法

在正等轴测图中，由于各坐标面对轴测投影面的倾角均相等，所以，位于各坐标面上直径相等的圆，其轴测投影都是大小完全相同的椭圆，只是长、短轴方向各不相同。

经理论分析，位于 XOY 坐标面上的圆的正等测椭圆，长轴垂直于轴测轴 O_1Z_1；位于 XOZ 坐标面上的圆的正等测椭圆，长轴垂直于轴测轴 O_1Y_1；位于 YOZ 坐标面上的圆的正等测椭圆，长轴垂直于轴测轴 O_1X_1。各椭圆的短轴垂直于长轴。椭圆长轴的长度等于圆的直径 d，短轴长度等于 $0.58d$，如图 7-12a 所示。如果采用简化伸缩系数时，其长、短轴均放大 1.22 倍，即长轴等于 $1.22d$，短轴等于 $0.71d$，如图 7-12b 所示。

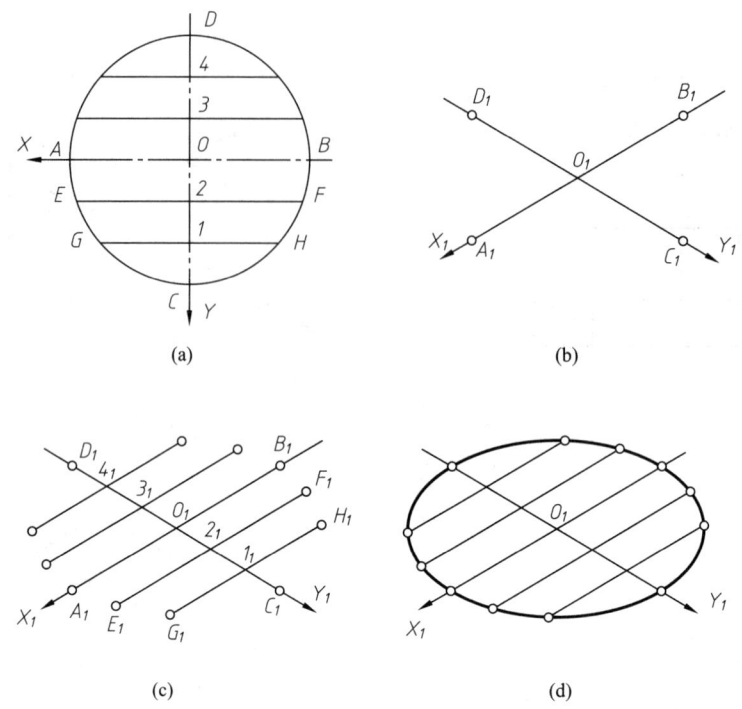

图 7-11 圆的正等轴测图的一般画法

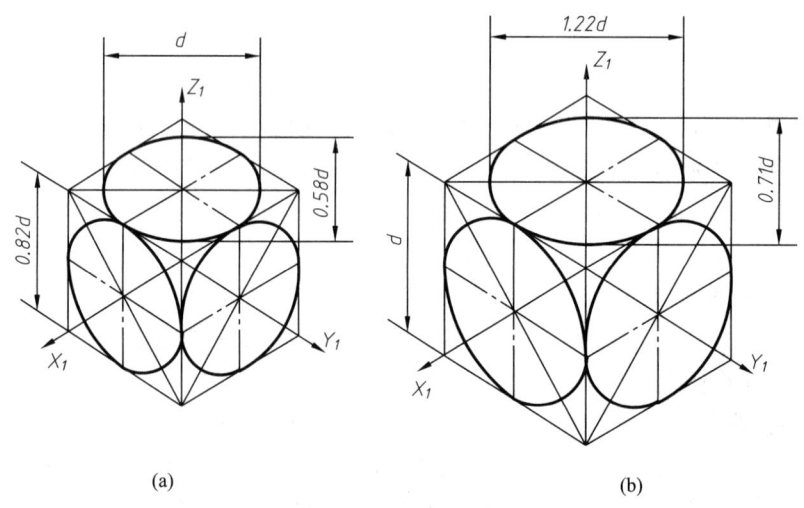

图 7-12 平行于坐标面的圆的正等轴测图

与坐标面平行的圆,其正等轴测图与上述相同。在绘制圆的正等轴测图时,常采用菱形法近似画椭圆。图 7-13 为 XOY 坐标面上的圆,其直径为 d,它内切于正方形,切点为 A、B、C、D。用菱形法画其正等测椭圆的步骤如图 7-14 所示。

① 过圆心 O_1 作轴测轴 O_1X_1、O_1Y_1 及椭圆长、短轴方向线。由直径 d 确定 A_1、B_1、C_1、D_1 四点,如图 7-14a 所示。

② 作出圆外切正方形的正等轴测图——菱形,12、56 为菱形的对角线,如图 7-14b 所示。

③ 连接 1、A_1,1、C_1 交 56 于 3、4 两点,则 1、2、3、4 分别为四段圆弧的圆心。以 1 为圆心、$1A_1$ 为半径作弧 $\overset{\frown}{A_1C_1}$。同样,以 2 为圆心、$2D_1$ 为半径作弧 $\overset{\frown}{D_1B_1}$,如图 7-14c 所示。

④ 以 3 为圆心、$3A_1$ 为半径作弧 $\overset{\frown}{A_1D_1}$;同样以 4 为圆心、$4B_1$ 为半径作弧 $\overset{\frown}{C_1B_1}$,并以 A_1、B_1、C_1、D_1 为切点描深四段圆弧,如图 7-14d 所示。

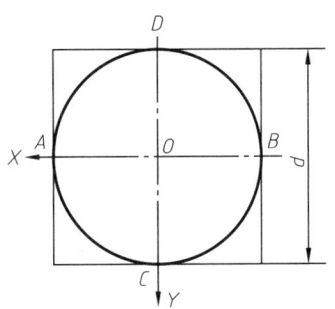

图 7-13 XOY 坐标面上的圆

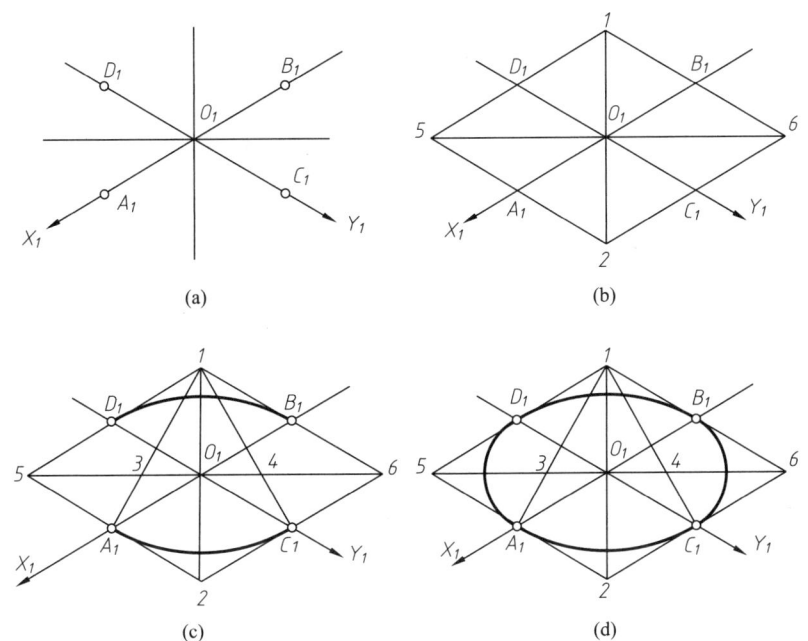

图 7-14 正等测椭圆的近似画法(菱形法)

用菱形法画椭圆,就是用四段不同心的圆弧近似代替椭圆,所以也称四心圆弧法。实际画图时为简化作图,一般不作出菱形,只定出四段圆弧的圆心及四个切点即可。故上例可简化为图 7-15 的形式,具体作法是:

过 O_1 作轴测轴及长、短轴方向线,并截 $O_1A_1 = O_1D_1 = O_11 = O_1B_1 = O_1C_1 = O_12 = d/2$,连 2、D_1,2、B_1 定出 3、4。分别以 1、2、3、4 为圆心,A_1、B_1、C_1、D_1 为切点作出四段圆弧,如图 7-15a、b 所示。

(3) 圆角正等轴测图的画法

图 7-16a 所示为一块带有四分之一圆角的底板,厚度为 h,圆角各占圆周的四分之一,半径为 R。这些圆角的正等轴测图应为椭圆的一部分,作图过程如下:

① 画直角底板轴测图,从角顶沿两边分别量取长度为 R 的点(切点),过切点作相应边的垂线,分别交于点 1、2、3、4,如图 7-16b 所示。

② 以 1、2、3、4 为圆心,相应长度为半径作圆弧。将 1、3、4 沿 Z_1 轴方向向下平移板厚距离 h,得 O_1、O_3、O_4。分别以 O_1、O_3、O_4 为圆心、以相应的半径长为半径作圆弧,并作两个圆弧的公切线,如图 7-16c 所示。

③ 擦去作图线、描深,完成全图,如图 7-16d 所示。

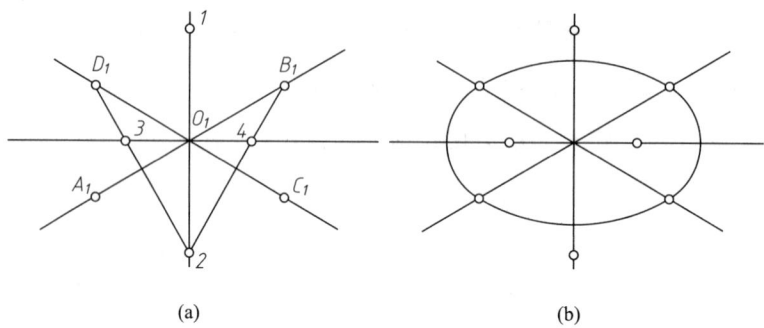

图 7-15 正等测椭圆的近似画法

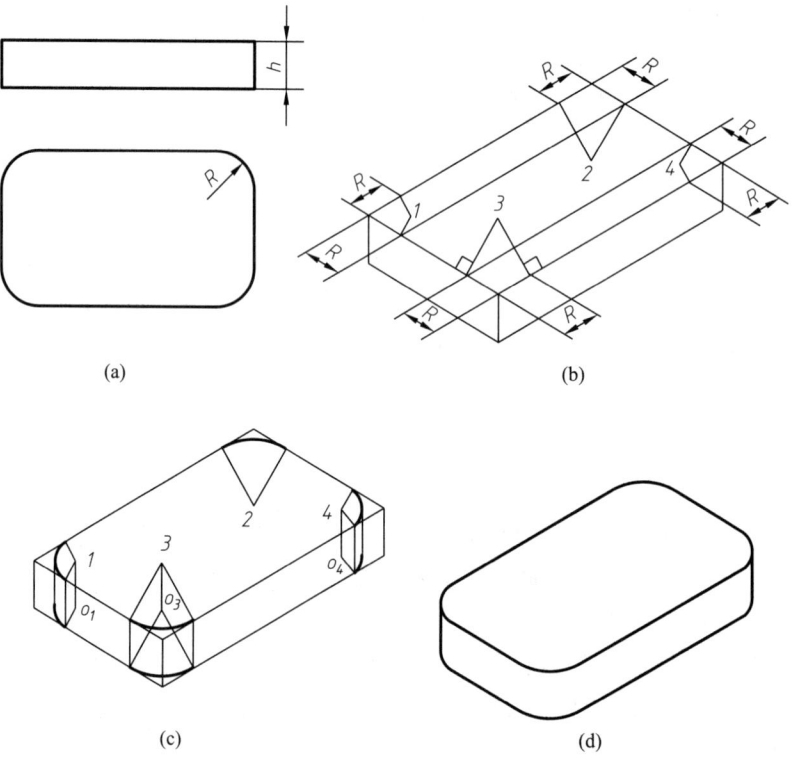

图 7-16 圆角正等轴测图的画法

4. 曲面立体的正等轴测图

【例 7 – 5】 画出图 7 – 17a 所示圆柱的正等轴测图。

分析:圆柱的轴线是铅垂线,因此两端面是平行于 XOY 坐标面且直径相等的圆,具体作图步骤如下:

① 在正投影图中选定坐标系,如图 7 – 17a 所示。
② 画轴测轴,定出上、下端面中心的位置,如图 7 – 17b 所示。
③ 画上、下端面的正等测椭圆及两侧轮廓线,如图 7 – 17c 所示。
④ 擦净作图线并描深,如图 7 – 17d 所示。

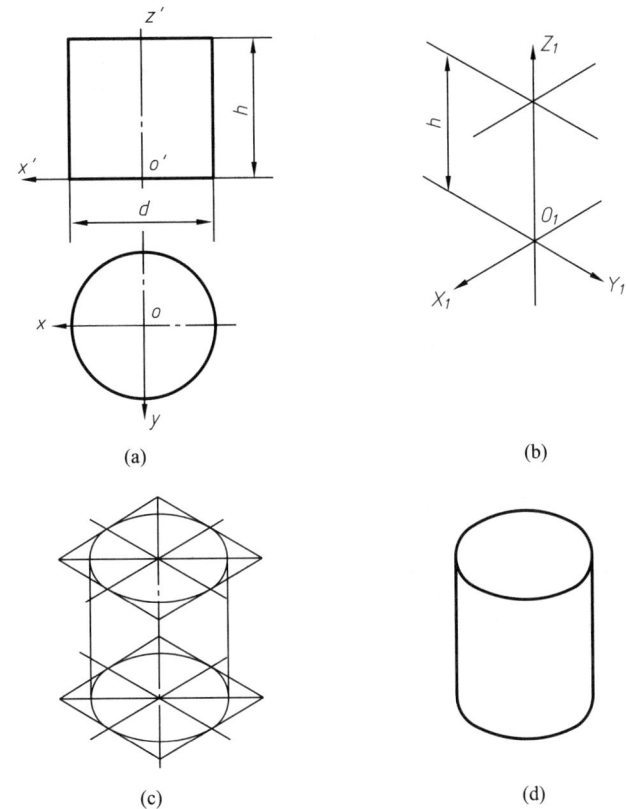

图 7 – 17 圆柱正等轴测图的画法

图 7 – 18 表示轴线分别为 OX、OY、OZ 三个方向的圆柱的正等轴测图。

【例 7 – 6】 作出图 7 – 19a 所示圆台的正等轴测图。

分析:圆台的轴线是水平放置的,它的两端面是平行于 YOZ 坐标面的圆,可按平行于该坐标面的圆的正等轴测图的画法画出,具体作图步骤如下:

① 在正投影图中确定坐标系,如图 7 – 19a 所示。
② 画轴测轴,定出两端面中心位置 O_1、O_2,画出两端圆的外切正方形正等轴测图,如

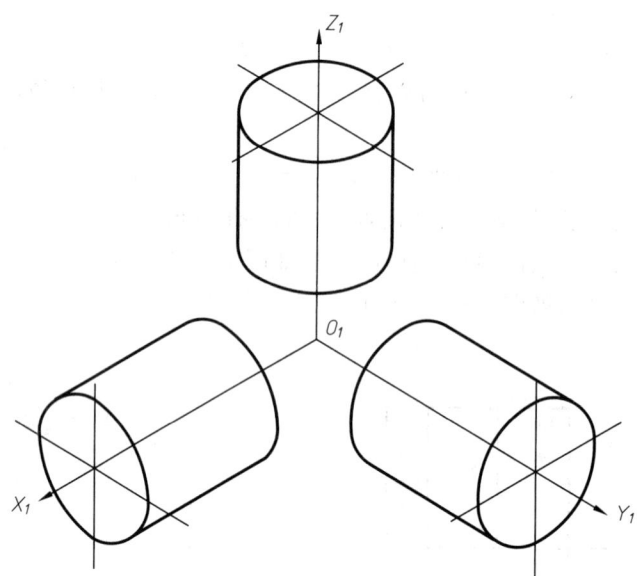

图 7 – 18 三个方向圆柱的正等轴测图

图 7 – 19b 所示。

③ 画左端面小椭圆及右端面大椭圆可见部分,如图 7 – 19c 所示。

④ 作两椭圆的公切线,擦去作图线、描深,结果如图 7 – 19d 所示。

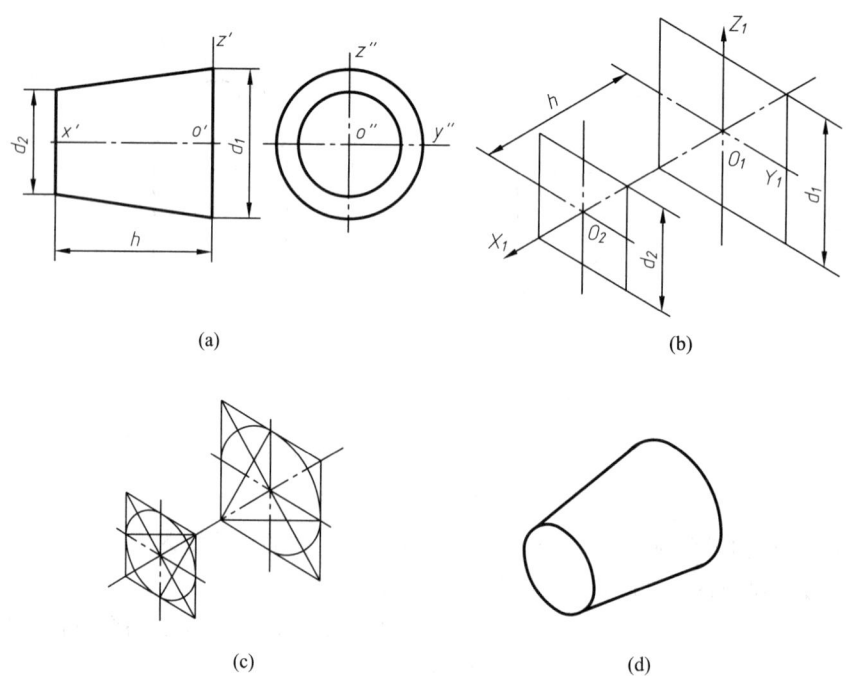

图 7 – 19 圆台正等轴测图的画法

【**例 7-7**】 作图 7-20a 所示球的正等轴测图。

球的正等轴测图为与球直径相等的圆。采用简化伸缩系数,则圆的直径放大了 1.22 倍。为使图形富有立体感,一般将过球心且与三个坐标面平行的圆的正等测椭圆画出,如图 7-20b 所示。

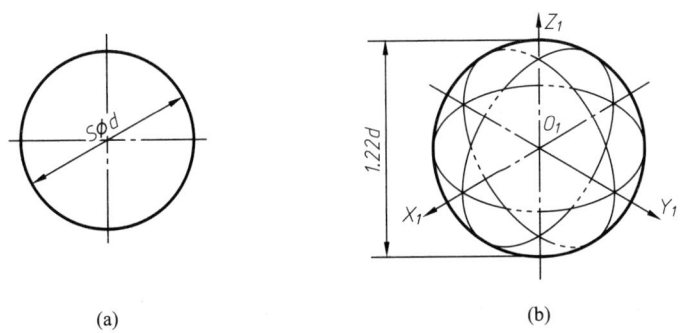

图 7-20 球的正等轴测图

【**例 7-8**】 已知被截切后圆柱的两面投影如图 7-21a 所示,试画出其正等轴测图。

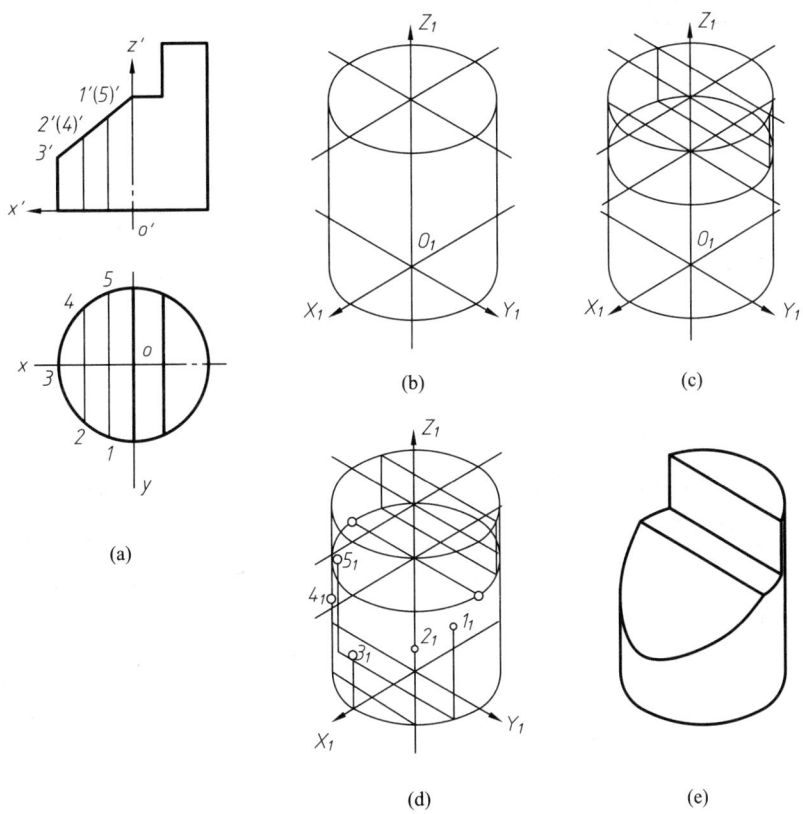

图 7-21 被截切圆柱正等轴测图的画法

分析:圆柱轴线垂直于 H 面,被一个侧平面、一个水平面、一个正垂面所截。画图时可先画出完整圆柱,再按顺序截切,作图步骤如下:

① 在正投影图中确定坐标系及截交线上一系列点的坐标,如图 7-21a 所示。

② 画出圆柱的正等轴测图,切去上端部分圆柱,其水平切口的轴测投影为部分椭圆,与上底面的垂直切口为平行四边形,如图 7-21b、c 所示。

③ 画左侧斜截部分的交线——椭圆。用坐标法作出截交线上一系列点的轴测投影,如图 7-21d 所示。

④ 依次光滑连接各点,擦净作图线、描深,如图 7-21e 所示。

5. 组合体的正等轴测图

画组合体轴测图的基本方法与画组合体投影图一样,可采用形体分析法按基本形体及各形体间的相对位置,逐个画出每个形体的轴测图。

【例 7-9】 画出图 7-22a 所示组合体的正等轴测图。

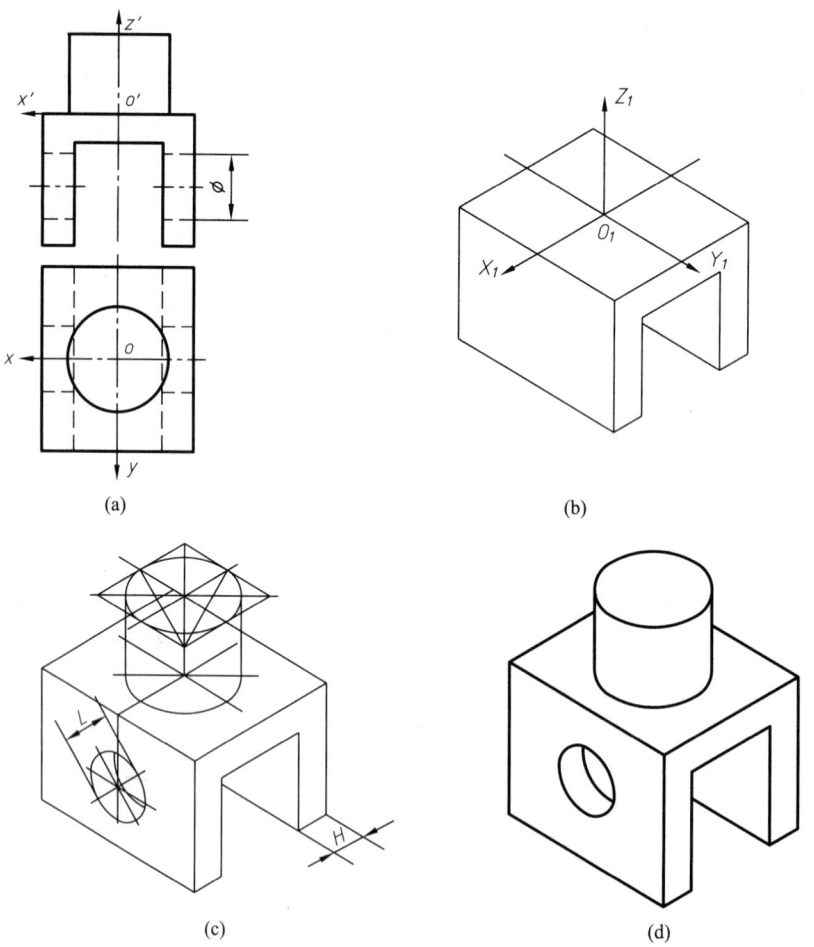

图 7-22 组合体正等轴测图的画法

分析:图示组合体由两部分组合而成。上部分是圆柱体,下部分是带有通槽的长方体,且左、右两侧各开一个圆柱孔。其正等测作图步骤如下:

① 确定坐标系,如图 7-22a 所示。
② 画轴测轴及长方体,并切去通槽,如图 7-22b 所示。
③ 画上端圆柱及长方体两侧圆孔,槽内圆孔部分可见($L>H$),如图 7-22c 所示。
④ 擦净作图线、描深,如图 7-22d 所示。

【例 7-10】 画出图 7-23a 所示组合体的正等轴测图。

分析:图示组合体由底板和立板两部分组成。立板的顶部是半圆柱,中间开圆柱孔;底板开有两个圆柱孔,且前端两顶角为圆角,其正等轴测图作图步骤如下:

① 画出底板和立板,如图 7-23b 所示。
② 画底板和立板上的椭圆,如图 7-23c 所示。
③ 画底板圆角部分,如图 7-23d 所示。
④ 擦净作图线、描深,如图 7-23e 所示。

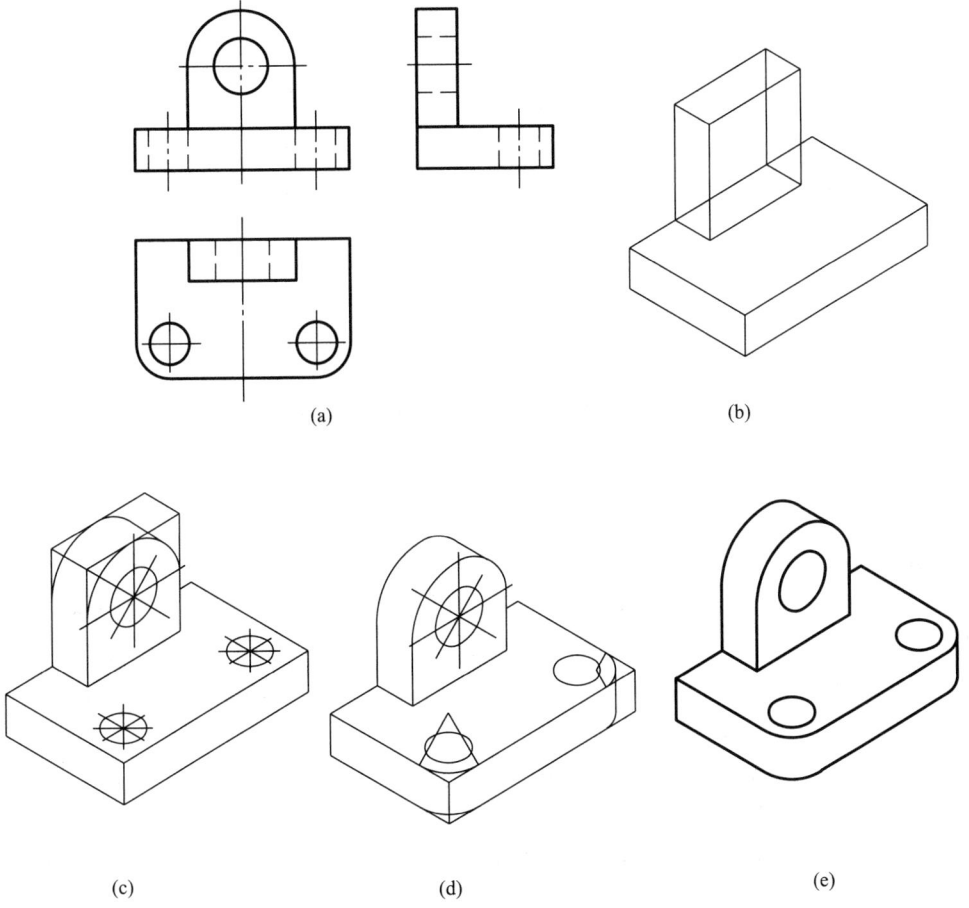

图 7-23 组合体正等轴测图的画法

§7-3 斜二轴测图

当物体的某个坐标面,通常取 XOZ 坐标面与轴测投影面平行,如图 7-2b 所示,而投射方向与轴测投影面倾斜,这样得到的轴测投影图称为斜二轴测图,简称斜二测。

一、轴间角及轴向伸缩系数

由于 XOZ 坐标面与轴测投影面平行,所以 OX 轴与 OZ 轴的夹角投影后保持不变,即 $\angle X_1 O_1 Z_1 = \angle XOZ = 90°$,且 OX、OZ 的伸缩系数都等于 1,即 $p = r = 1$。$O_1 Y_1$ 轴与其他两轴的轴间角及 OY 轴的轴向伸缩系数则随投射方向 S 的不同而异。国家标准《机械制图》中推荐采用的斜二测的另外两个轴间角为 $\angle X_1 O_1 Y_1 = \angle Y_1 O_1 Z_1 = 135°$,即 $O_1 Y_1$ 轴与水平成 $45°$;轴向伸缩系数 $q = 0.5$,如图 7-24a 所示。

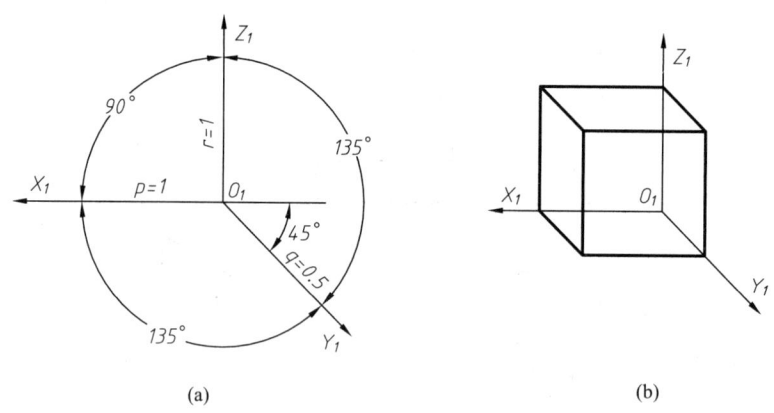

图 7-24 斜二测的轴间角及轴向伸缩系数

二、圆的斜二测

根据斜二测的投影特点,物体上平行于 XOZ 坐标面的圆的轴测投影仍为圆,且大小不变。与 XOY、YOZ 坐标面平行的圆的斜二测均为椭圆。椭圆的长轴长度为 $1.06d$,短轴长度为 $0.33d$。当圆平行于 XOY 坐标面时,其斜二测椭圆的长轴与 $O_1 X_1$ 轴倾斜约 $7°10'$;圆平行于 YOZ 坐标面时,其斜二测椭圆长轴与 $O_1 Z_1$ 轴倾斜约 $7°10'$,短轴均垂直于长轴,如图 7-25 所示。

图 7-26 给出了 $X_1 O_1 Y_1$ 坐标面上斜二测椭圆的近似画法,作图步骤如下:

① 作轴测轴 $O_1 X_1$、$O_1 Y_1$,截取 $O_1 A_1 = O_1 B_1 = d/2$;$O_1 C_1 = O_1 D_1 = d/4$,如图 7-26a 所示。

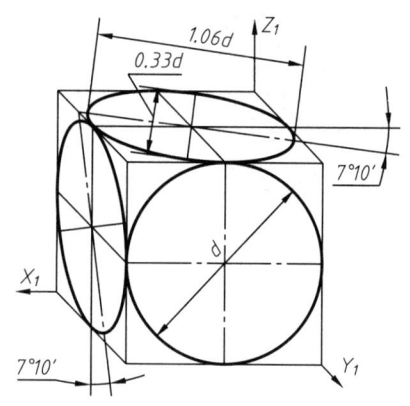

图 7-25 斜二测椭圆长、短轴方向及大小

② 过点 A_1、B_1 作 O_1Y_1 轴的平行线,过点 C_1、D_1 作 O_1X_1 轴的平行线得一平行四边形。过 O_1 作与 O_1X_1 轴成 $7°10'$ 的斜线,即为椭圆长轴的位置。过 O_1 作长轴的垂线,即为短轴的位置,如图 7-26b 所示。

③ 在短轴上取 $O_11 = O_12 = d$,分别以 1、2 为圆心,以 $1A_1$、$2B_1$ 为半径作两个大圆弧。连接 1、A_1、2、B_1,与长轴交于 3、4 两点,如图 7-26c 所示。

④ 以 3、4 两点为圆心,以 $3A_1$、$4B_1$ 为半径作两个小圆弧与大圆弧相切,即完成椭圆,如图 7-26d 所示。

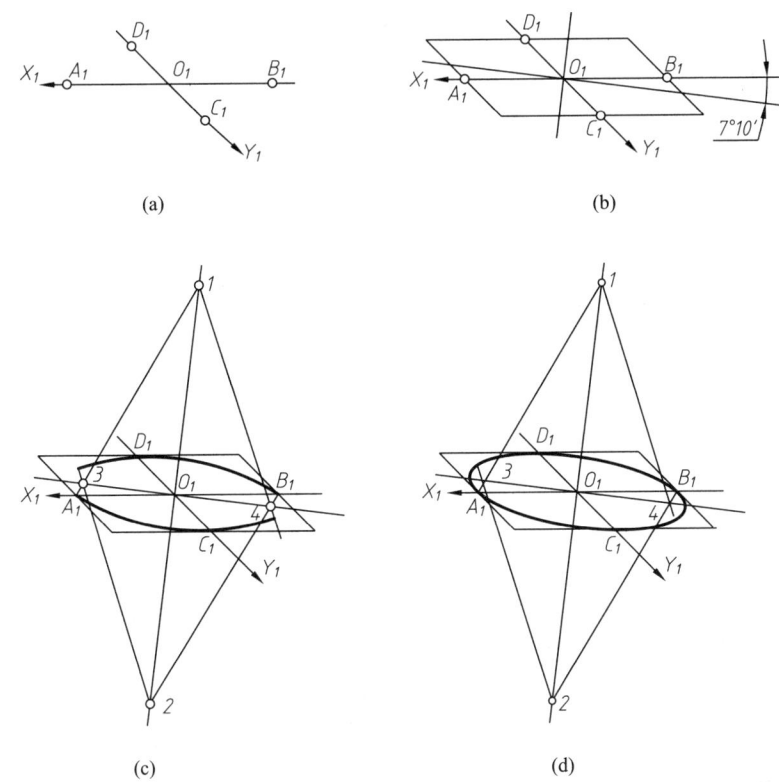

图 7-26 斜二测椭圆的近似画法

$Y_1O_1Z_1$ 坐标面上的椭圆,仅长、短轴位置不同,画法则与上述相同。

三、斜二轴测图的画法

由上述可知,凡是平行于 XOZ 坐标面的图形,其斜二测反映实形。这样,当物体的某一方向形状比较复杂,特别是有较多的圆时,可将该面放置成与 XOZ 坐标面平行,采用斜二测作图非常简便。

【例 7-11】 画出图 7-27a 所示物体的斜二轴测图。

作图步骤如下:

① 确定坐标系,如图 7-27a 所示。

② 画轴测轴及物体前端面实形,并作平行于 O_1Y_1 的各棱线,如图 7-27b 所示。
③ 画出后端面轮廓线及底板通槽可见部分,如图 7-27c 所示。
④ 擦净作图线并描深,如图 7-27d 所示。

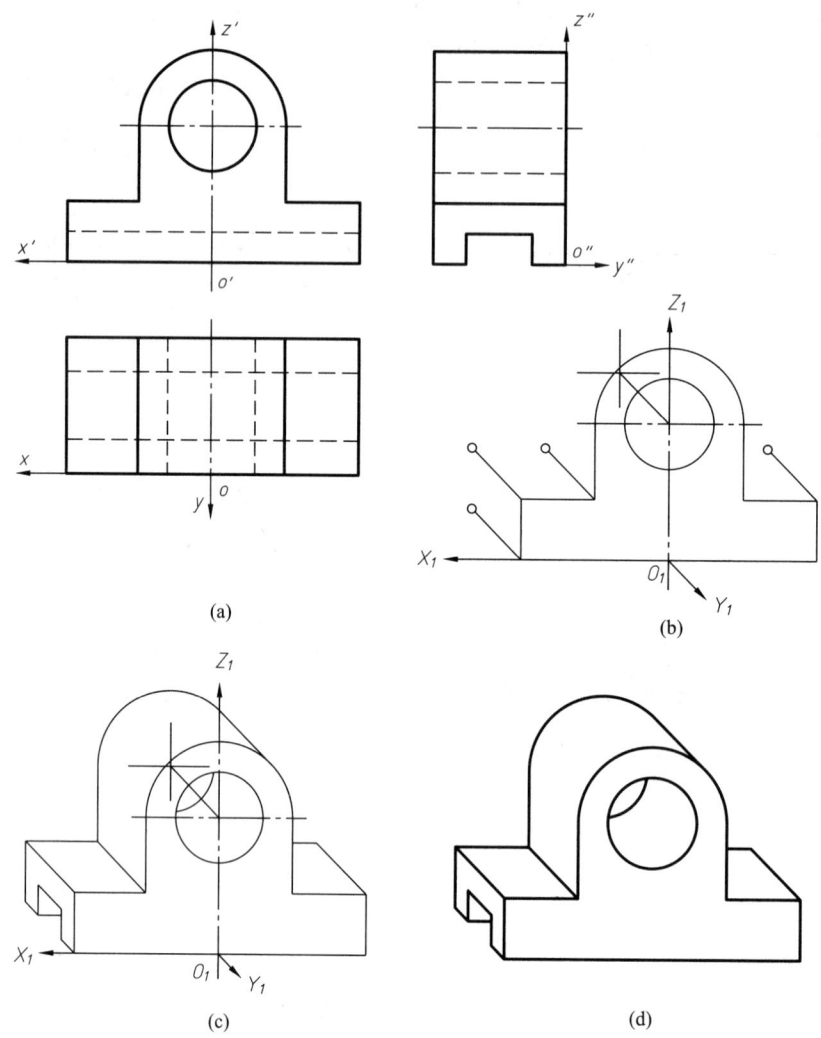

图 7-27 斜二轴测图的画法

【例 7-12】 画出图 7-28a 所示物体的斜二轴测图。

作图步骤如下:
① 确定坐标轴,如图 7-28a 所示。
② 画轴测轴,确定各圆心的位置,如图 7-28b 所示。
③ 由前向后画出各面上的圆及圆柱轮廓线,如图 7-28c 所示。
④ 擦净作图线并描深,如图 7-28d 所示。

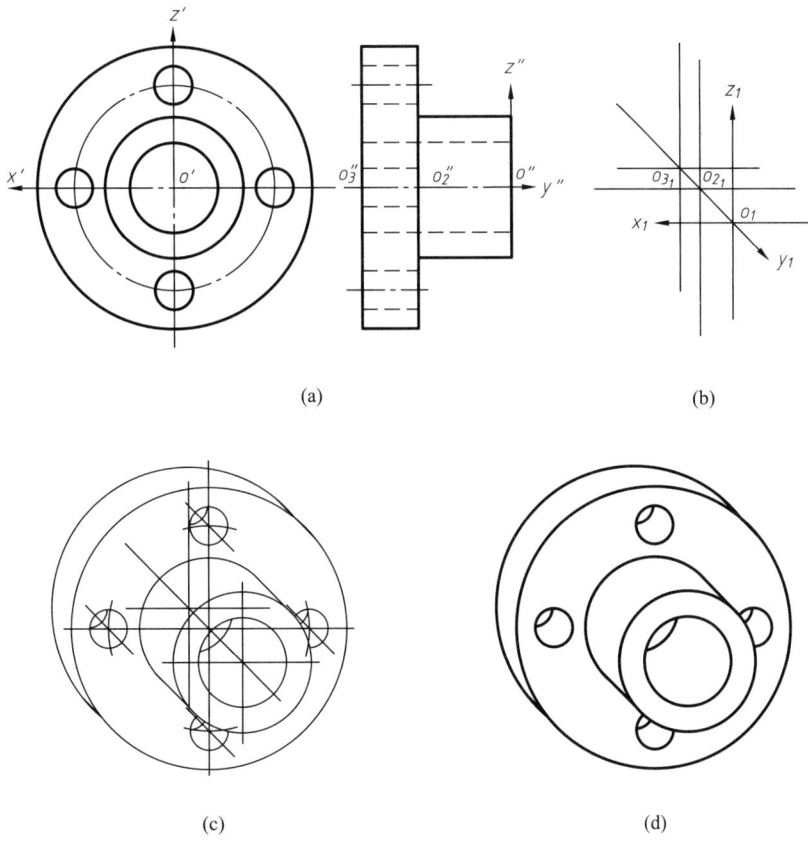

图 7 – 28 斜二轴测图的画法

§7–4 轴测剖视图的画法

一、轴测图的剖切方法

在轴测图中,为了表达机件的内部结构形状,常采用剖视的画法。这种剖切后的轴测图称为轴测剖视图。一般用两个互相垂直的轴测坐标面(或其平行面)剖切,能比较完整、清晰地显示出机件的内、外结构形状,如图 7–29a 所示。尽量避免用一个剖切平面剖切整个机件,如图 7–29b 所示,或选择不恰当的剖切位置,如图 7–29c 所示。

用剖切平面剖切机件时,应在剖面区域上画出剖面线。正等测及斜二测上剖面线方向按图 7–30 绘制。

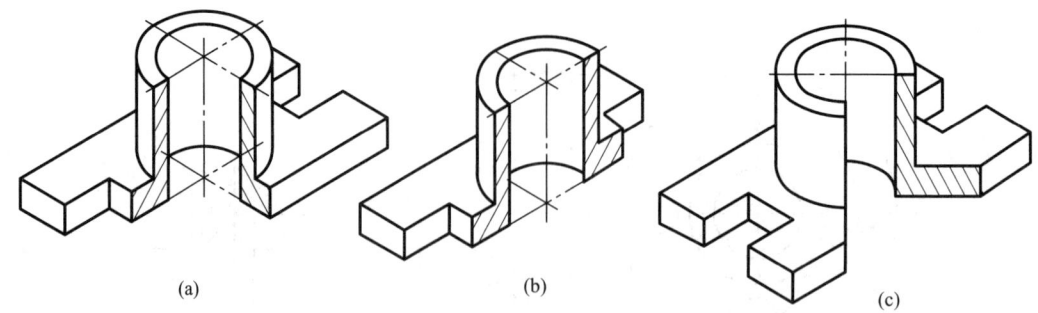

图 7-29 轴测图的剖切方法

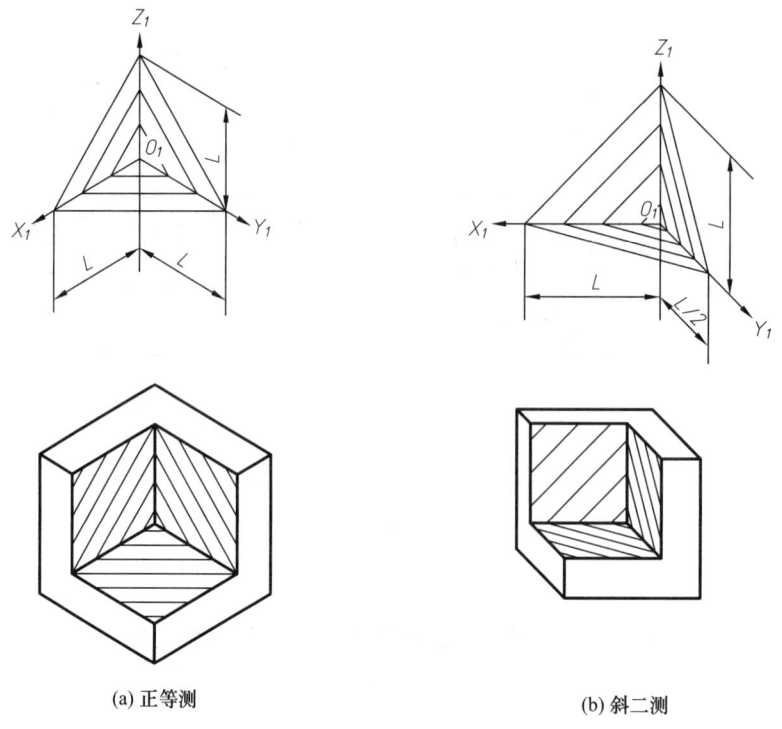

(a) 正等测　　　　　　　　　　(b) 斜二测

图 7-30 轴测图的剖面线方向

二、轴测剖视图的画法

轴测剖视图一般有两种画法：

1. 先画整体，后作剖切

先把机件完整的轴测图画出，然后沿轴测轴方向用剖切平面切开，由外到内逐步画出剖切平面与机件内、外表面的交线，再补画出剖切后内部可见的线，然后擦去多余的图线，并按规定的方向画出剖面线，完成作图，如图 7-31 所示。

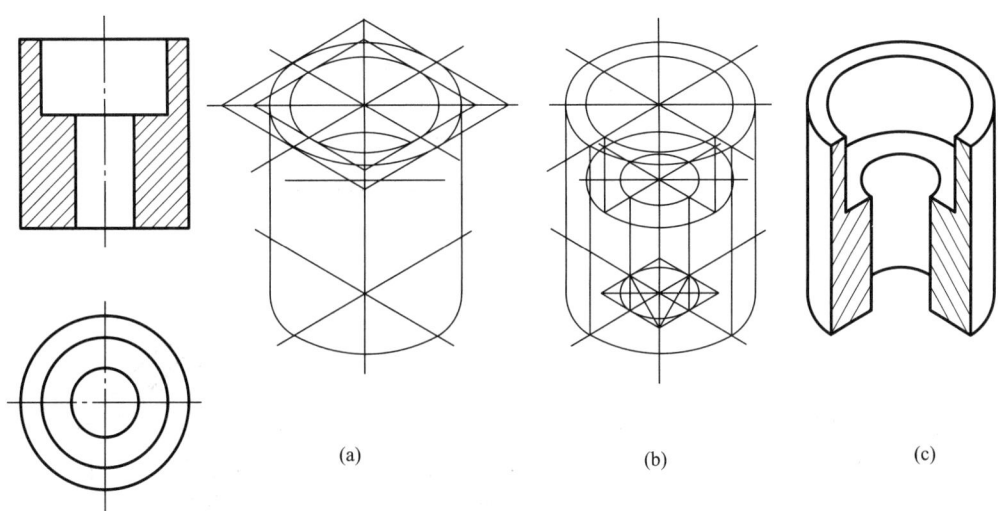

图 7-31 轴测剖视图的画法(一)

2. 先画断面,后补外形

首先把剖切平面切割机件所得断面的轴测图画出,然后再由近及远地依次画出剖切平面后面余下的机件外形轮廓及内部可见部分,如图 7-32 所示。

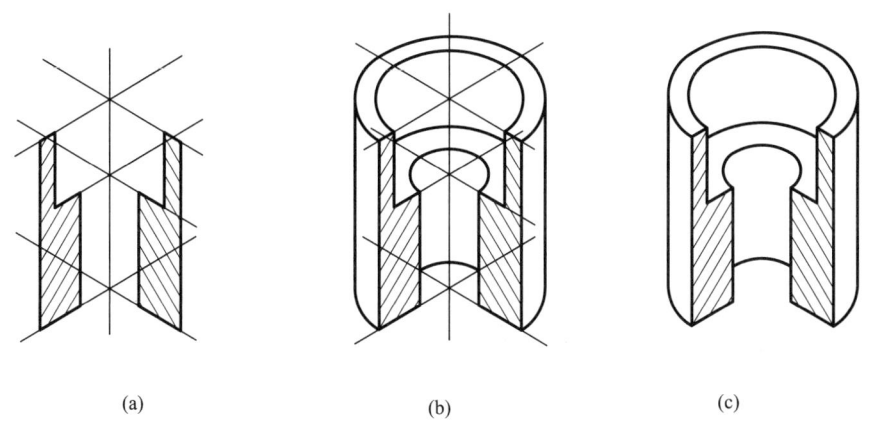

图 7-32 轴测剖视图的画法(二)

上述两种画法中,第一种方法比较容易掌握。但画图过程中要擦去多余的作图线,影响速度和图面整洁。第二种方法可以加快画图速度而且能保持图面整洁。但在画复杂机件时,较难想象,初学者不易掌握。

图 7-33 为斜二轴测图作剖切的图例。

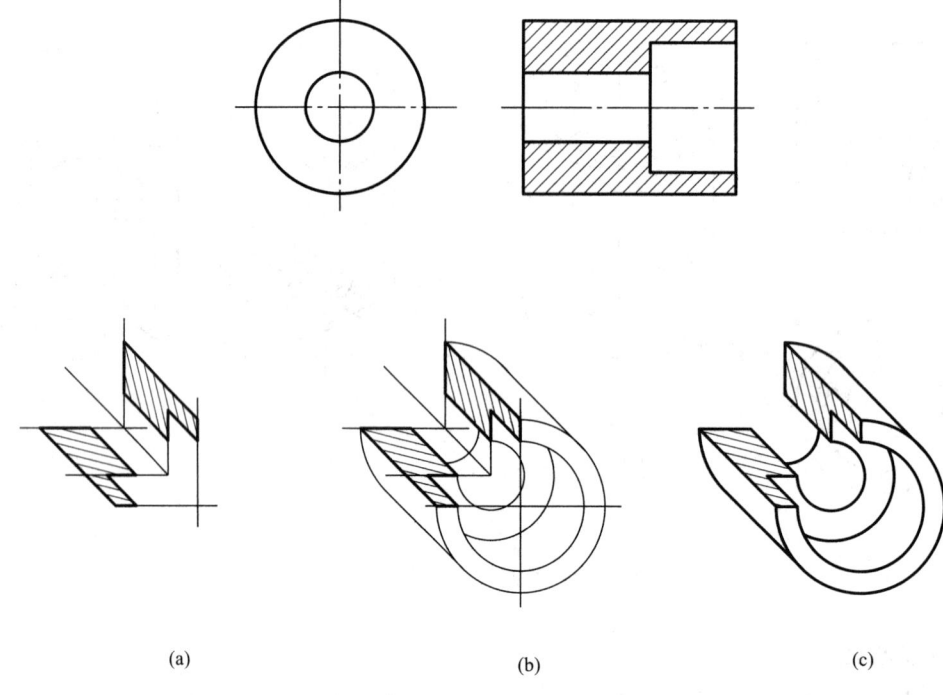

图 7-33 斜二轴测图的剖切

第8章 组 合 体

在第6章中,研究了基本几何体的投影,但是,机械零件的形状结构是多种多样的,只掌握基本几何体的画法是不够的。任何复杂的机件,都可以看成是由基本几何体按照一定的规律组合而成的组合体。本章将运用基本投影原理,研究如何绘制和阅读组合体的视图以及组合体的尺寸注法,为绘制零件图打下基础。

§8-1 组合体的基本知识

一、组合体的三视图

在工程制图中,按正投影原理将组合体(机件)向投影面投射,得到的投影图称为视图。并规定:正立投影面 V 上的投影图称为主视图;水平投影面 H 上的投影图称为俯视图;侧立投影面 W 上的投影图称为左视图。三视图之间存在着一定的关系和规律:主视图反映物体的长度和高度;俯视图反映物体的长度和宽度;左视图反映物体的高度和宽度。各视图排列如图 8-1b 所示。

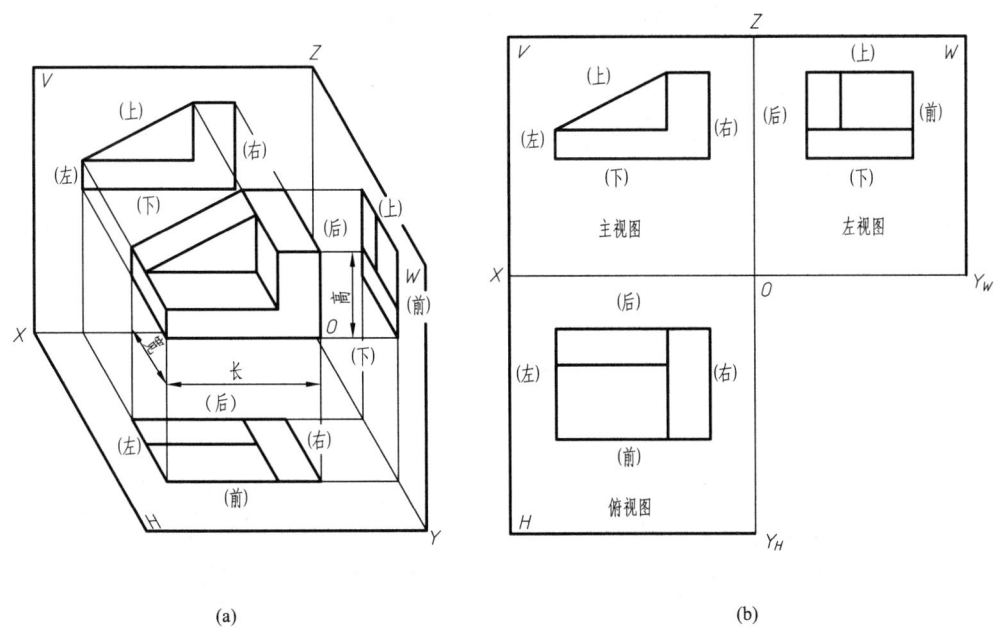

图 8-1 三视图的形成

各视图之间的投影规律是：

主视图、俯视图长对正；主视图、左视图高平齐；俯视图、左视图宽相等。简称"长对正，高平齐，宽相等"，如图 8-2 所示。

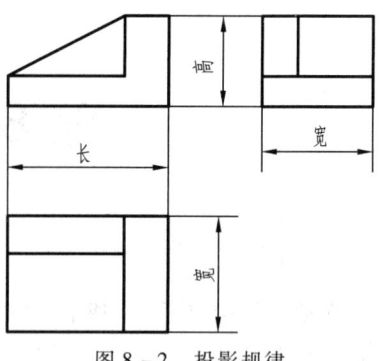

图 8-2 投影规律

二、组合体的组合形式及其表面的相对位置

1. 组合体的组合形式

组合体是由基本形体组合而成的，其基本组合形式可分为叠加与切割两类，如图 8-3 所示。

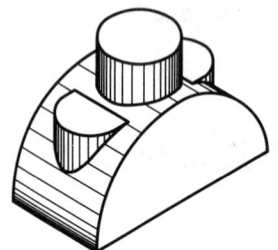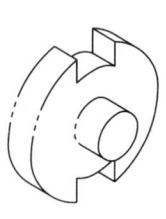

图 8-3 组合体的组合形式

2. 组合体表面间的相对位置

组合体在其两种基本组合形式中，相邻表面的相对位置大致有共面、相切和相交三种。分述如下：

（1）共面　当基本形体在叠加或切割过程中，某个方向上相邻表面同处一个平面（或曲面）时，称为表面共面。此时两表面分界线就不存在了，画图时不应画出两基本形体的分界线，如图 8-4 所示。若两形体不共面，则应画出分界线，如图 8-5 所示。

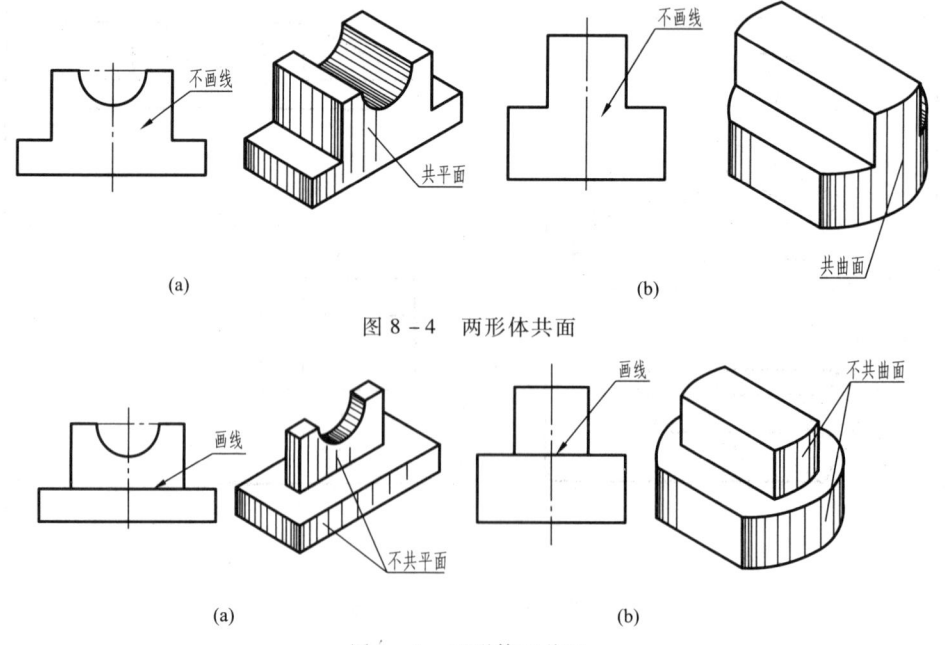

图 8-4 两形体共面

图 8-5 两形体不共面

（2）相切　当相邻表面处于相切位置时,切线在三个视图上一般都不画出,如图 8-6 所示。只有当圆柱面与圆柱面相切,其公共切平面垂直于某一投影面时,在该投影面上才画出切线的投影,如图 8-7a 所示。图中公共切平面垂直于水平面,故俯视图中画出了切线——直线的投影,而切平面不垂直于侧面,故左视图不应画出切线的投影。如图 8-7b 中所示形体,因切平面不垂直于水平面,故俯视图中不画切线的投影。

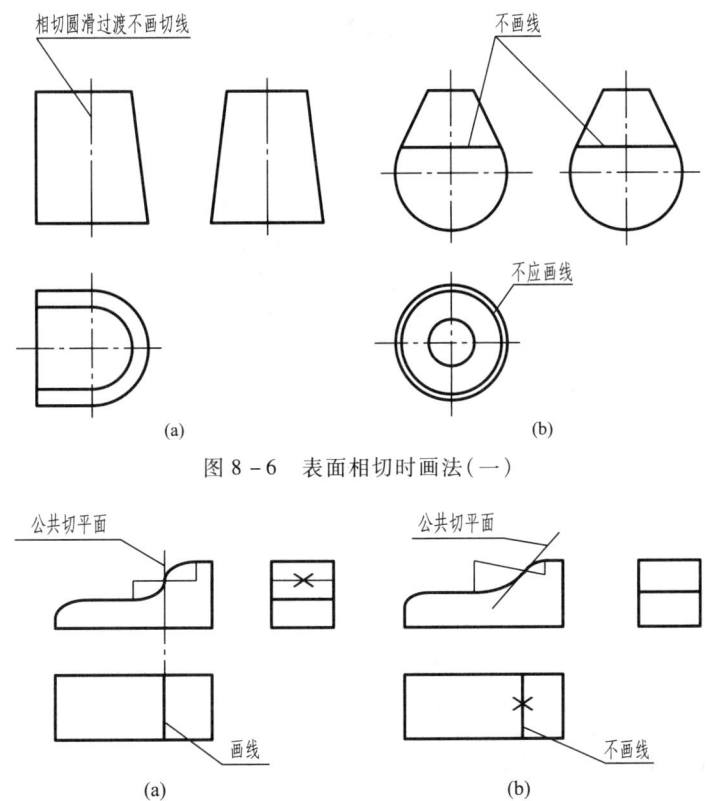

图 8-6　表面相切时画法（一）

图 8-7　表面相切时画法（二）

组合体的表面间处于相切位置时,要特别注意分界处的投影关系。如图 8-8a 所示形体中,平面 P 与圆柱面相切,按相切时不画线的原则,主视图中不应画切线的投影。而平面 R 的正面投影位置应画到切点 C 的正面投影 c′处,平面 R 的侧面投影应根据尺寸 A 画到 c″处。

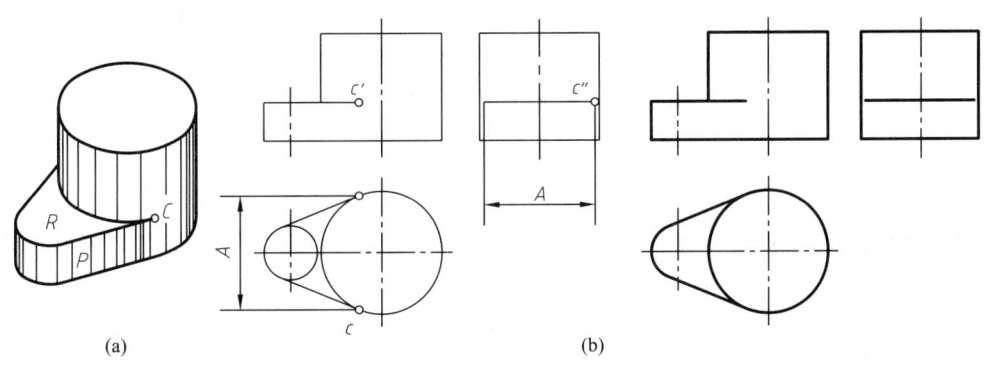

图 8-8　表面相切时画法（三）

（3）相交　当相邻表面处于相交位置时，如图8-9所示，一定会产生表面交线——截交线或相贯线。求交线的基本作图方法在第六章中已详细研究过，这里就不再赘述。两立体相交时，形成新的整体，画图时应注意投影轮廓线是否存在，如图8-10所示。

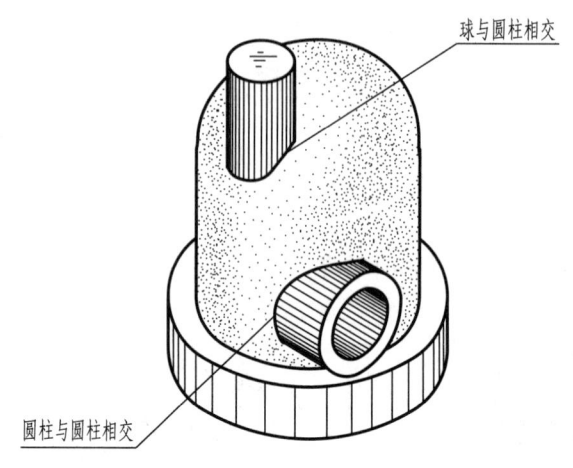

图8-9　两立体表面相交

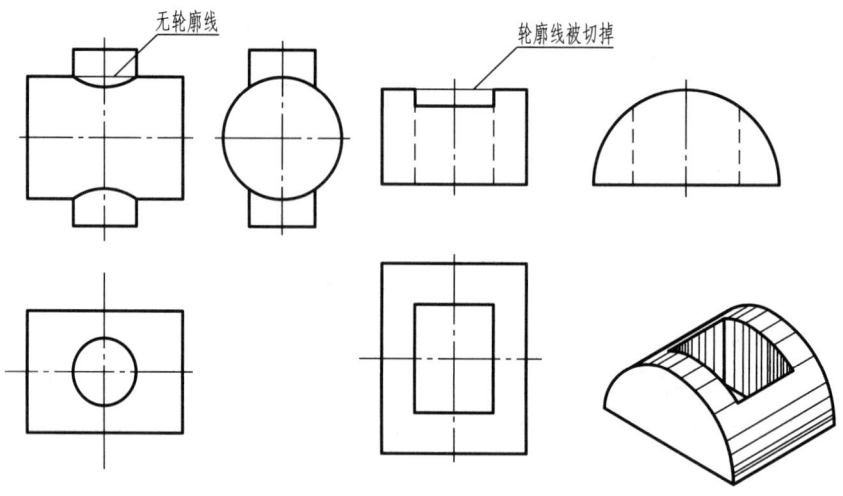

图8-10　两立体相交时轮廓线的画法

三、形体分析法

形体分析法是假想把组合体分解为若干基本形体，并确定它们的组合形式，以及相邻表面间的相对位置关系的一种分析方法。如图8-11所示组合体——支承座，按形体分析法可以看成是由圆柱体Ⅰ、肋板Ⅱ、支承板Ⅲ和底板Ⅳ四个部分组成，如图8-12所示。

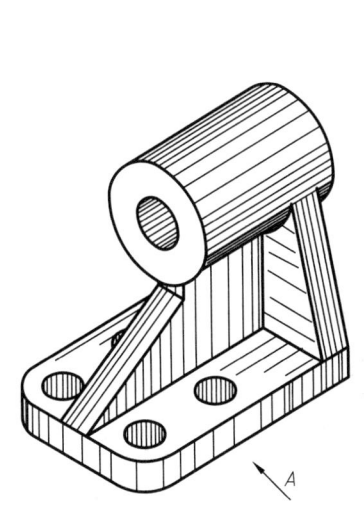
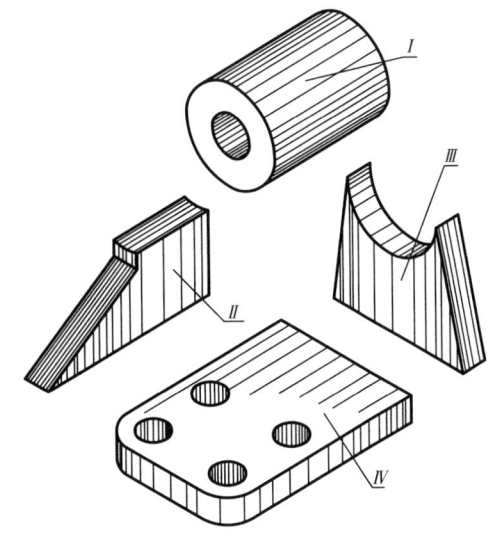

图 8-11 支承座   图 8-12 支承座形体分析

它们的组合形式为：肋板 II 和支承板 III 叠加在底板 IV 之上，肋板前后居中，支承板右端面与底板右端面共面。圆柱 I 叠加在肋板与支承板上，肋板与圆柱面表面相交，而支承板表面与圆柱表面既有相交又有相切。

四、线面分析法

组合体也可以看成是由若干面（平面或曲面）、线（直线或曲线）围成的。因此，线面分析法也就是把组合体分解为若干面、线，并确定它们之间的相对位置以及它们对投影面的相对位置的一种方法。前几章中对线、面的投影规律作了详细论述，这些投影规律在画组合体的线、面投影时仍然适用。当立体上某一个面对投影面处于垂直或一般位置时，画图时易出现错误，此时应按线、面的投影规律仔细分析。图 8-13 所示形体，可看成是平面立体被切割形成的。着墨部分为铅垂面，它的水平投影积聚成线，正面投影与侧面投影是类似多边（六边）形。线面分析法也是读组合体三视图的重要方法。

图 8-14、图 8-15 分别给出了立体上一般位置平面和正垂面的投影图情况。从图中可以看出，一个 n 边的平面图形，它的非积聚性投影必然是 n 边形。这就为我们检查画图与读图的正确与否提供了一种简便的依据。如图 8-15 中，俯视图若画成 b 所示形式，则形体上正垂面的水平投影与侧面投影不成为类似形，对照形体检查，就会发现图 8-15b 中俯视图的画法是错误的。

综上所述，利用形体分析法可以把任何复杂的组合体分解为较简单的基本几何体。按基本形体的投影特点及其组合形式，结合线面分析，逐一准确无误地画出各基本形体的视图，就得到了组合体的视图。只有采用这种方法，才能正确迅速地画图、读图和标注尺寸，所以形体分析法与线面分析法是画图、读图和标注尺寸的基本方法。

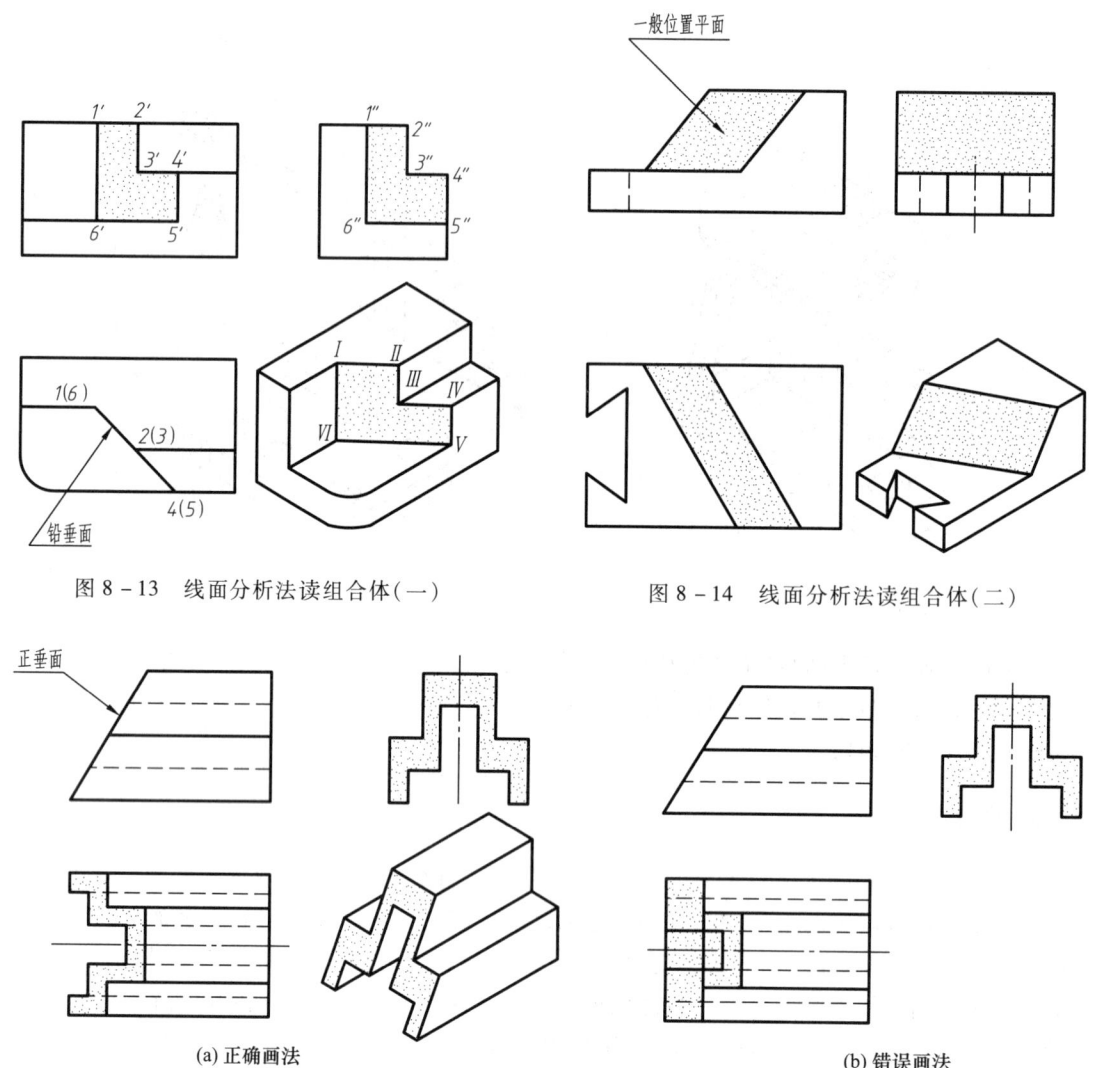

图 8-13 线面分析法读组合体(一)

图 8-14 线面分析法读组合体(二)

(a) 正确画法　　(b) 错误画法

图 8-15 线面分析法读组合体(三)

§8-2　组合体的画法

下面以图 8-11 所示支承座为例,介绍画组合体三视图的方法和步骤,如图 8-16 所示。

1. 进行形体分析

把组合体分解成为若干基本形体,确定它们的组合形式以及相邻表面间的相对位置,如前所述。

2. 确定主视图

主视图投影方向的选择原则:一是最大程度地反映组合体的形体特征,二是使其放置稳定,三是使其他两视图上的投影虚线尽可能地少。按此原则,图 8 – 11 中以 A 向作为主视图投射方向。

3. 选比例,确定图幅

画图时,应根据物体的大小选择合适的比例。按选定的比例,根据组合体的长、宽、高计算出三个视图所占面积,并在各视图之间留出标注尺寸的位置,据此选用合适的标准图幅。

4. 布置图面,画基准线

在图纸的合适位置画出基准线,基准线一般用细实线或细点画线绘制。常以对称中心线、轴线和较大平面的投影积聚线作为基准线。如图 8 – 16a 所示。

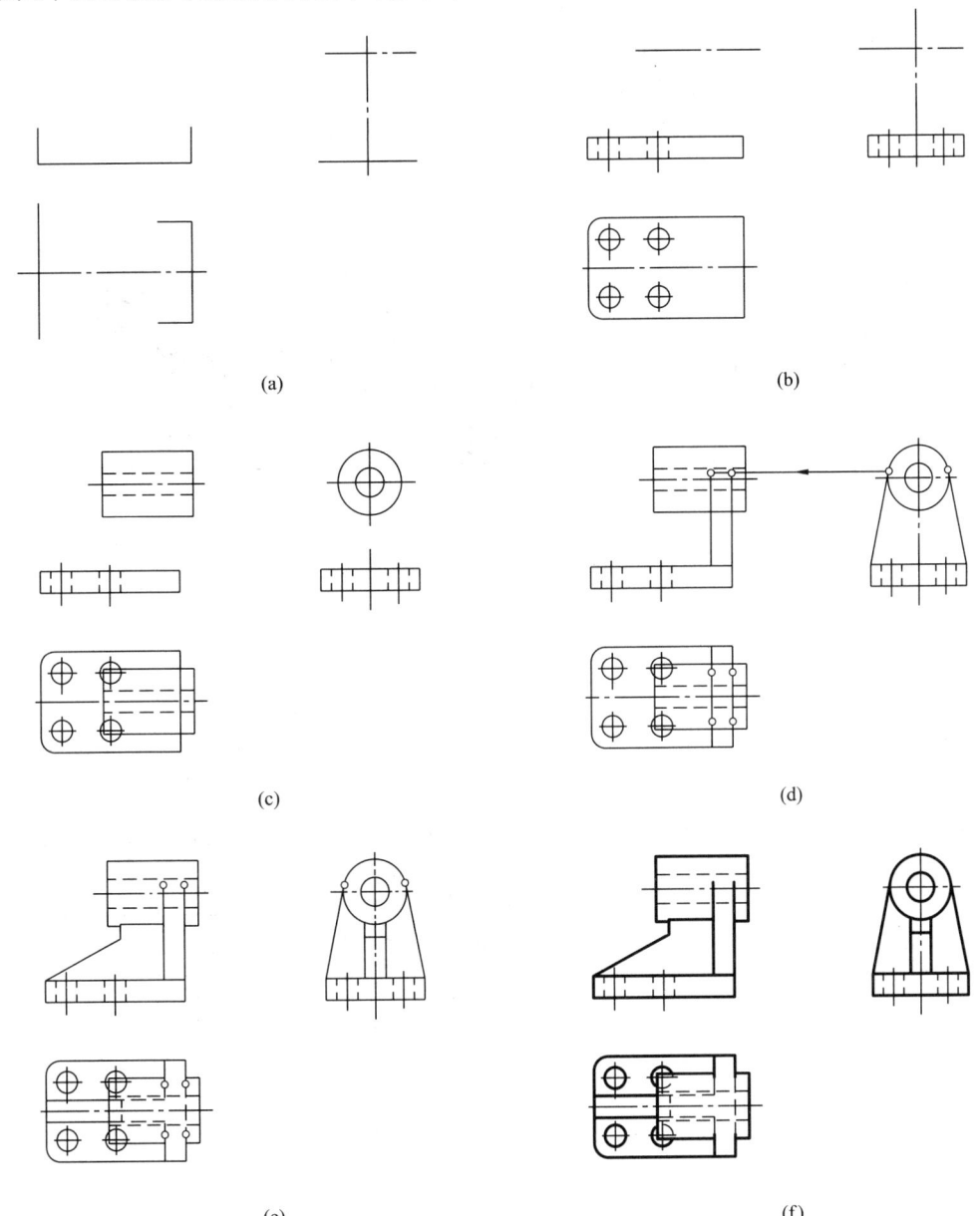

图 8 – 16 支承座三视图的画法

5. 逐个画出各形体的三视图

根据各形体的投影特点和画图的方便与准确,逐个画出每个形体的三视图。先画底板;再画圆柱体;接着画支承板,此时先画支承板的左视图,根据投影关系画出主视图和俯视图,注意主视图的高度与俯视图宽度的画法;最后画肋板,肋板也应从左视图画起,画图过程如图 8 - 16a、b、c、d、e 所示。

6. 检查、描深

画好组合体底稿,按基本形体逐个仔细检查,注意组合体的整体性。必须按整体取舍图中有关图线。如图 8 - 16e 中,肋板与圆柱面相交后组成整体,主视图中就不应在相交部分画出圆柱的轮廓线。检查无误后描深所画视图,如图 8 - 16f 所示。

支承座的组合形式,基本上可看成是叠加式。

下面以图 8 - 17a 所示组合体为例,说明以切割的方式形成的组合体的画图过程。

形体分析如图 8 - 17b、c 所示。画图过程如图 8 - 17d ~ i 所示。

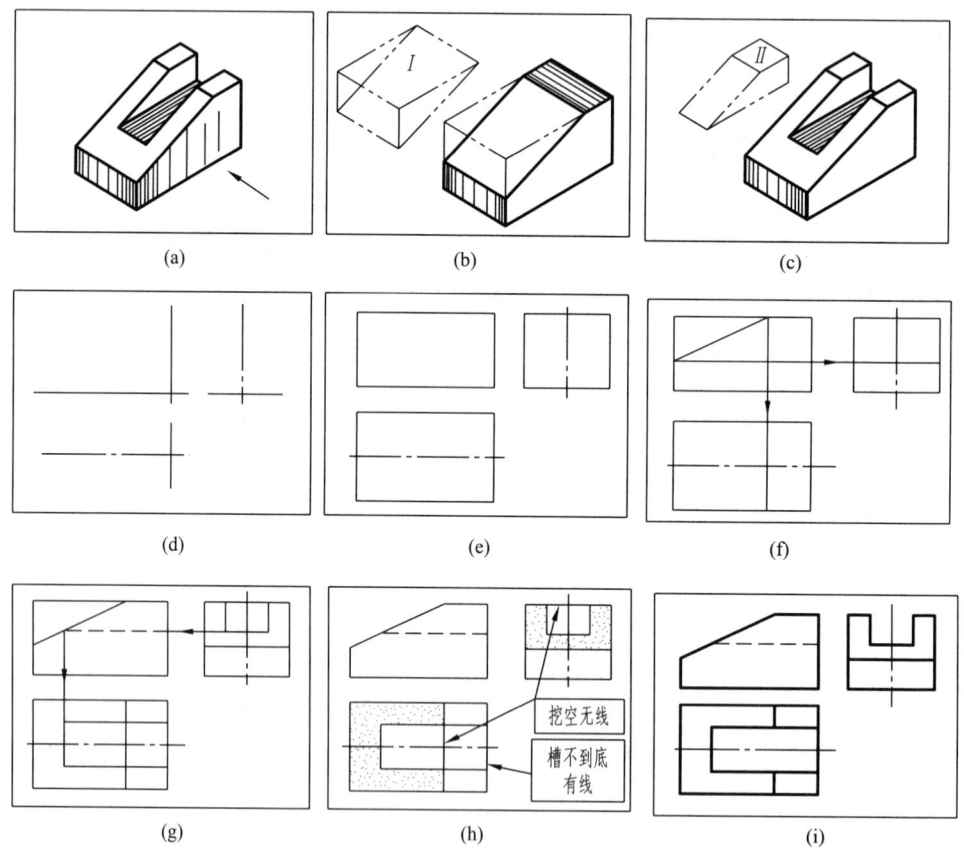

图 8 - 17 切割式组合体的画法

§8-3 组合体的尺寸注法

组合体的视图只能表示其结构形状,而组合体的大小则要通过标注尺寸来确定。尺寸标注总的要求是:正确、完整、清晰、合理。

尺寸标注要正确,是指所注尺寸应符合《机械制图》国家标准中有关尺寸注法的规定,这部分内容已在第1章中阐述。尺寸标注要合理,也就是要尽量考虑到设计和加工工艺方面的要求,这部分内容将在第11章介绍,本章仅就尺寸标注的完整、清晰两项内容加以说明。

一、尺寸标注要完整

所谓尺寸完整,就是将组合体的各部分形体的大小及它们的相对位置完全、确切地表示出来,不能遗漏或重复。标注尺寸时仍采用形体分析法,将组合体分解为若干基本形体,标注出基本形体的定形尺寸;再确定出它们之间的相对位置,标出定位尺寸。一般还应注出总体尺寸。

1. 定形尺寸

定形尺寸即为确定基本形体大小的尺寸。在标注组合体尺寸时,首先必须掌握好基本形体定形尺寸的标注方法。图8-18给出了常见形体的尺寸标注形式,其中加括号的尺寸可以不注,但生产中为了下料方便又往往注上作为参考。

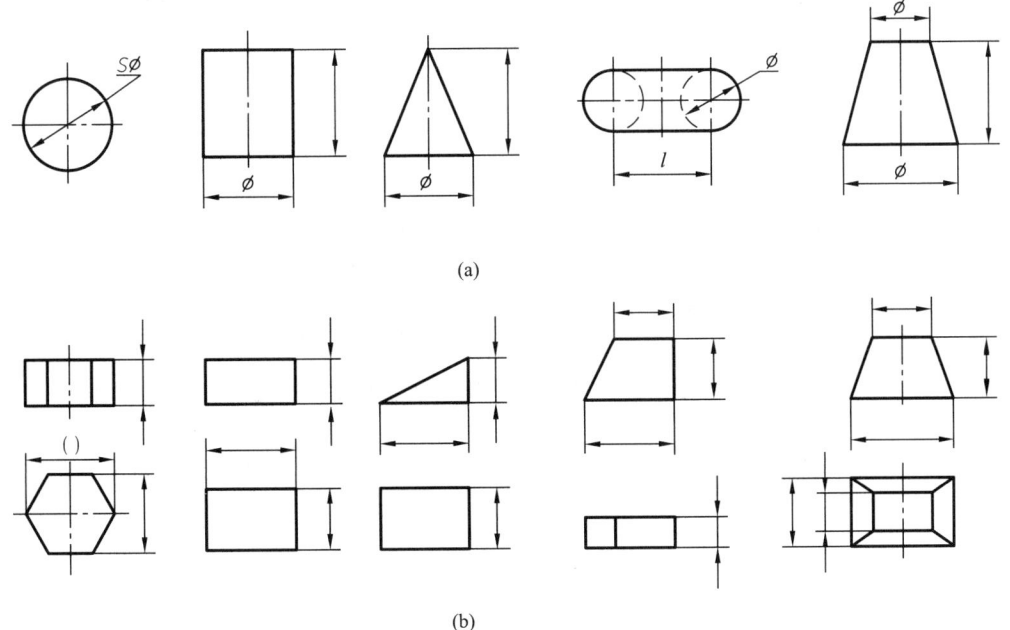

图8-18 基本形体的尺寸注法

2. 定位尺寸

从尺寸基准出发,定出各基本形体相对位置的尺寸称为定位尺寸。

尺寸标注的起点称为尺寸基准。组合体有长、宽和高三个方向的尺寸基准。标注尺寸时通常选择组合体的底面、端面、对称面、回转体的轴线作为基准。确定回转体与回转体之间相对位置时,都是以回转体的轴线为基准的。图 8-19a 所示的组合体,其长度方向尺寸基准为左右对称面;宽度方向尺寸基准为前后对称面;高度方向尺寸基准为底面。图 8-19b 所示组合体,长度方向尺寸基准为左端面;宽度方向尺寸基准为前端面;高度方向尺寸基准为底面。按此基准,俯视图中所注 22 与 6 分别为圆孔中心位置长度和宽度方向的定位尺寸。有时基本形体的定形尺寸又是其定位尺寸,如图 8-19b 主视图中底板长方体高度定形尺寸 8 又可看成是左端长方体在高度方向上的定位尺寸。

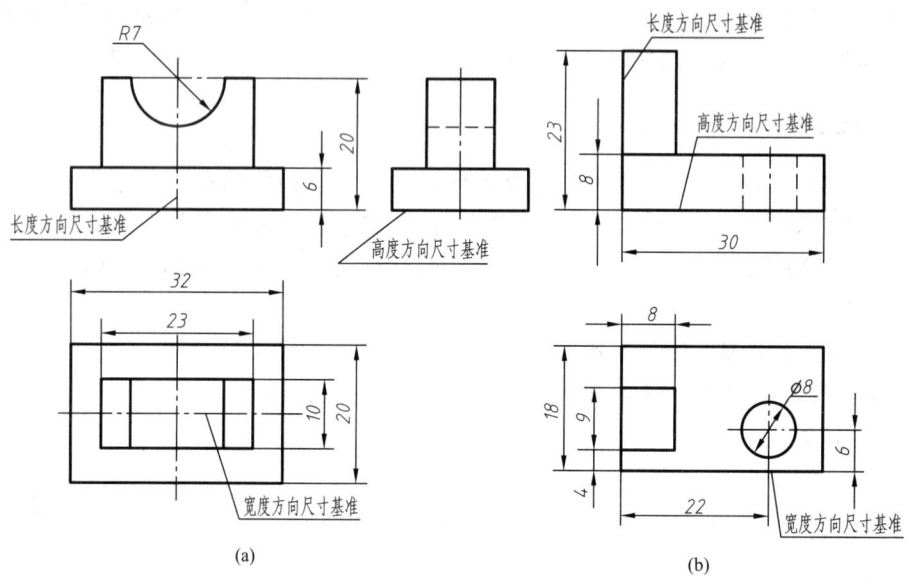

图 8-19 组合体的尺寸注法

3. 总体尺寸

总体尺寸即指组合体的总长、总宽和总高。组合体的总体尺寸一般应直接注出,如图 8-19a 中总高尺寸 20。但有时为了制造方便,必须给出圆孔中心的定位尺寸和回转体的半径(或直径)尺寸,而总体尺寸可通过计算间接给出,就不必注出总体尺寸,如图 8-20 中的总长尺寸为 18 加半径 8 即 26。但也有这种情况:为了满足加工要求,既注总体尺寸,又标注定形与定位尺寸。如图 8-21 所示,底板四个角的部分圆柱面的轴线可能与孔同轴,也可能不同轴,但无论同轴与否,

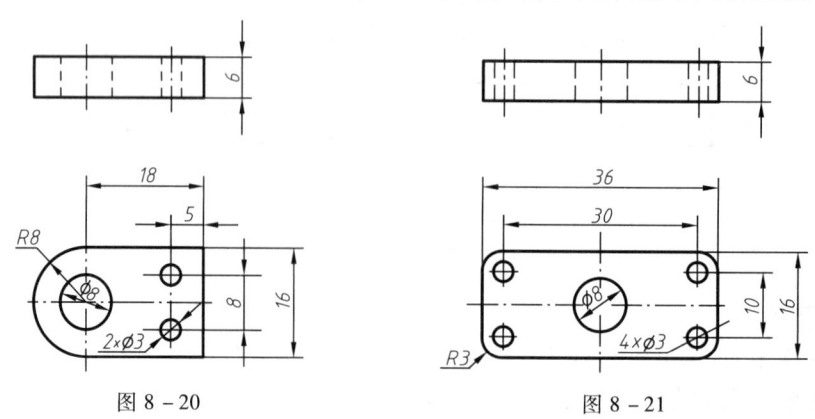

图 8-20　　　　　图 8-21

均要标注出孔轴线间的定位尺寸(30 和 10)及圆柱面的定形尺寸(R3),还要标出总体尺寸 36 与 16。当两者同轴时,标注的尺寸数值不能发生矛盾。

常见结构形状的底板、端板尺寸注法如图 8-22 所示,请注意其中总体尺寸的标注方法。

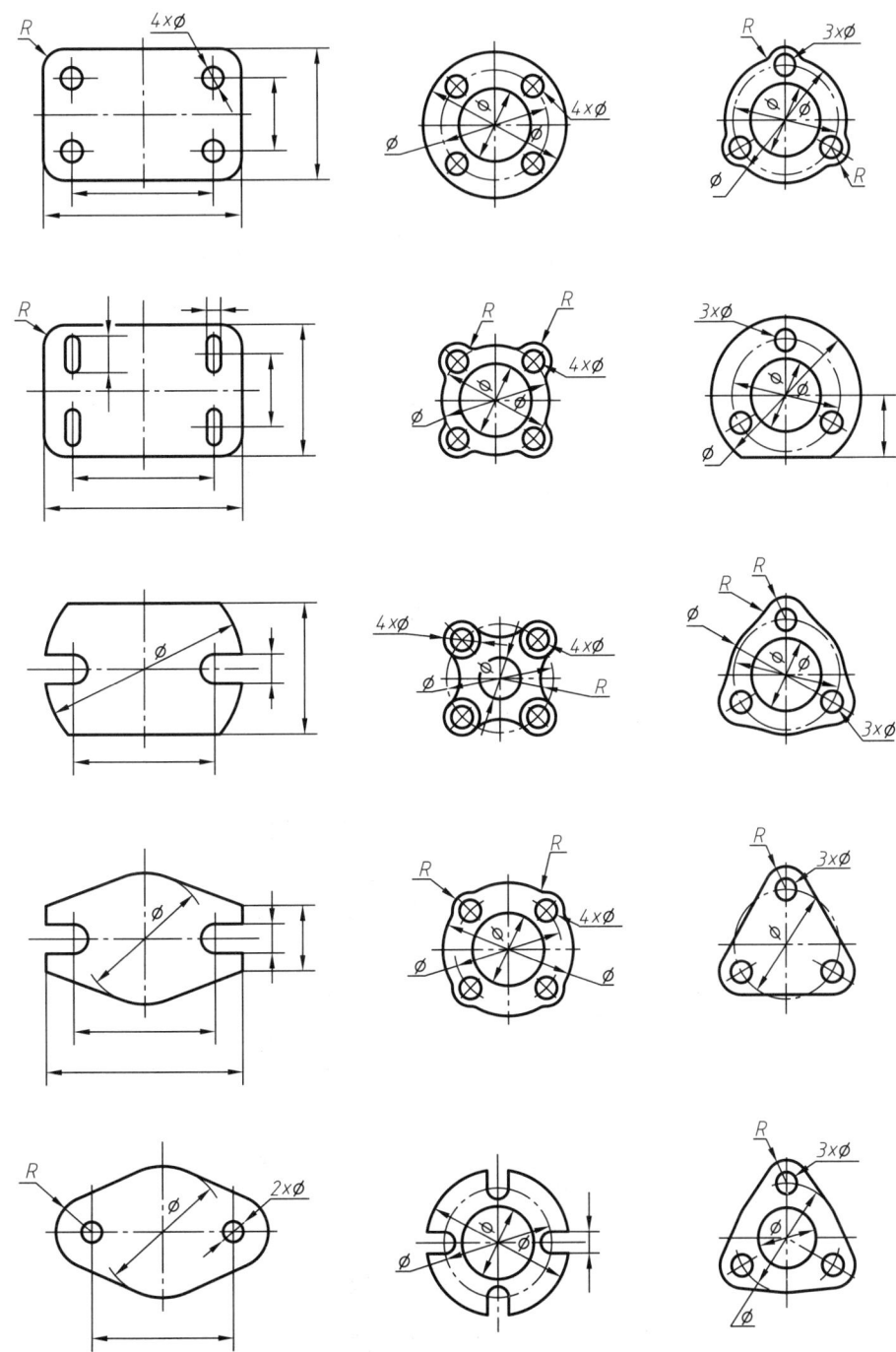

图 8-22 常见结构尺寸标注

二、尺寸标注要清晰

所谓尺寸清晰就是尺寸布置匀称清楚。具体应注意以下几点：

（1）尺寸应标注在反映形体特征明显的视图上，并且相关尺寸应尽量集中标注。如图 8-23 所示，圆柱体沿前后方向开槽，其槽宽与槽深均应注在主视图上。若槽宽注在俯视图上，则不明显，且与深度尺寸标注不集中。

（2）小于或等于半圆的圆弧一定要将半径尺寸注在反映圆弧实形的视图上，如图 8-24 所示。

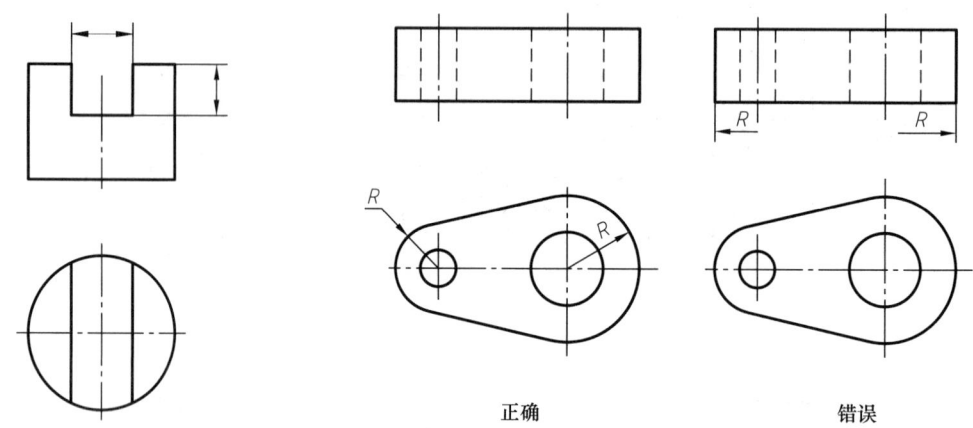

图 8-23 相关尺寸集中标注　　　　图 8-24 半径尺寸注法

（3）直径尺寸最好注在非圆视图上，如图 8-25 所示。

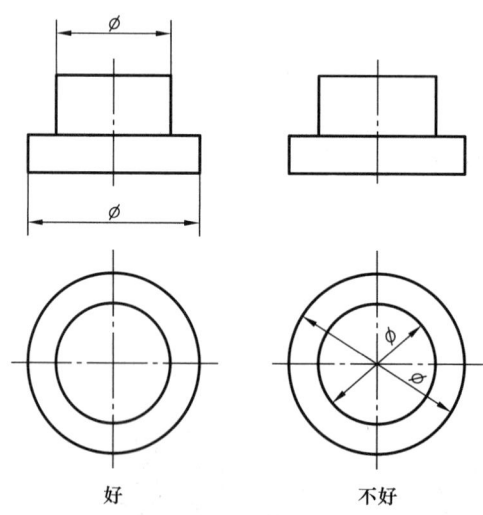

图 8-25 直径尺寸注法

（4）立体表面交线一般不应标注尺寸。由于立体相交时，交线的形状和位置取决于相交立体的形状大小和相对位置，因此交线就不应注尺寸。对于截交线只需注出截平面的位置，而相贯线只需注两立体的大小及其相对位置,则交线也就随之确定了,如图 8-26 所示。

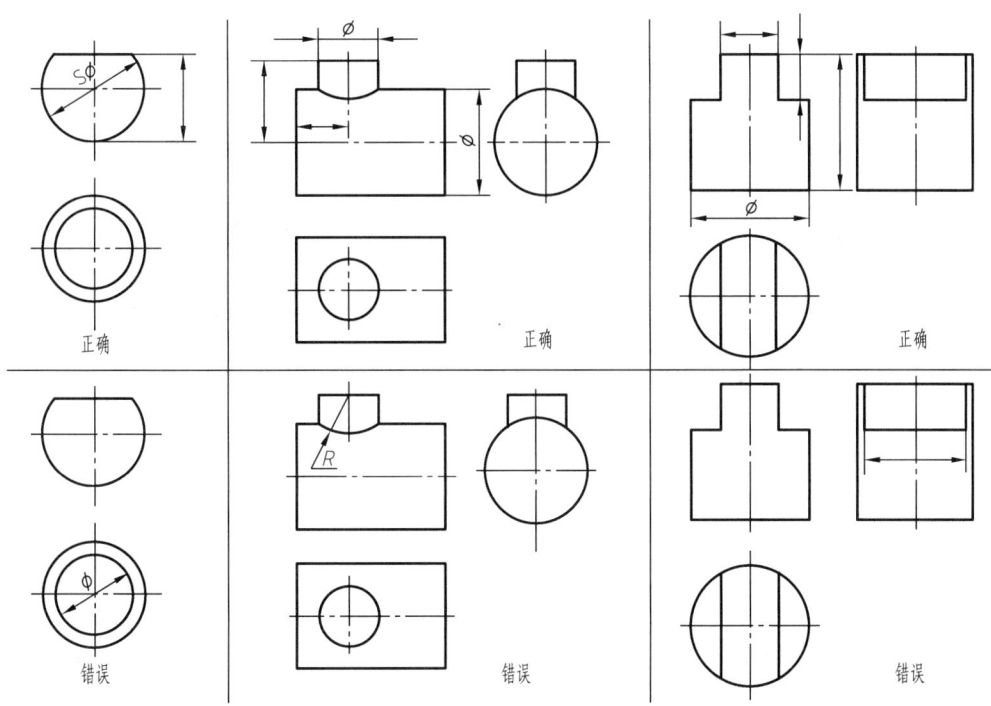

图 8-26 带交线形体的尺寸注法

(5) 尺寸应尽量避免标注在虚线上。
(6) 标注尺寸时,尺寸线与尺寸界线不能交叉。

三、标注组合体尺寸举例

【例 8-1】 注出图 8-27a 所示组合体的尺寸。

① 由于此形体为长方体切割形成,所以先注长方体的定形尺寸:长 26、宽 16 和高 13。如图 8-27b 所示。

② 注出切割左上角的截平面位置尺寸:尺寸 5 与 7 即是截平面(正垂面)的位置尺寸。该尺寸应注在反映形体特征的主视图上,如果尺寸 5 注在左视图上,尺寸 7 注在俯视图上,则不够合理,如图 8-27c 所示。

③ 注出左右通槽尺寸:通槽尺寸高为 5,宽为 8,注写在左视图上为好,如图 8-27d 所示。注意高度尺寸不能注在主视图上,宽度尺寸注在俯视图上也不好。俯视图中尺寸 19 为截交线尺寸,这条交线是作图时得到的,因此不应标注。

④ 全面检查,如图 8-27e 所示。

该组合体为基本形体切割形成,因此应先注总体尺寸,然后按形成顺序注尺寸。

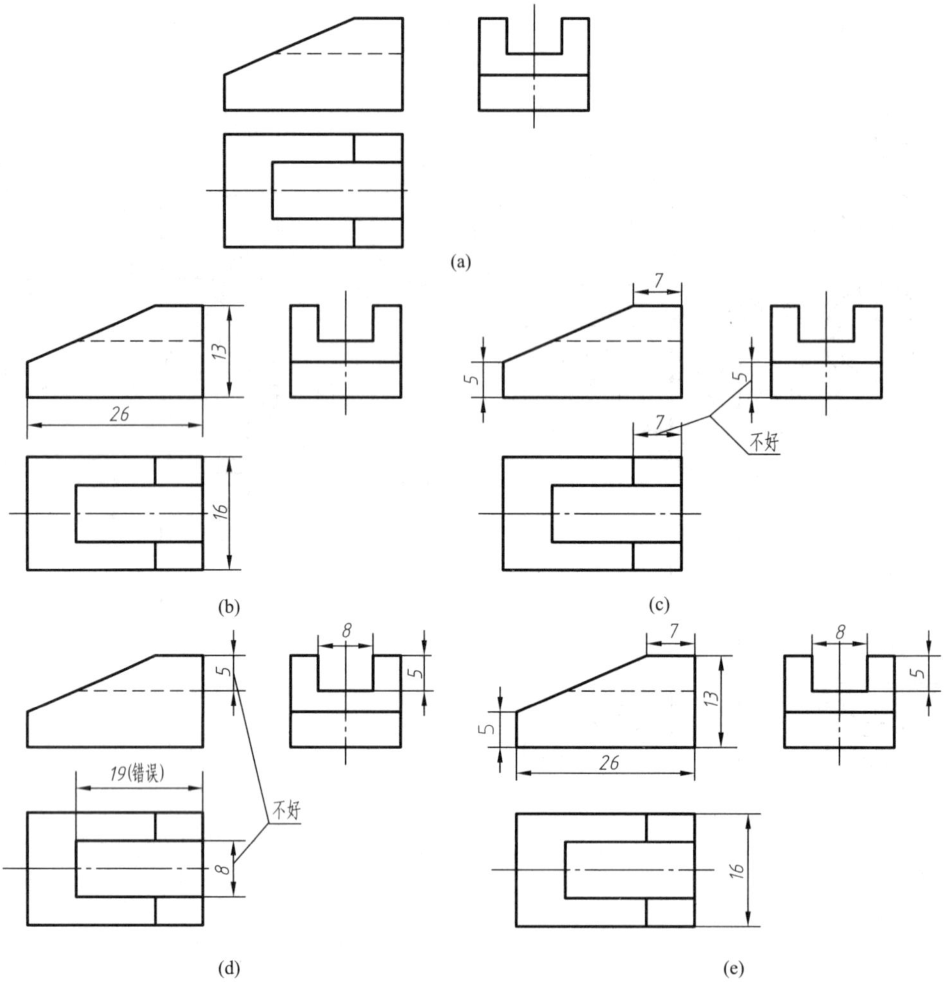

图 8-27 切割式组合体尺寸注法

【例 8-2】 标注图 8-28 所示支承座尺寸。

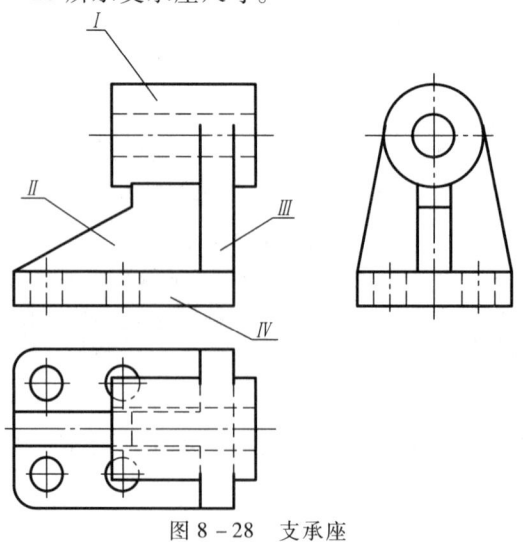

图 8-28 支承座

① 形体分析如图 8-12 所示。
② 确定各基本形体的定形尺寸,如图 8-29、图 8-30、图 8-31 和图 8-32 所示。

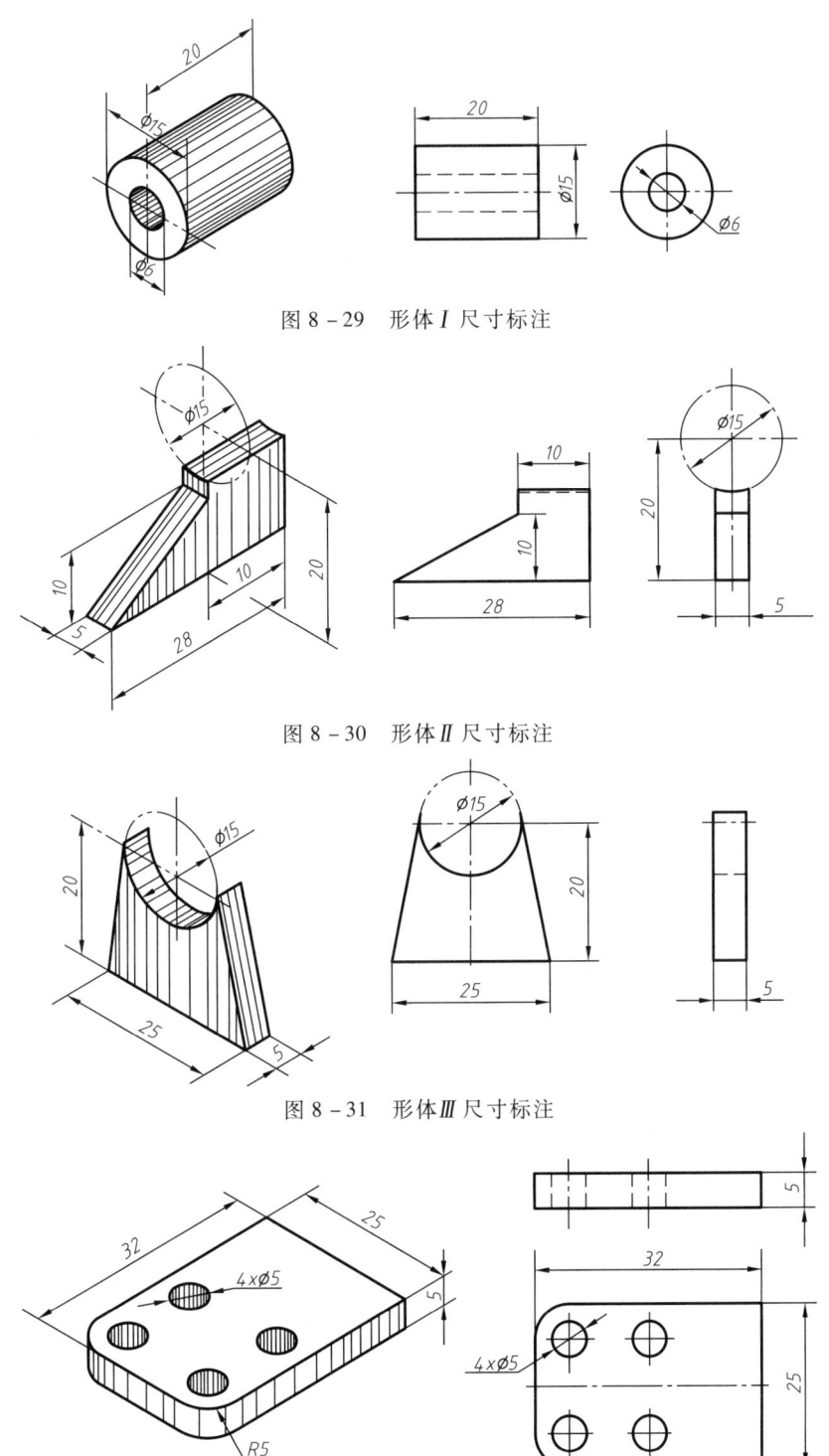

图 8-29 形体 I 尺寸标注

图 8-30 形体 II 尺寸标注

图 8-31 形体 III 尺寸标注

图 8-32 形体 IV 尺寸标注

③ 支承座的尺寸标注顺序如图 8-33 所示。

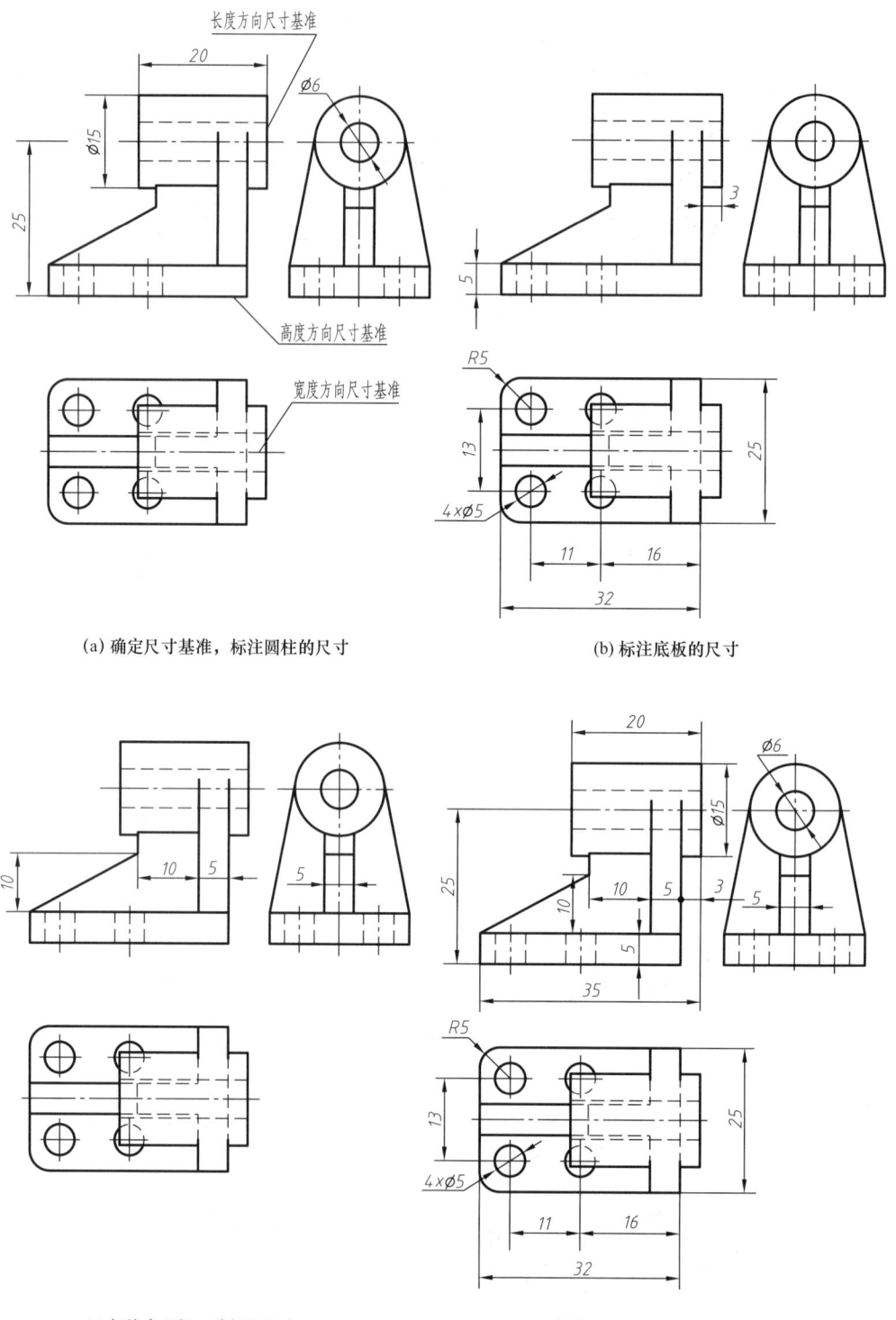

图 8-33 支承座的尺寸标注

综上所述,对复杂的组合体的尺寸标注,要达到完整、清晰的要求,首先应对组合体进行形体分析与线面分析,然后按定形尺寸、定位尺寸和总体尺寸进行标注,最后一定要检查调整,去掉多余尺寸并补充遗漏尺寸。

§8-4 读组合体视图

根据组合体的视图,想象出它们的结构形状,称为读图。可见,读图是画图的逆过程,画图与读图是相辅相成的。画图能力通过读图可以提高,读图能力通过画图达到深化。读图的基本方法仍为形体分析法和线面分析法。

一、读图的原则

通常,组合体的一个视图不能确定其结构形状,因此在读图时必须按照投影规律,将两个或三个视图联系起来看,才能将图读懂。如图8-34所示的三组视图,它们的主视图相同,左视图也相同,但三个视图联系起来看,它们是不同结构形状的组合体。

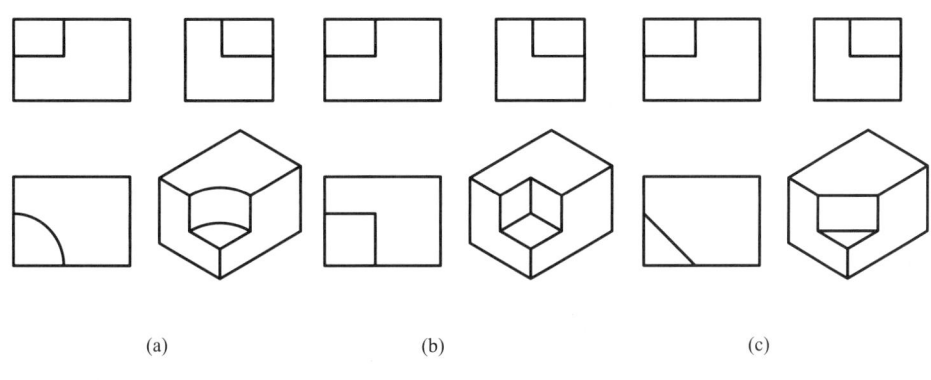

(a) (b) (c)

图 8-34

视图中的每一条线段可以是下列几何元素的投影:
(1) 两表面的交线。
(2) 特殊位置面(平面或曲面)的积聚性投影。
(3) 回转曲面的投影轮廓线。
每一封闭线框可以是:
(1) 平面的投影。
(2) 曲面的投影。
(3) 孔或槽的投影。
任何相邻的封闭线框,一定是组合体上两个位置不同表面的投影,在位置上分成前后、左右或上下两部分。
读图时可按线段及线框所表达的不同内容逐线、逐个线框进行分析。

二、读图的基本方法和步骤

形体分析法与线面分析法是读图的基本方法,这两种方法并不是孤立进行的,实际读图时常常是综合运用,互相补充,相辅相成的。下面以图 8-35a 为例,说明读图的一般步骤。

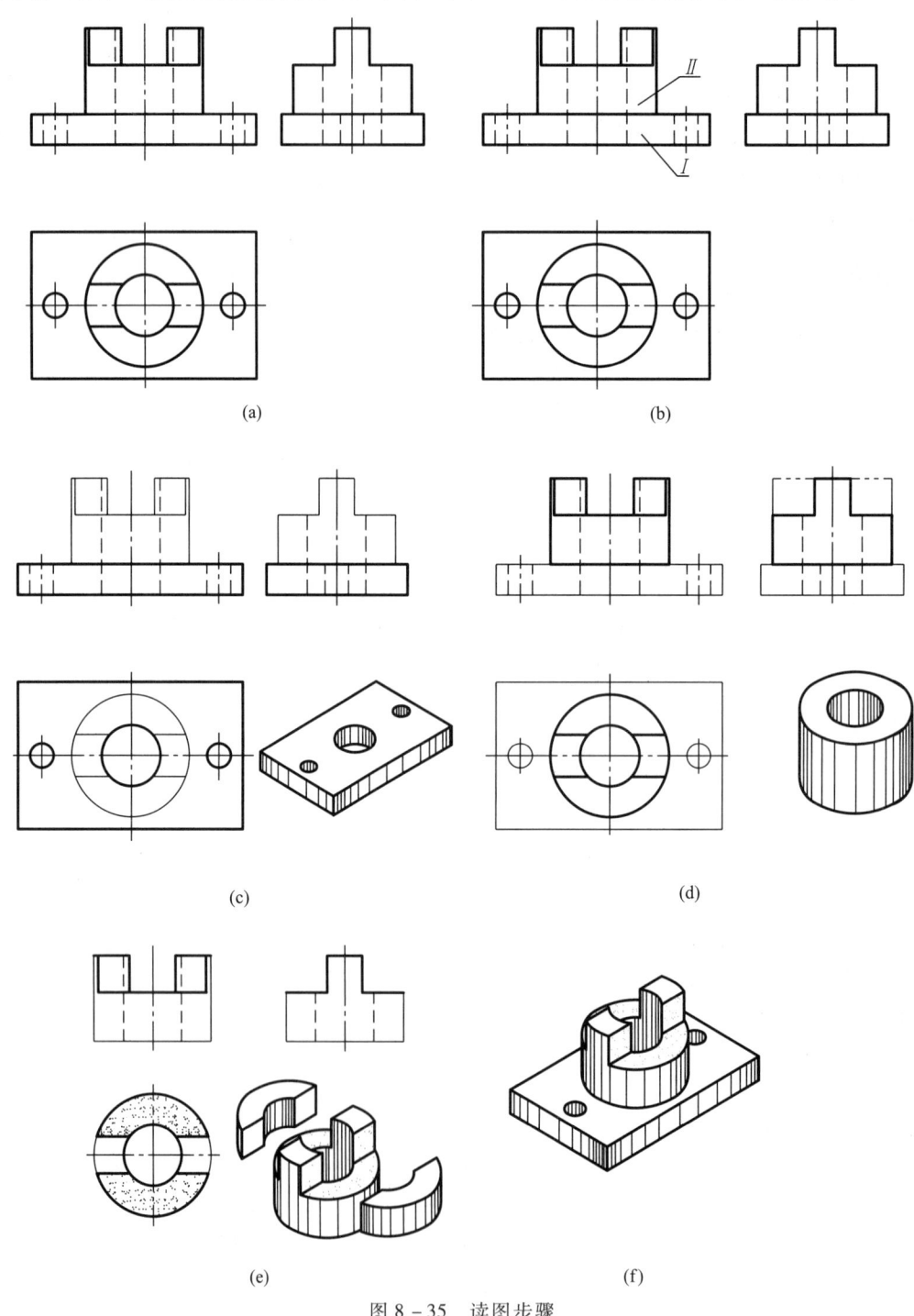

图 8-35 读图步骤

1. 画线框，对投影，分部分

一般从反映形体特征的主视图入手，按照三视图投影规律，几个视图联系起来看，把组合体分为几个部分。图中组合体被分为 I、II 两部分，如图 8-35b 所示。

2. 分基本形体，定相对位置

分析形体 I 的三视图，不难看出，它是带三个孔的长方板。从形体 II 的三视图中可分析出它是一个不完整的空心圆柱，复原后如图 8-35d 轴测图所示。这两部分形体的相对位置是：形体 II 居中叠加在形体 I 上，且形体 I——长方体板上中间位置的小孔与形体 II——空心圆柱内孔的直径相等（为一个穿通形体的通孔），如图 8-35c、d 所示。

3. 深入分析，弄懂细节

此三视图难懂之处为空心圆柱的上半部分，见图 8-35e。要想弄懂这部分需进行较详细的线面分析。图 8-35e 中的主视图上有两个线框，俯视图上相应部分也有两个线框（图中着墨处）。利用投影规律，对此两组线框进行线面分析，可知它们为空心圆柱被两个正平面与两个水平面截切产生的截交线，见图 8-35e 的轴测图。

4. 综合想象整体

综合上述分析可想出该三视图所表达的组合体的形状，如图 8-35f 轴测图所示。组合体为基本形体组合而成，基本形体的投影特点，及形体上各种位置线与面的投影规律是读图的基本依据，因此熟知基本形体的三视图是读懂组合体视图的基础。

三、读图举例

【例 8-3】 读图 8-36a 所示组合体的三视图。

对照三视图分析投影关系，可把组合体分为两部分：中间部分为长方体 I，底部左、右两块是带圆弧的柱体 II，如图 8-36b 所示。

形体 II 为简单形体，结构形状很容易弄懂，不再分析。现仔细分析中间部分——形体 I 的各视图。众所周知，长方体的三视图均为矩形，但该长方体主视图的矩形线框中间有两条水平粗实线，左视图对应部分有一个缺口线框，俯视图的矩形线框内有一条细虚线。根据各视图对应关系进行线面分析可知：在长方体中间从前向后挖去一块四棱柱 III，见图 8-36c。其次，长方体的主视图上部左右两侧各有一矩形线框，如图 8-36d 所示。在俯视图上与这部分对应的位置上可见两条斜粗实线，由这些特点可判定这部分为两个铅垂面是长方体上半部分左右各切去一块棱柱 IV 而形成的。同理可分析出长方体的后上部分被一个侧垂面切去了一块三棱柱 V，如图 8-36d 所示。最后从图 8-36a 中主视图和左视图上看，矩形线框内还有一些细虚线的小线框，对照俯视图分析，不难看出，这些细虚线部分为圆柱形孔。

综合上述内容，可想象出组合体的形状，放大后如图 8-36e 所示。

【例 8-4】 读 8-37a 所示组合体的主、左视图，并补全其俯视图。

对照所给两视图可以看出，此组合体为基本形体——长方体切割而形成，因此读图与补画俯视图过程按其形成规律为顺序较方便。

（1）根据长方体的投影特点，补画其俯视图。长方体前后各切去斜角后形成横截面（平行 W 面截断）为梯形的四棱柱（简称梯形四棱柱），作出梯形四棱柱的水平投影，如图 8-37b 所示。

（2）在梯形四棱柱的左上角用正垂面切去一斜角，切后形成 I II III IV 的梯形截交线，按正垂

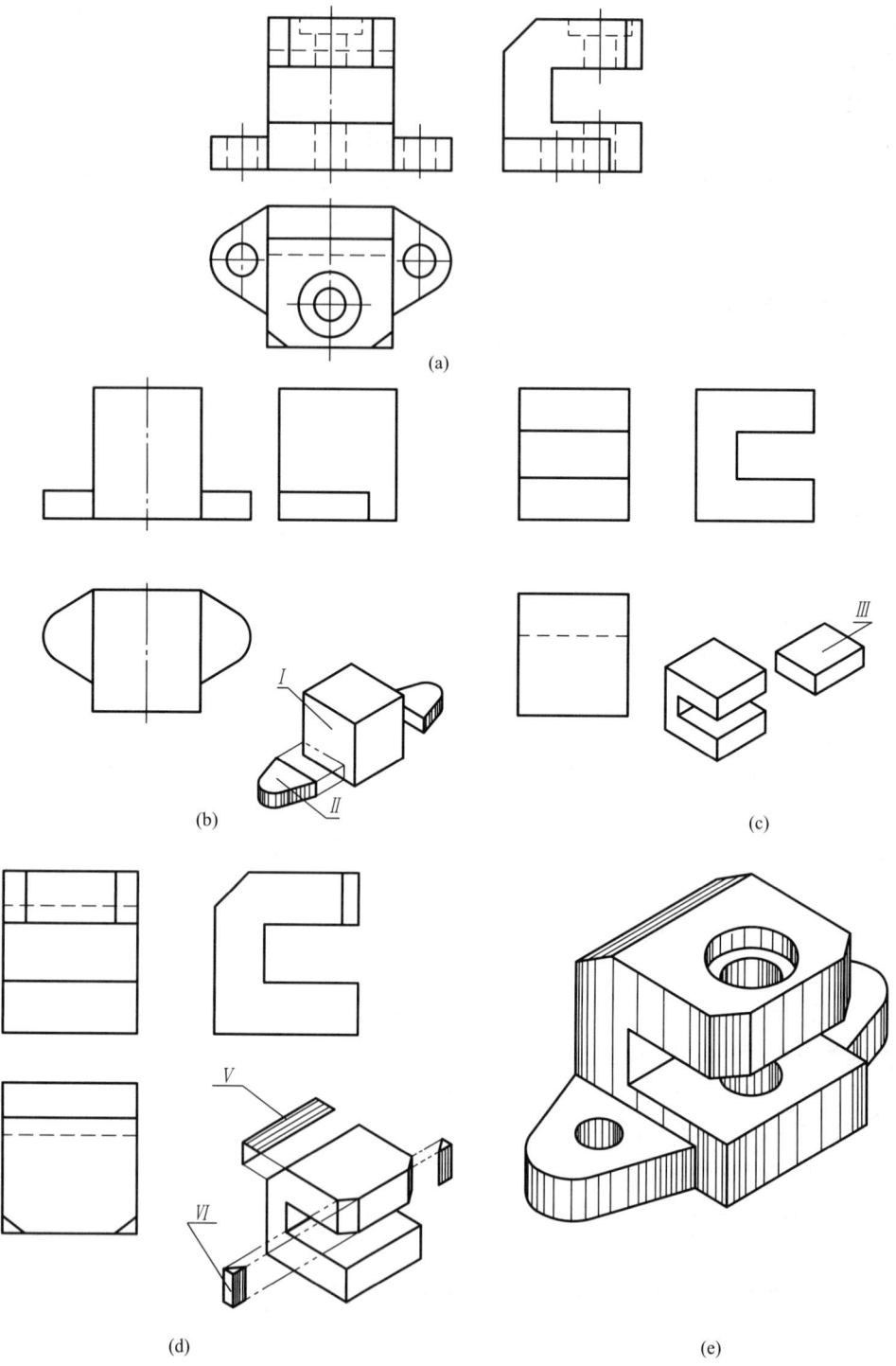

图 8-36 读组合体的三视图

§8-4 读组合体视图 177

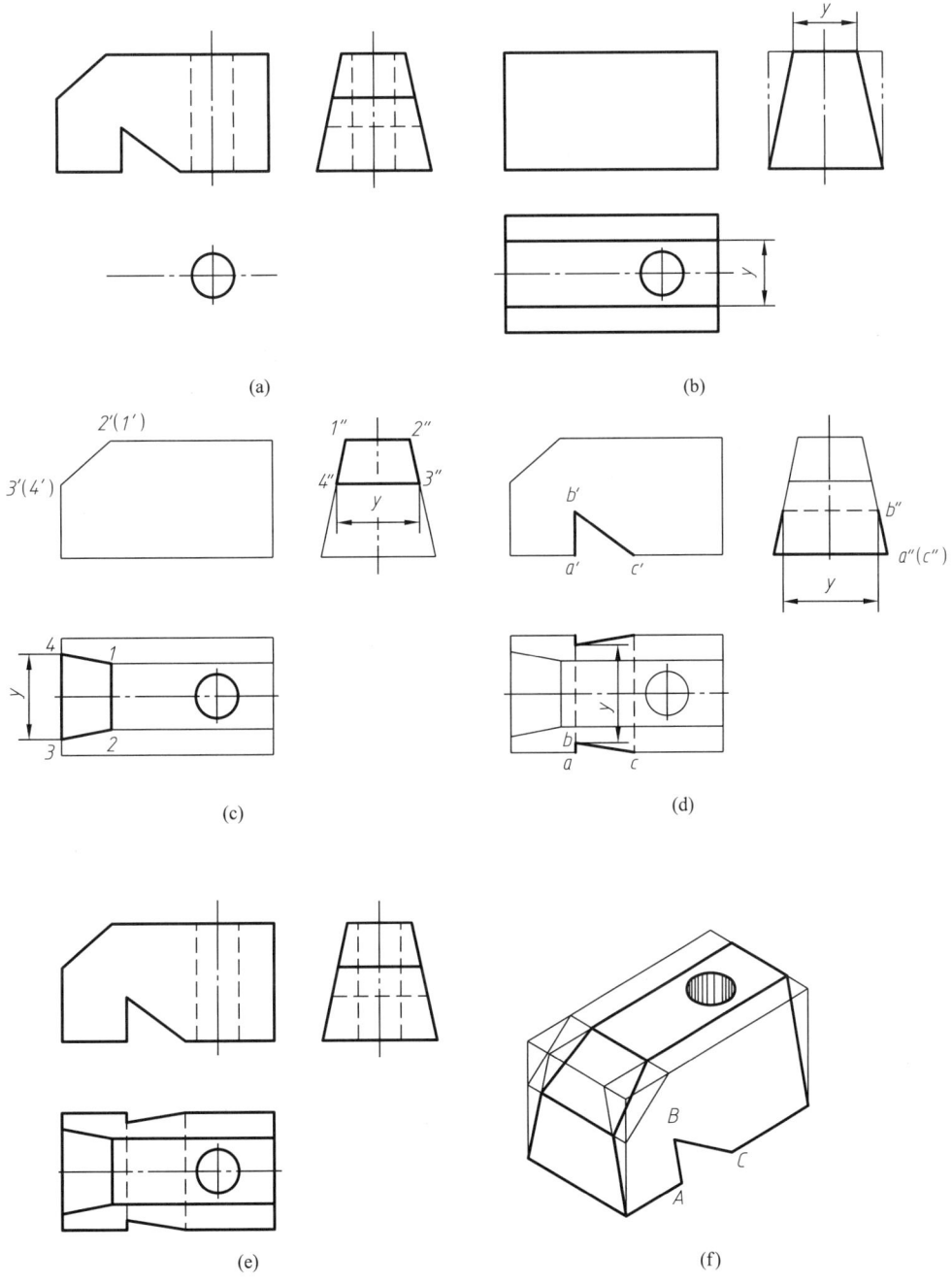

图 8-37 补画俯视图

面的投影规律补出截交线的水平投影 *1234*。作法如图 8-37c 所示。

（3）画出贯通前后棱面的斜角通槽的水平投影，如图 8-37d 所示。图中线框 *ABC* 为通槽截平面与梯形四棱柱前表面的截交线（后表面此部分截交线的作法与前表面相同）。截交线的正面投影为 $a'b'c'$，侧面投影为 $a''b''c''$，据此补出截交线的水平投影 abc。

(4) 主视图中两条细虚线为轴线垂直于水平面的圆柱通孔的投影,俯视图中已经给出该孔的投影。

(5) 检查、校核,擦去多余作图线,将可见轮廓线描深,如图 8-37e 所示。图 8-37f 是该组合体的立体图,一般补视图时不用画出。

由基本形体切割形成的组合体,读图及补画所缺视图时一般按如下规律进行:

(1) 想象出原始形状。
(2) 分析切割平面的性质。
(3) 按切割平面的顺序求交线。
(4) 按类似形检验所补画视图的正确性。

【例 8-5】 读图 8-38a 所示组合体的主、俯视图,并补画左视图。

分析已知的两视图,从主视图入手,把组合体分成四部分,如图 8-38a 所示。用形体分析法和线面分析法读懂各部分的形状结构,按顺序画出各部分的左视图,画图步骤如图 8-38b~e 所示。为了帮助读者准确地想象出该组合体的形状,图 8-38f 给出了组合体的轴测图。要特别指出的是,形体Ⅱ还可以是其他形状,请读者自行分析。

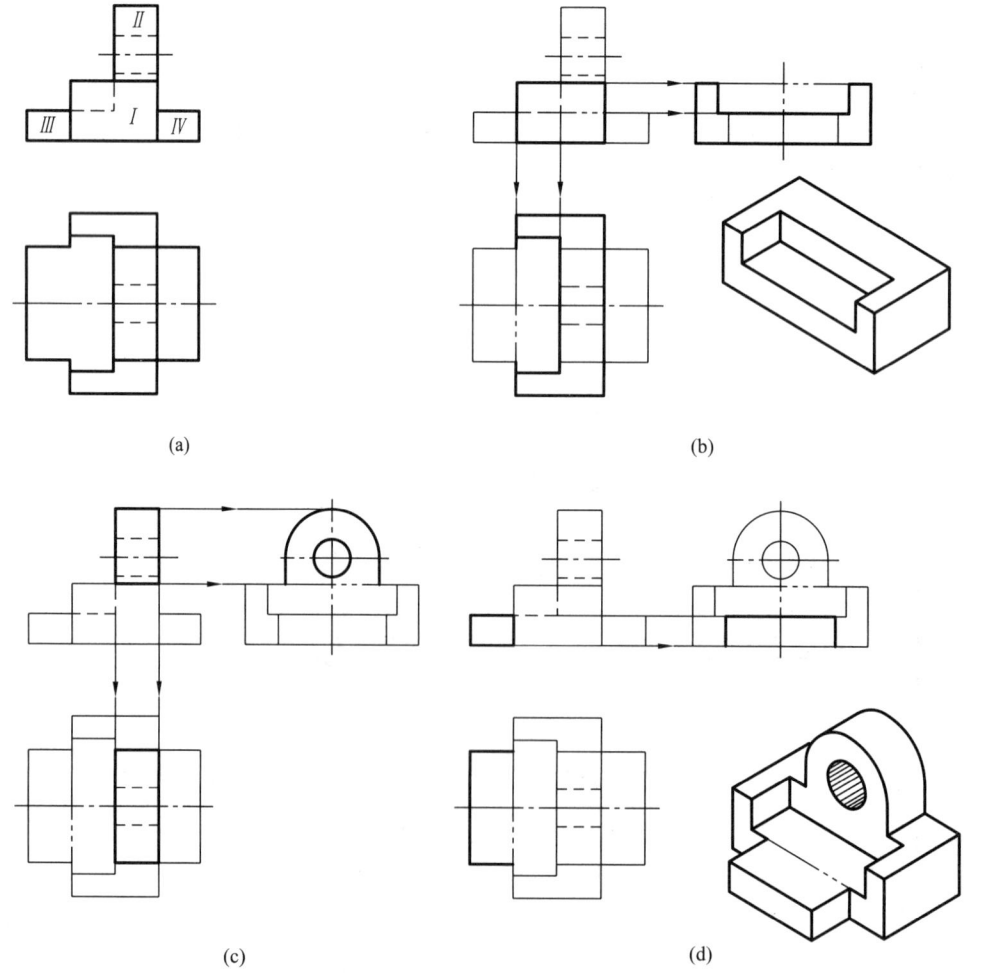

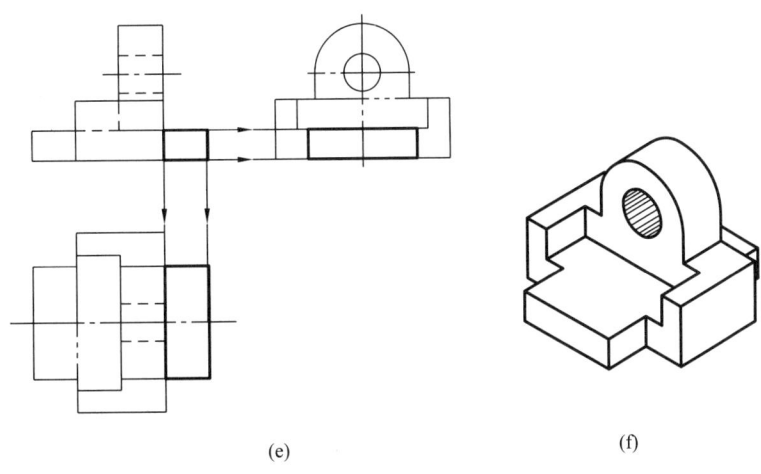

(e) (f)

图 8-38 补画组合体左视图

根据组合体的两个视图补画第三视图一般简称为"二补三",这是读图的基本训练。只要根据组合体的形成特点,多读、多想、多练,读图能力是会逐步提高的。

§8-5 组合体构型设计

一、概述

根据不同的结构要求,将某些基本几何体按照一定的组合形式组合起来,构成一个新形体并用三视图表示出来的过程,称为组合体的构型设计。

进行组合体构型设计的目的主要是加强组合体投影的训练,全面提高本门课程的教学质量,并通过构型设计进一步提高空间思维能力,培养创新意识。

组合体构型设计是在由模型、立体图画组合体三视图,由三视图想象出空间组合体模型,"二补三"及用形体分析法标注组合体尺寸等内容之后进行的一次综合练习,所以它是对前段所学知识的全面复习及综合运用,是加强组合体投影的一种手段。

另外,构型设计不同于"照物"、"照图"画图,而是在一定基础上"想物"、"造物"画图,是"创造想象"过程,所以它又是前段所学知识的总结、提高,是空间思维的更高阶段。

二、构型设计的基本过程

1. 准备阶段——积累素材

(1) **分析实物** 在构型设计前应当观看较多的组合体模型。仔细研究每个模型的构成和形体特点,并能进行大致分类。对叠加形体、切割形体及其组合和连接方式应深入分析。对一些典型的形体结构,如底板、肋板、支承板等板类形体,圆筒及其孔槽等结构在观察过程中应能将实物与其投影图相互转化。

在观察的同时还要注意记图。对典型的形体结构,不仅能实现物、图的转化,而且要记住并能默画。通过记忆可把观察所获得的各种素材及通过分析建立的空间概念和投影规律存储起来，以备构成新的形体时调用。

（2）分析构型设计图例　为开阔视野和思路，在观察、分析、记忆实物的基础上，可选择一些新颖、独特、造型美观、重点突出的设计图进行具体分析。

图 8-39、图 8-40 就是构型设计的实例。

分析图 8-39 所示三视图可以看出，该组合体是由空心半球、空心大圆柱、空心小圆柱、带孔横板、带孔立板组合而成。其中半球与大圆柱同轴且直径相等，即相切，其内孔也相切。空心小圆柱与大圆柱相交，内孔也相交。横板与大圆柱既相切又相交；立板与横板相交且前后表面共面。此设计图的新颖之处是将相当于底板的横板移到中间，靠右端又加立板，既起平衡支承作用，又使整个构型新颖、独特。

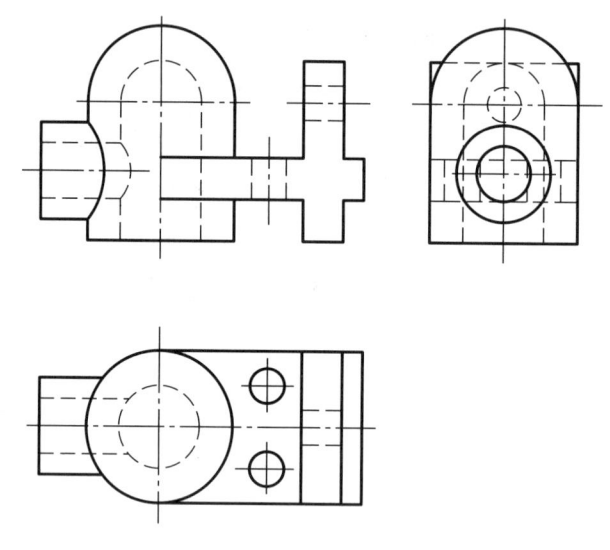

图 8-39　构型设计图例（一）

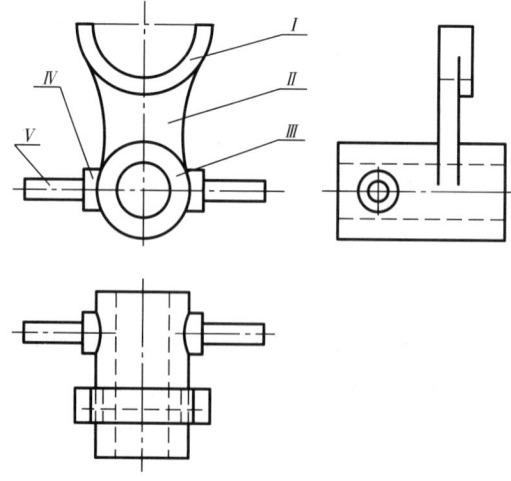

图 8-40　构型设计图例（二）

图 8-40 所示形体是由空心半圆柱Ⅰ、支承板Ⅱ、空心圆柱Ⅲ、大圆柱Ⅳ、小圆柱Ⅴ组合而成的。这幅构型设计图也符合设计要求,且构思比较新颖。

(3) 阅读构型设计实例　阅读大量他人的构型设计实例,这无疑会对自身空间思维能力和创新设计能力的提高有所帮助。图 8-41、图 8-42、图 8-43 即为其中几幅图样,读者可自行阅读分析。

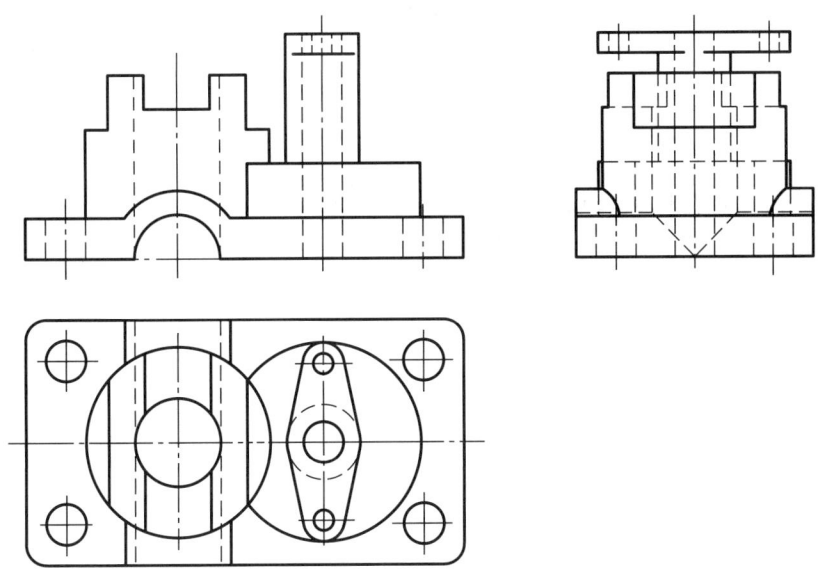

图 8-41　构型设计图例(三)

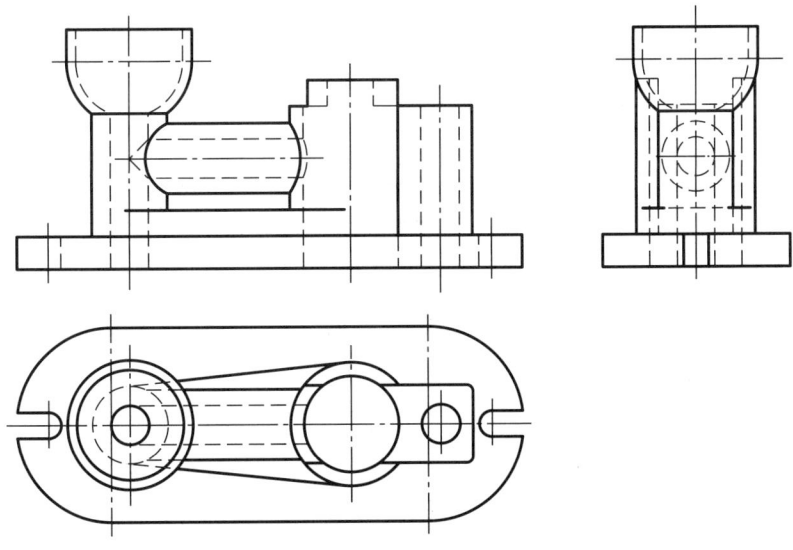

图 8-42　构型设计图例(四)

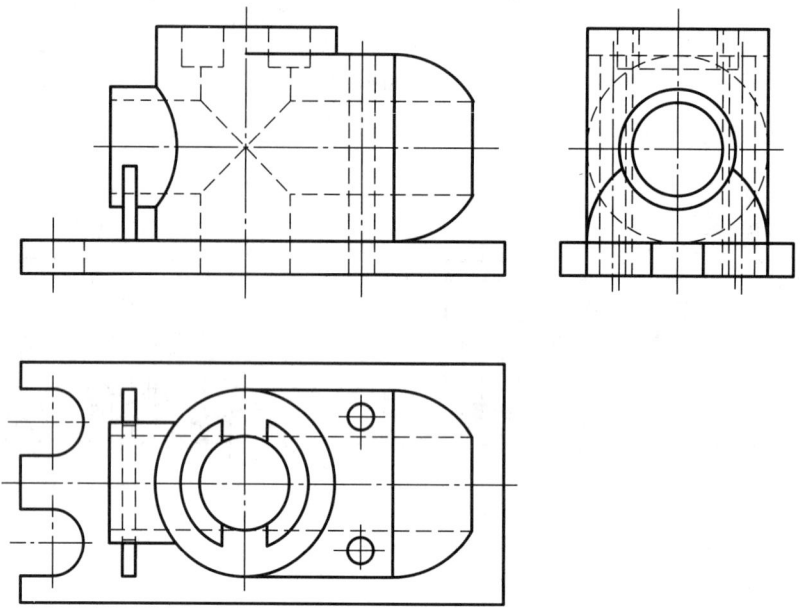

图 8-43 构型设计图例(五)

2. 综合、想象、构思新形体

在掌握一定素材和具有初步思路的基础上,可以进一步综合、想象,逐步构思出新形体。

(1) 由浅入深 进行"一补二"的练习。"一补二"是指给定组合体的某一个视图,根据图中每个线框的含义,想象出同一个视图的各种形状物体的多解图形。

例如,如果将图 8-44 中给出的一个视图作为主视图,根据各线框所代表的基本形体形状及前后位置的不同,可以想象出多种不同形体,图 8-45 至图 8-48 示出了其中的四种。

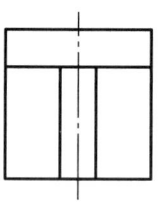

图 8-44 给出主视图想象形体

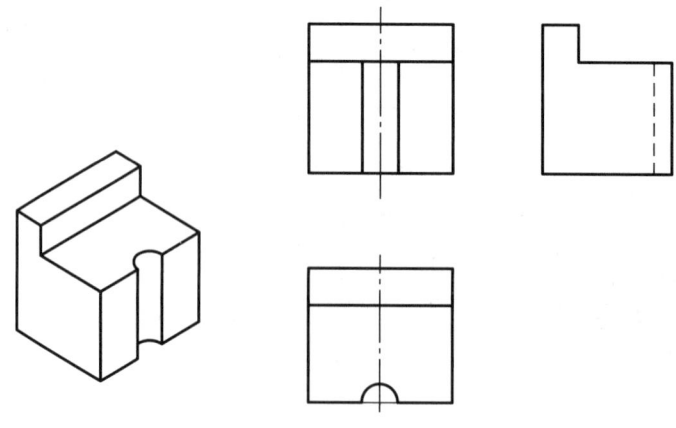

图 8-45 构型想象(一)

§8-5 组合体构型设计   **183**

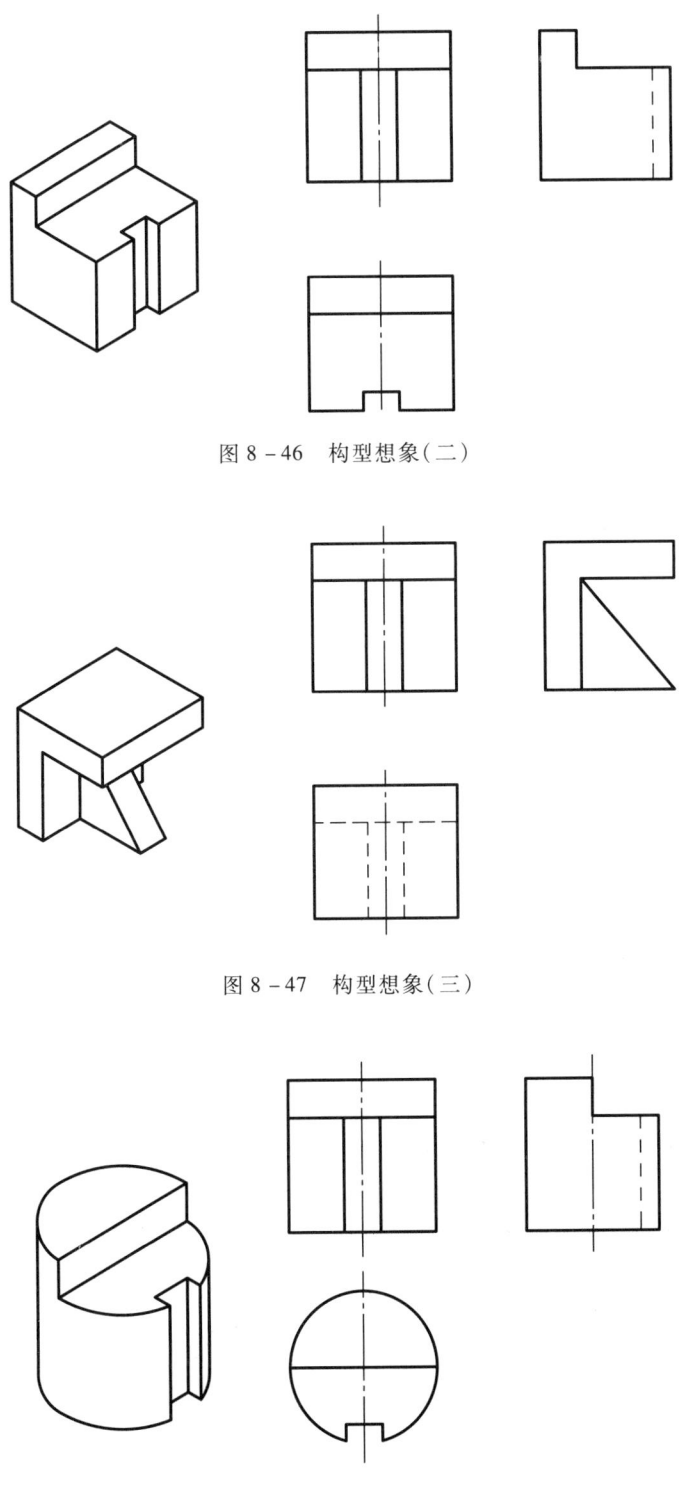

图 8-46 构型想象(二)

图 8-47 构型想象(三)

图 8-48 构型想象(四)

再如,图 8-49 给出了组合体的主视图,要求设计(想象)出四种不同的组合体,并分别画出三视图。

主视图中可见的封闭线框可分解为两个基本形体 A 和 B。A 可想象为圆柱或长方体,B 可想象为各种形状的底板。不可见的封闭线框可以想象为开圆孔、方孔、长方孔等。分别将不同形状的基本形体组合起来,形成图 8-50 至图 8-53 所示的四种不同形状的组合体。

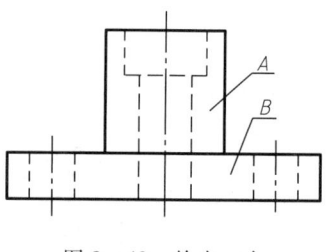

图 8-49 给出一个主视图想象组合体

上述"一补二"的练习就是较简单的构型设计。

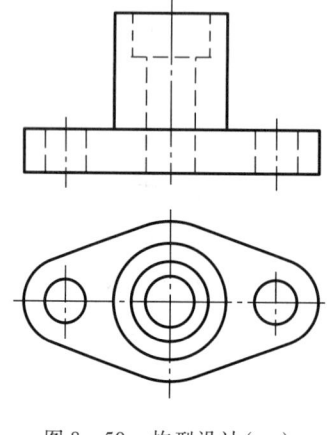

图 8-50 构型设计(一)

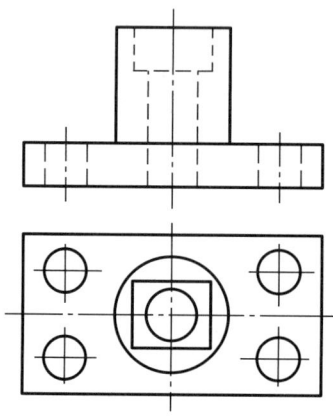

图 8-51 构型设计(二)

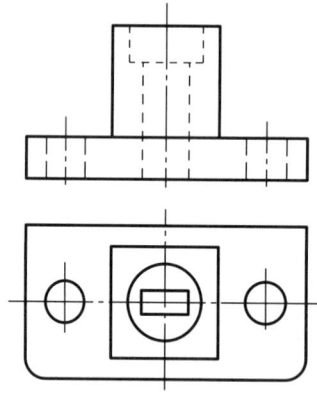

图 8-52 构型设计(三)

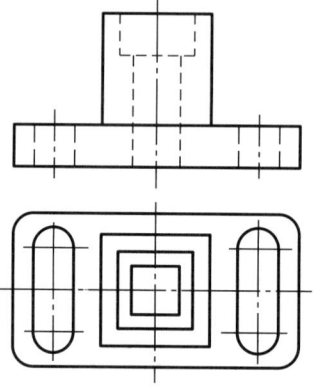

图 8-53 构型设计(四)

(2)构思新形体 通过规定构成新形体的基本形体的种类、数目、组合、连接方式等,可以大致确定构型的难易程度及范围。也可以不限定任何条件自由构型,这样思路更加开阔。经过综合、想象,就可以构思出新的形体。

在构型过程中除要求结构合理、组合关系正确、有一定难度外,还应提倡创新,使造型新颖、美观、有独到之处。

3. 画设计图

（1）画设计草图　先用草图纸画出新形体的三视图，称为设计草图。设计草图经审批后应进行修改，使之更加完善并符合设计要求。

（2）完成设计图　将修改后的草图按下述步骤画成正规设计图。

① 选取比例，确定图幅。

② 确定主视图。

③ 布置各视图，画出基准线。

④ 逐个画出各基本形体的三视图。

⑤ 完成组合体三视图的底稿。

⑥ 检查、描深，完成设计图。

三、构型设计举例

【例 8-6】　按下述规定条件设计组合体。

（1）由三个简单形体组合而成；(2) 组合形式为叠加式与切割式的综合；(3) 各基本形体表面有相切、相交。

① 选取素材

取底板、支承板、圆柱体三个基本形体，各基本形体又都有切割，形状如图 8-54 所示。其中，底板的形状如图 8-54a 所示；支承板的形状如图 8-54b 所示；圆柱体如图 8-54c 所示。

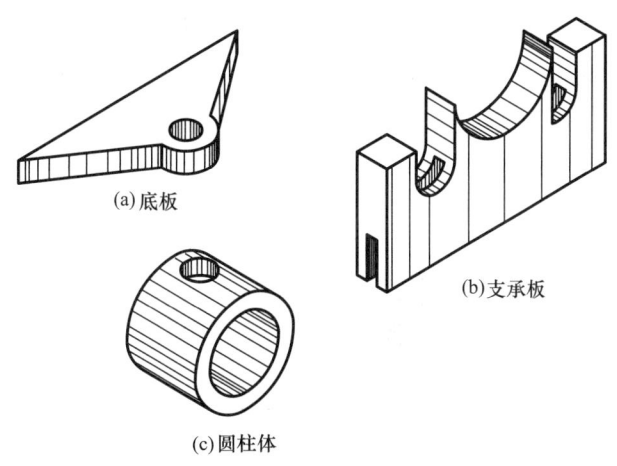

图 8-54　基本形体（一）

② 综合、想象、构思出新形体

三个基本形体叠加后形成的新组合体的轴测图如图 8-55 所示。

③ 按画图步骤画出组合体的三视图，如图 8-56 所示。

【例 8-7】　自由设计组合体。

① 选取素材。

取底板Ⅰ、方板Ⅱ、立板Ⅲ、半圆柱Ⅳ、空心圆柱Ⅴ，各形体又都有切割，如图 8-57 所示。

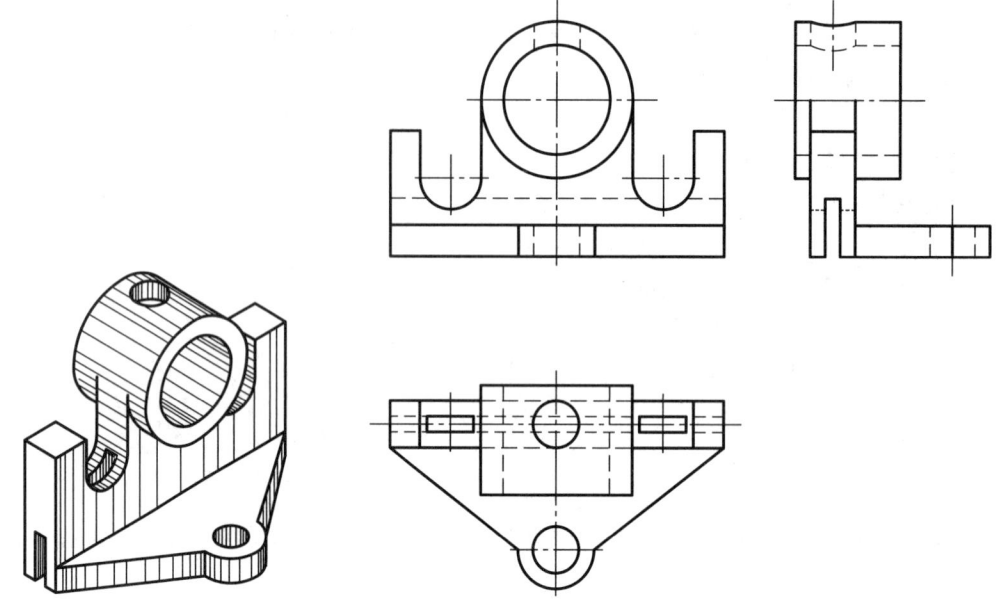

图 8-55 组合体的轴测图(二)　　　　图 8-56 组合体的三视图(三)

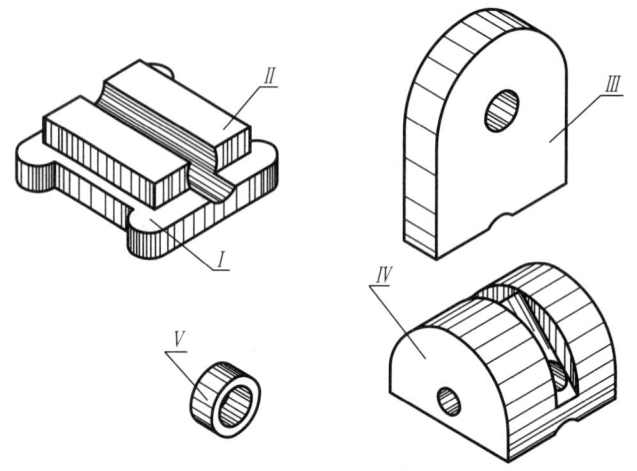

图 8-57 基本形体(二)

② 综合、想象、构型。

将基本形体叠加后,形成图 8-58 所示组合体,各形体表面之间的关系如图 8-58 所示。

③ 按步骤画出组合体的三视图,如图 8-59 所示。

上述综合想象、构思出的新形体,并非一定要用轴测图表达,也可先用三视图画出(草图),经修改、完善后,再按步骤画出正规的组合体三视图。

四、注意事项

为使构型设计符合工程实际的要求,构型时应注意以下几点:

§8–5 组合体构型设计　　**187**

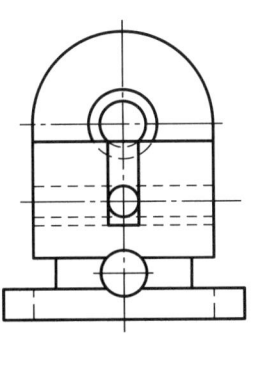
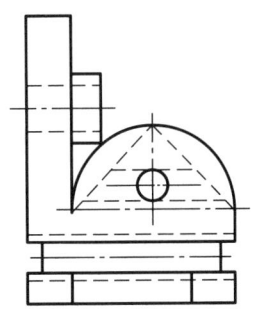
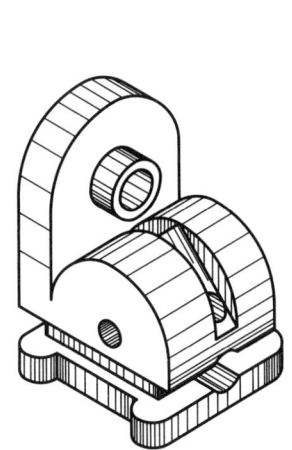
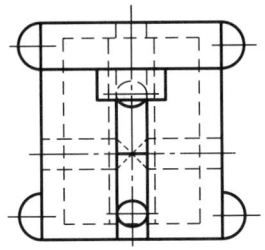

图 8-58　组合体的轴测图（二）　　　　图 8-59　组合体的三视图（二）

（1）两形体之间不能以点连接，如图 8-60 所示。
（2）两形体之间不能以线连接，如图 8-61 所示。
（3）多观察实物或轴测图，增加组合体表象的储备。
（4）掌握形体分析法、线面分析法及组合方式的联想方法。
（5）重视构思表达的练习。

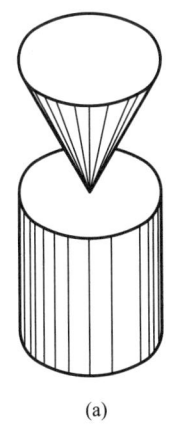 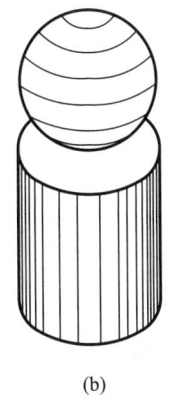 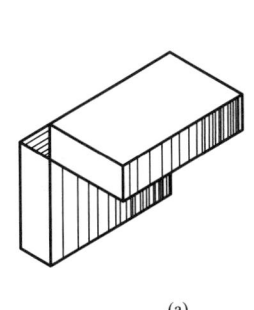 

　　(a)　　　　　(b)　　　　　　(a)　　　　(b)

　图 8-60　两形体以点连接　　　　图 8-61　两形体以线连接

第 9 章　机件的表达方法

在工程实际中,机器零件的结构形状是各种各样的,仅采用三个视图往往不可能将一个复杂的零件结构表达清楚。因此,国家标准《技术制图》《机械制图》的《图样画法》中规定了机件的各种表达方法。本章将依据其中的有关规定,讲述视图、剖视图、断面图、其他表达方法和第三角投影。

§9-1　视　　图

机件向投影面投射所得的图形,称为视图。视图通常分为基本视图、向视图、局部视图和斜视图。

一、基本视图

采用正六面体的六个面为基本投影面,将机件放在其中,然后分别向六个投影面投射,所得的六个视图称为基本视图。在基本视图中,除前面介绍过的主视图、俯视图和左视图之外,还有从右向左投射得到的右视图,从下向上投射得到的仰视图,从后向前投射得到的后视图。

六个基本投影面展开时,仍保持正立投影面不动,其他各个投影面的展开方法如图 9-1 所示,六个基本视图的配置如图 9-2 所示。

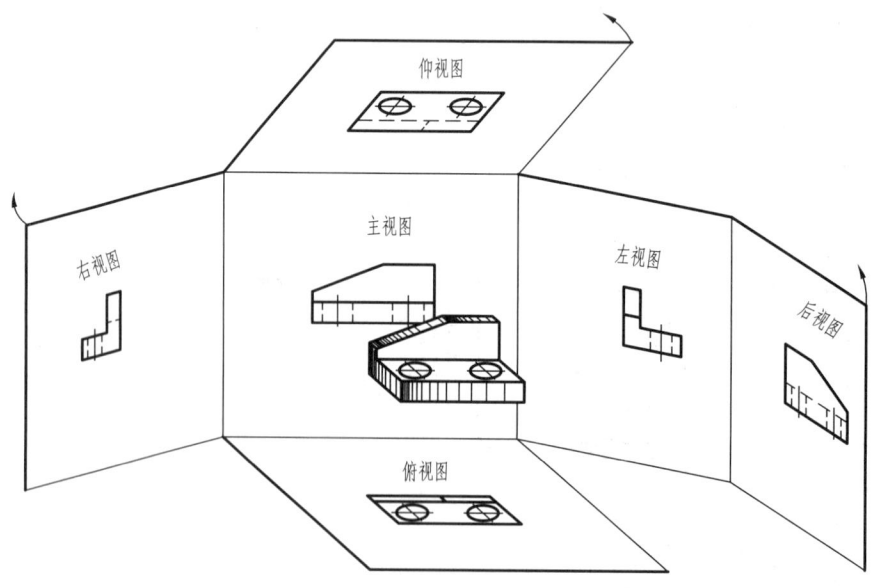

图 9-1　六个基本视图

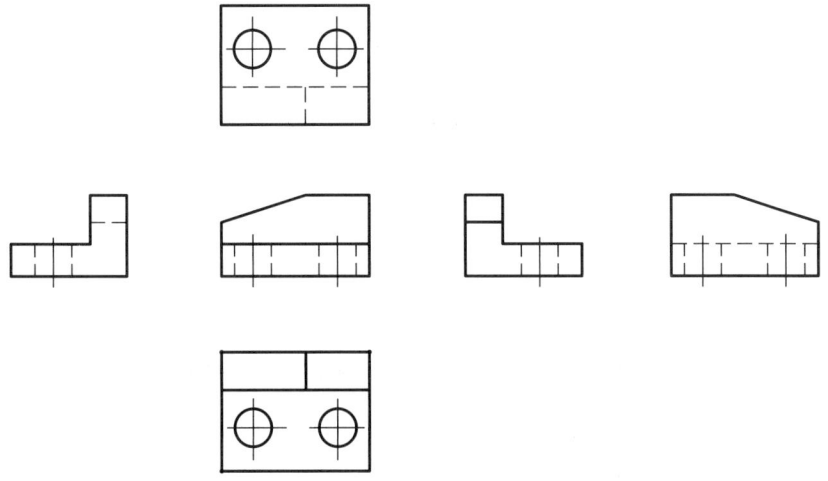

图 9-2 基本视图的配置

六个基本视图的度量对应关系仍遵守"三等"规律,即:主、俯、仰、后视图等长,主、左、右、后视图等高,左、右、俯、仰视图等宽。

六个基本视图的方位对应关系是:左、右、俯、仰视图靠近主视图的面为物体的后面,而远离主视图的面为物体的前面。

没有特殊情况,优先选用主、俯、左视图表达物体。

二、向视图

当六个基本视图在同一张纸内按图 9-2 所示配置时,可不标注视图名称。若某个视图不按图 9-2 所示配置时,应在该视图的上方标出视图的名称"×"("×"为大写的拉丁字母),在相应的视图附近用箭头指明投射方向,并标注相同的字母,如图 9-3 中的 A 所示,这种可自由配置的视图称为向视图。

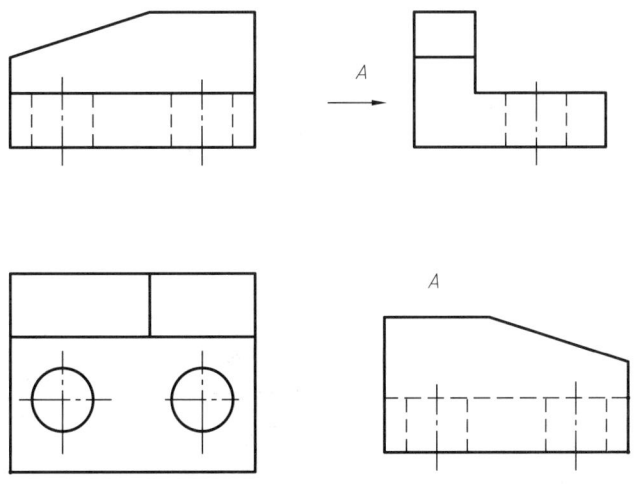

图 9-3 向视图

三、斜视图

机件向不平行于任何基本投影面的平面投射所得的视图称为斜视图。斜视图通常只用于表达机件倾斜部分的实形,因此,可用更换投影面的方法,增设一个与倾斜部分表面平行的投影面,这个投影面称为辅助投影面。如图9-4a所示的A向斜视图,表达了该机件倾斜部分的真实形状。

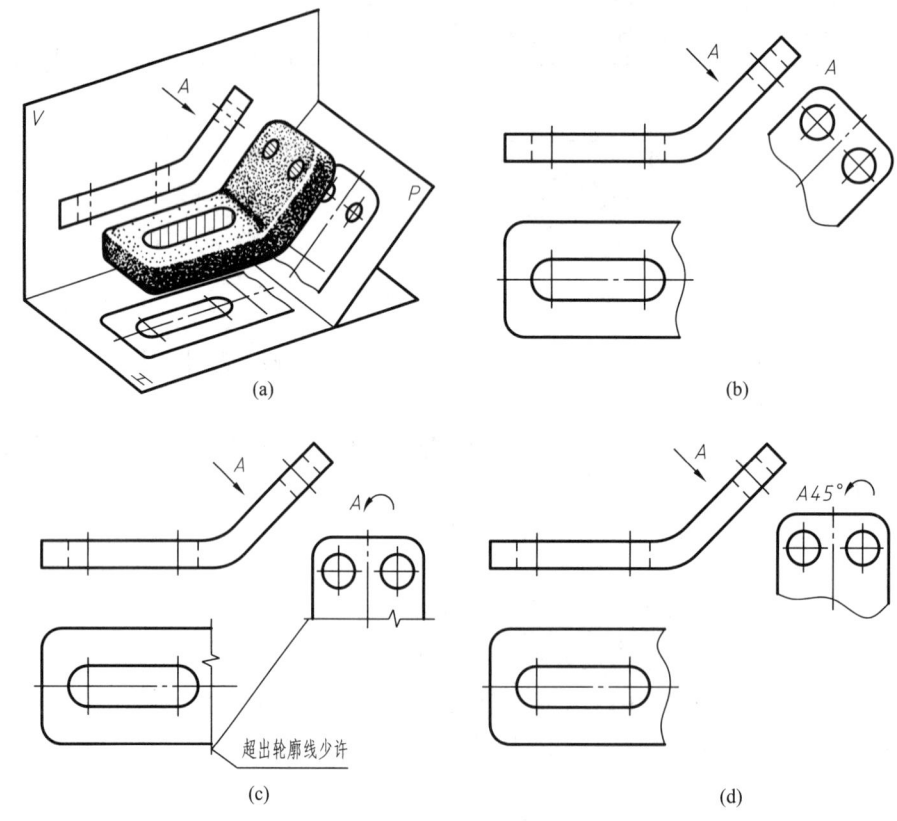

图9-4 局部视图和斜视图

画斜视图时要注意以下几点:

(1)斜视图一般只用于表达机件倾斜部分的局部形状,故其余部分不必全部画出,可用波浪线或双折线断开,如图9-4b和图9-4c所示。

(2)斜视图通常按向视图的形式配置并标注。

(3)斜视图最好按投影关系配置,如图9-4b所示,必要时也可配置在其他适当位置。

(4)必要时,允许将斜视图旋转配置。旋转符号的箭头指示方向,表示该视图名称的大写拉丁字母应靠近旋转符号箭头端,如图9-4c所示。允许将旋转角度注写在字母之后,如图9-4d所示。旋转符号的尺寸和比例如图9-5所示。h=符号与字体高度,$h=R$,符号笔画宽度=$h/10$或$h/14$。

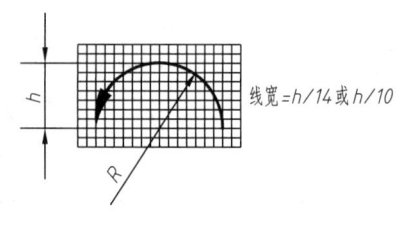

图9-5 旋转符号

四、局部视图

将机件的某一部分向基本投影面投射所得的视图称为局部视图。当在某个方向有部分形状需要表示,但又没有必要画出整个基本视图时,采用局部视图进行表达。如图 9-6 所示机件,当画出其主视图后,仍有左右两侧凸台和底面形状没有表达清楚。在这种情况下,再画出完整的左视图、右视图和俯视图显然没有必要,因此,图 9-7 中只画出表达该部分结构的局部视图,即 A 向、B 向视图和左视图。

采用局部视图表达机件时要注意以下几点:

(1) 局部视图可按基本视图的形式配置,中间没有其他图形隔开时,可省略标注,如图 9-4b 中的俯视图和图 9-7 的左视图。也可按向视图的形式配置并标注,如图 9-7 所示的 A 向、B 向视图。

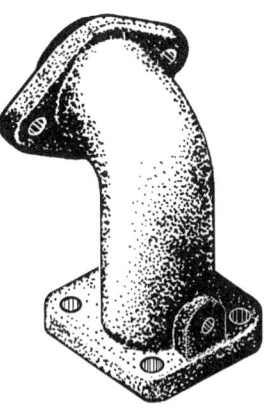

图 9-6 机件

(2) 局部视图的断裂处边界用波浪线或双折线表示,如图 9-4b 中的俯视图、图 9-7 中的 A 向和图 9-4c 中的俯视图所示。当所表达的局部结构是完整的,且外轮廓线又成封闭时,波浪线或双折线可省略不画,如图 9-7 中 B 向和左视图所示。波浪线不能超出视图轮廓范围。

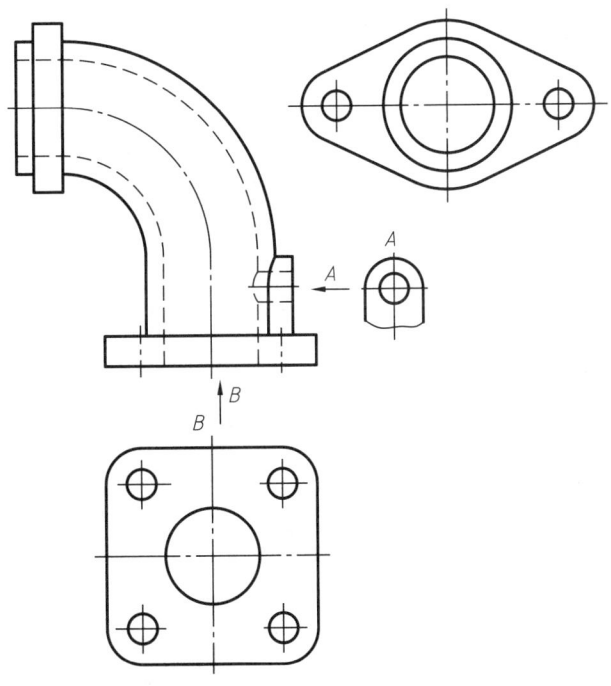

图 9-7 局部视图

(3) 当局部视图为了节省绘图时间和图幅,将对称机件的视图只画一半或四分之一时,应在对称中心线的两端画出两条与其垂直的平行细实线,如图 9-50 所示。

§9-2 剖视图

当机件内部结构比较复杂时,视图上就会出现大量的细虚线,造成看图困难,也不利于标注尺寸,如图9-8所示。为了解决这个问题,使原来不可见的部分转化为可见,国家标准规定了剖视图的表达方法。

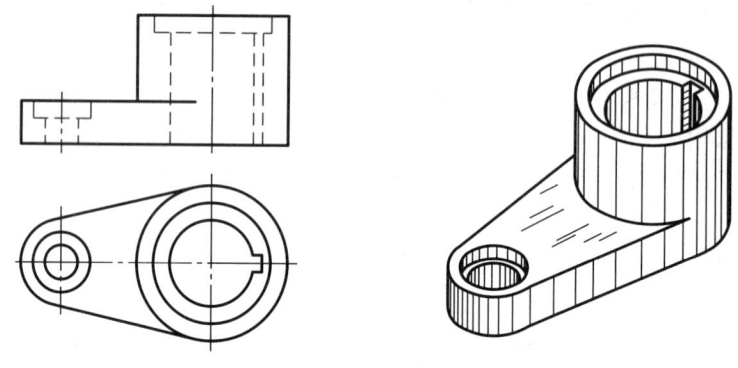

图9-8 用细虚线表示内部形状

一、剖视图的基本概念

假想用剖切面(平面或柱面)剖开机件,将处在观察者和剖切面之间的部分移去,而将其余部分向投影面投射所得的图形称为剖视图,简称剖视,如图9-9所示。图中,用正平面作剖切面,通过机件的对称面将机件剖开,移去前半部分,原来看不见的内部结构都显示出来了。再将其余部分对投影面进行投射,于是在主视图上就得到了剖视图。画剖视图时,在剖切面与机件接触部分(称剖面区域)画上剖面符号(常称剖面线)。根据国家标准规定,应采用表9-1中的剖面符号。

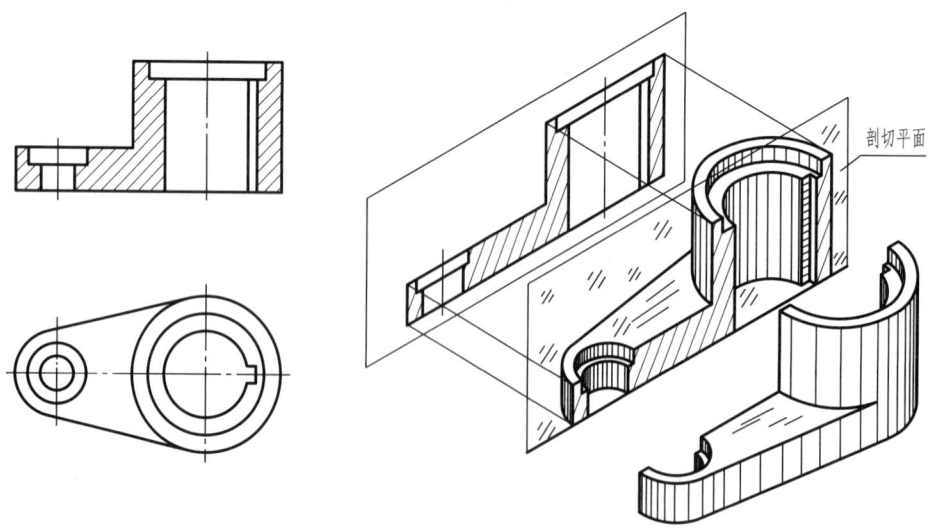

图9-9 剖视的基本概念

表 9-1 剖面符号

金属材料 （已有规定剖面符号者除外）	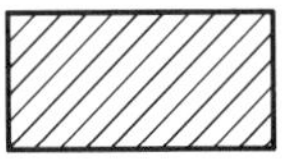	木质胶合板 （不分层数）	
线圈绕组元件	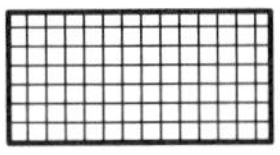	基础周围的泥土	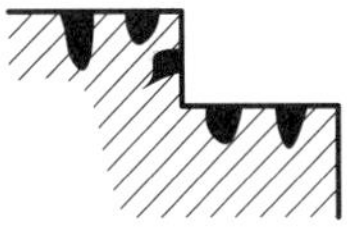
转子、电枢、变压器 和电抗器等的叠钢片		混凝土	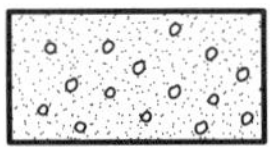
非金属材料 （已有规定剖面符号者除外）	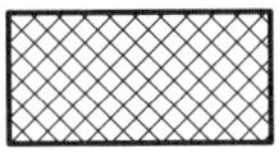	钢筋混凝土	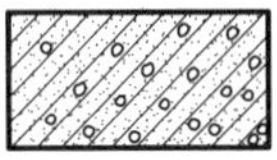
型砂、填砂、粉末冶金、砂轮、 陶瓷刀片、硬质合金刀片等	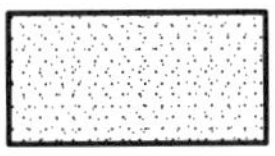	砖	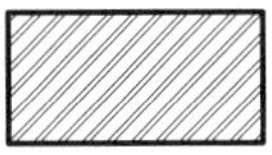
玻璃及供观察用的 其他透明材料	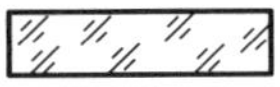	格网 （筛网、过滤网）	
木材	 纵剖面	液体	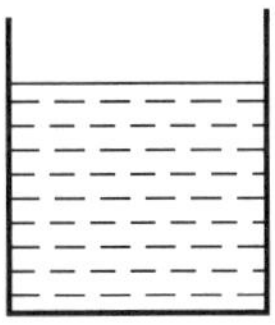
	 横剖面		

二、剖视图的画法

（1）确定剖切面的位置，如图 9-9 所示。为了使主视图中的孔变为可见并反映实际大小，应使剖切面平行于正面且通过对称中心线。

（2）在作图时要想清楚剖切后的情况，如哪些部分移走了？哪些部分留下了？哪些部分被切到了？被切到部分的断面形状是什么样的？

若要由含细虚线的视图改成剖视图，则先将剖到的内形轮廓线和剖切面后可见的轮廓线画成粗实线，再去掉多余的外形线。若要由机件直接画成剖视图，则先画出在剖切面上的内孔形状和外形轮廓,再画出剖切面后可见的线。

(3) 将剖面区域画上剖面符号(剖面线)。金属材料(或不需在剖面区域中表示材料的类别时)的剖面线用与图形的主要轮廓线或剖面区域的对称线成 45°的、相互平行且间隔均匀的细实线绘制(称通用剖面线),如图 9 – 10 所示。剖面线之间的距离视剖面区域的大小而异,通常可取 2 ~ 4 mm,如图 9 – 10 所示。同一物体的各个剖面区域,其剖面线应一致。

当画出的剖面线与图形的主要轮廓线或剖面区域对称线平行时,可将剖面线画成与主要轮廓线或剖面区域对称线成 30°或 60°的平行线。

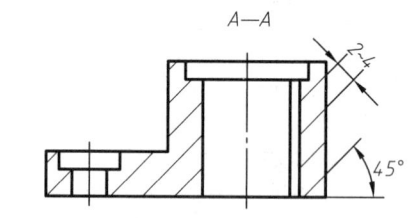
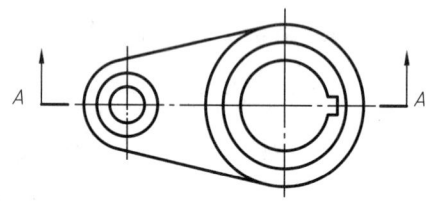

图 9 – 10 剖视图标注和剖面线画法

三、剖视图的标注

剖视图标注的目的是为了表示出剖切面的位置及投射方向,使看图者容易找出各视图之间的对应关系。一个完整的标注应包括三项内容。

(1) 剖切线 指示剖切面位置的线,以细点画线表示,如图 9 – 11a 所示。也可省略不画,如图 9 – 11b 所示。

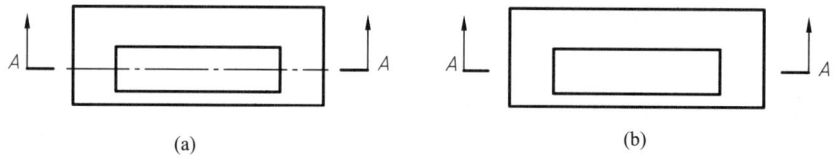

图 9 – 11 剖视图的标注

(2) 剖切符号 指示剖切面起、迄和转折位置(用粗短画表示)及投射方向(用箭头表示)的符号。剖切符号尽可能不要与图中轮廓线相交。

(3) 剖视图名称 在剖视图的上方用大写的拉丁字母标出剖视图的名称"×—×",并在剖切位置的符号旁注上相同的字母。如果在同一张图上同时有几个剖视图,则其名称应按字母顺序排列,不得重复。

在下列情况下,剖视图的标注可以简化和省略:

(1) 当剖视图按投影关系配置,中间又没有其他图形隔开时,可以省略箭头,如图 9 – 16c 中的 A—A 剖视所示。

(2) 当剖切平面与机件的对称平面完全重合,且剖切后的剖视图按投影关系配置,中间又没有其他图形隔开时,可以省略标注,图 9 – 10 属于此种情况,因此在实际画图时可以不必标注。

四、画剖视图时应注意的问题

(1) 剖切平面一般应通过机件的对称平面或轴线,并要平行或垂直于某一投影面。

(2) 剖视图是假想将机件剖开后再投射的,而实际上机件仍是完整的,因此其他图形应按完整的机件考虑。如图 9 – 9 所示,主视图上作了剖视,俯视图仍按完整的画出。

(3) 剖切面后面的可见轮廓线都应画出,不得遗漏,如图 9-12 所产生的漏线是初学者最容易犯的绘图错误,务必注意防止。

(4) 在剖视图中,剖切面后面的不可见轮廓线(细虚线)可以省略不画,如图 9-13 所示。只有尚未表达清楚的结构才画细虚线,如图 9-14 所示。

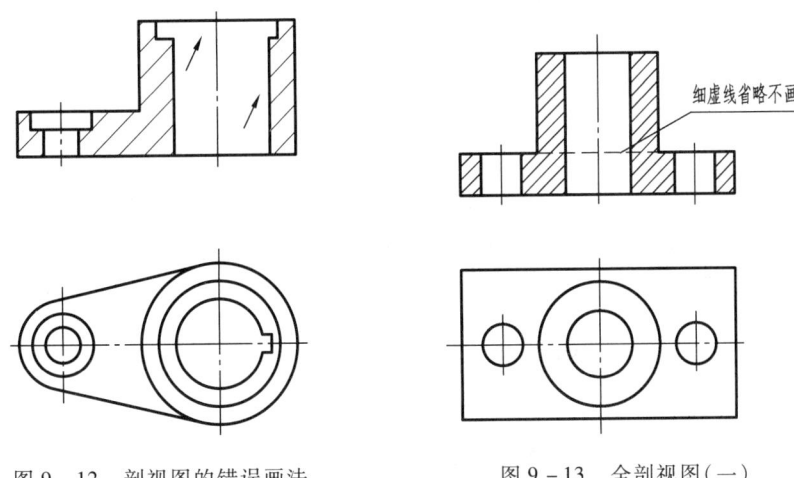

图 9-12　剖视图的错误画法　　　图 9-13　全剖视图(一)

五、剖视图的种类及适用条件

国家标准规定,剖视图可分为全剖视图、半剖视图和局部剖视图三种。

1. 全剖视图

用剖切面完全地剖开机件所得的剖视图称为全剖视图。

全剖视图主要用于表达内腔结构比较复杂、外形比较简单的不对称机件或外形简单的回转体机件,如图 9-13、图 9-14、图 9-15 所示。它的标注规则同前所述。

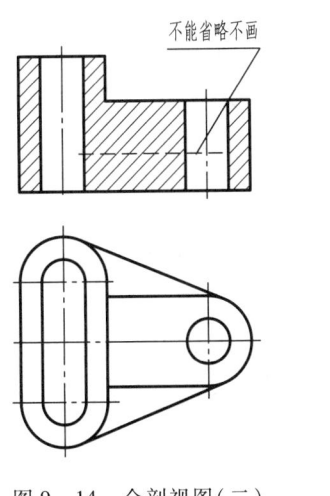 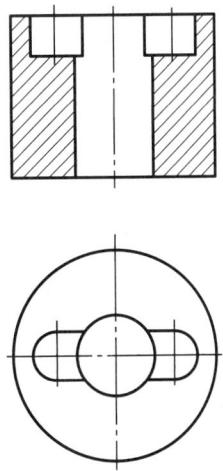

图 9-14　全剖视图(二)　　　图 9-15　全剖视图(三)

2. 半剖视图

当机件具有对称平面时,向垂直于对称平面的投影面上投射所得的图形,可以对称中心线为界,一半画成剖视,另一半画成视图,这样的图形称为半剖视图。

图9-16a所示的机件,其前后、左右均具有对称面,假如为了表达内部结构采用全剖视图,如图9-16b所示,则机件的外形不能表示清楚。为了清楚地表达其内部结构和外部形状,可一半画成视图,另一半画成剖视图,即采用半剖视图表示,如图9-16c所示。

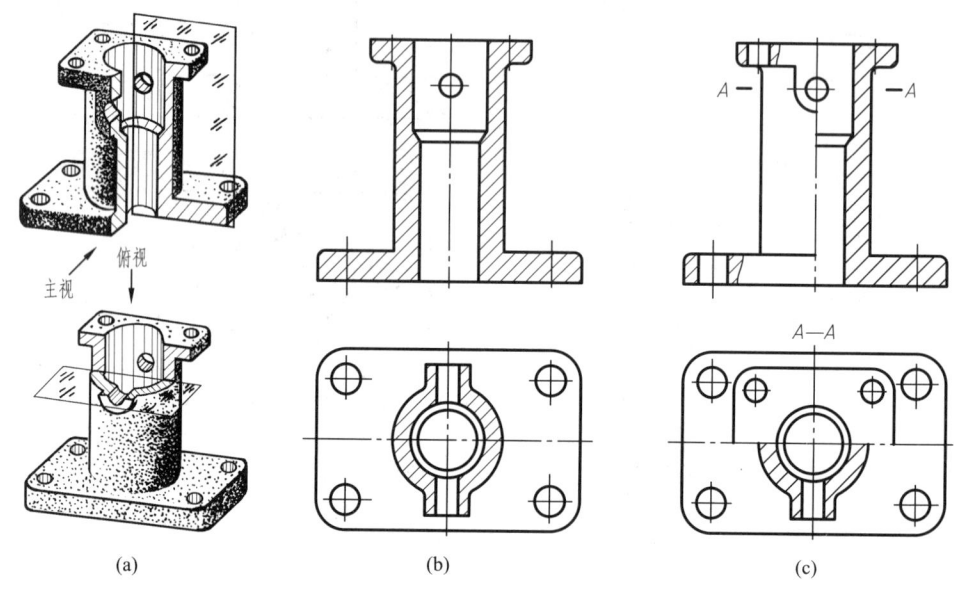

图9-16 半剖视(一)

画半剖视图时,应注意以下几点:

(1) 半剖视图主要用于表达内、外形状都需要表达的对称机件,如图9-16所示。当机件的形状接近于对称,且不对称部分已另有视图表达清楚时,也可画成半剖视,如图9-17所示。

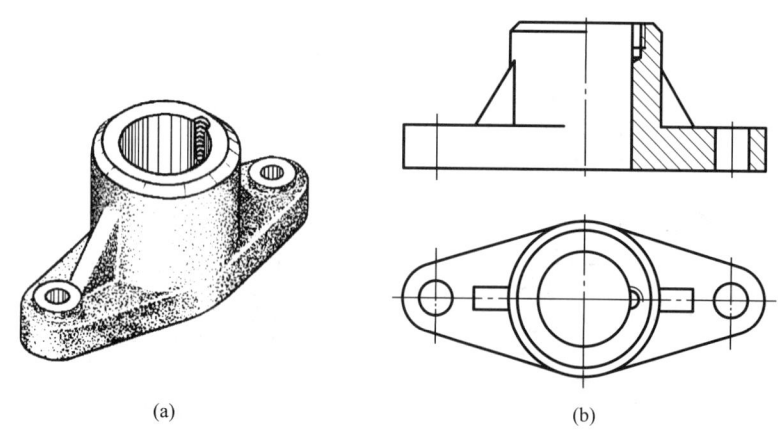

图9-17 半剖视(二)

（2）画半剖视图时,视图与剖视图的分界线为细点画线。

（3）由于图形对称,机件的内部形状已由剖视部分表示清楚,因此,在半个视图部分不画细虚线。

（4）半剖视图的标注规则与全剖视图相同。在图9-16中,因为主视图中所取剖视的剖切平面与机件的前后对称平面重合,所以在图上省略标注。而俯视图所取的剖视的剖切平面不是机件的对称平面,所以必须标注剖切符号和剖视图的名称。由于剖视图按投射方向配置,故可省略箭头。

3. 局部剖视图

用剖切面局部地剖开机件所得的剖视图称为局部剖视图,如图9-18所示。局部剖视图与视图的分界线用波浪线或双折线表示,如图9-18和图9-19所示。

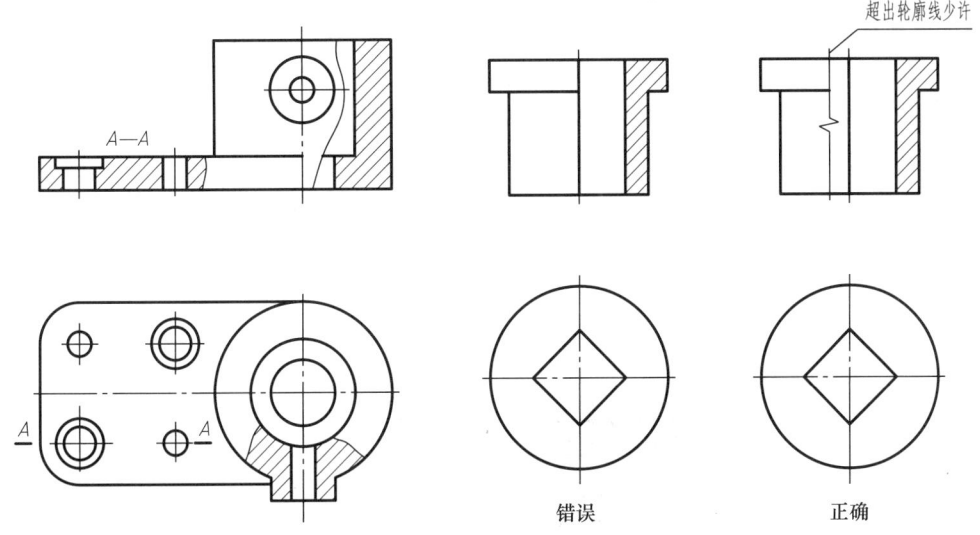

图9-18 局部剖视图(一)　　　　图9-19 局部剖视图(二)

局部剖视不受图形是否对称的限制,在什么地方剖切和剖切范围的大小可根据需要决定,是一种比较灵活的表达方法,一般用于下列情况:

（1）往往是在既要表示外形,又要表达某些内部结构,且又不宜用全剖视图及半剖视图时采用。如图9-18表达的机件。

（2）当被剖切结构为回转体时,允许将该结构的中心线作为局部剖视与视图的分界线,如图9-20所示。

此外,当轴、手柄、连杆、实心件上有小孔或槽需要表示时,也应该用局部剖视,如图9-21所示。

（3）当对称机件的轮廓线与对称中心线重合,不宜采用半剖视时,应该选用局部剖视,如图9-19所示。

当剖切位置比较明显时,局部剖视可不必标注,如图9-19和图9-21所示。若剖切位置不够明显,则应进行标注,如图9-18中的 $A—A$ 和图9-55中的 $B—B$。

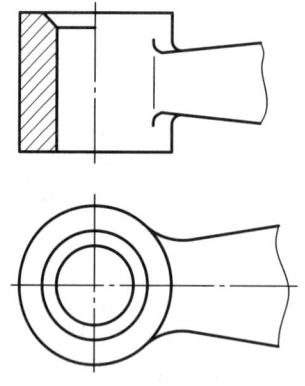
图 9-20 局部剖视图(三)

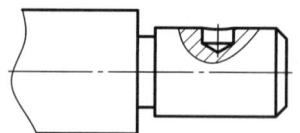
图 9-21 局部剖视图(四)

画局部剖视图时,应注意以下几点:

(1) 局部剖视是一种比较灵活的表达方法,可使视图简明清晰。在一个视图中,局部剖视图的数量不宜过多,否则图形支离破碎,反而影响图形的清晰和完整。

(2) 表示剖切范围的波浪线,不应与图形上其他图线重合,如图 9-19 所示。当外形有孔、槽等结构时,波浪线就应该在该处断开,不能穿空而过,也不能超出轮廓线,如图 9-22 所示。

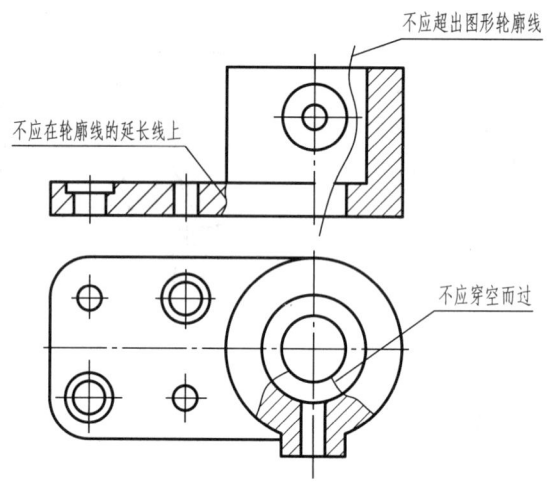
图 9-22 局部剖视图的错误画法

(3) 当使用双折线表示局部剖视范围时,双折线端部要超出轮廓线少许,如图 9-19 所示。

六、剖切面的种类和其他剖切方法

在前边的介绍中,都是用投影面平行面作剖切面去剖开机件。国家标准规定:剖切面是剖切被表达物体的假想平面或曲面。同时规定:根据物体的结构特点,可选择单一剖切面、几个相交的剖切面、几个平行的剖切面剖开物体。无论选用哪种剖切面剖开机件,均可画成全剖视图、半剖视图或局部剖视图。

1. 单一剖切面剖切

剖切面可以是投影面的平行面，也可以是投影面的垂直面。

当机件上倾斜部分的内部结构在基本视图上不能反映实形时，则用不平行于任何基本投影面（垂直于某一基本投影面）的剖切平面剖开机件，这一剖切方法习惯上称为斜剖，如图9-23中的 B—B 剖视即是采用斜剖视得到的全剖视图。

采用这种方法画的剖视图必须标全剖切符号，注明剖视图名称，图中标注的字母必须水平书写。

剖视图最好按箭头所指的投射方向配置，如图9-23b 所示。必要时可以平移到其他适当位置，如图9-23d 所示。在不致引起误解时，也允许将图形旋转一个角度，标注形式如图9-23c 所示。

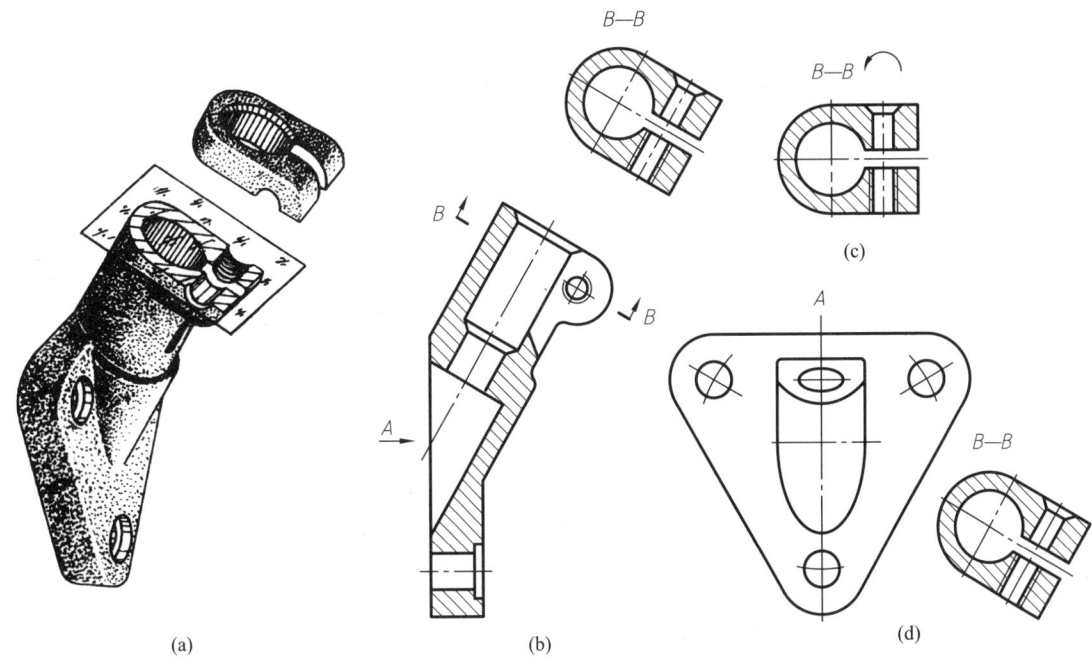

图 9-23 斜剖

2. 几个相交的剖切平面剖切

当机件在整体上具有回转轴线，且机件的内部结构形状用一个剖切平面不能表达完全时，可以用两个相交的剖切平面（交线垂直于某一基本投影面）剖开机件，这一剖切方法习惯上称为旋转剖。图9-24 所示为圆盘类零件，上半部分有孔，左下部分有槽，如果用单一剖切平面剖开，则孔和槽就不能同时剖到。采用两个相交平面将机件剖开，然后将被倾斜剖切平面剖开的结构及其有关部分一同旋转到与选定的投影面平行的位置再进行投射，就将全部内部结构清楚地

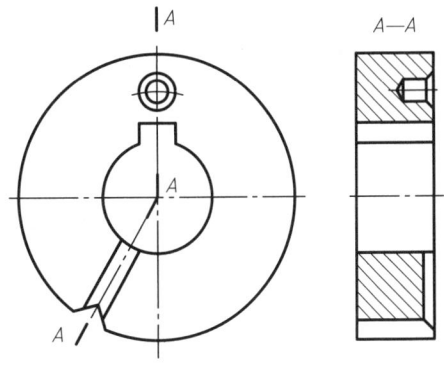

图 9-24 旋转剖（一）

表示出来了。如图 9-24 中的 A—A 剖视即采用旋转剖得到的全剖视图。采用几个相交平面也可获得局部剖视图，详见有关资料。

采用这种方法画剖视图时，剖切平面后的其他结构一般仍按原来位置投射，如图 9-25 中油孔 b 在俯视图中的位置。当剖切后产生不完整要素时，应将这部分按不剖绘制，如图 9-26 所示机件高度方向处于中间位置的臂虽被剖切到一部分，但在主视图上仍按不剖切绘制。

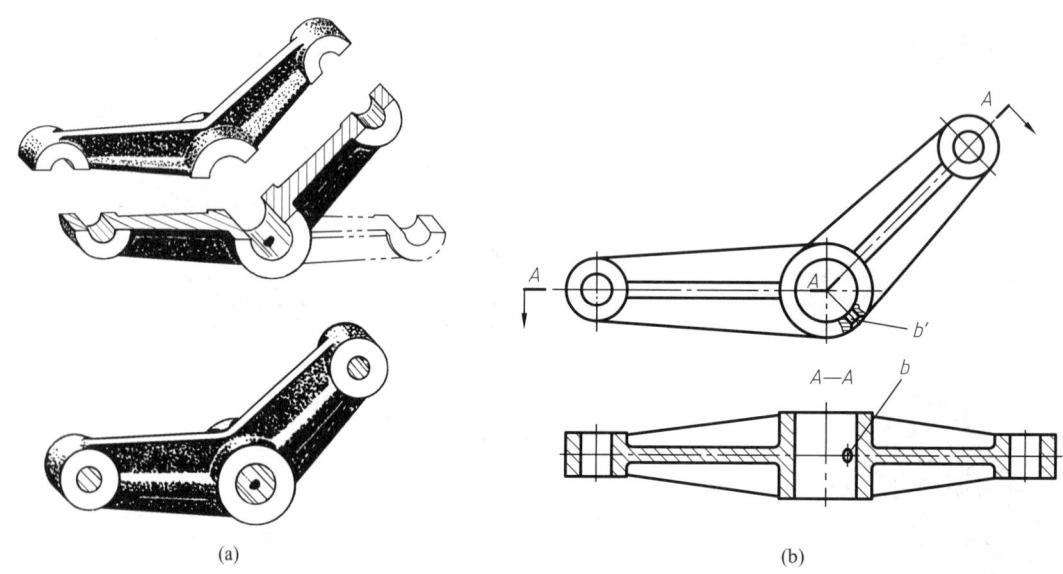

图 9-25 旋转剖（二）

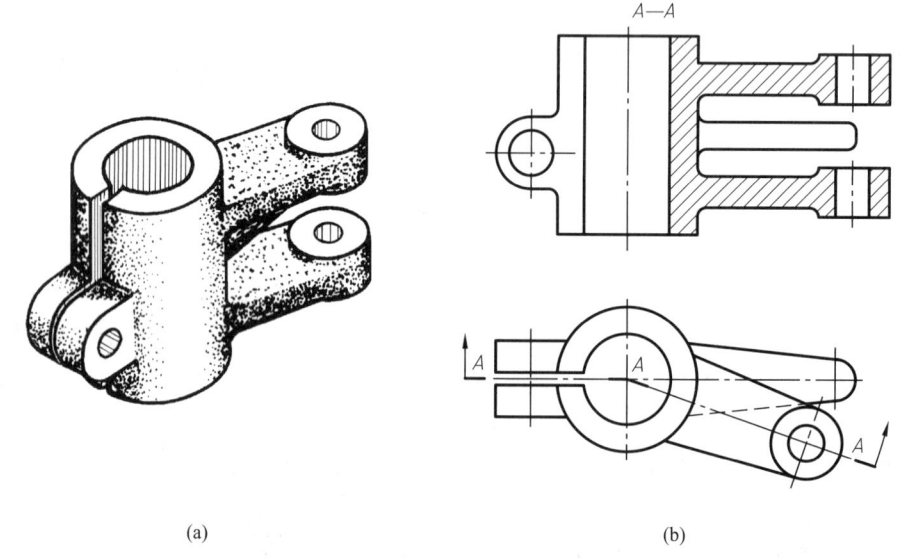

图 9-26 旋转剖（三）

旋转剖适用于倾斜部分具有回转轴,并且能使两剖切平面的交线重合于该轴的机件。用旋转剖画剖视图时,必须标注。标注方法如图9-24、图9-25和图9-26所示。标注时,字母必须水平书写。

3. 几个相互平行的剖切平面剖切

如果机件的内部结构排列在几个相互平行的平面上,可以用几个相互平行的剖切平面剖开机件,这一剖切方法习惯上称为阶梯剖,如图9-27所示。采用这种方法可以把不在同一平面

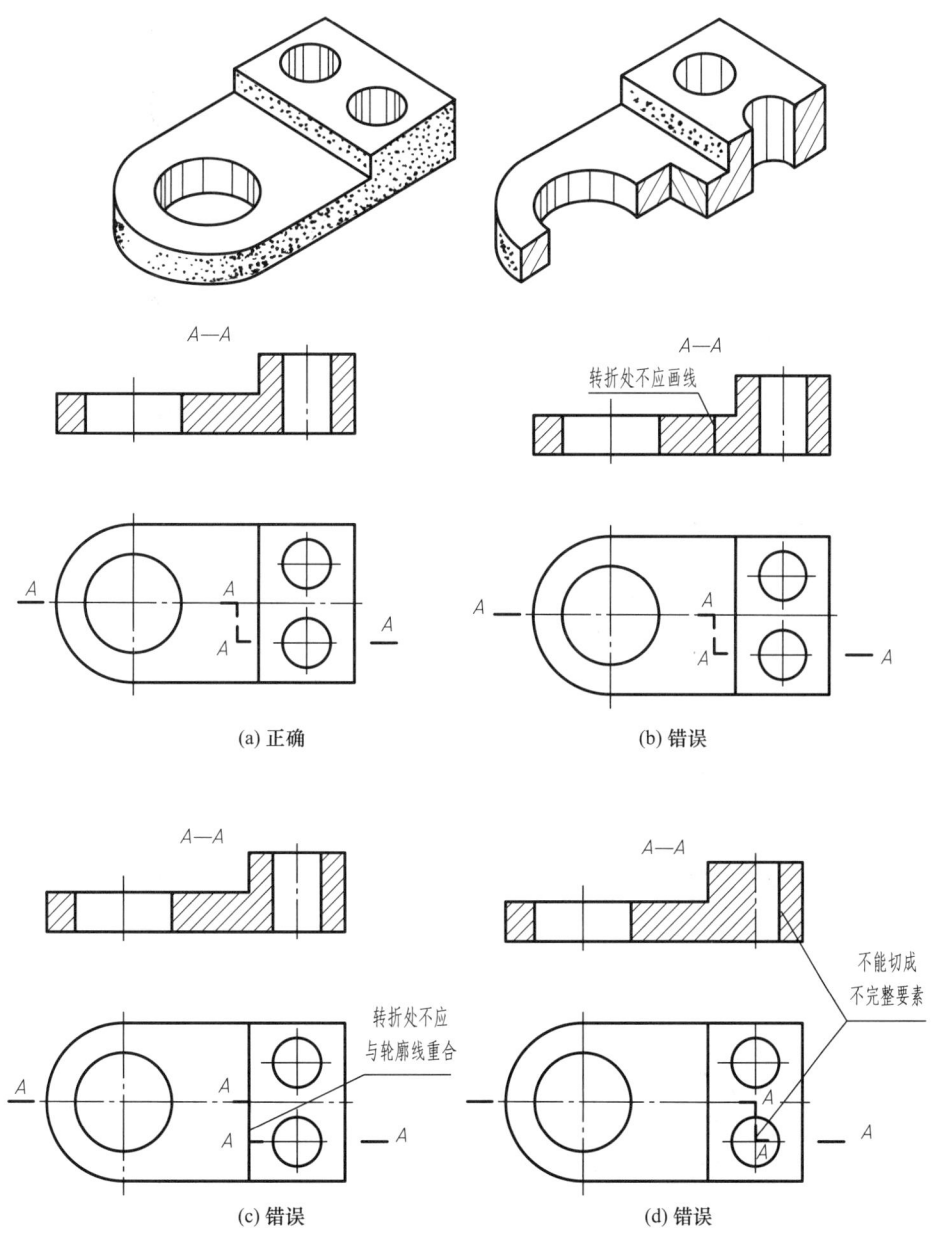

图9-27 阶梯剖(一)

内的孔、槽等内部结构在同一个剖视图中表示出来,如图 9 - 27 中的 A—A 剖视图即采用阶梯剖得到的全剖视图。采用几个平行的剖切平面也可获得局部剖视图,详见有关资料。

采用阶梯剖画剖视图时,要注意以下几点:

(1) 剖切平面转折处不应画出转折线,如图 9 - 27b 所示。

(2) 剖切平面转折处不应与视图中的轮廓线重合,如图 9 - 27c 所示。

(3) 图形内不应出现不完整的结构要素,如图 9 - 27d 中的不完整的孔,属于错误画法。当两个要素在图形上具有公共对称中心线或轴线时,可以各画一半,此时应以对称中心线或轴线为界,如图 9 - 28 所示。

(4) 画阶梯剖时,必须标注剖视图名称、剖切符号,在剖切平面起讫和转折处用相同字母标出,如图 9 - 27a 所示,但当转折处位置有限又不致引起误解时允许省略字母。

4. 复合剖

用组合的剖切面剖开机件的方法称为复合剖,如图 9 - 29 所示。

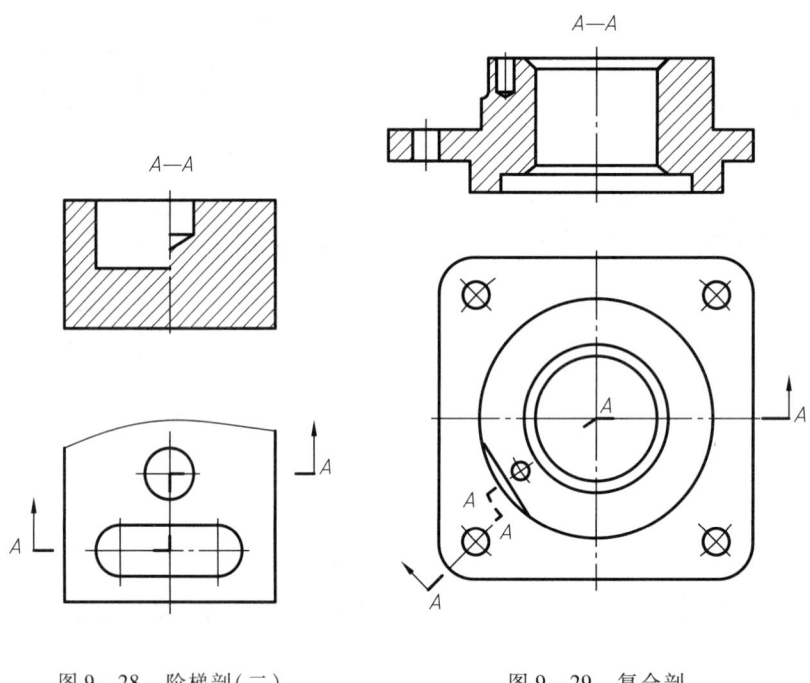

图 9 - 28　阶梯剖(二)　　图 9 - 29　复合剖

采用复合剖时,剖切符号和剖视图名称必须全部标注,如图 9 - 29 所示。

采用这种方法画剖视图时,可采用展开画法,把剖切平面展开成同一平面后再投射,这时标注形式为"× — ×展开",如图 9 - 30 所示。

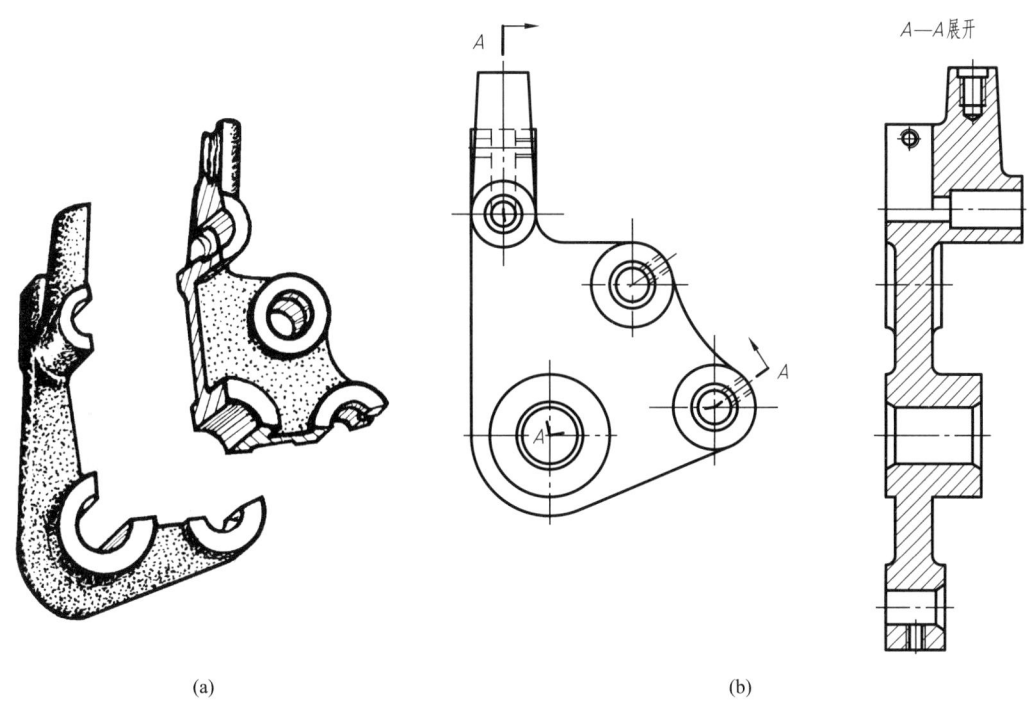

(a)   (b)

图 9 - 30 复合剖的展开

§9 - 3 断 面 图

一、断面图的概念

假想用剖切面将机件的某处切断,仅画出该剖切面与机件接触部分的图形称为断面图,简称断面,如图 9 - 31 所示。通常在断面上画上剖面符号。

断面常用来表示机件上某一局部的断面形状,例如机件上的肋、轮辐、轴上的键槽和孔等。

二、断面的种类和画法

根据绘制断面图时所配置位置的不同,断面可分为移出断面和重合断面两种。

1. 移出断面

画在视图之外的断面,称为移出断面,如图 9 - 31 所示。

移出断面轮廓线用粗实线绘制。为了便于看图,移出断面尽量配置在剖切线延长线上,如

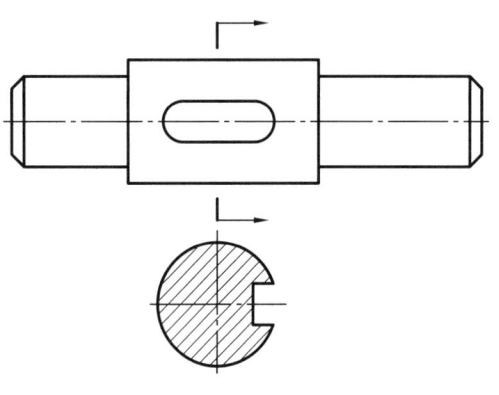

图 9 - 31 断面图

图 9 – 31 所示。也可以配置在其他适当位置,如图 9 – 32 所示。

在不致引起误解时,允许将图形旋转,其标注形式如图 9 – 32 所示。

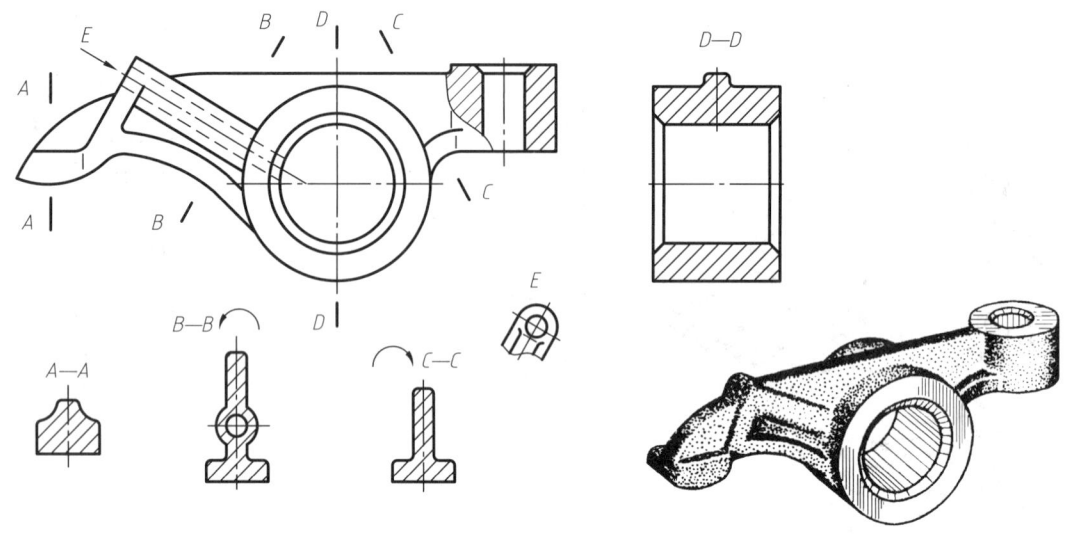

图 9 – 32 移出断面

由两个或多个相交的剖切平面剖切得到的移出断面,中间一般应断开,如图 9 – 33 所示。

当剖切平面通过回转面形成的孔或凹坑的轴线时,则这些结构按剖视图要求绘制,如图 9 – 34 和图 9 – 35 所示。

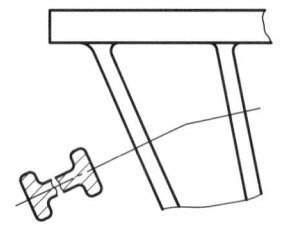

图 9 – 33 剖切面应垂直于板的轮廓线

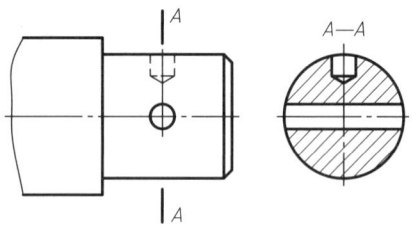

图 9 – 34 断面画法的特殊情况(一)

当剖切平面通过非圆孔会导致出现完全分离的两个断面时,这些结构应按剖视图要求绘制,如图 9 – 36 所示。

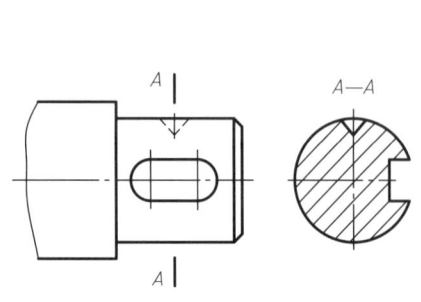

图 9 – 35 断面画法的特殊情况(二)

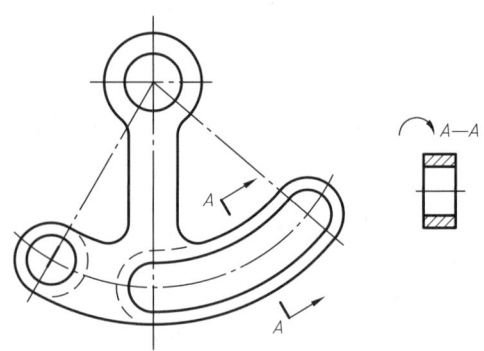

图 9 – 36 断面画法的特殊情况(三)

2. 重合断面

在不影响图形清晰的条件下,断面也可以画在视图之内,称为重合断面,如图9-37所示。

重合断面的轮廓线用细实线绘制,当视图的轮廓线与重合断面图形重叠时,视图中的轮廓线应连续画出,不可间断,如图9-37b所示。

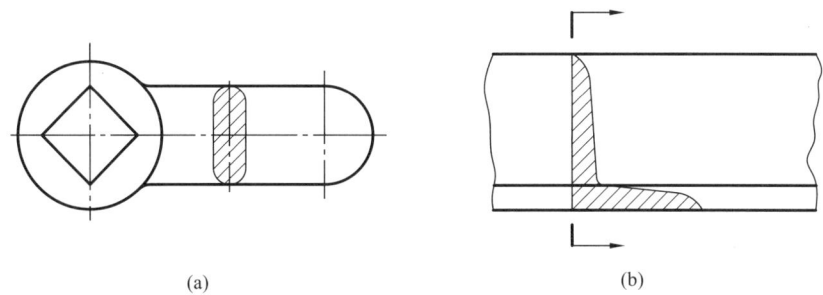

图9-37 重合断面

三、断面的标注

断面的标注与剖视基本相同。一般应标出移出断面的名称"×-×"(×为某一大写的拉丁字母),并在相应的视图上用剖切符号表示剖切位置,用箭头表示投射方向,并标注相同的大写字母,如图9-35所示。

当以上的标注内容不注自明时,可部分或全部省略标注。

(1)配置在剖切线延长线上的不对称移出断面,可省略字母,如图9-31所示。配置在剖切线上的不对称重合断面,也可省略字母,如图9-37b所示。

(2)不配置在剖切线延长线上的对称移出断面,以及按投影关系配置的不对称移出断面,均可省略箭头,如图9-32、图9-34所示。

(3)重合断面(图9-37a)、配置在剖切线延长线上的对称移出断面(图9-33),以及配置在视图中断处的对称移出断面,可以完全省略标注。

§9-4 其他表达方法

除前述的图样画法外,国家标准《技术制图》和《机械制图》还列出了一些简化画法和规定画法。

绘图时,在不影响对机件的表达完整及清晰的前提下,要考虑如何使看图方便及绘图简便,因此国家标准作了一些简化画法的规定。简化原则是:

(1)简化必须保证不致引起误解和不会产生理解的多意性。

(2)便于识读和绘制,注重简化的综合效果。

(3)在考虑便于手工制图和计算机制图的同时,还要考虑缩微制图的要求。

对于这些简化画法和规定画法,本节综合择要介绍如下:

一、简化画法

(1) 对于机件的肋、轮辐及薄壁等,如按纵向剖切(剖切面垂直于肋和薄壁的厚度方向或通过轮辐的轴线剖切),这些结构都不画剖面符号,而用粗实线将其与邻接部分分开,如图 9 – 38 左视图中前后两块肋板,剖后不画剖面符号。按其他方向剖切的肋板应画剖面符号,如图 9 – 38 的俯视图和左视图中间的肋板。

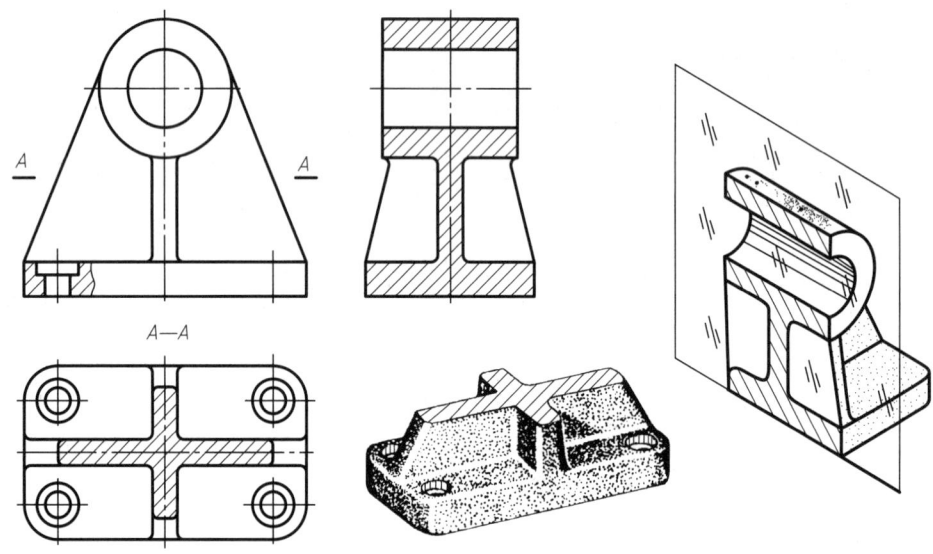

图 9 – 38 肋的剖切画法

(2) 当机件回转体上均匀分布的肋、轮辐、孔等结构不处于剖切平面上时,可将这些结构旋转到剖切平面上画出,如图 9 – 39 所示。

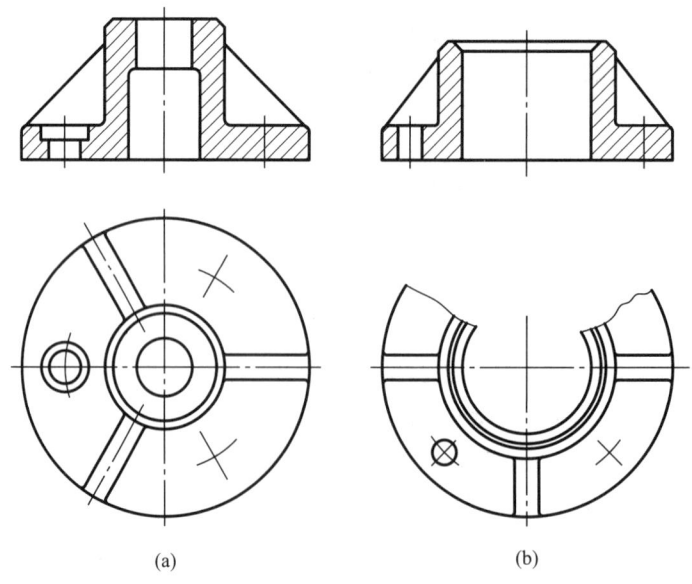

(a)   (b)

图 9 – 39 均匀分布的肋、孔的画法

(3) 当机件具有若干相同结构(齿、槽等),并按一定规律分布时,只需要画出几个完整结构,其余用细实线连接,在零件图中则必须注明该结构的总数,如图 9–40 所示。

(4) 若干直径相同且成规律分布的孔(圆孔、螺孔和沉孔等),可以仅画出一个或几个,其余只需用细点画线表示其中心位置,在零件图中应注明孔的总数,如图 9–41 和图 9–42 所示。

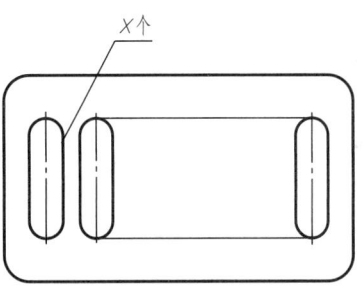

图 9–40 相同结构的画法

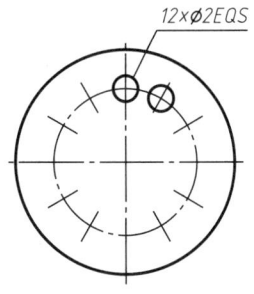

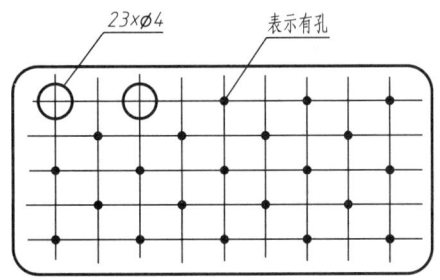

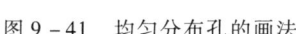
图 9–41 均匀分布孔的画法　　　　图 9–42 均匀分布孔的画法

(5) 机件上的滚花部分,可在轮廓线附近用粗实线局部画出的方法表示,如图 9–43a 所示,也可省略不画,仅作如图 9–43b 所示的标注。

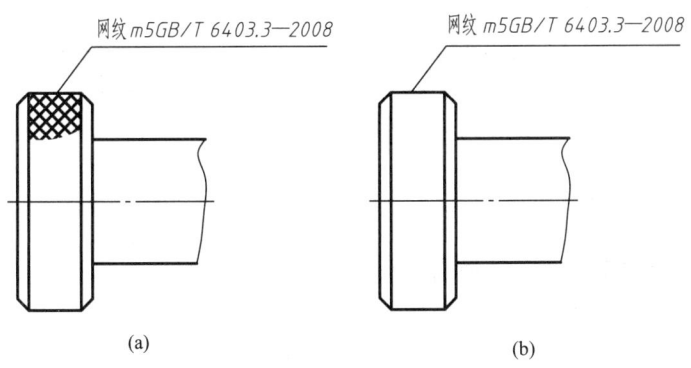

图 9–43 滚花的画法

(6) 当回转体零件上的平面在图形中不能充分表达时,可用两条相交的细实线表示平面,如图 9–44 所示。

(7) 机件上的较小结构及斜度等已在一个图形中表示清楚时,则在其他图形中可以简化或省略,如图 9–45 和图 9–46 所示。

(8) 在圆柱上因钻小孔、铣键槽或铣方头等而出现的交线允许简化,但必须已清楚地表示了孔、槽的形状,如图 9–47 和图 9–48 所示。

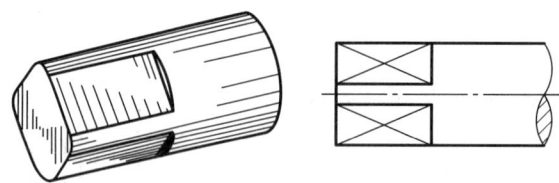

图 9-44　平面的表示

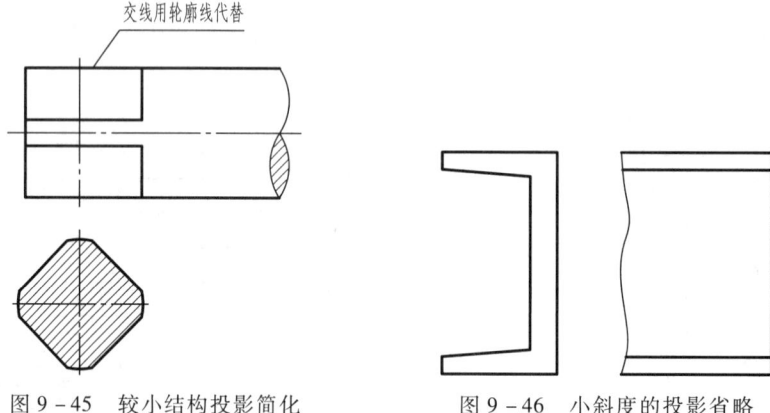

图 9-45　较小结构投影简化　　　图 9-46　小斜度的投影省略

（9）零件上对称结构的局部视图，如图 9-48 所示。

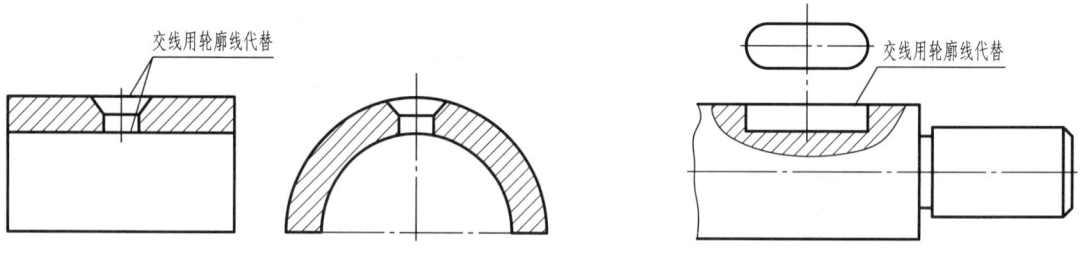

图 9-47　交线简化　　　图 9-48　交线简化及对称结构的局部视图

（10）除确属需要表示的某些结构圆角外，其他圆角在零件图中均可不画，但必须注明尺寸，或在技术要求中加以说明，如图 9-49 所示。

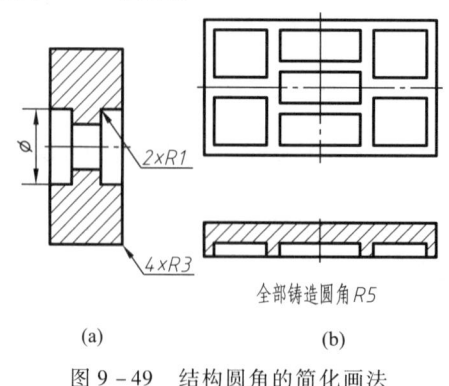

图 9-49　结构圆角的简化画法

（11）在不致引起误解时，对于对称机件的视图可只画一半或四分之一，并在对称中心线的两端画出两条与其垂直的平行细实线，如图9-50所示，或画大于一半，如图9-39b所示。

（12）圆盘上的孔均匀分布时，允许按图9-51所示方法表示。

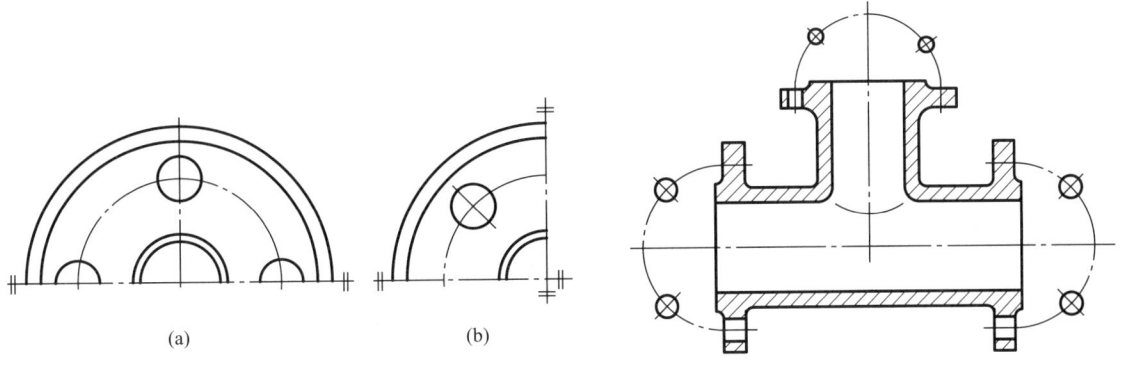

图9-50 对称机件的画法　　　　图9-51 圆盘上均匀分布孔的画法

（13）较长的机件（轴、杆、型材、连杆等）沿长度方向的形状一致或按一定规律变化时，可断开后缩短绘制，但必须按原来的实际长度注出尺寸，如图9-52和图9-53所示。

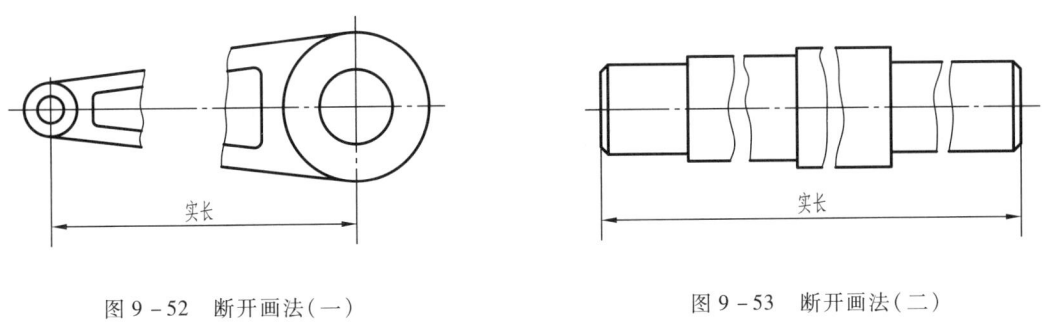

图9-52 断开画法（一）　　　　图9-53 断开画法（二）

（14）与投影面倾斜度小于或等于30°的圆或圆弧，其投影可用圆或圆弧代替，如图9-54所示。

二、其他规定画法

（1）在剖视图的剖面中可再作一次局剖，采用这种表达方法时，两个剖面的剖面线应同方向、同间隔，但要互相错开，并用引出线标注其名称，如图9-55所示。

（2）在需要表示位于剖切平面前的结构时，对这些结构则按假想投影的轮廓线，即细双点画线绘制，如图9-56所示。

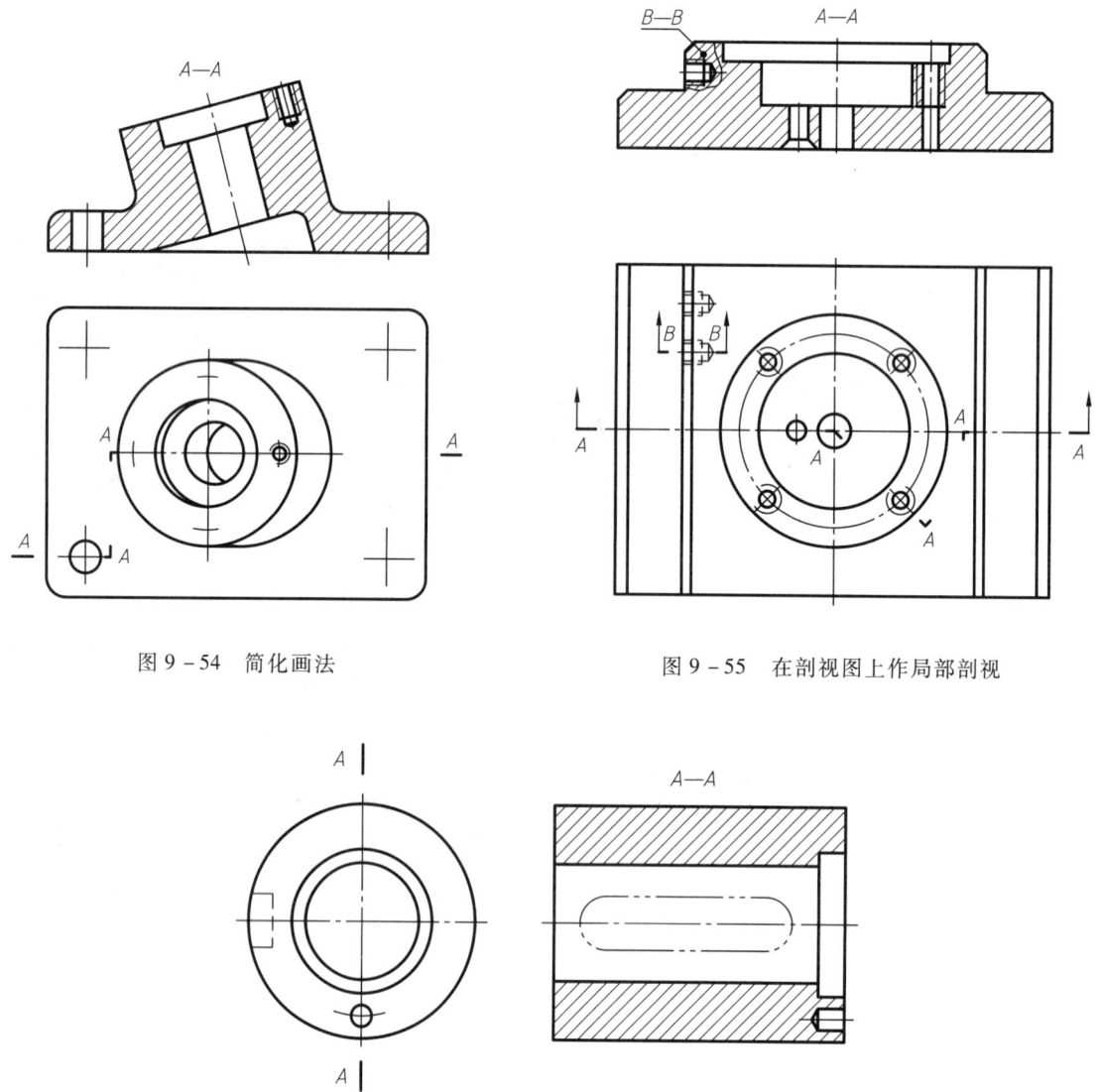

图 9-54 简化画法

图 9-55 在剖视图上作局部剖视

图 9-56 用假想线表示

三、局部放大图

机件上的某些细小结构,在画图时常由于图形过小而表达不清,并使标注尺寸产生困难,所以画图时,可将这些细小结构用大于原图所采用的比例画出,这样得到的图形称为局部放大图,如图 9-57 Ⅰ、Ⅱ 处所示。局部放大图可以画成视图、剖视图和断面图,它与被放大部位的表达方法无关。

在绘制局部放大图时,应当用细实线圈出被放大的部位。局部放大图可用细实线圈出,也可用波浪线画出界线,并应尽量画在被放大部位附近。当同一机件上有几处需要放大的部分时,必须用罗马数字依次标明放大的部位,并在局部放大图的上方标出相应的罗马数字和所采用的比例,如图9-57 I、II 处。

当机件上被放大的部分仅一处时,在局部放大图的上方只需注明所采用的比例,并且在表达完整的前提下,允许在原视图中简化被放大部位的图形,如图9-58 所示。

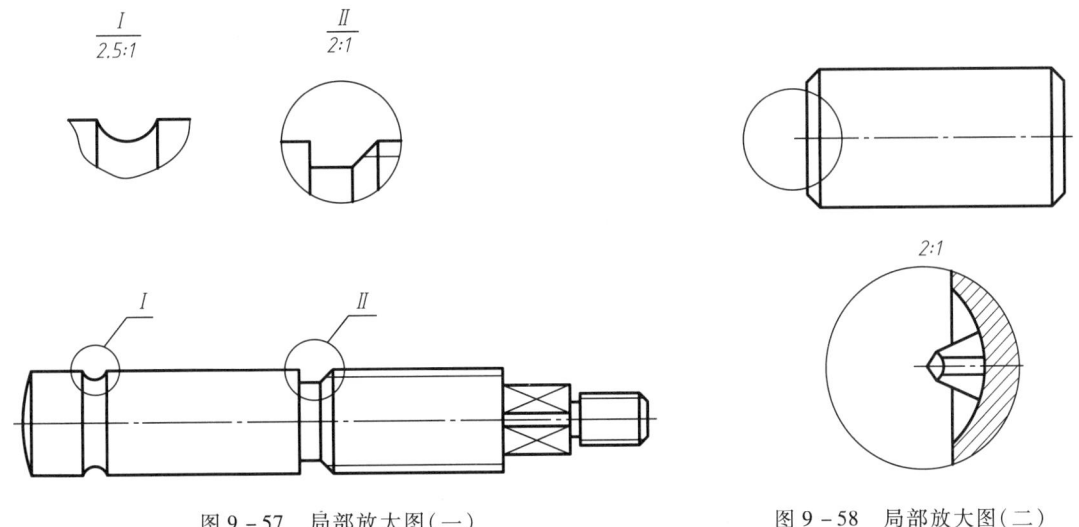

图9-57　局部放大图(一)　　　　　图9-58　局部放大图(二)

§9-5　表达方法综合举例

前面几节介绍了国家标准中规定的机件的各种表达方法。在绘制图样时,要根据零件的结构形状具体分析,然后采用适当的表达方法,把零件的内外结构完整、清晰地表达出来,同时还要便于绘图和标注尺寸。下面以图9-59 所示阀体的表达方案为例,分析该零件表达方法的选择。

该零件为阀体类零件,使用时内部要包容其他零件,并且内部通道较多,内部结构较复杂,且是该零件的主要工作部分,因此内部结构是该零件的重点表达部分。所以主视图采用$A—A$旋转全剖视图,这样就把左右、上下相通情况表示清楚了。俯视图采用了$B—B$阶梯全剖视图,更进一步表示左右通道相通、内孔相贯、内孔轴线所成的角度及底板的形状和四孔的分布位置。

有了这两个主要表达方法,尚有细节没有表达清楚,因此采用E向局部视图表示顶板形状及面上四个小孔的分布位置。采用$F—F$局剖表示顶板四个小孔深度。用单一剖切平面剖得$C—C$全剖视图,表示了左部法兰盘的形状、四个小孔的分布位置及肋板厚度。用斜剖方法得到的$D—D$全剖视图表达了右前部法兰盘的形状及小孔的分布位置。

以上为该阀体的表达方案的一种。对同一零件还可以有其他表达方案,请读者自行考虑如何选择一种既能完整清晰地表达零件的结构形状,画图又简便的方案。

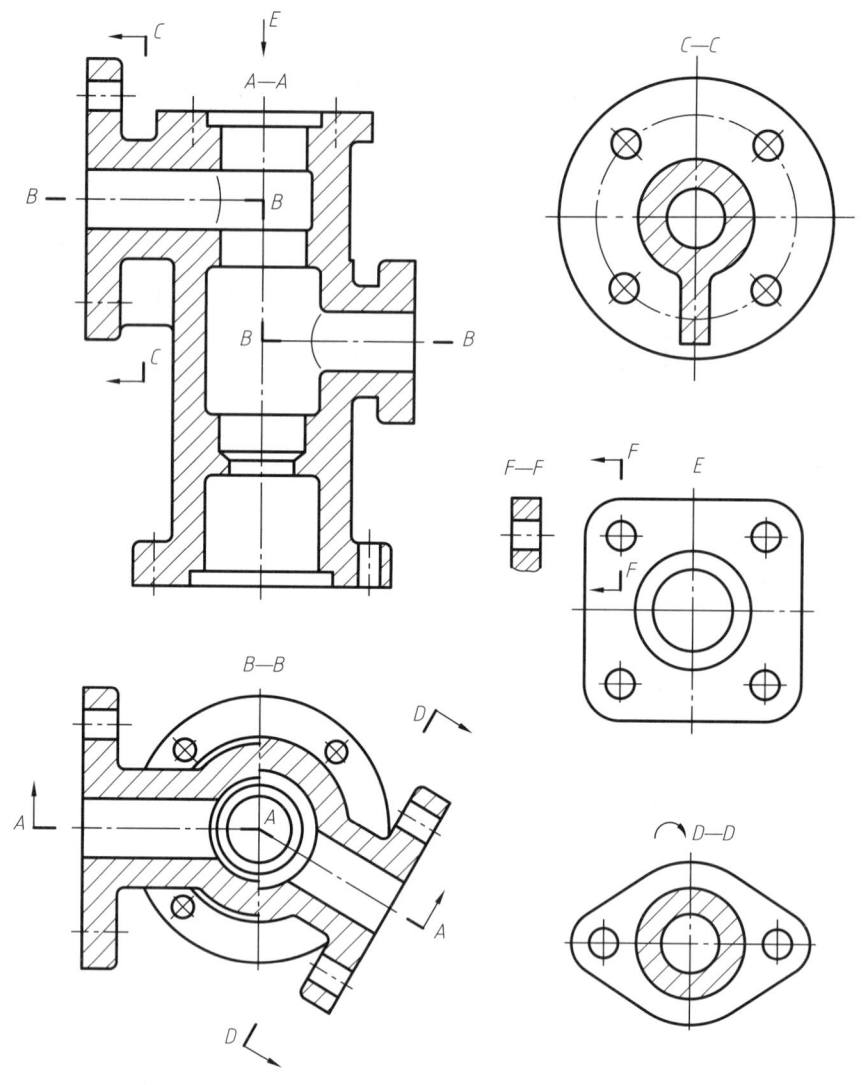

图 9-59　阀体表达方案分析

§9-6　第三角投影简介

我国国家标准《机械制图》规定，机件的图样按正投影法绘制，并采用第一角画法。前面所讨论的图样画法，均为第一角画法，但有些国家的图样采用第三角投影画法。随着国际间科学技术交流的不断扩大，将会遇到采用第三角投影法绘制的图样，下面对第三角投影作简略介绍。在投影基本理论中讲过，两投影面体系将空间分成Ⅰ、Ⅱ、Ⅲ、Ⅳ四个分角，如图 9-60 所示。第三角投影就是将机件置于该投影体系中的第三分角内，并使投影面处于观察者与物体之间进行投射得到的多面正投影。

§9–6 第三角投影简介 213

在第一角投影中,机件放在观察者和投影面之间进行,即人→物→面的位置关系,如图9–61a所示。投影面展开后所得视图如图9–61b所示。在第三角投影中,投影面放在观察者和机件之间,把投影面看成是透明的,即人→面→物的位置关系,如图9–62a所示。第一角画法与第三角画法主要区别是视图的配置位置不同,而各视图之间仍保持投影关系不变,如图9–61b和图9–62b所示。

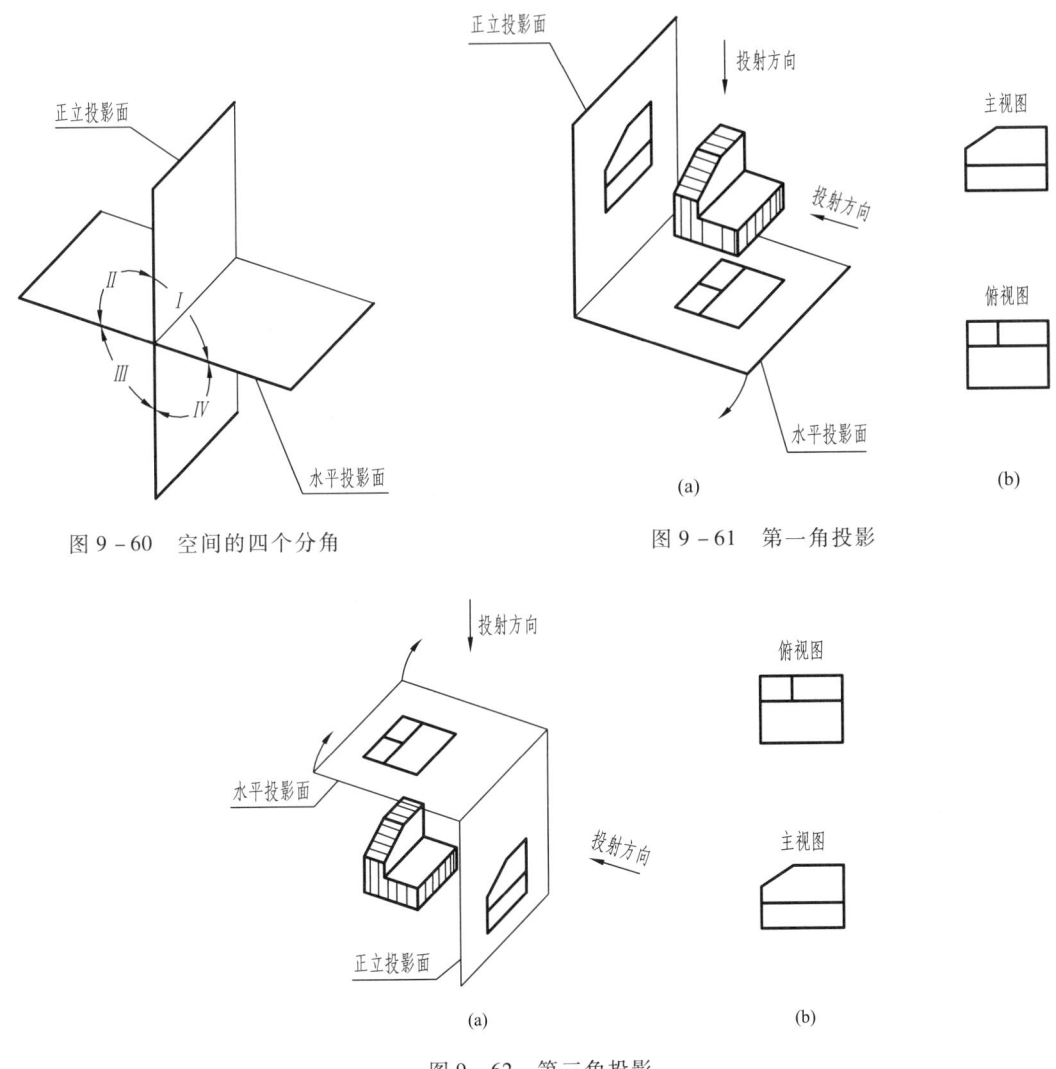

图9–60 空间的四个分角

图9–61 第一角投影

图9–62 第三角投影

第三角投影也是用正六面体的六个平面作为基本投影面,将机件向这六个投影面投射所得的视图亦称为基本视图。它们的名称分别为:主视图,俯视图,左视图,仰视图,右视图,后视图。六个投影面的展开方法如图9–63a所示。展开后各基本视图的配置关系如图9–63b所示,一律不注视图名称。

第三角画法的六个基本视图之间的位置关系为:包围主视图的各个视图的内边代表物体的前面,其外边代表物体的后面,这与第一角画法六个视图的位置关系正好相反。

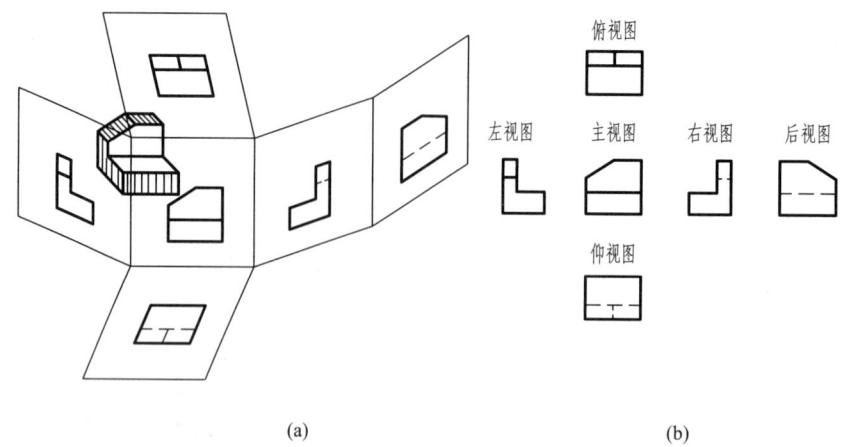

图 9-63 第三角投影的六个基本视图及其配置

为了识别第三角画法与第一角画法,规定了相应的识别符号,该符号一般标在所画图纸标题栏的上方或左方。采用第三角画法时,必须在图样中画出第三角画法识别符号,如图 9-64a 所示。采用第一角画法时,必要时也应画出其识别符号,如图 9-64b 所示。

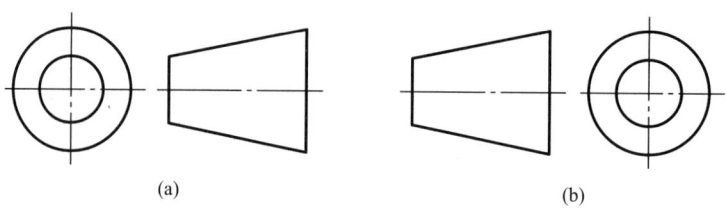

图 9-64 第三、第一角投影识别符号

第10章 标准件与常用件

在各种机器设备中大量使用一些通用零件,如螺栓、螺钉、螺母、垫圈、键、销、弹簧和滚动轴承等,为了简化设计和便于生产,国家标准对这类零件的结构、尺寸、画法、标记等方面做了统一的规定,称为标准件。还有些常用零件如齿轮,其部分尺寸和参数也有统一标准,这类零件称为常用件。

本章简要介绍几种标准件和常用件的规定画法、代号、标记及查表方法。

§10-1 螺　　纹

螺纹是机器零件上的常见结构,可用于零件间的连接、紧固,也可用于传递运动和动力。

一、螺纹的基本知识

1. 螺纹的形成

螺纹是按照螺旋线的原理形成的,如图10-1a、b所示。零件上的螺纹通常在车床上加工,如图10-1c、d所示。当工件在车床上绕其轴线做匀速旋转运动、刀具沿轴线方向作匀速直线运动时,刀尖顶点在工件上的运动轨迹便是一条螺旋线。当刀具切入工件一定深度时就加工出了螺纹。

在圆柱(或圆锥)外表面上形成的螺纹称为外螺纹,如图10-1c所示。在圆柱(或圆锥)内表面上形成的螺纹称为内螺纹,如图10-1d所示。

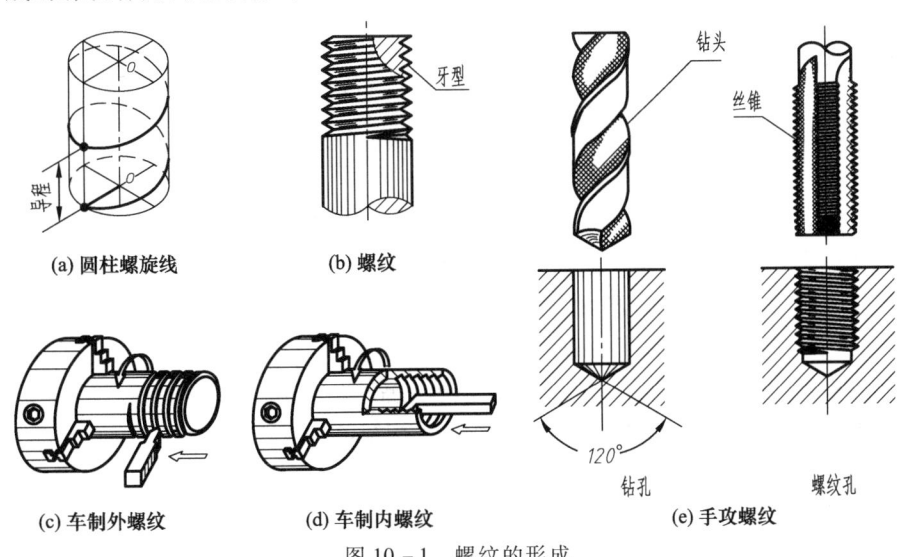

图10-1　螺纹的形成

直径较小的螺纹还可使用专用刀具(丝锥与板牙)手攻制出,如图10-1e所示。

2. 螺纹的要素

在加工螺纹时必须知道螺纹牙型、公称直径、线数、螺距和旋向五个要素。内、外螺纹成对使用时,此五要素也必须相同才能旋合在一起。

(1) 螺纹牙型　在通过螺纹轴线的剖面上,螺纹的轮廓形状称为螺纹的牙型。常用螺纹的牙型有三角形、梯形、锯齿形、矩形等,如图10-2所示。

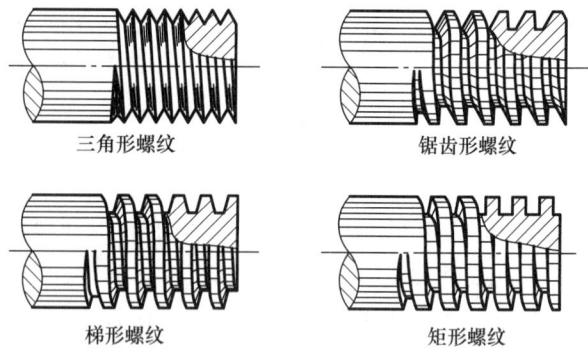

图10-2　常用螺纹的牙型

加工螺纹时,根据牙型确定刀具的几何形状。螺纹凸起部分称为牙,凸起的顶端称牙顶;沟槽的底部称为牙底;牙顶到牙底之间的径向距离称为牙型高度,如图10-3所示。

(2) 公称直径　螺纹的直径有大径、小径和中径,公称直径是指螺纹大径。

与外螺纹牙顶或内螺纹牙底相重合的假想圆柱面的直径称为螺纹大径,分别用 d、D 表示;与外螺纹牙底或内螺纹牙顶相重合的假想圆柱面的直径称为螺纹小径,分别用 d_1、D_1 表示;螺纹的中径是指母线通过牙型上沟槽和凸起宽度相等处的假想圆柱面的直径,用 d_2、D_2 表示,如图10-3所示。螺纹的公称直径为设计时给定的尺寸,螺纹的小径和螺距等可根据其公称直径查阅附录中相应的附表。

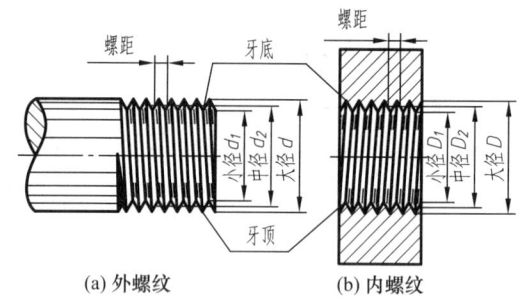

图10-3　螺纹的直径

(3) 线数　螺纹有单线和多线之分。沿一条螺旋线形成的螺纹称为单线螺纹,如图10-4a所示。沿两条或两条以上在轴向等距分布的螺旋线所形成的螺纹称为多线螺纹,图10-4b所示为双线螺纹。

(4) 螺距和导程　螺纹相邻两牙在中径线上对应两点之间的轴向距离称为螺距。同一条螺纹上相邻两牙在中径线上对应两点之间的轴向距离称为导程。单线螺纹的螺距等于导程,多线螺纹的螺距等于导程除以线数。图10-4b所示的双线螺纹,其螺距 = 导程/2。

(5) 旋向　螺纹按旋进的方向分为右旋螺纹和左旋螺纹。按顺时针方向旋进的螺纹称为右旋螺纹,反之,称为左旋螺纹,如图10-5所示。在工程上右旋螺纹用得最多。

为了便于设计、制造和选用各种螺纹,国家标准对螺纹的牙型、公称直径和螺距三个要素作了统一的规定。凡是此三要素均符合标准的称为标准螺纹,只有牙型符合标准的称为特殊螺纹,牙型不符合标准的称为非标准螺纹,如矩形螺纹。

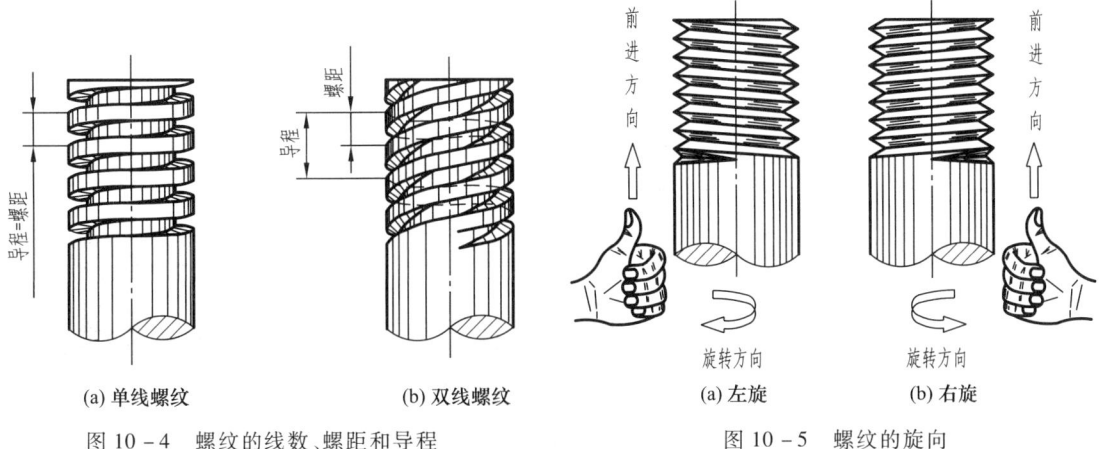

(a) 单线螺纹　　(b) 双线螺纹　　　　(a) 左旋　　(b) 右旋
图 10-4　螺纹的线数、螺距和导程　　图 10-5　螺纹的旋向

二、常用螺纹

1. 普通螺纹

普通螺纹的牙型为等边三角形,牙型角(在螺纹牙型上,相邻两牙侧间的夹角)为 60°,牙顶与牙底均削平,特征代号用"M"表示,其螺纹参数见附表 1。

普通螺纹分为粗牙普通螺纹与细牙普通螺纹两种。当螺纹大径相同时,细牙普通螺纹的螺距较小,因此常用于薄壁零件、精密零件的连接,细牙普通螺纹螺距与小径关系见附表 2。粗牙用于一般零件的连接。

2. 管螺纹

管螺纹的牙型为等腰三角形,牙型角为 55°,牙顶与牙底均倒成圆弧形,主要用于管件的连接。管螺纹有"非螺纹密封的"和"用螺纹密封的"两种。前者是螺纹副不具有密封性的圆柱管螺纹,其特征代号用"G"表示,其螺纹参数见附表 3。后者螺纹副本身具有密封性,它包括圆柱内螺纹与圆锥外螺纹、圆锥内螺纹与圆锥外螺纹两种连接形式。

圆柱内螺纹的特征代号用"Rp"表示,圆锥内螺纹的特征代号用"Rc"表示,圆锥外螺纹的特征代号用"R_1、R_2"表示,其螺纹参数见附表 4。

3. 梯形螺纹

梯形螺纹的牙型为等腰梯形,牙型角为 30°,特征代号用"Tr"表示,其螺纹参数见附表 5。梯形螺纹是传动螺纹,用于传递双向动力,如各种机床上的丝杠多采用这种螺纹。

4. 锯齿形螺纹

锯齿形螺纹的牙型为锯齿形,牙型两侧面与轴线垂直线的夹角分别为 3°和 30°,特征代号用"B"表示,见表 10-1。锯齿形螺纹用于传递单向动力,如千斤顶丝杠等。

5. 矩形螺纹

矩形螺纹也是传动螺纹,牙型为矩形。矩形螺纹为非标准螺纹,无牙型代号,各部分尺寸根据要求设计确定,如图 10-6 所示。

三、螺纹的结构

为了便于内、外螺纹的连接,通常在螺纹的起始端加工成 90°的锥面,称为倒角。在车制螺纹时,在螺纹尾部由于刀具逐渐离开工件而使牙型不完整,称为螺尾。螺纹终止线表示完整螺纹与螺尾的分界线。有时为了避免出现螺尾,在螺纹末端预先制出退刀槽,如图 10-7 所示。普通螺纹退刀槽及倒角尺寸可查阅有关手册。

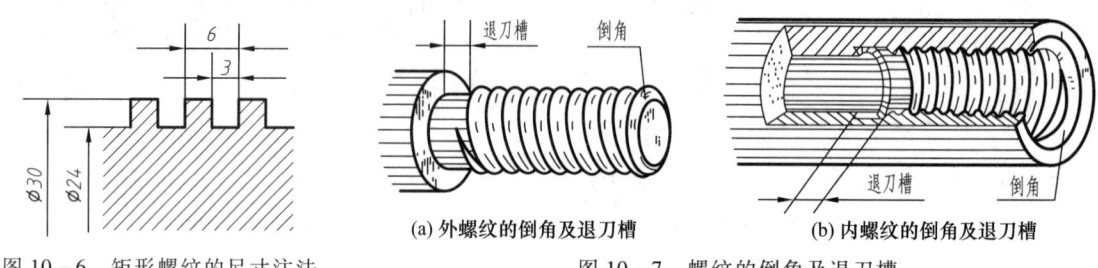

图 10-6　矩形螺纹的尺寸注法　　　　图 10-7　螺纹的倒角及退刀槽

四、螺纹的规定画法

国家标准(GB/T 4459.1—1995)对螺纹的画法作了如下规定。

1. 外螺纹的画法

外螺纹的大径(牙顶)用粗实线表示;小径(牙底)用细实线表示且画入倒角内;有效螺纹终止线(简称螺纹终止线)用粗实线表示;螺尾部分的牙底用与轴线成 30°角的细实线绘制,可省略不画。在垂直于螺纹轴线的投影面的视图(投影为圆的视图)上,大径画粗实线圆,小径画约 3/4 圈细实线圆,倒角圆省略不画。小径尺寸可按大径的 0.85 倍画出,如图 10-8a 所示。

当外螺纹被剖开时,螺纹终止线仅在牙顶和牙底之间画出,剖面线必须画至粗实线,如图 10-8b 所示。

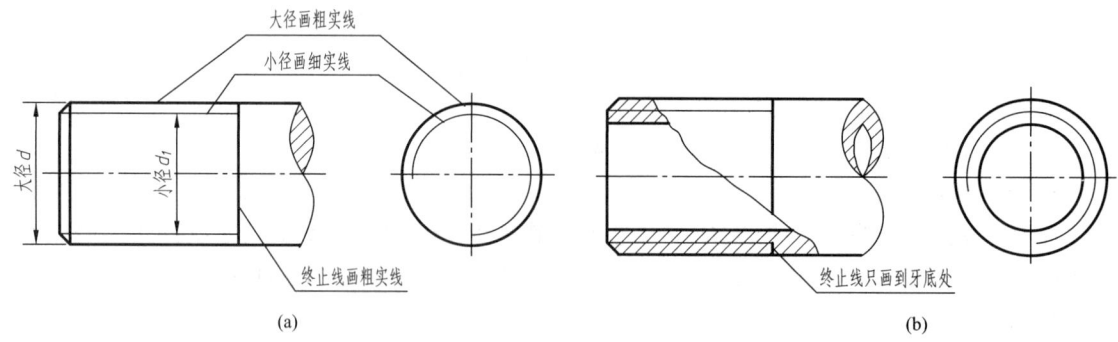

图 10-8　外螺纹的画法

2. 内螺纹的画法

在剖视图中,内螺纹的小径(牙顶)用粗实线表示;大径(牙底)用细实线表示;有效螺纹终止线(简称螺纹终止线)用粗实线绘制;剖面线应画至粗实线。在投影为圆的视图上,小径画粗实线圆,大径画约 3/4 圈细实线圆,倒角圆不画,如图 10-9a 所示。

当内螺纹不剖开(或绘制不可见螺纹)时,所有图线均画细虚线,如图 10-9b 所示。

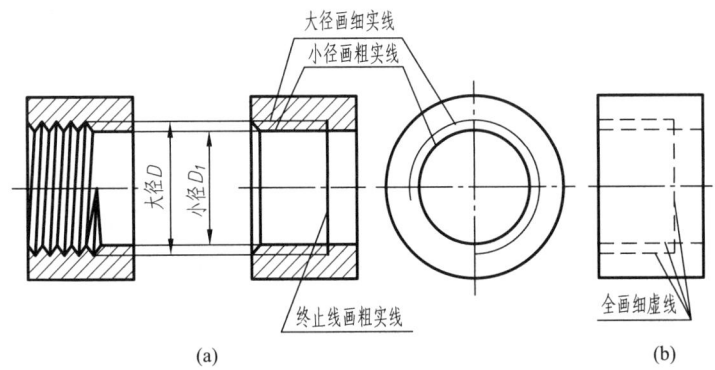

图 10-9 内螺纹的画法

加工内螺纹时通常先用钻头钻孔,后加工螺纹。绘制不通的螺孔时,一般应将钻孔深度与螺孔深度分别画出,二者之差为 $0.5D$。钻孔底部的锥顶角应画成 $120°$,如图 10-10 所示。图 10-11 表示螺孔中有相贯线的画法。

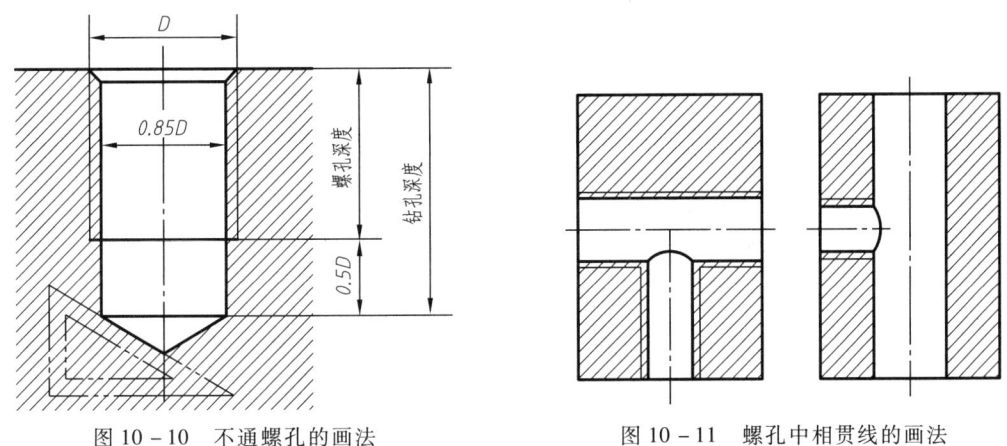

图 10-10 不通螺孔的画法　　　　图 10-11 螺孔中相贯线的画法

3. 内、外螺纹旋合的画法

以剖视图表示内、外螺纹旋合时,其旋合部分按外螺纹的画法绘制,其余部分仍按各自的规定画法绘制,如图 10-12 所示。

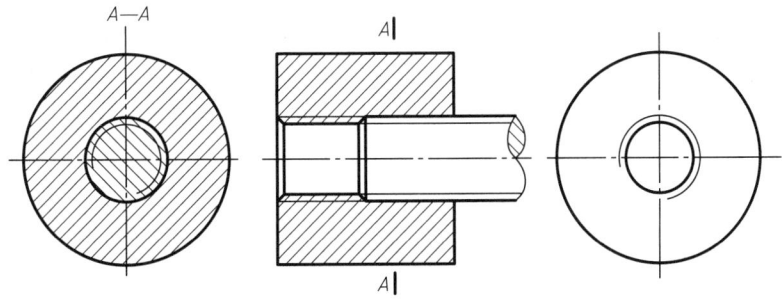

图 10-12 内、外螺纹旋合的画法

4. 螺纹牙型的表示法

当需要画出螺纹牙型时,可采用局部剖视图,如图 10-13a、b 所示;或用局部放大图绘制,如

图 10 – 13c 所示。

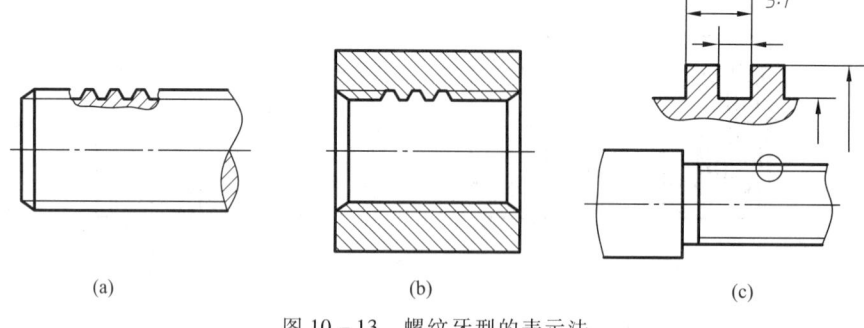

图 10 – 13 螺纹牙型的表示法

五、螺纹的标注

螺纹采用规定画法以后,其牙型、螺距、线数和旋向等在图上必须用规定代号和标注方法加以注明。

1. 螺纹完整标注格式

特征代号 公称直径 × 导程(P 螺距) 旋向 – 公差带代号 – 旋合长度代号

2. 普通螺纹的标注

单线普通螺纹完整的标注方式如下:

特征代号 公称直径×螺距 旋向 – 公差带代号 – 螺纹旋合长度代号

(1) 特征代号 普通螺纹用"M"表示,粗牙普通螺纹不标螺距。当旋向为右旋时,不标注;左旋时,要标注"LH"两个大写字母。例如:M10,M10×1LH,见表 10 – 1。

(2) 螺纹公差带代号 螺纹公差带代号包括中径公差带代号与顶径(指外螺纹大径和内螺纹小径)公差带代号两部分。公差带代号是由表示其大小的公差等级数字和表示其位置的字母组成,如 6H、6g 等。其中大写字母代表内螺纹公差带位置,小写字母代表外螺纹公差带位置。当中径公差带和顶径公差带代号不同时,则应分别注出,如 M10 – 5g6g,前者表示中径公差带,后者表示顶径公差带。如果中径公差带与顶径公差带代号相同,则只注一个代号,例如:M10×1 – 5H。

如果不知道旋合长度的实际值,推荐按中等旋合长度来确定公差带,最常用的中等旋合长度公差带 5H、6h(公称直径≤1.4 mm)和 6H、6g(公称直径≥1.6 mm)省略不标。

(3) 螺纹旋合长度代号 螺纹旋合长度指两个相互配合的螺纹,沿其轴线方向互相旋合部分的长度。旋合长度规定为短(S)、中(N)、长(L)三种,最常用的旋合长度为中等旋合长度,代号省略不标。必要时,在螺纹公差带代号之后加注旋合长度代号 S 或 L,中间用" – "分开,例如:M10 – 5g6g – S,M10 – 6H – L。

如果是多线普通螺纹,"螺距"一项改为"P_h 导程 P 螺距",如 M16×P_h3P1.5 表示双线普通螺纹。

3. 梯形螺纹的标注

梯形螺纹的特征代号用"Tr"表示,其标注方式如下:

单线螺纹用"**特征代号 公称直径×螺距 旋向 – 公差带代号 – 旋合长度代号**"表示,如 T_r40×7 – 7H,见表 10 – 1。

多线螺纹用"**特征代号 公称直径 × 导程(P 螺距)旋向 – 公差带代号 – 旋合长度代号**"表

示,如 Tr40×14(P7)LH-7e,见表10-1。

当旋向为右旋时,不标注;左旋时,要标注"LH"两个大写字母。

梯形螺纹的公差带代号仅包括中径公差带代号,如果不知道旋合长度的实际值,推荐按中等旋合长度来确定公差带,旋合长度为中等时不标注旋合长度代号。

表10-1 常见螺纹特征代号和标注示例

螺纹分类		牙型图	特征代号	标注方式	图例	注解
	粗牙普通螺纹	60°	M	M10 公称直径 特征代号	M10	粗牙螺纹不注螺距;左旋螺纹注"LH";右旋不标注;中等旋合长度,代号省略不标,以下相同
	细牙普通螺纹			M10×1 LH 左旋 细牙螺距 公称直径 特征代号	M10×1LH	
连接螺纹	55°非密封圆柱管螺纹		G	G1/4 尺寸代号 特征代号	G1/4	注在从大径引出的引线上; 左旋螺纹注"LH"; 右旋不标注
				G1/2A—LH 左旋 公差等级 尺寸代号 特征代号	G1/2A-LH	
	55°密封管螺纹	55°	Rp	Rp1/2—LH 左旋 尺寸代号 特征代号	Rp1/2 LH	Rp—圆柱内螺纹; Rc—圆锥内螺纹; R_1—与圆柱内螺纹配合的圆锥外螺纹; R_2—与圆锥内螺纹配合的圆锥外螺纹; 左旋螺纹注"LH"; 右旋不标注
			Rc	Rc1/2 尺寸代号 特征代号	Rc1/2	
			R_1 R_2	$R_1$1/2 尺寸代号 特征代号	R_1/2	

续表

螺纹分类	牙型图	特征代号	标注方式	图例	注解
传动螺纹 — 梯形螺纹	 (30°牙型图)	Tr	Tr40×7-7H — 公差带 — 螺距 — 公称直径 — 特征代号	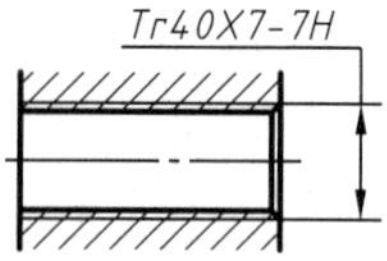 Tr40X7-7H	左旋螺纹注"LH"; 右旋不标注
			Tr40×14(P7)LH-7e — 公差带 — 左旋 — 螺距 — 导程 — 公称直径 — 特征代号	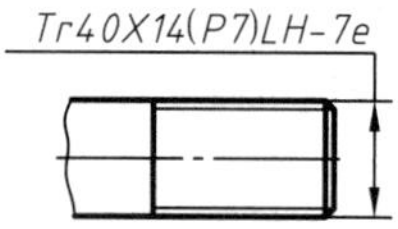 Tr40X14(P7)LH-7e	
传动螺纹 — 锯齿形螺纹	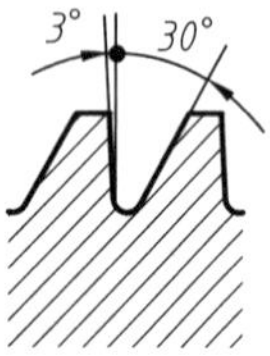 (3°/30°牙型图)	B	B40×7-7A — 公差带 — 螺距 — 公称直径 — 特征代号	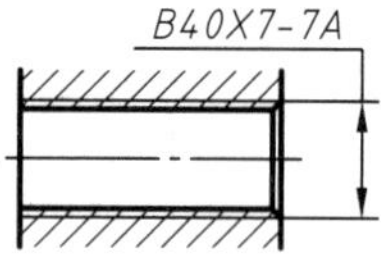 B40X7-7A	左旋螺纹注"LH"; 右旋不标注
			B40×14(P7)LH-7c — 公差带 — 左旋 — 螺距 — 导程 — 公称直径 — 特征代号	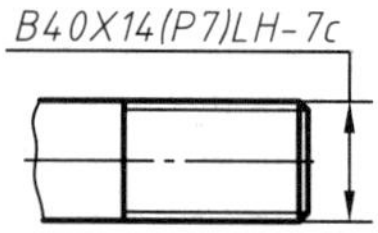 B40X14(P7)LH-7c	

4. 锯齿形螺纹的标注

锯齿形螺纹的特征代号用"B"表示。

锯齿形螺纹的标注同梯形螺纹,见表 10-1。

5. 管螺纹的标注

非螺纹密封的圆柱管螺纹的特征代号用"G"表示,其标注方式如下:

特征代号　尺寸代号　公差等级-旋向

尺寸代号是指管螺纹管子的直径,以英寸为单位,并非管螺纹的大径尺寸。例如,1 英寸螺管的管子通孔直径为 1 英寸(25.4 mm),螺纹大径尺寸可由附表 3 查得为 ϕ33.249 mm。因此,管螺纹的标注不能用尺寸线和尺寸界线,而是从大径画一指引线注出其螺纹标记。螺纹尺寸代号见附表 3。

螺纹的公差等级代号:外螺纹中径公差分为 A 级和 B 级;内螺纹则不标记。

当螺纹为左旋时,在公差等级代号后加注"LH",例如 G1/2A – LH,见表 10 – 1。

用螺纹密封的管螺纹的特征代号分别用"Rc"、"Rp"、"R_1"和"R_2"表示,其标注方式如下:"特征代号　尺寸代号　旋向"。

螺纹的尺寸代号(附表 4)注写在螺纹特征代号之后。当旋向为右旋时,不标注;左旋时,要标注"LH"两个大写字母,例如 Rp1/2LH,见表 10 – 1。

§10 –2　螺纹紧固件及其连接

机器或设备中常用螺纹紧固件将几个零件连接起来,称为螺纹紧固件连接。常见的螺纹紧固件有螺栓、螺柱、螺钉、螺母、垫圈等,如图 10 – 14 所示。常见的螺纹紧固件连接有螺栓连接、螺柱连接和螺钉连接,如图 10 – 15 所示。

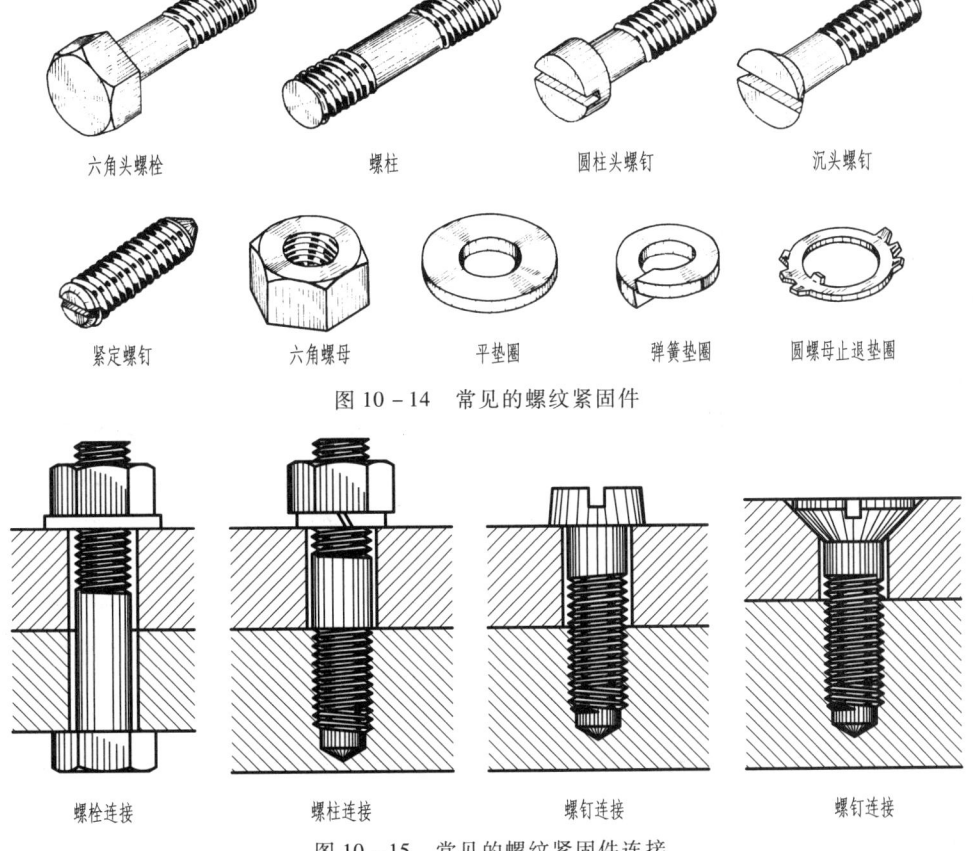

图 10 – 14　常见的螺纹紧固件

图 10 – 15　常见的螺纹紧固件连接

一、紧固件的规定标记

紧固件都是标准件。国家标准对它们的结构、形式以及尺寸大小都作了统一规定,并分别予以不同的"标记"。GB/T 1237—2000《紧固件标记方法》中规定紧固件完整标记的格式如下:

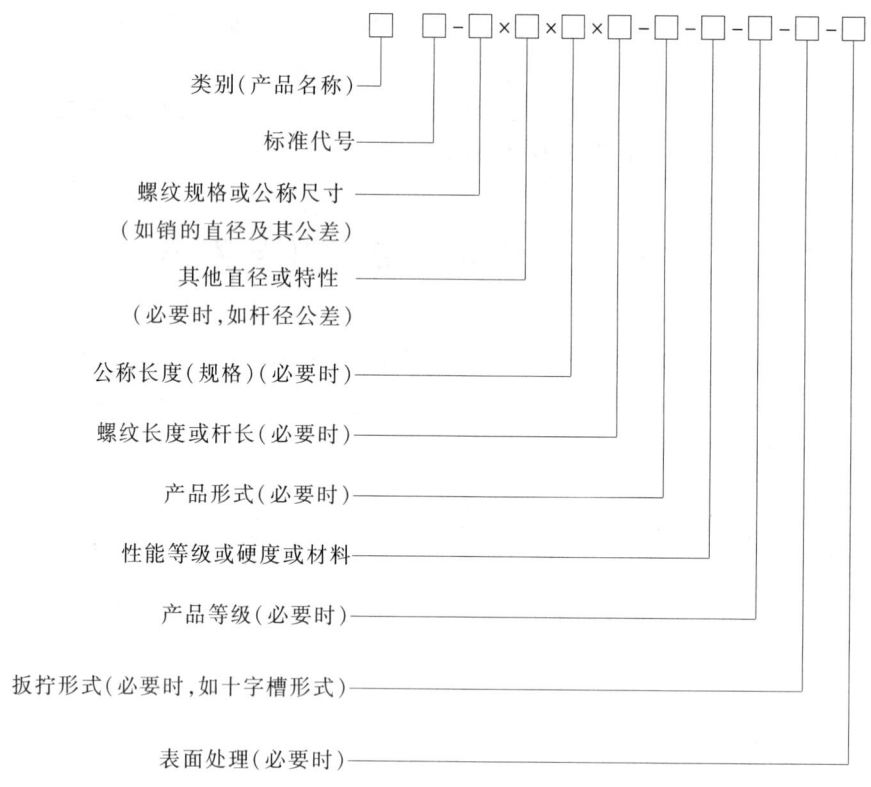

标记的简化原则:

(1) 类别(产品名称)、标准年份代号及其前面的"-"允许全部或部分省略。省略年份代号的标准应以现行标准为准。

(2) 标记中的"其他直径或特性"前面的"×"允许省略,但省略后不应导致对标记的误解,一般以空格代替。

(3) 当产品中只规定一种产品形式、性能等级或硬度或材料、产品等级、扳拧形式及表面处理时,允许全部或部分省略。

(4) 当产品中只规定两种及其以上的产品形式、性能等级、硬度、材料、产品等级、扳拧形式及表面处理时,规定可以省略其中的一种,并在产品标准的标记示例中给出省略后的简化标记。

标记示例:

如图 10-16 所示,六角头螺栓公称直径 M16、公称长度 55、性能等级 10.9 级、产品等级为 A 级、表面氧化,其完整标记为:

螺栓 GB/T 5782—2000 - M16×55 - 10.9 - A - O

一般情况下，紧固件采用简化标记，上述螺栓的标记可简化为：

螺栓 GB/T 5782 M16×55

常用紧固件的标记示例可查阅本书附录及有关产品标准。

二、螺纹紧固件的画法

1. 按标准规定的数值(查表)画图

根据螺纹紧固件的标记，由附表 6～附表 16 可查出其结构形式及各部分尺寸，再按尺寸画出螺纹紧固件。

2. 比例画法

为了提高绘图速度，将螺纹紧固件部分尺寸换算成螺纹公称直径的一定的比例系数，经简单计算就可以求得各部分尺寸。这种方法便于记忆且画图简单，称其为比例画法。

图 10-17 所示为六角螺母的比例画法。六角螺母由正六棱柱经 30°倒角而形成，故每个棱面上均产生截交线——双曲线。画图时，这些双曲线可用圆弧代替，具体画法如下：

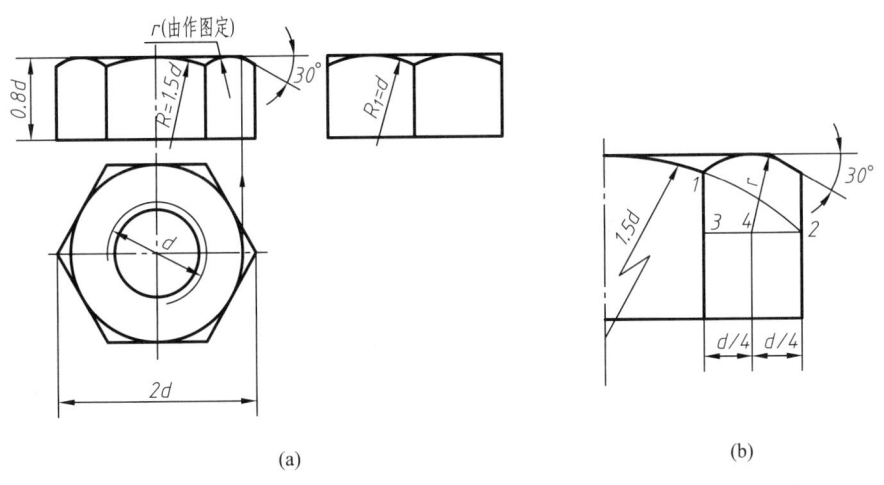

图 10-17 六角螺母的比例画法

在主视图上，以 $R=1.5d$ 为半径画弧，与六棱柱顶面投影相切，并与两棱线相交。左、右棱面上的两段弧分别以 r 为半径，r 的大小由作图决定，详细作法如图 10-17b 放大图所示。即以 1.5d 为半径的圆弧与右侧两棱交于 1、2 两点，由 2 作水平线与相邻棱线交于点 3。平分线段 23 得点 4，以 4 为圆心、线段 41 长为半径画圆弧与顶面相切。同理可作出左侧的一段圆弧。

在左视图上，以 $R_1=d$ 为半径分别画出两圆弧与顶面投影相切，如图 10-17a 所示。其他常用螺纹紧固件的比例画法见表 10-2。

表 10-2 常用螺纹紧固件的比例画法

名称	比例画法	名称	比例画法
螺栓 GB/T 5782	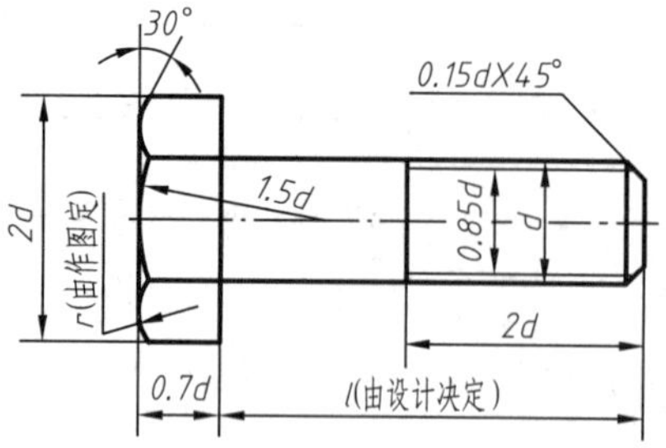	螺柱 GB/T 897	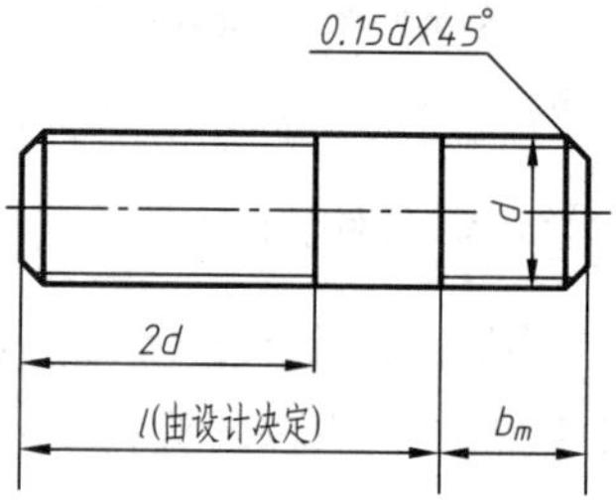
螺钉 GB/T 65	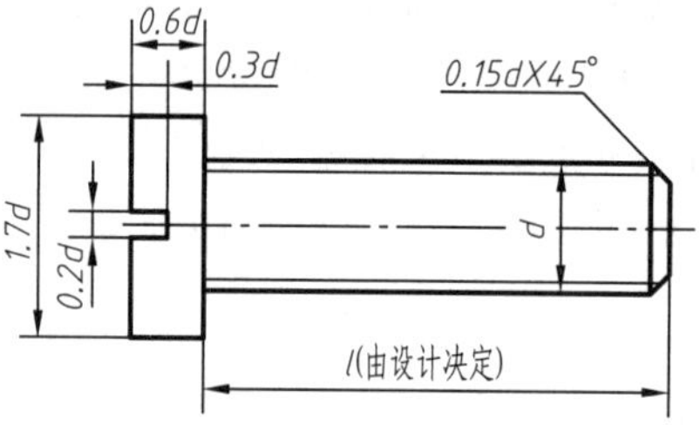	螺钉 GB/T 68	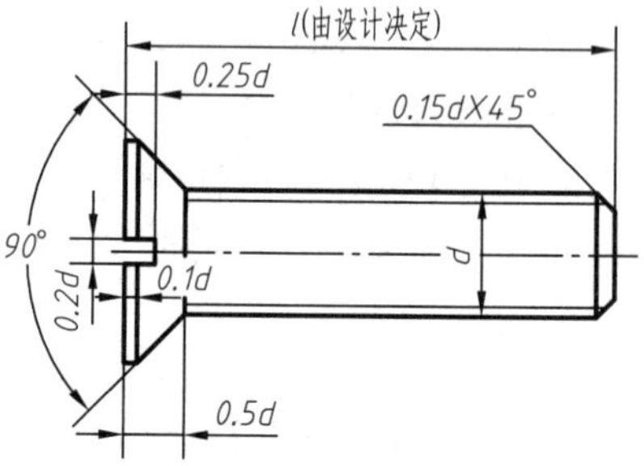
平垫圈 GB/T 97.1	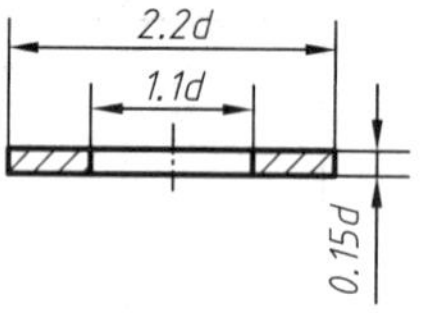	弹簧垫圈 GB/T 93	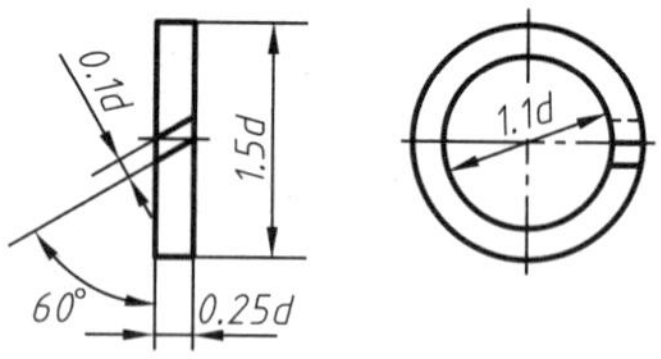

三、螺纹紧固件连接的画法

在画螺纹紧固件连接图时,要注意以下几点规定:

(1) 两零件的接触表面画一条粗实线,不接触的表面画成两条粗实线。

(2) 在剖视图中,当剖切平面通过螺纹紧固件轴线时,螺栓、螺柱、螺钉、螺母及垫圈等均按未剖切绘制。

(3) 被连接的两相邻零件的剖面线方向应相反或间距不等,同一零件在各剖视图中剖面线方向和间距要一致。

1. 螺栓连接

螺栓连接适用于不太厚的两零件间的连接。被连接件上钻有通孔,为便于装配,通孔直径比螺栓大径略大(绘图时孔径一般取螺栓大径的 1.1 倍)。将螺栓杆部穿过被连接件的通孔,再套上垫圈,拧紧螺母将两个零件固定在一起。螺栓连接的比例画法及简化画法如图 10-18 所示。

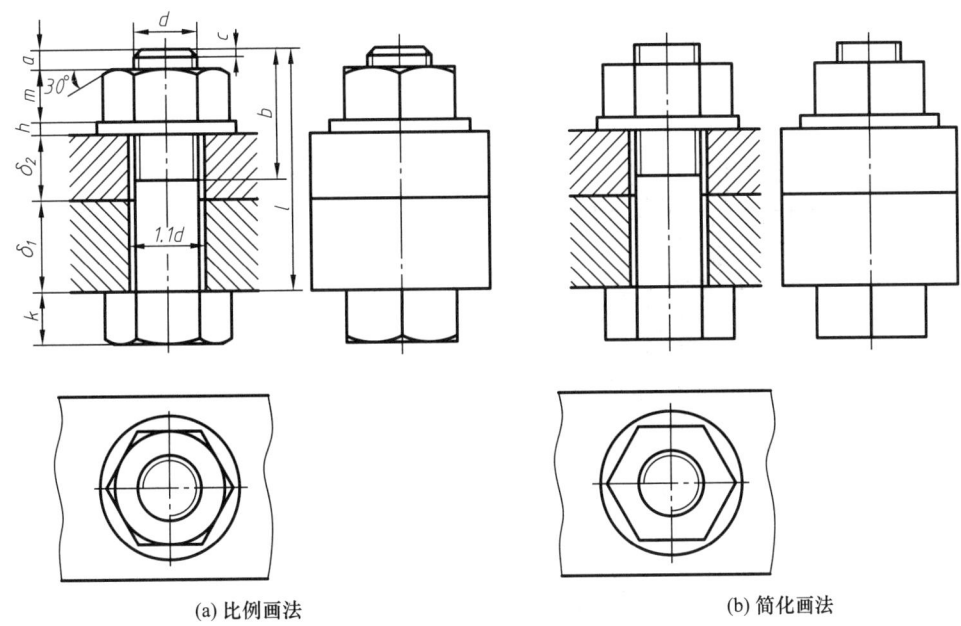

(a) 比例画法　　　　　　　　(b) 简化画法

图 10-18　螺栓连接的比例画法及简化画法

当已知六角头螺栓的公称直径 d 和被连接件的厚度 δ_1、δ_2 时,螺栓公称长度的确定可按公式 $l \geqslant \delta_1 + \delta_2 + h + m + a$ 计算,然后再从附表 6 中选取相近的标准长度 l。其中 $h = 0.15d$ 为垫圈厚度, $m = 0.8d$ 为螺母高度, $a \approx 0.3d$ 为螺纹末端伸出长度。

2. 螺柱连接

当被连接零件中有一个较厚或因其他原因不宜于用螺栓连接时,可采用螺柱连接。连接时,在较厚零件(如机体)上加工螺纹孔,在较薄零件上钻通孔,孔径稍大于螺柱大径(约为螺柱大径的 1.1 倍)。

螺柱又称双头螺柱,两端都有螺纹。旋入机体的一端称为旋入端,另一端称为紧固端。连接时,将螺柱的旋入端全部拧入螺纹孔,再将钻有通孔的被连接零件套入紧固端,再套上垫圈,拧紧螺母。螺柱连接的比例画法及简化画法如图 10-19 所示。

螺纹旋入端 b_m 的长度由被连接零件的材料而定。

旋入钢或青铜中取 $b_m = d$,旋入铸铁中取 $b_m = 1.25d$,旋入材料的强度在铸铁和铝之间取 $b_m = 1.5d$,旋入铝合金中取 $b_m = 2d$。

当公称直径 d 和被连接件厚度 δ 已知时,螺柱公称长度 l 可按公式 $l \geqslant \delta + h + m + a$ 计算,然后从附表 8 中选取相近的标准长度 l。

3. 螺钉连接

螺钉用来连接受力不大的两个零件。连接时,其中一个零件制出通孔或沉孔,另一个零件制成螺孔,将螺钉旋入直到钉头压紧被连接零件。图 10-20 所示为沉头螺钉连接的比例画法及简化画法。

当板厚 δ 已知,螺钉公称长度 l 可按公式 $l \geqslant \delta + b_m$ 计算(b_m 的取值可参考螺柱连接),再从附表 11 中选取相近的标准长度 l。

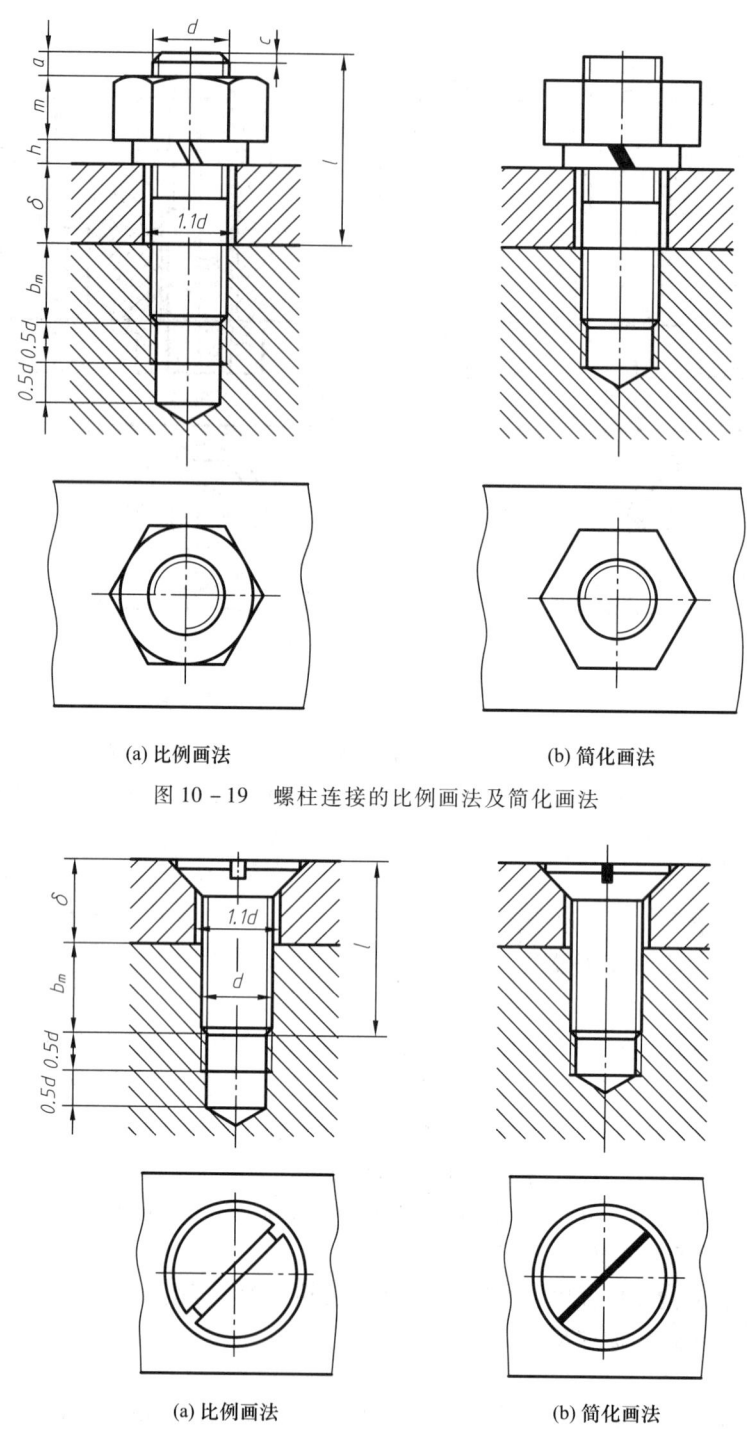

(a) 比例画法　　　　　　(b) 简化画法

图 10-19　螺柱连接的比例画法及简化画法

(a) 比例画法　　　　　　(b) 简化画法

图 10-20　沉头螺钉连接的比例画法及简化画法

应当注意，螺钉头部的一字槽在投影为圆的视图上应画成与水平方向倾斜 45°，如图 10-20 所示。

螺钉除了起连接作用之外，还常用于固定两个零件的相对位置，称为紧定螺钉。图 10-21 所示为锥端紧定螺钉连接的画法。

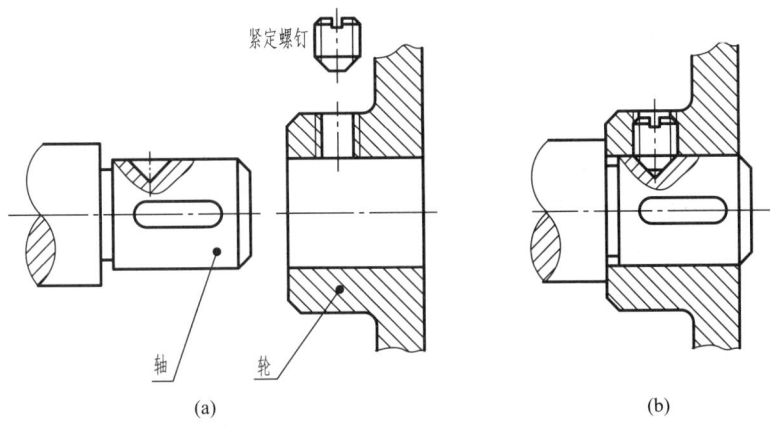

图 10-21 锥端紧定螺钉连接的画法

§10-3 键、销及滚动轴承

一、键

1. 键的作用、种类和标记

为了使轮和轴一起转动,常在轴上和轮的轴孔内各加工一个键槽,然后装入键使轮与轴一起转动。键起传递扭矩的作用。

常用的键有普通平键、半圆键、钩头楔键等,此外还有花键,如图10-22所示。

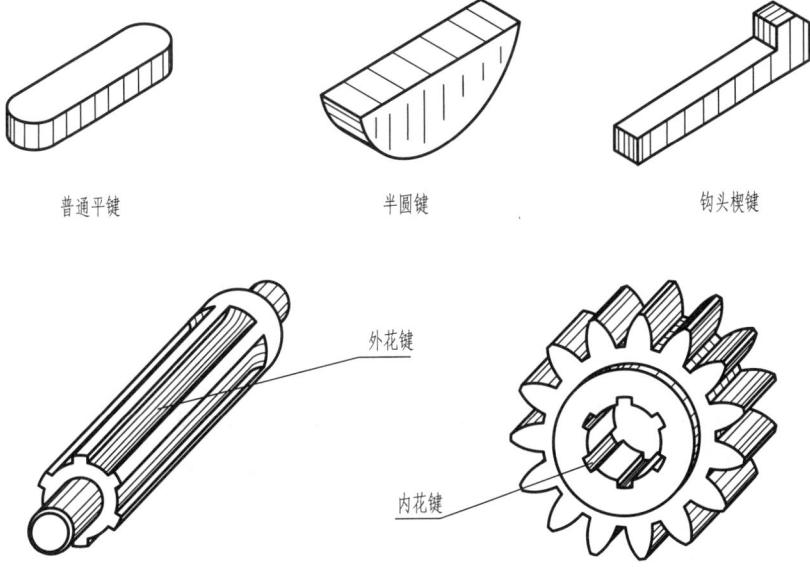

图 10-22 键的种类

普通平键又有 A 型(圆头)、B 型(方头)、C 型(单圆头)三种类型,见附表 18。键属于标准件,它的结构和尺寸都已标准化。

标记示例:

GB/T 1096—2003 键 16×10×80

表示 A 型普通平键,键宽 $b=16$ mm,键高 $h=10$ mm,键的公称长度 $L=80$ mm。

GB/T 1099.1—2003 键 6×10×25

表示半圆键,键宽 $b=6$ mm,键高 $h=10$ mm,键的公称直径 $D=25$ mm。

普通平键的键和键槽尺寸可按轴的直径 d 查附表 17、附表 18 确定,键长要按小于轮毂的长度选用系列中的标准尺寸。

2. 普通平键、半圆键连接

普通平键和半圆键的侧面为工作表面,键的两侧面与轴、轮毂的键槽侧面相接触,键的底面与轴键槽底面相接触,均应画一条粗实线。键的顶面为非工作表面,它与轮毂的键槽顶面存在间隙,应画两条粗实线。普通平键连接的画法如图 10-23 所示。图 10-24 表示轴上键槽和轮毂内键槽的画法及尺寸标注。所注尺寸按轴径 $\phi15$ 从附表 17 和附表 18 中查得。图 10-25 所示为半圆键连接的画法。

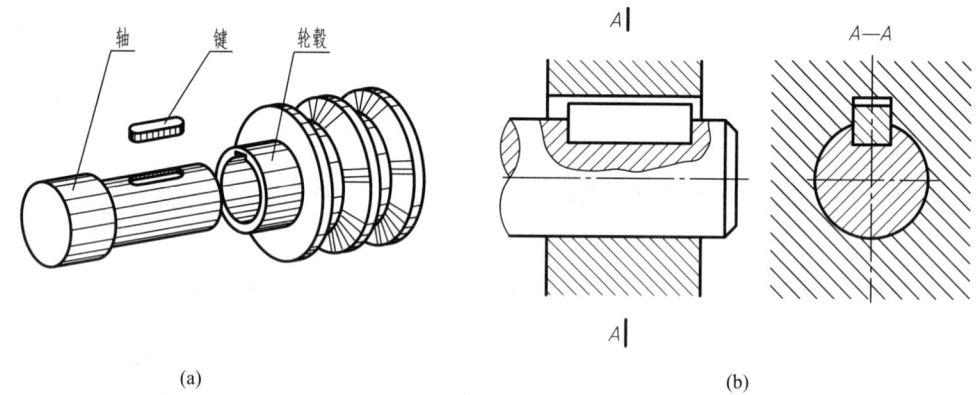

图 10-23 普通平键连接的画法

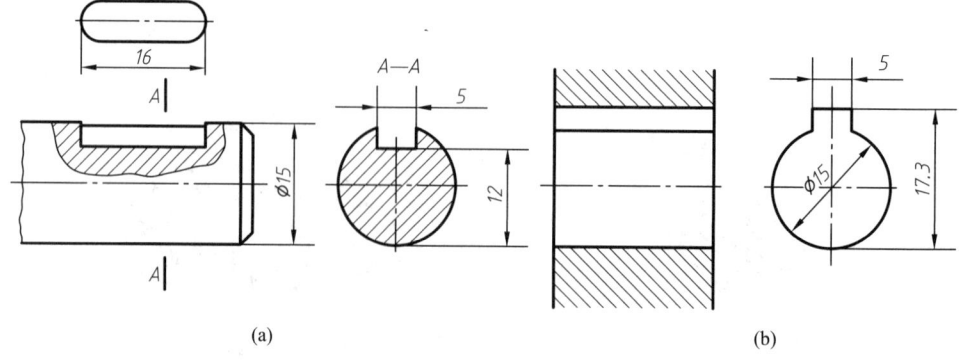

图 10-24 键槽的画法及尺寸标注

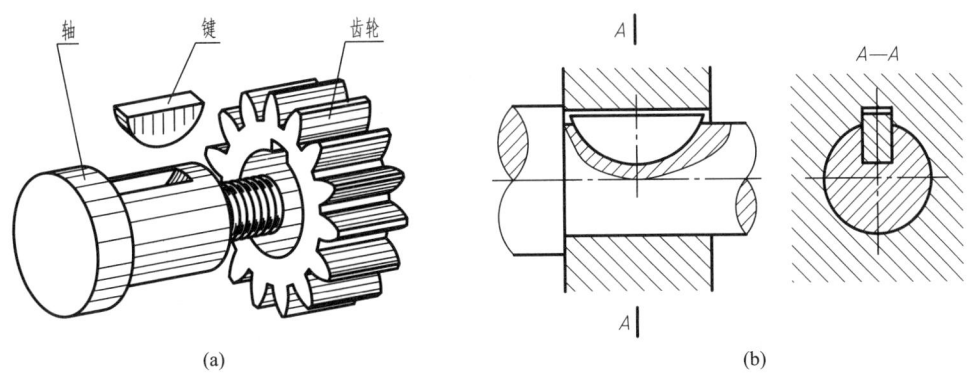

图 10-25 半圆键连接的画法

3. 花键连接

花键连接又称多键槽连接。它的特点是键和槽的数目较多,轴和键制成一体,适用于载荷较大和定心要求较高的连接上。花键按齿形可分为矩形花键、三角形花键和渐开线花键等,其中矩形花键最为常见。

国家标准规定矩形花键的画法及标注如下:

(1) 外花键　花键轴称为外花键。外花键在平行于花键轴线的投影面的视图中,大径用粗实线、小径用细实线绘制,并用断面图画出其中一部分或全部齿形,如图 10-26 所示。其局部剖视图和垂直于花键轴线的投影面的视图按图 10-27 所示绘制。

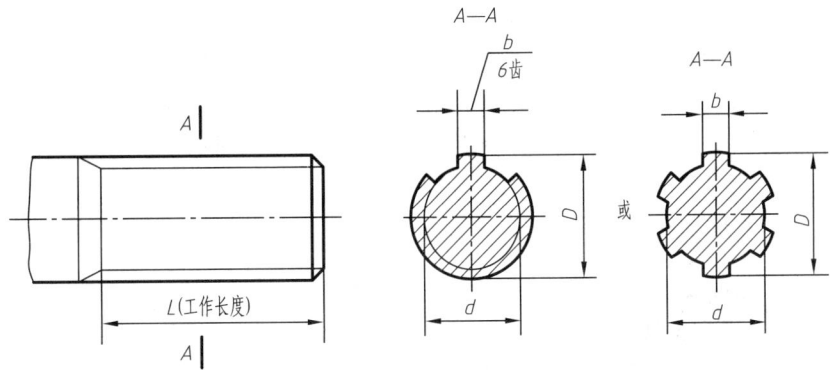

图 10-26 外花键的画法及标注

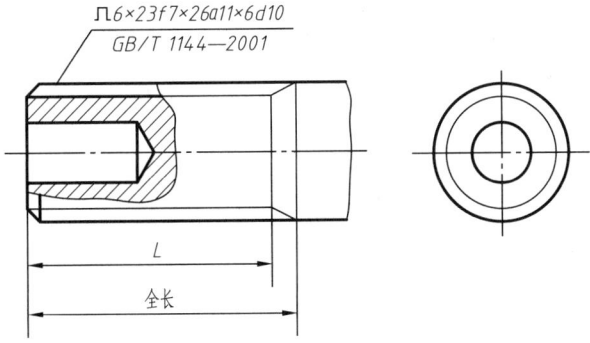

图 10-27 外花键剖视的画法及标注

花键工作长度的终止端和尾部长度末端均用细实线绘制,并与轴线垂直。尾部画成与轴线成 30°的细斜线,如图 10 - 26 所示。

（2）内花键　花键孔称为内花键。内花键在平行于花键轴线的投影面的剖视图中,大径及小径均用粗实线绘制。在垂直于花键轴线的投影面上,画出一部分或全部齿形的局部视图,如图 10 - 28 所示。

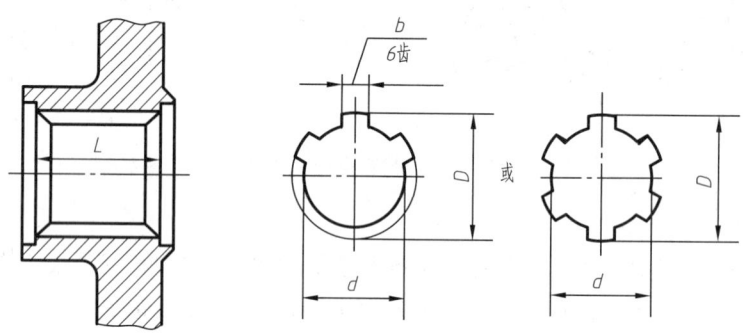

图 10 - 28　内花键的画法及标注

矩形花键的尺寸一般标注齿数 N、小径 d、大径 D 和键宽 b,可按图 10 - 26、图 10 - 28 所示的形式注写(未注公差带代号)。也可采用标准规定的标记代号标注,如图 10 - 27 所示。

花键长度应采用下列三种形式之一标注：
① 标注工作长度,如图 10 - 26 所示。
② 标注工作长度及全长,见图 10 - 27 所示。
③ 标注工作长度及尾部长度,如图 10 - 29 所示。

（3）内、外花键连接的画法　花键连接用剖视图表示时,其连接部分按外花键的画法绘制,如图 10 - 30 所示。在花键连接图中应标注花键标记代号。

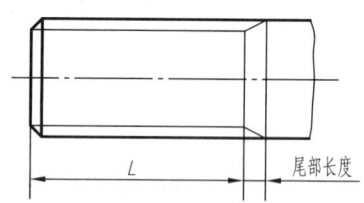

图 10 - 29　花键长度尺寸的标注

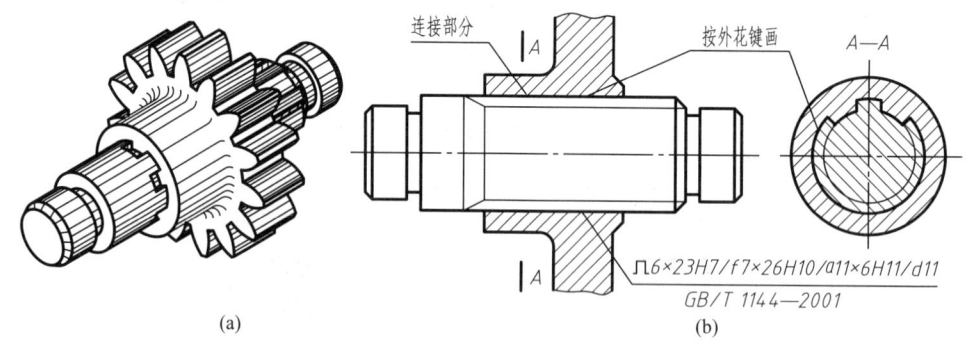

图 10 - 30　花键连接的画法及标注

二、销

常用的销有圆柱销、圆锥销和开口销等,它们的结构形状和尺寸均已标准化,可参看附表 21

圆柱销(摘自 GB/T 119.1—2000)、附表 22 圆锥销(摘自 GB/T 117—2000)、附表 23 开口销(摘自 GB/T 91—2000)。

圆柱销常用于两个零件的连接或定位。圆锥销常用于两个零件的定位,它们有时也用来传递较小的动力。开口销一般与槽形螺母配合使用,防止螺母松脱。

1. 销的标记

圆柱销的标记内容有:名称、标准号、结构形式、公称直径和长度。圆锥销的锥度通常为 1∶50,小端直径为公称直径。

标记示例:

销 GB/T 119.1 6m6×30

表示公称直径 $d=6$ mm,公差带 m6,公称长度 $l=30$ mm,不经淬火、不经表面处理的圆柱销。

销 GB/T 117 10×60

表示 A 型、公称直径 $d=10$ mm,公称长度 $l=60$ mm,材料为 35 钢,热处理 28～38 HRC、表面氧化的圆锥销。

销 GB/T 91 5×50

表示公称直径 $d=5$ mm,长度 $l=50$ mm,材料为低碳钢,不经表面处理的开口销。

2. 销连接的画法

销连接的画法如图 10-31 所示。用圆柱销和圆锥销连接零件,销孔应在两个零件装配后同时加工,并在零件上注明"配作"。

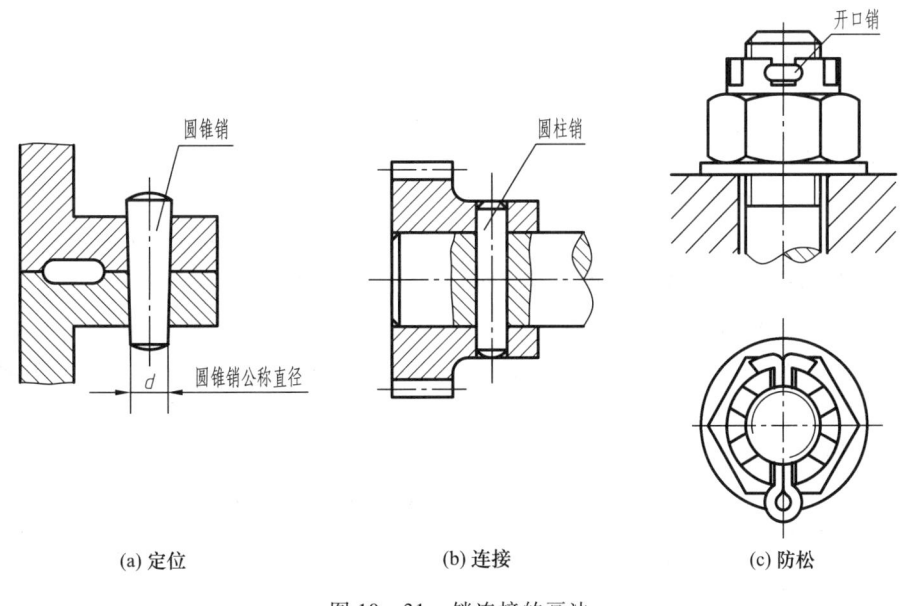

图 10-31 销连接的画法

三、滚动轴承

滚动轴承用于支承轴的旋转。因为它的结构紧凑、摩擦阻力小、效率高,所以是现代机器中广泛采用的标准部件。

1. 滚动轴承的结构及类型

滚动轴承的种类很多,但它们的结构大致相同,一般由外(上)圈、内(下)圈、滚动体和保持架四部分构成,如图 10-32 所示。

滚动体有球体和滚子两类。由于滚动体不同,滚动轴承分为球轴承和滚子轴承。

根据滚动体的排列方式又分为单列和双列滚动轴承。

滚动轴承按其承受的载荷方向又可分为:

(1) 向心轴承——主要承受径向载荷,如图 10-32a 所示。

(2) 推力轴承——用于承受轴向载荷,如图 10-32b 所示。

(3) 圆锥滚子轴承——用于同时承受径向和轴向载荷,如图 10-32c 所示。

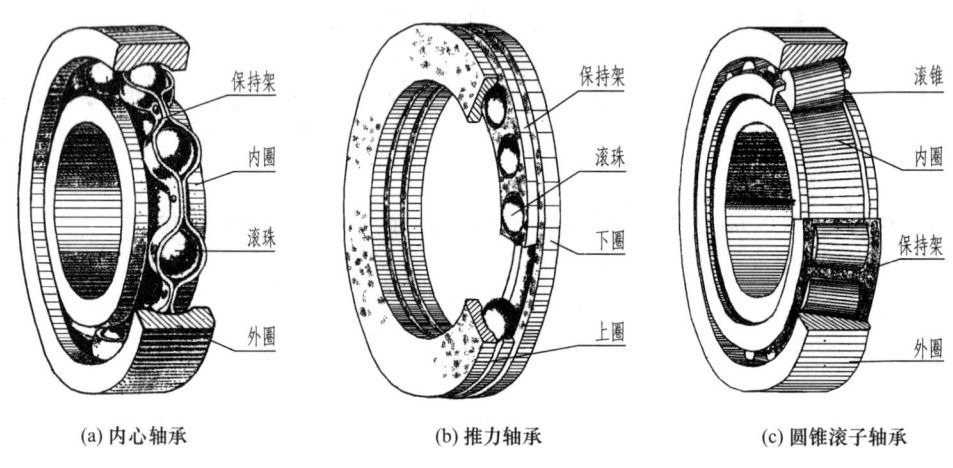

图 10-32 滚动轴承

2. 滚动轴承的代号

为便于选用,国家标准规定滚动轴承的结构、尺寸、公差等级和技术性能等特性用代号表示。

常用的滚动轴承代号由字母加数字组成。完整的代号包括前置代号、基本代号和后置代号三部分。基本代号表示轴承的基本类型、结构和尺寸,是轴承代号的基础。

(1) 基本代号的组成

基本代号由轴承类型代号、尺寸系列代号和内径代号三部分自左至右顺序排列组成。

① 类型代号

类型代号用数字或字母表示。数字和字母含义见表 10-3。

表 10-3 滚动轴承的类型代号(GB/T 272—1993)

代号	轴 承 类 型	代号	轴 承 类 型
0	双列角接触球轴承	4	双列深沟球轴承
1	调心球轴承	5	推力球轴承
2	调心滚子轴承和推力调心滚子轴承	6	深沟球轴承
3	圆锥滚子轴承	7	角接触球轴承

续表

代号	轴承类型	代号	轴承类型
8	推力圆柱滚子轴承	U	外球面球轴承
N	圆柱滚子轴承,双列或多列用字母NN表示	QJ	四点接触球轴承

② 尺寸系列代号

尺寸系列代号由轴承的宽(高)度系列代号(一位数字)和直径系列代号(一位数字)左右排列组成,用于表示内径相同的轴承在外径和宽(高)度方面的变化系列。显然,尺寸系列代号不同的轴承其外轮廓尺寸不同,其承载能力也不同。向心轴承、推力轴承尺寸系列代号见表10-4。

表10-4 滚动轴承尺寸系列代号(GB/T 272—1993)

直径系列代号	向心轴承								推力轴承			
	宽度系列代号								高度系列代号			
	8	0	1	2	3	4	5	6	7	9	1	2
	尺寸系列代号											
7	—	—	17	—	37	—	—	—	—	—	—	—
8	—	08	18	28	38	48	58	68	—	—	—	—
9	—	09	19	29	39	49	59	69	—	—	—	—
0	—	00	10	20	30	40	50	60	70	90	10	—
1	—	01	11	21	31	41	51	61	71	91	11	—
2	82	02	12	22	32	42	52	62	72	92	12	22
3	83	03	13	23	33	—	—	—	73	93	13	23
4	—	04	—	24	—	—	—	—	74	94	14	24
5	—	—	—	—	—	—	—	—	—	95	—	—

③ 内径代号

内径代号表示滚动轴承内圈孔径。内圈孔径称为"轴承公称内径",其与轴产生配合,是一个重要参数。内径代号见表10-5。

表10-5 滚动轴承的内径代号(GB/T 272—1993)

轴承公称内径 d/mm	内径代号	示例
0.6~10(非整数)	用公称内径毫米数直接表示,在其与尺寸系列代号之间用"/"分开。	深沟球轴承618/2.5 $d=2.5$ mm
1~9(整数)	用公称内径毫米数直接表示,对深沟及角接触球轴承7,8,9直径系列,内径与尺寸系列代号之间用"/"分开。	深沟球轴承625、618/5 均为 $d=5$ mm

续表

轴承公称内径 d/mm		内 径 代 号	示 例
10~17	10	00	深沟球轴承 6200 $d = 10$ mm
	12	01	
	15	02	
	17	03	
20~480 （22,28,32 除外）		公称内径除以 5 的商数，商数为个位数，需在商数左边加"0"，如 08。	调心滚子轴承 23208 $d = 40$ mm
大于和等于 500 以及 22,28,32		用公称内径毫米数直接表示，但在与尺寸系列之间用"/"分开。	调心滚子轴承 230/500 $d = 500$ mm 深沟球轴承 62/22 $d = 22$ mm

（2）基本代号示例

轴承 6208　　6——类型代号，表示深沟球轴承

　　　　　　　2——尺寸系列代号，表示 02 系列（0 省略）

　　　　　　　08——内径代号，表示公称直径 40 mm

轴承 320/32　　3——类型代号，表示圆锥滚子轴承

　　　　　　　20——尺寸系列代号，表示 20 系列

　　　　　　　32——内径代号，表示公称直径 32 mm

轴承 N1006　　N——类型代号，表示外圈无挡边的圆柱滚子轴承

　　　　　　　10——尺寸系列代号，表示 10 系列

　　　　　　　06——内径代号，表示公称直径 30 mm

当只需表示类型时，常将右边的几位数字用 0 表示，如 6000 就表示深沟球轴承，30000 表示圆锥滚子轴承等。关于代号的其他内容读者可查阅有关轴承资料。

3. 滚动轴承的画法

滚动轴承是标准部件，不必画零件图。在装配图中，滚动轴承可以用三种画法来表示，这三种画法是通用画法、特征画法和规定画法。前两种属简化画法，在同一图样中一般只采用这两种简化画法中的一种。

对于这三种画法，国家标准《机械制图　滚动轴承表示法》（GB/T 4459.7—1998）作了如下规定：

（1）通用画法、特征画法及规定画法中的各种符号、矩形线框和轮廓线均用粗实线绘制，如图 10 – 33 和表 10 – 6 所示。

（2）绘制滚动轴承时，其矩形线框或外框轮廓的大小应与滚动轴承的外形尺寸（由手册中查出）一致，并与所属图样采用同一比例。

（3）在剖视图中，用通用画法和特征画法绘制滚动轴承时，一律不画剖面符号（剖面线）。采用规定画法绘制时，轴承滚动体不画剖面线。若轴承带有其他零件或附件（如偏心套、紧定

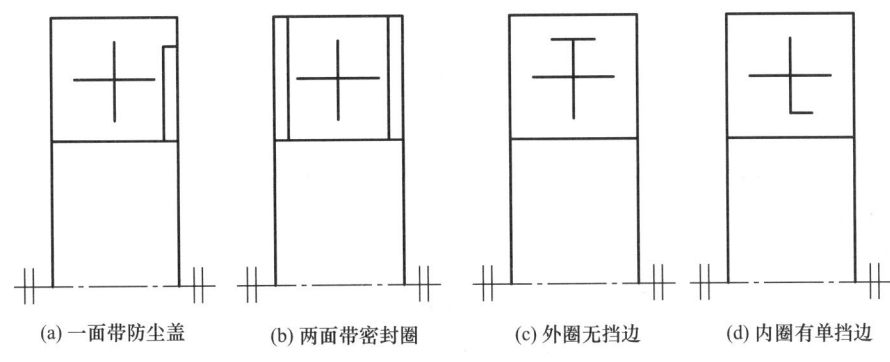

| (a) 一面带防尘盖 | (b) 两面带密封圈 | (c) 外圈无挡边 | (d) 内圈有单挡边 |

图 10-33 通用画法

套、挡圈等)时,其剖面线应与挡圈的剖面线呈不同方向或不同间隔,在不致引起误解时也允许不画,详见有关手册。

一般情况下,当不需要确切地表示轴承的外形轮廓、载荷特性、结构特征时,使用通用画法,否则使用特征画法或规定画法。通用画法可用矩形线框及位于线框中央的十字形符号表示,如图 10-33 所示。

常见滚动轴承的特征画法和规定画法见表 10-6。

表 10-6 常用滚动轴承的特征画法和规定画法

滚动轴承的结构形式	类型名称和标准代号	由标准中查出数据	规定画法	特征画法
（深沟球轴承图示）	深沟球滚动轴承（60000 型）GB/T 276—2013	D d B		
（圆锥滚子轴承图示）	圆锥滚子轴承（30000 型）GB/T 297—1994	D d T B C		

§10-4 齿 轮

齿轮是机器中应用很广的传动零件。齿轮传动不仅可以用来传递动力,而且还能改变运动方向、运动速度或运动方式。

常用的齿轮有:

圆柱齿轮——用于两平行轴之间的传动,如图10-34a所示。

圆锥齿轮——用于两相交轴之间的传动,如图10-34b所示。

蜗轮、蜗杆——用于两交叉轴之间的传动,如图10-34c所示。

齿轮、齿条——用于直线运动和旋转运动的相互转换,如图10-34d所示。

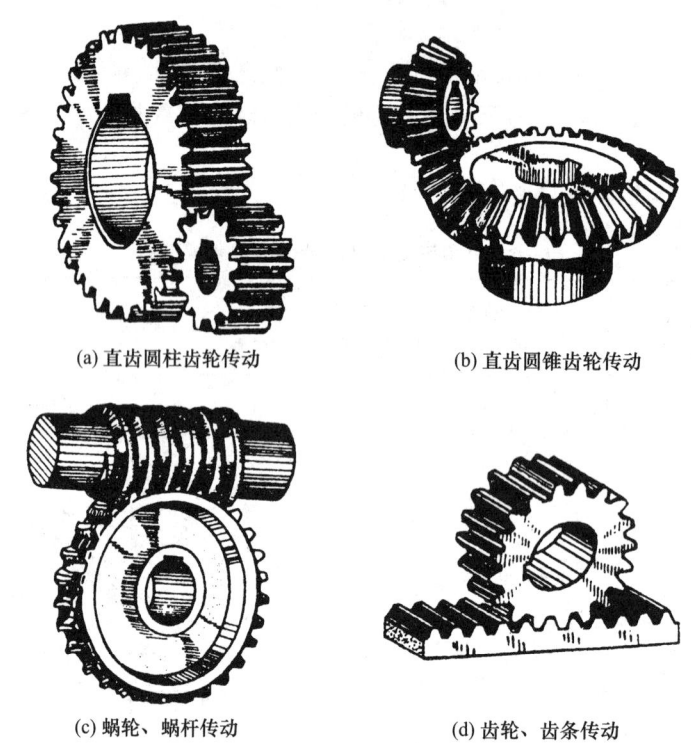

(a) 直齿圆柱齿轮传动　　(b) 直齿圆锥齿轮传动

(c) 蜗轮、蜗杆传动　　(d) 齿轮、齿条传动

图10-34 常见的齿轮传动

齿轮按轮齿方向可分为直齿、斜齿、人字齿及螺旋齿轮;按齿廓曲线可分为渐开线、摆线及圆弧齿轮等,一般机器中常用渐开线齿轮。

一、直齿圆柱齿轮

1. 直齿圆柱齿轮轮齿各部分名称及尺寸

(1) 齿顶圆　通过轮齿顶部的圆称为齿顶圆,其直径用 d_a 表示,如图10-35所示。

(2) 齿根圆　通过轮齿根部的圆称为齿根圆,其直径用 d_f 表示。

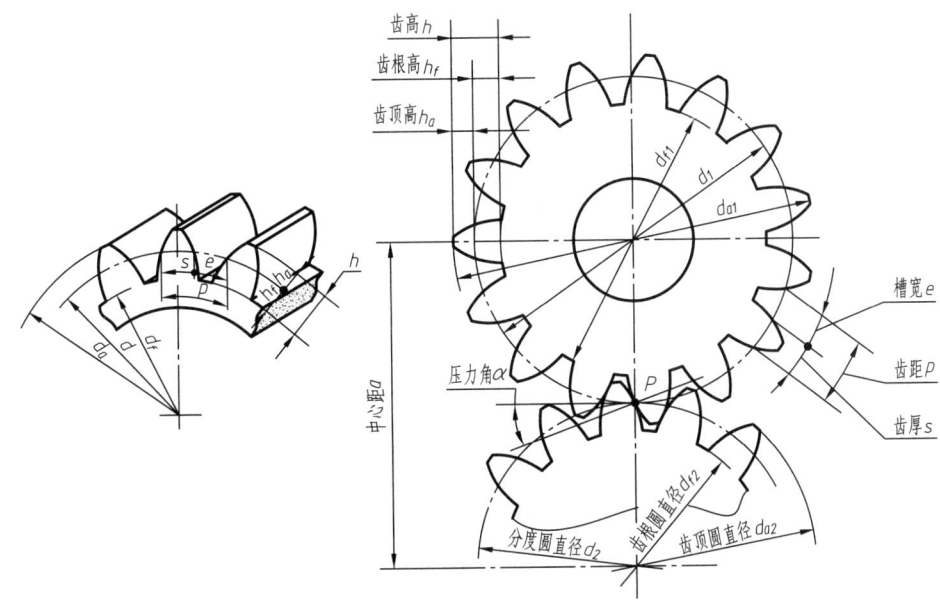

图 10-35 齿轮各部分名称及代号

(3) 齿厚、槽宽 通过齿轮轮齿部分任作一个圆,该圆在齿廓间的弧长称为齿厚,用 s 表示;在齿槽间的弧长称为槽宽,用 e 表示。

(4) 分度圆 在齿轮上存在一个齿厚弧长 s 和槽宽弧长 e 相等的假想圆,称为分度圆,其直径用 d 表示。

分度圆是在设计和制造齿轮时,计算各部分尺寸及分齿的一个基准圆。

(5) 齿顶高 齿顶圆与分度圆之间的径向距离,用 h_a 表示。

(6) 齿根高 分度圆与齿根圆之间的径向距离,用 h_f 表示。

(7) 齿高 齿顶圆与齿根圆之间的径向距离,用 h 表示,$h = h_a + h_f$。

(8) 齿距 分度圆周上相邻两齿对应点之间的弧长,用 p 表示,$p = s + e$ 且 $s = e = p/2$。

(9) 模数 分度圆的周长 $\pi d = pz$(z 为齿数),则分度圆直径 $d = zp/\pi$。式中 p/π 称为齿轮的模数,用 m 表示,单位为 mm。因 $m = p/\pi$,所以 $d = m \cdot z$。由上两式可见,模数 m 是反映齿距的一个参数。模数 m 越大,齿距和齿厚也越大,因而轮齿所能承受的力也越大。在使用中,模数大小是根据齿轮传递动力的大小而选定的。

一对啮合齿轮,其齿距应相等,因此它们的模数 m 也必相等。由于不同模数的齿轮需用相应齿轮刀具去加工,为了减少齿轮刀具的数量,国家标准对模数作了统一规定,见表 10-7。

表 10-7 圆柱齿轮模数的标准系列(摘自 GB/T 1357—2008)

第一系列	1	1.25	1.5	2	2.5	3	4	5	6
	8	10	12	16	20	25	32	40	50
第二系列	1.125	1.375	1.75	2.25	2.75	3.5	4.5	5.5	(6.5)
	7	9	11	14	18	22	28	36	45

注:[1] 对斜齿轮是指法向模数。
  [2] 选取模数时,应优先选用第一系列,其次第二系列,括号内的模数尽可能不用。

（10）压力角 两个相啮合的轮齿齿廓在接触点 P 处的受力方向与运动方向的夹角用 α 表示。标准齿轮 $\alpha = 20°$。

模数 m、齿数 z、压力角 α 是标准直齿圆柱齿轮的三个重要参数。设计齿轮时先确定模数和齿数，其他各部分尺寸都可由模数和齿数计算出来，计算公式见表 10-8。

表 10-8 标准直齿圆柱齿轮各基本尺寸的计算公式

各部分名称	代号	公式
分度圆直径	d	$d = mz$
齿顶高	h_a	$h_a = m$
齿根高	h_f	$h_f = 1.25m$
齿顶圆直径	d_a	$d_a = m(z + 2)$
齿根圆直径	d_f	$d_f = m(z - 2.5)$
齿距	p	$p = \pi m$
齿厚	s	$s = \dfrac{1}{2}\pi m$
中心距	a	$a = \dfrac{1}{2}(d_1 + d_2) = \dfrac{1}{2}m(z_1 + z_2)$

2. 直齿圆柱齿轮的画法

（1）单个圆柱齿轮画法

如图 10-36 所示，齿轮轮齿部分按下列规定绘制：

齿顶圆和齿顶线用粗实线绘制；分度圆和分度线用细点画线绘制；齿根圆和齿根线用细实线绘制，也可省略不画。

在通过轴线剖切的视图上，轮齿部分按不剖处理，齿根线用粗实线绘制，如图 10-36a 所示。圆柱斜齿轮与人字齿轮的表示法如图 10-36b、c 所示。

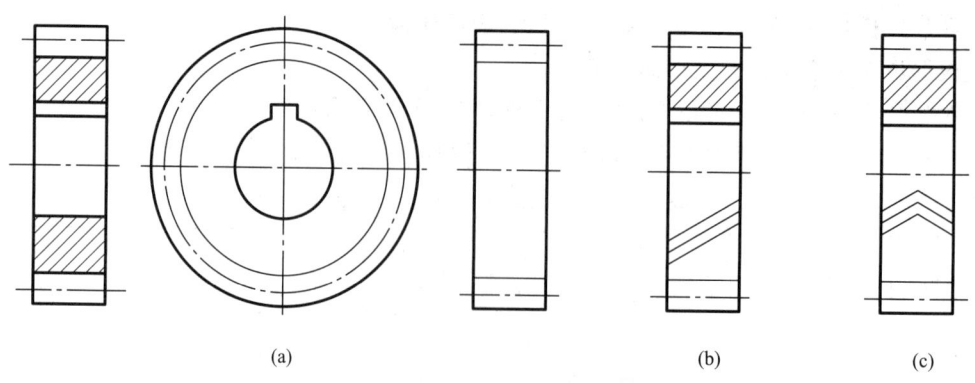

(a)　　　　　(b)　　　　　(c)

图 10-36 单个圆柱齿轮的画法

图 10-37 是直齿圆柱齿轮的零件图。图中除标注了该齿轮的尺寸和技术要求外,还在图样的右上角列一个参数表,以注明模数、齿数、压力角等。

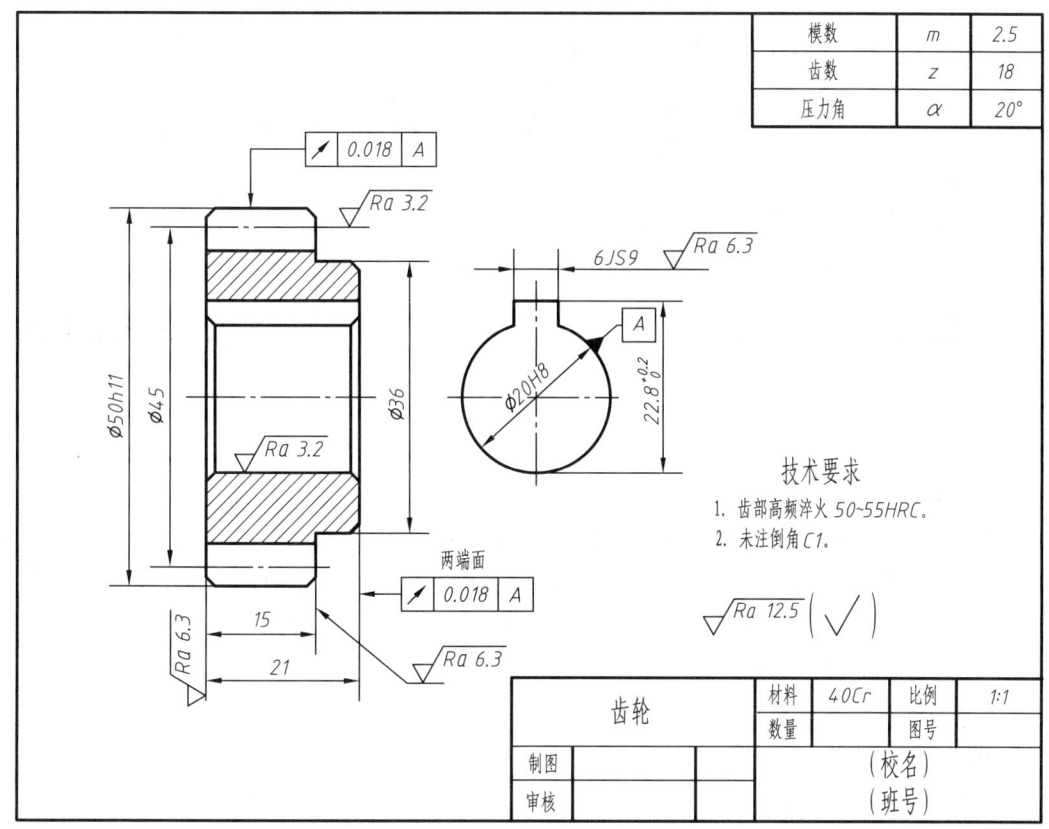

图 10-37 直齿圆柱齿轮的零件图

(2) 两齿轮啮合的画法

一对正确安装的标准直齿圆柱齿轮啮合时,两轮齿齿廓在连心线上的接触点称为节点,用 P 表示,如图 10-35 所示。过节点的圆称为节圆。此时节圆与分度圆重合,即两齿轮的节圆(分度圆)相切。

啮合齿轮一般画两视图。在投影为圆的视图上,两齿轮的节圆相切并用细点画线画出;两个齿顶圆用粗实线画出,也可如图 10-38b 所示啮合区齿顶圆不画。两个齿根圆均用细实线绘制,如图 10-38a 所示;也可省略不画,如图 10-38b 所示。

在非圆视图上,当剖切平面通过两齿轮的轴线时,在啮合区内两条节线重合并用细点画线画出;两齿根线用粗实线画出;对于齿顶线,一条画成粗实线,另一条由于齿顶被遮挡而画成细虚线,如图 10-38a 所示。

一个齿轮的齿顶圆(或齿顶线)与另一个齿轮的齿根圆(或齿根线)之间的间隙为 $0.25m$。

图 10-38c 所示是非圆视图不剖的画法。这时啮合区的齿顶线不需画出,节线用粗实线绘制。图 10-38d、e 表示一对啮合齿轮为斜齿和人字齿的画法。

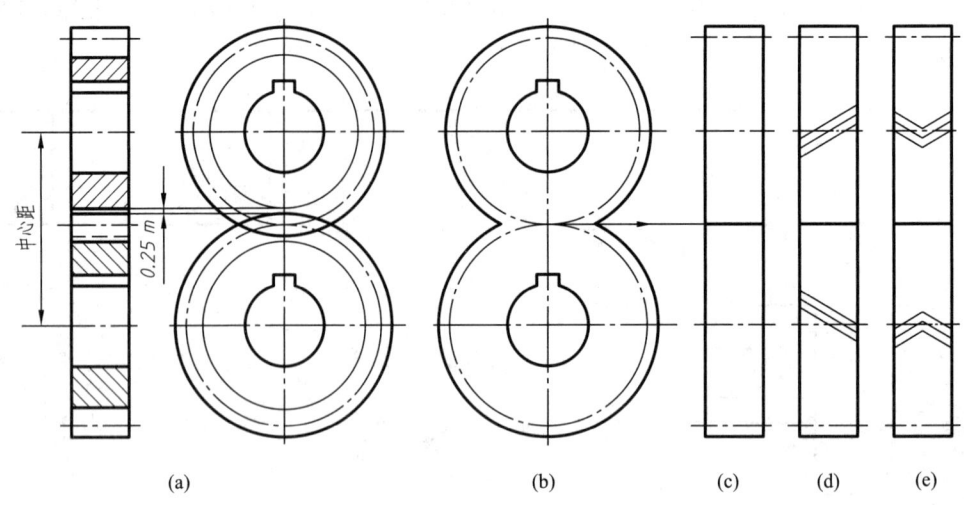

图 10-38 直齿圆柱齿轮啮合的画法

3. 齿轮测绘

齿轮测绘就是根据实际的齿轮确定其各部分的尺寸和参数,画出齿轮零件的工作图。齿轮测绘是一个比较复杂的问题,这里只简单介绍确定直齿圆柱齿轮尺寸的方法。

如果测绘单个齿轮,可先数出齿数 z,再测量出齿顶圆直径 d_a(奇数齿和偶数齿测法不同),根据 $d_a = m(z+2)$ 计算出模数 m,由表 10-8 中公式可计算出轮齿各部分尺寸。

测绘一对啮合齿轮可按下述步骤进行:

① 数出被测绘的一对啮合齿轮的齿数 z_1、z_2。

② 使两齿轮啮合,测出中心距 a,根据公式 $a = \frac{1}{2}m(z_1 + z_2)$ 计算出模数 m。

③ 根据齿轮模数 m 和齿数 z_1、z_2,按表 10-8 中的计算公式可算出两齿轮轮齿各部分的尺寸。

如按上述方法计算出的模数值与表 10-7 所列模数不符时,应选取相近的标准模数作为所测齿轮模数。

二、直齿圆锥齿轮

为了传递两相交轴(两轴交角一般为 90°)之间的回转运动,可在圆锥面上制出轮齿,这样形成的齿轮称为圆锥齿轮。圆锥齿轮的轮齿沿圆锥素线方向一端大、一端小,齿厚是逐渐变化的,直径和模数也都随着齿厚而变化。

1. 直齿圆锥齿轮各部分名称及尺寸计算

直齿圆锥齿轮各部分名称如图 10-39 所示。

其中背锥是圆锥齿轮上的一个圆锥面。它与分度圆锥(分锥)同一轴线,其素线与分锥垂直相交,且交点位于分度圆上。背锥面为圆锥齿轮轮齿大端的端面,小端端面与其平行。

为计算和制造方便,规定圆锥齿轮以大端端面模数为标准,大端端面模数 m 为计算圆锥齿轮轮齿各部分尺寸的基本参数。因此,一般所说圆锥齿轮的齿顶圆直径 d_a、分度圆直径 d、齿顶高 h_a、齿根高 h_f 等都是对大端而言。

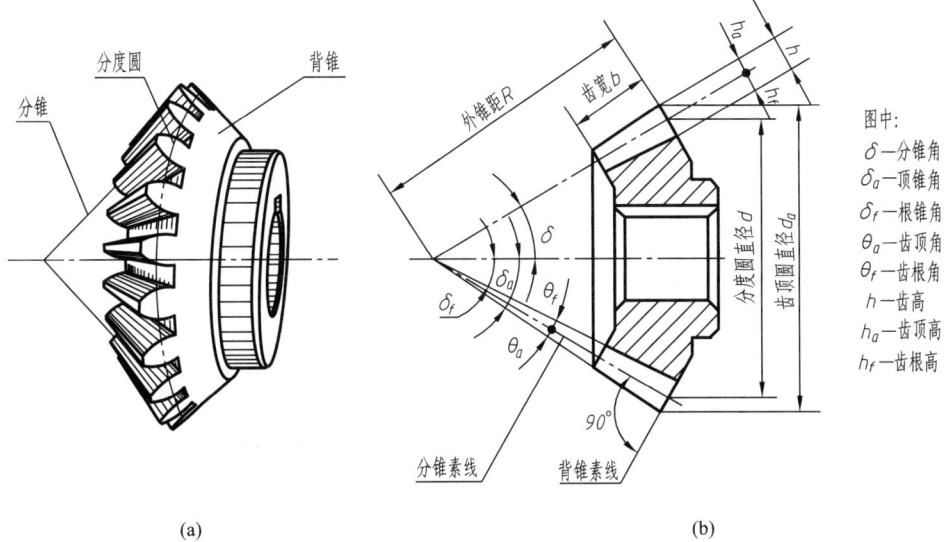

图 10-39 直齿圆锥齿轮各部分名称

一对直齿圆锥齿轮啮合时,必须有相同的模数,两啮合的标准圆锥齿轮节圆锥(与分度圆锥重合)应当相切。

对于轴线相交成90°的圆锥齿轮,其基本尺寸的计算公式见表10-9。

表 10-9 直齿圆锥齿轮的计算公式

各部分名称	代号	公式（m 为模数）
分锥角	δ	$\tan\delta_1 = z_1/z_2$，$\tan\delta_2 = z_2/z_1$
分度圆直径	d	$d = mz$
齿顶高	h_a	$h_a = m$
齿根高	h_f	$h_f = 1.2m$
齿顶圆直径	d_a	$d_a = m(z + 2\cos\delta)$
齿顶角	θ_a	$\tan\theta_a = 2\sin\delta/z$
齿根角	θ_f	$\tan\theta_f = 2.4\sin\delta/z$
顶锥角	δ_a	$\delta_a = \delta + \theta_a$
根锥角	δ_f	$\delta_f = \delta - \theta_f$
外锥距	R	$R = mz/2\sin\delta$
齿宽	b	$b = (0.2 \sim 0.35)R$

2. 直齿圆锥齿轮的画法

（1）单个直齿圆锥齿轮的画法　圆锥齿轮一般常以通过其轴线的全剖视图作为主视图,画法与圆柱齿轮类似,见图 10 - 40。

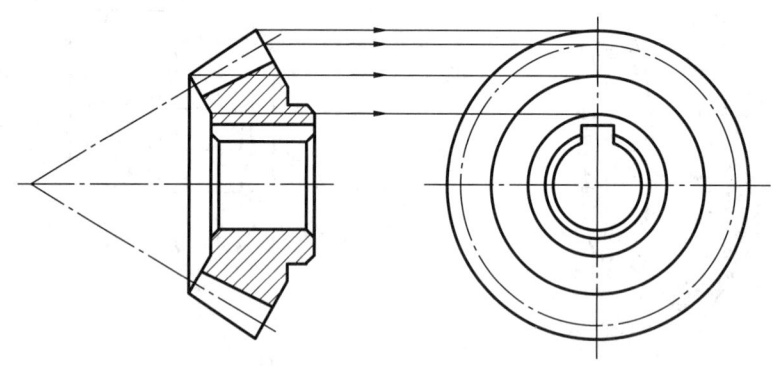

图 10 - 40　单个直齿圆锥齿轮的画法

在投影为圆的视图上用粗实线画出大端和小端的齿顶圆;用细点画线画出大端的分度圆;两齿根圆及小端分度圆均不必画出。

单个直齿圆锥齿轮的画图步骤如图 10 - 41 所示。

作图步骤:

① 根据 d 和 δ 定分锥和背锥的轮廓素线。

② 量出 h_a、h_f,画齿顶线(圆)和齿根线(圆),并定出齿宽 b。

③ 作出其余部分的投影。

④ 擦去多余作图线并描深,画剖面线,完成全图。

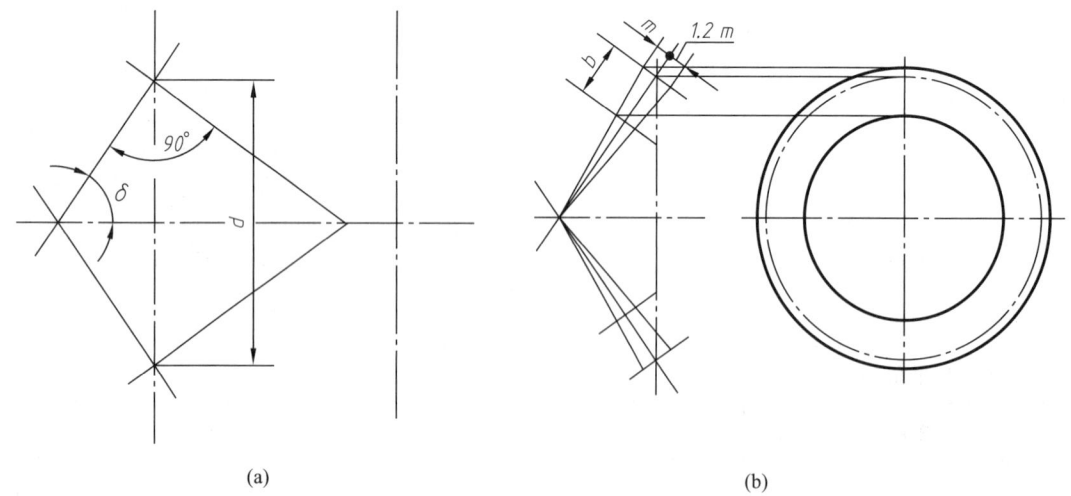

(a)　　　　　　　　　　(b)

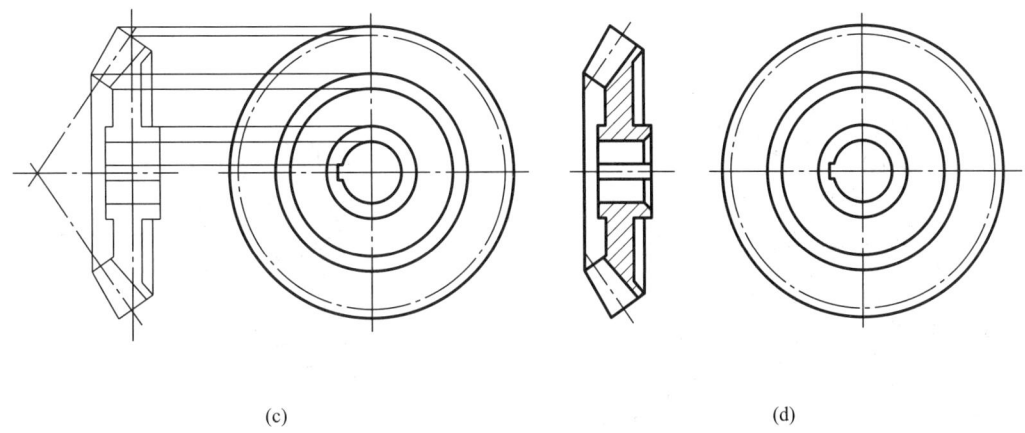

(c)　　　　　　　　　　　　　　　　(d)

图 10-41　直齿圆锥齿轮的画图步骤

（2）直齿圆锥齿轮啮合的画法　一对啮合的直齿圆锥齿轮轮齿部分和啮合区的画法与直齿圆柱齿轮的画法类似，如图 10-42 所示。

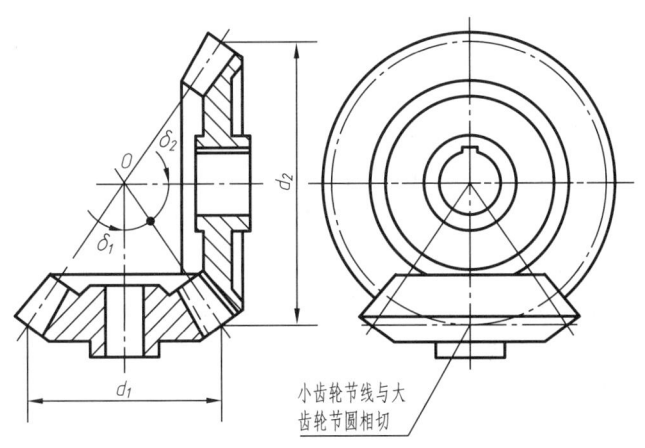

小齿轮节线与大齿轮节圆相切

图 10-42　圆锥齿轮啮合的画法

主视图常画成剖视图，在剖视图啮合区内，应将一个齿轮的齿顶线和两齿轮的齿根线画成粗实线；另一个齿轮的齿顶线（被遮部分）画成细虚线或省略不画。在投影为圆的视图上，两圆锥齿轮大端节圆的投影相切。

三、蜗轮、蜗杆

蜗轮和蜗杆用于传递两交叉轴的运动和动力，轴间夹角一般为 90°。

蜗杆的外形与梯形螺纹相似，如图 10-43 所示。蜗杆的齿数（头数）等于螺纹的线数。单头蜗杆转动一圈时，蜗轮只转动一个齿，所以蜗轮、蜗杆传动可以获得较大的传动比。

为改善蜗轮、蜗杆的接触情况，常将蜗轮轮齿表面制成弧形。将垂直于蜗轮轴线的对称面称为蜗轮的端面。

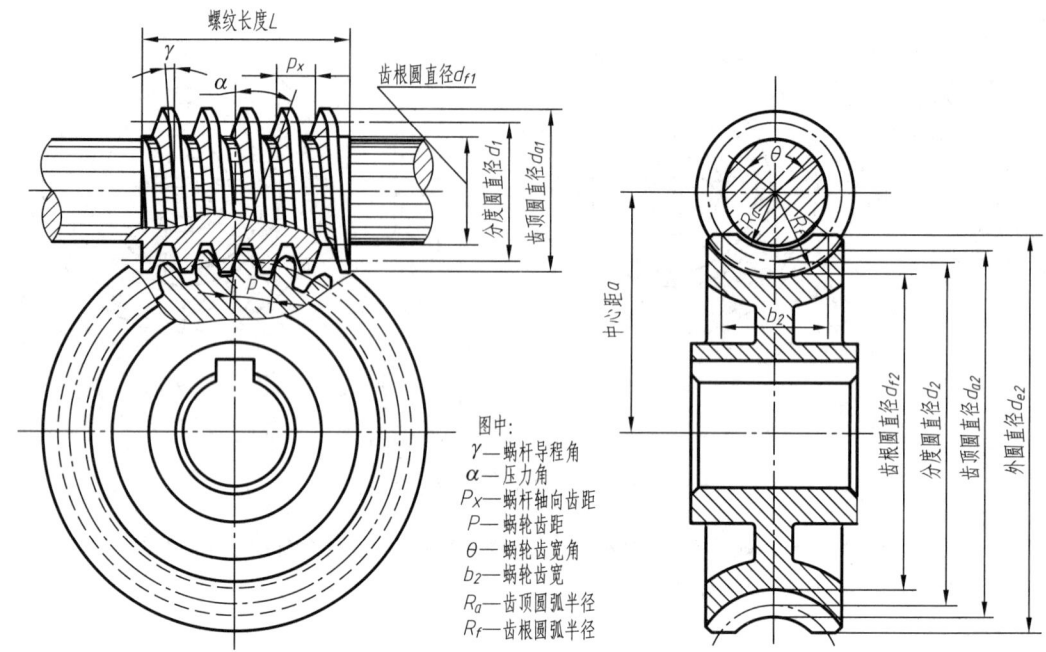

图 10-43 蜗轮、蜗杆的各部分名称

1. 蜗轮、蜗杆的主要参数及尺寸计算

蜗轮、蜗杆的各部分名称如图 10-43 所示。

在一对啮合的蜗轮、蜗杆中,蜗轮的齿距 P 等于蜗杆的轴向齿距 P_x,压力角 α 彼此相等。常用蜗杆(阿基米德蜗杆)的压力角为 20°。

蜗轮的齿形主要取决于蜗杆的齿形。蜗轮一般是用形状与蜗杆相似的滚刀来加工的,为了减少蜗轮滚刀的数目,不但要规定标准模数,还必须将蜗杆的分度圆直径 d_1 也标准化。表 10-10 列出了标准模数与标准分度圆直径数值。

表 10-10 标准模数及标准分度圆直径

m	d_1	m	d_1	m	d_1	m	d_1
1	18	2.5	(22.4) 28 (35.5) 45	6.3	(50) 63 (80) 112	16	(112) 140 (180) 250
1.25	20 22.4	3.15	(28) 35.5 (45) 56	8	(63) 80 (100) 140	20	(140) 160 (224) 315
1.6	20 28	4	(31.5) 40 (50) 71	10	(71) 90 (112) 160	25	(180) 200 (280) 400
2	(18) 22.4 (28) 35.5	5	(40) 50 (63) 90	12.5	(90) 112 (140) 200		

蜗杆的头数和蜗轮的齿数也是基本参数。根据传动比的需要,蜗杆的头数可取为 1、2、4、6,蜗轮的齿数 z_2 一般取为 27~80。

蜗轮各基本尺寸的计算公式见表 10-11,蜗杆各基本尺寸的计算公式见表 10-12。

表 10-11 蜗轮的尺寸计算公式

各部分名称	代号	公式
分度圆直径	d_2	$d_2 = mz_2$
齿顶高	h_a	$h_a = m$
齿根高	h_f	$h_f = 1.2m$
齿顶圆(喉圆)直径	d_{a2}	$d_{a2} = d_2 + 2m = m(z_2 + 2)$
齿根圆直径	d_{f2}	$d_{f2} = d_2 - 2.4m = m(z_2 - 2.4)$
齿顶圆弧半径	R_a	$R_a = d_1/2 - m$
齿根圆弧半径	R_f	$R_f = d_1/2 + 1.2m$
外圆直径	d_{e2}	$d_{e2} \leq d_{a2} + 2m$,当 $z_2 = 1$ 时 $d_{e2} \leq d_{a2} + 1.5m$,当 $z_2 = 2 \sim 3$ 时 $d_{e2} \leq d_{a2} + m$,当 $z_2 = 4$ 时
蜗轮宽度	b_2	$b_2 \leq 0.75 d_{a1}$,当 $z_2 \leq 3$ 时 $b_2 \leq 0.67 d_{a1}$,当 $z_2 = 4$ 时
齿宽角	θ	$\theta = 2\arcsin(b_2/d_1)$
中心距	a	$a = (d_1 + d_2)/2$

注:m 为端面模数,z_2 为蜗轮齿数。

表 10-12 蜗杆的尺寸计算公式

各部分名称	代号	公式
分度圆直径	d_1	根据强度、刚度计算结果按标准选取
齿顶高	h_a	$h_a = m$
齿根高	h_f	$h_f = 1.2m$
齿顶圆直径	d_{a1}	$d_{a1} = d_1 + 2m$
齿根圆直径	d_{f1}	$d_{f1} = d_1 - 2.4m$
导程角	γ	$\tan \gamma = mz_1/d_1$
轴向齿距	p_x	$p_x = \pi m$

续表

各部分名称	代号	公式
导程	p_z	$p_z = z_1 p_x$
螺纹部分长度	L	$L \geqslant (11 + 0.1 z_2) m$,当 $z_1 = 1 \sim 2$ 时 $L \geqslant (13 + 0.1 z_2) m$,当 $z_1 = 3 \sim 4$ 时

注:m 为端面模数,z_1 为蜗杆头数。

2. 蜗轮、蜗杆的规定画法

蜗轮的画法:在剖视图上,轮齿的画法与圆柱齿轮的画法相同;在非圆视图中取全剖视;在投影为圆的视图中,只画出外圆和分度圆,如图 10-44 所示。

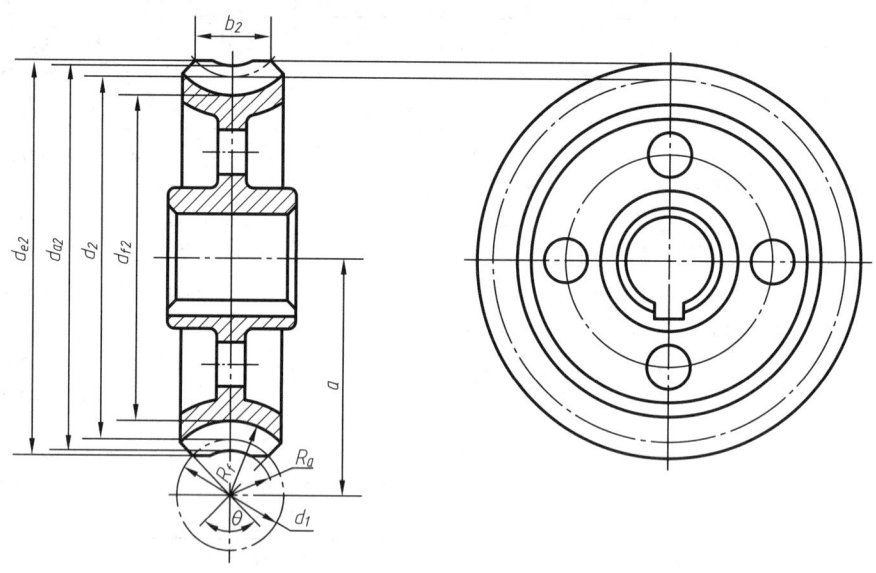

图 10-44 蜗轮的画法

蜗杆的画法:一般以轴线水平放置的投影为主视图,为了表明蜗杆的齿形,一般采用局部剖视几个齿形,如图 10-45 所示,或画出齿形的局部放大图。

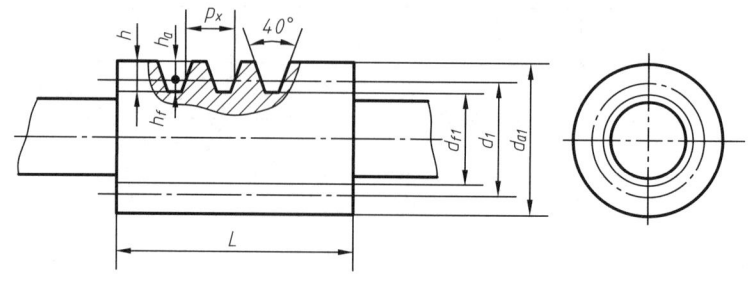

图 10-45 蜗杆的画法

蜗轮与蜗杆啮合的画法如图 10-46 所示。

在与蜗杆轴线垂直的外形视图中,蜗轮被蜗杆遮住的部分不必画出,如图 10-46a 所示。当剖切平面通过蜗轮或蜗杆轴线时,蜗杆的齿顶圆用粗实线绘制;蜗轮的齿顶弧用细虚线绘制或省略不画。啮合区内蜗轮的齿顶线和蜗杆的齿顶线均省略不画,如图 10-46b 所示。

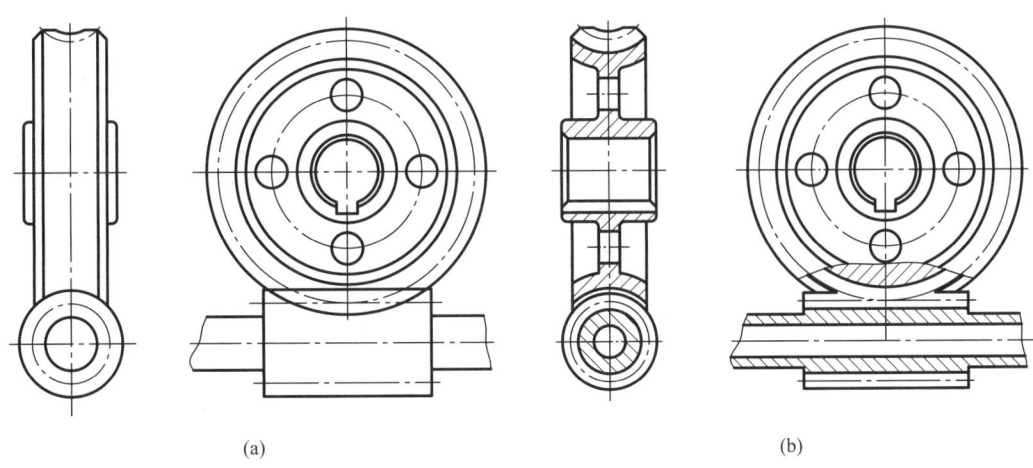

图 10-46 蜗轮、蜗杆啮合的画法

§10-5 弹 簧

弹簧是机器中常用的一种标准零件,可用来减振、夹紧、测力和储能等,其特点是当外力去掉后能立即恢复原状。

弹簧的种类很多,常用的有圆柱螺旋弹簧(包括压缩弹簧、拉伸弹簧、扭转弹簧)、平面涡卷弹簧和板弹簧等,如图 10-47 所示。下面仅介绍应用最广的圆柱螺旋压缩弹簧。

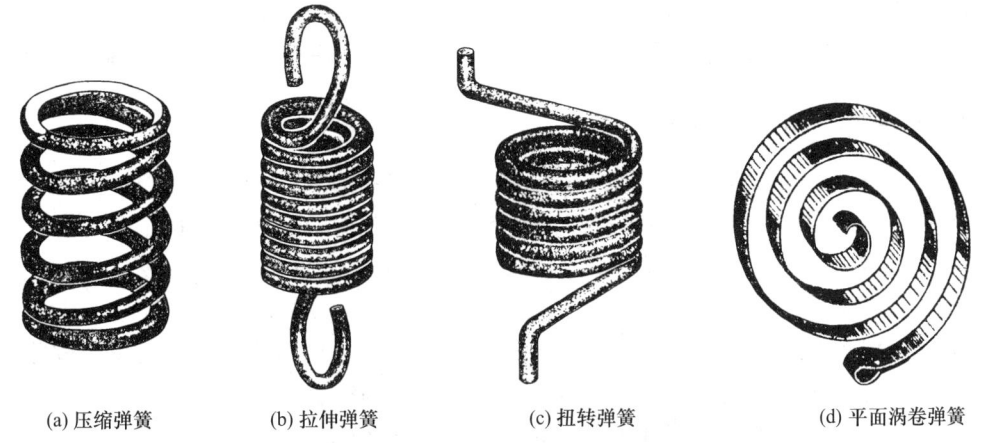

(a) 压缩弹簧　　(b) 拉伸弹簧　　(c) 扭转弹簧　　(d) 平面涡卷弹簧

图 10-47 弹簧的种类

一、圆柱螺旋压缩弹簧各部分名称和尺寸

圆柱螺旋压缩弹簧的主要参数如图 10-48 所示。其各部分名称和尺寸计算分述如下：

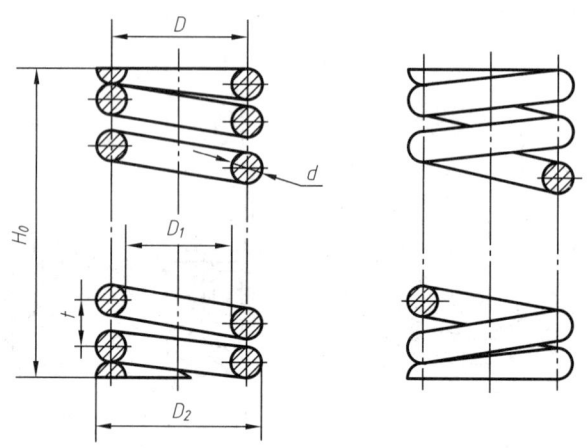

图 10-48 圆柱螺旋压缩弹簧

(1) 弹簧丝直径 d　制造弹簧的钢丝直径，按标准选取。

(2) 弹簧外径 D_2　弹簧的最大直径。

(3) 弹簧内径 D_1　弹簧的最小直径。

(4) 弹簧中径 D　弹簧的平均直径，按标准选取。

(5) 节距 t　除两端的支承圈外，相邻两圈对应点的轴向距离，按标准选取。

(6) 旋向　分右旋和左旋两种。

(7) 支承圈数 n_2　为使弹簧在工作时受力均匀、支承平稳，弹簧两端并紧磨平的部分称为支承圈。支承圈有 1.5、2、2.5 圈三种。

(8) 有效圈数 n、总圈数 n_1　除支承圈之外的各圈都参与工作，且保持相同的节距，这些圈称为有效圈数，按标准选取。支承圈与有效圈数之和为总圈数 n_1，即 $n_1 = n + n_2$。

(9) 自由高度 H_0　弹簧无负荷时的高度，它可由下式计算：$H_0 = nt + (n_2 - 0.5)d$。

计算后取标准中相近值。圆柱螺旋压缩弹簧的尺寸及参数可查国家标准 GB/T 2089—2009。

二、圆柱螺旋压缩弹簧的规定画法

(1) 圆柱螺旋压缩弹簧可以画成剖视图，也可以画成不剖视图，如图 10-48 所示。

(2) 在平行于圆柱螺旋压缩弹簧轴线的视图上，弹簧各圈的轮廓应画成直线。

(3) 圆柱螺旋压缩弹簧均可画成右旋，但左旋弹簧无论画成左旋或右旋，一定要注"左"字。

(4) 有效圈数在四圈以上的圆柱螺旋压缩弹簧，可以只画出两端一、二圈（支承圈除外），中间部分可以省略不画，用通过弹簧丝剖面中心的两条细点画线表示。

(5) 在装配图中，被弹簧挡住的结构一般不画，可见部分应从弹簧的外轮廓线或从弹簧钢丝剖面的中心线画起。型材直径或厚度在图形上等于或小于 2 mm 的圆柱螺旋压缩弹簧，簧丝剖

面可涂黑表示,亦可按示意图形式绘制,如图 10-49 所示。

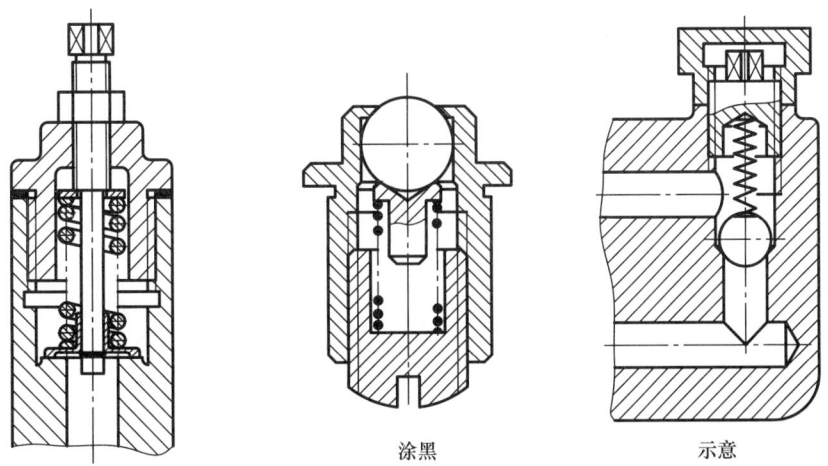

图 10-49 装配图中圆柱螺旋压缩弹簧的画法

如果已知圆柱螺旋压缩弹簧的自由高度 H_0、弹簧丝直径 d、弹簧外径 D_2、弹簧中径 D、节距 t、总圈数 n_1、支承圈数 n_2,其画图步骤如图 10-50 所示。

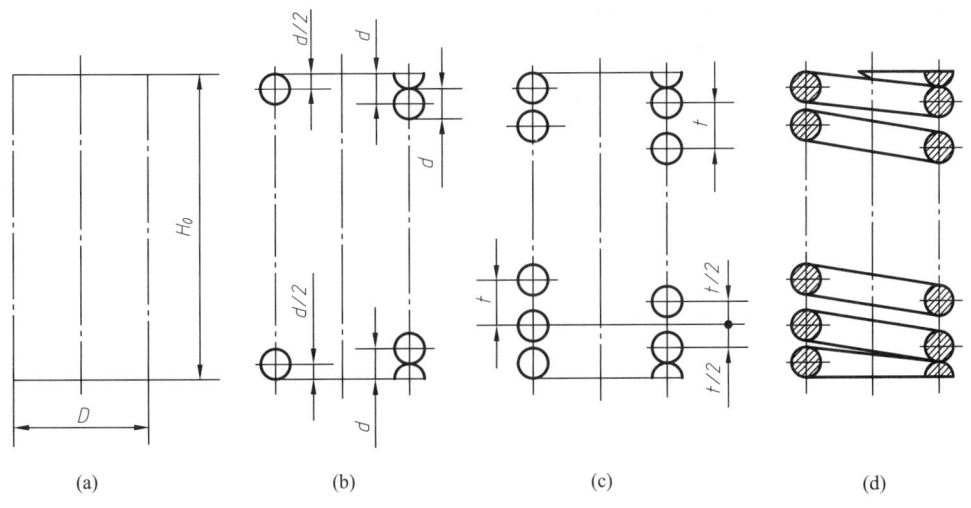

图 10-50 圆柱螺旋压缩弹簧的画图步骤

作图步骤:
① 根据 D、H_0 画矩形。
② 根据 d 画支承圈。
③ 根据 t 画有效圈。
④ 按旋向用直线连接相应圆。

图 10-51 是圆柱螺旋压缩弹簧的零件图。

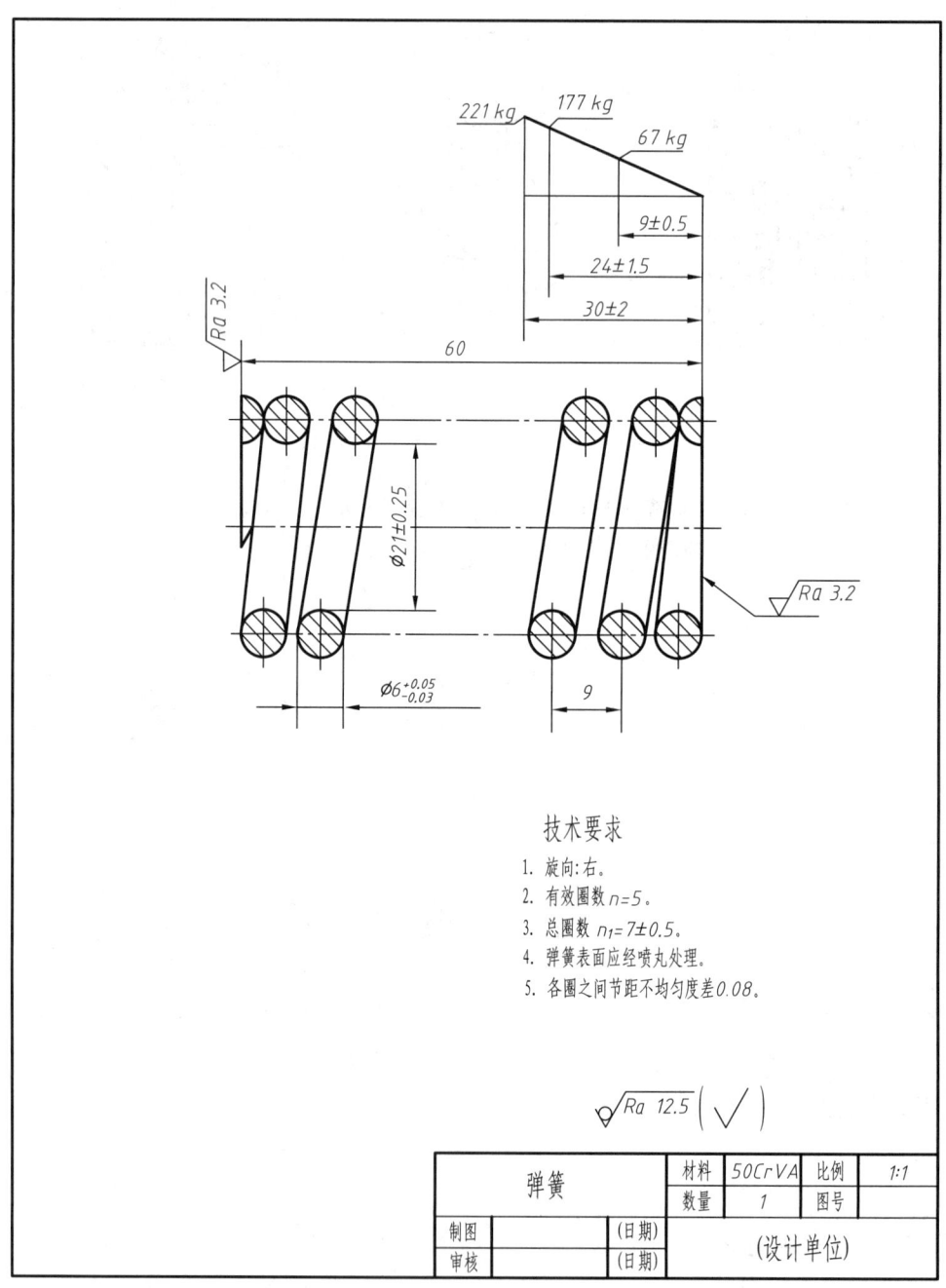

图 10-51 圆柱螺旋压缩弹簧的零件图

三、圆柱螺旋压缩弹簧的标记

1. 标记方法

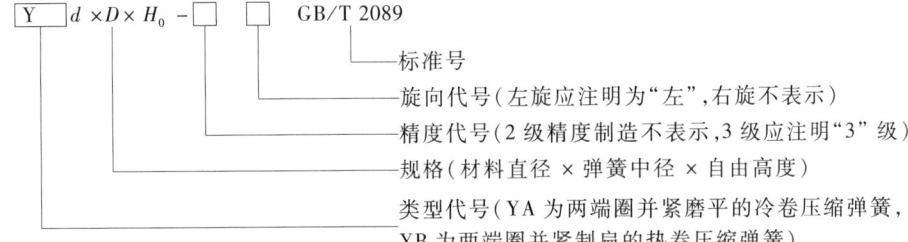

2. 标记示例

YA 型弹簧,材料直径 1.2 mm,弹簧中径 8 mm,自由高度 40 mm,精度为 2 级,左旋,两端圈并紧磨平的冷卷压缩弹簧的标记为:

$$YA\ 1.2 \times 8 \times 40\ 左\quad GB/T\ 2089$$

第11章 零件图

§11–1 零件图的作用与内容

一、零件图的作用

任何一台机器或部件,都是由若干个零件按一定的装配关系和技术要求装配而成的。如图11–1所示的齿轮减速器,是机械上传动系统中用来减速的一个部件,它由形状大小各不相同的34个零件装配而成,其中任何一个零件质量的好坏都将直接影响减速器的装配质量和使用性能。为了保证零件的质量,生产中必须依据图样来进行加工和检验,这种表达零件的图样称为零件工作图,简称零件图。零件图是设计部门提交给生产和检验部门的重要技术文件。

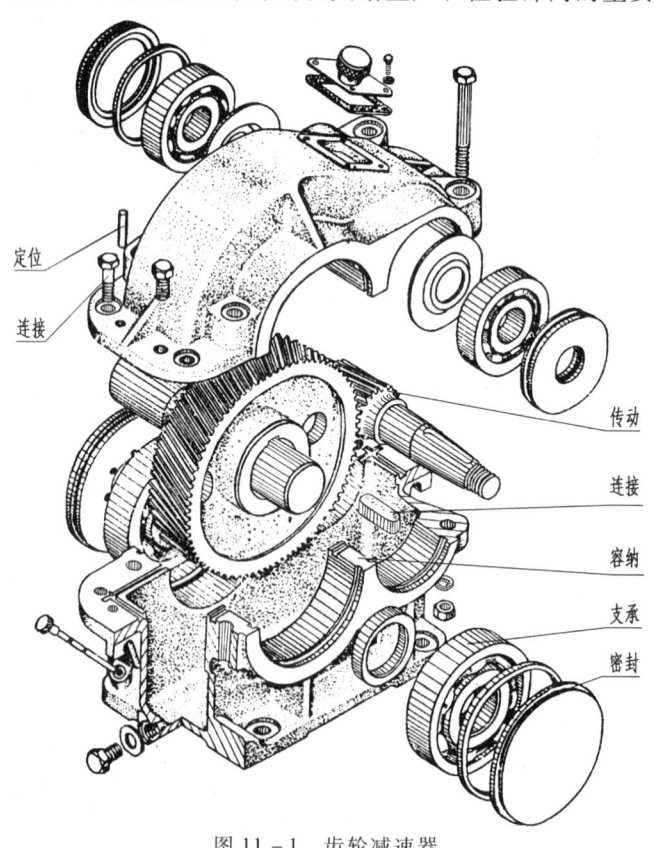

图11–1 齿轮减速器

二、零件图的内容

图 11-2 所示为轴的零件图,从图中可知,一幅完整的零件图应包括以下四方面内容:

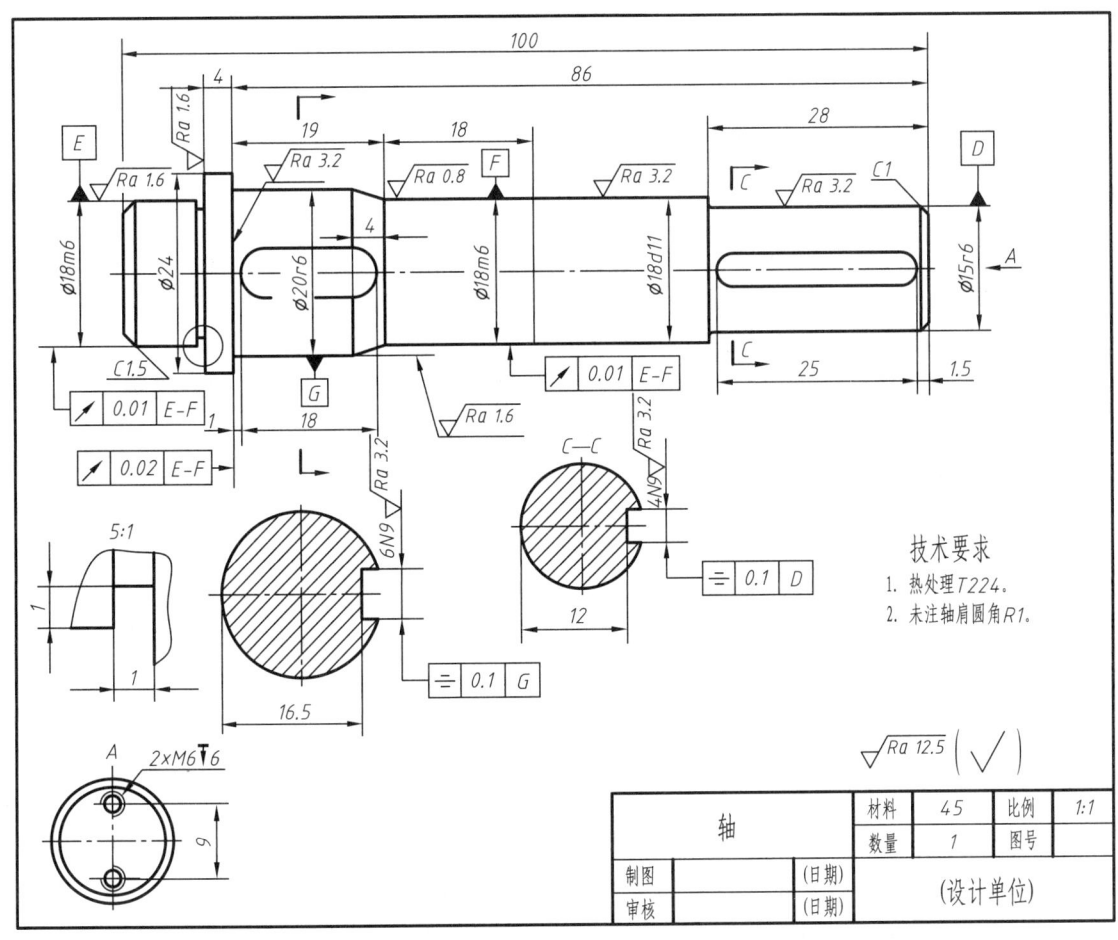

图 11-2 轴

1. 一组图形

用视图、剖视图、断面图及其他表达方法,将零件的结构形状正确、完整、清晰地表达出来。

2. 足够的尺寸

用一组尺寸正确、完整、清晰、合理地标注出零件各部分的结构大小及相对位置。

3. 技术要求

用规定的符号、数字、字母和文字注出零件在制造和检验时必须达到的技术要求,如尺寸公差、几何公差、表面粗糙度、材料和热处理要求等内容。

4. 标题栏

图样右下角有标题栏,栏内注明零件名称、材料、数量、图样编号及比例,及制图、审核者的姓名和日期等。

§11-2 零件的结构分析

在组合体一章中,已经讨论过形体分析和线面分析方法,这些是组合体画图和读图的基本方法。而零件和组合体不完全相同,在零件中这些形体和线面都体现为一定的结构,因而在零件的画图与读图时,不仅要进行形体分析和线面分析,常常还要进行结构分析。

一、零件的结构分析

零件的结构分析就是从设计要求和工艺要求出发,对零件的结构形状进行分析。通过结构分析,可对零件上结构的作用加深认识,只有这样才能完整、清晰、简便地表达出零件的结构形状,齐全、合理地标注出零件的尺寸和技术要求。

从设计要求方面来看,零件在机器或部件中可以起到支承、容纳、传动、配合、连接、安装、定位、密封和防松等一项或几项作用,这是决定零件主要结构的根据。

图11-1所示的齿轮减速器,其主要零件的功能在图中已经示出。

从工艺要求方面来看,为了使零件的毛坯制造、加工、测量以及装配和调整工作能进行得更顺利、更方便,它上面应设计出铸造圆角、起模斜度、倒角、退刀槽和砂轮越程槽等结构,这是决定零件局部结构的依据。

图11-3所示为减速器底座,它主要用来容纳、支承轴和齿轮,并与减速器盖连接,其结构分析见表11-1。

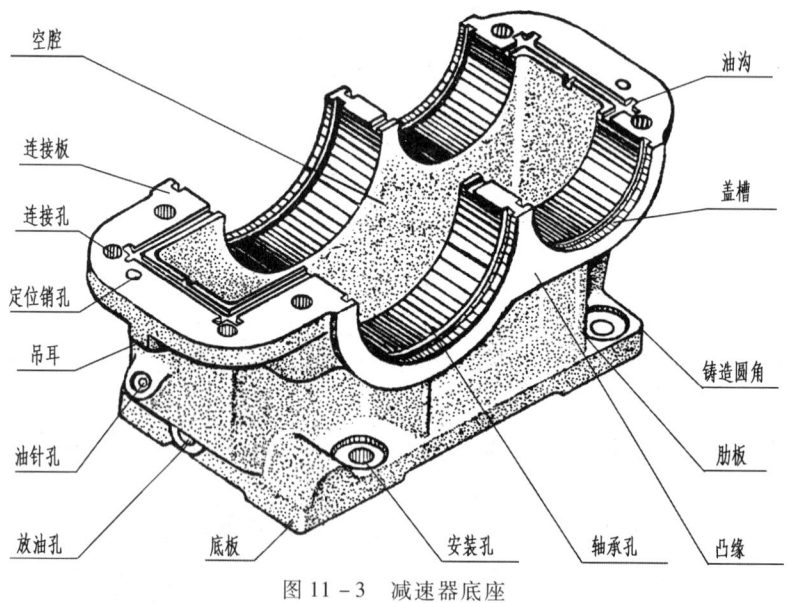

图11-3 减速器底座

二、零件上常见的工艺结构

零件的结构形状,除满足它在机器或部件中的作用外,还应考虑在加工、装配等制造过程中工艺的合理性。下面介绍一些常见的工艺结构。

表 11-1 减速器底座的结构分析

名称	功 用
空腔(主体)	用来容纳齿轮和润滑油
连接板	用于与减速器上盖连接
连接孔	用于穿入螺栓,以便连接减速器盖和底座
定位销孔	安放定位销,起定位作用
吊耳	考虑安装方便,以便用吊车搬动减速器
油针孔	用来插入油针,以便注入润滑油和观察油面高度
放油孔	用来排放润滑油
底板	用于安装减速器,以便使其固定在工作地点
安装孔	用于穿入螺栓,以便安装
轴承孔	用来安装轴承,以便支承轴
凸缘	用来支承轴承
肋板	因凸缘伸出太长,为减少变形,增加强度而设肋板
盖槽	用来装端盖
油沟	用于使润滑油流回油箱内
铸造圆角	铸造工艺要求
起模斜度	铸造工艺要求,便于取木模
倒角	便于装配(图中未画出)

1. 铸造零件常见的工艺结构

(1) 起模斜度 铸件在造型时,为了起模方便,在铸件的内、外壁,沿起模方向应当带有斜度。如图 11-4 所示。

起模斜度通常取 1°~3°,或取斜度 1:20。在零件图中一般省略不画,也可不作说明。

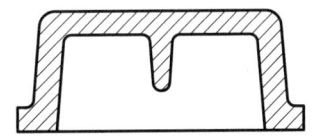

图 11-4 起模斜度

(2) 铸造圆角 铸件转角应当做成圆角,否则砂型在尖角处容易落砂。同时金属冷却收缩时,在尖角处容易产生裂纹或缩孔。圆角半径与铸件壁厚的关系如图 11-5d 所示。一般情况下可取 3~5 mm,可直接标注在图形上或在技术要求中说明。

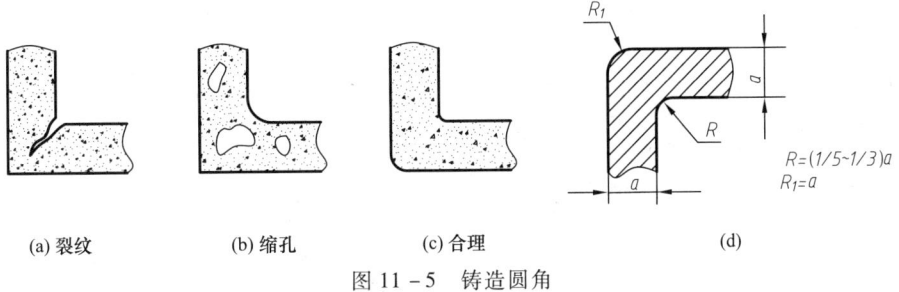

(a) 裂纹　　(b) 缩孔　　(c) 合理　　(d)

图 11-5 铸造圆角

铸件上由于存在铸造圆角而使铸件表面交线变得不明显,这时交线称为过渡线。常见过渡线的画法如图 11-6 所示。

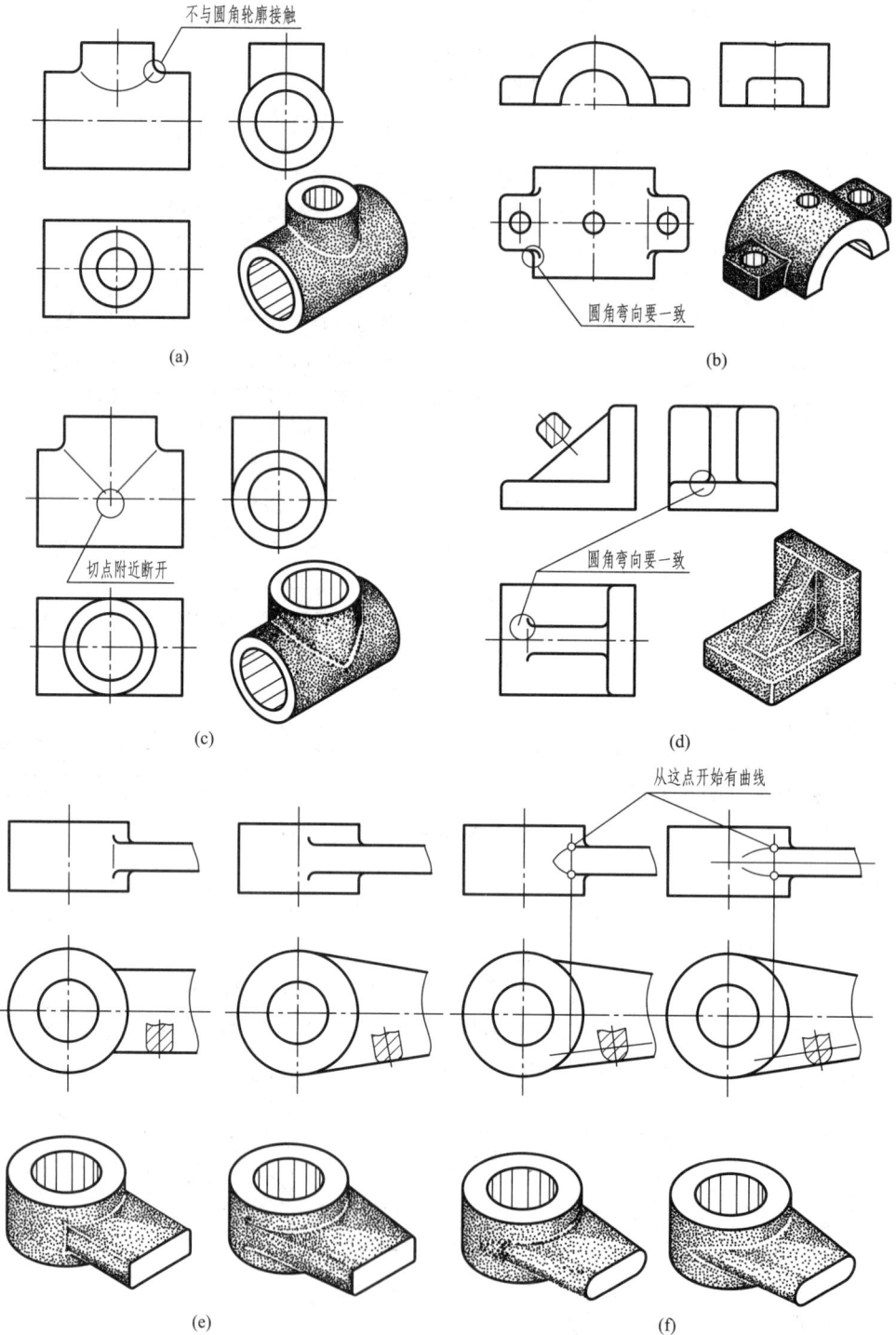

图 11-6 常见过渡线画法

（3）铸件壁厚要均匀　为了保证铸件质量，防止产生缩孔和裂纹，铸件壁厚要均匀，并要避免突然改变壁厚和局部肥大等现象。如图 11-7 所示。

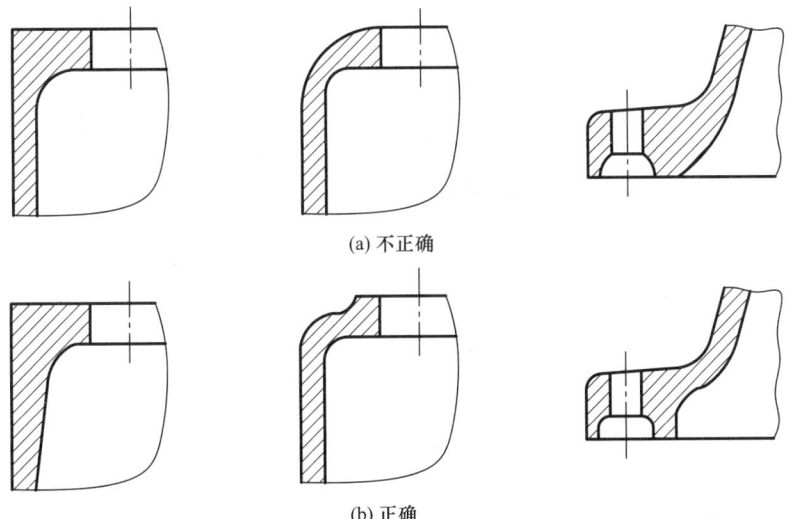

图 11-7 铸造壁厚要均匀

2. 机械加工零件上的一些结构特点

（1）倒角和倒圆　为了便于装配和操作安全,常在轴或孔的端面制出倒角,如图 11-8 所示。α 一般为 $45°$,也允许用 $30°$ 或 $60°$。b 一般可取 $1 \sim 2$ mm。

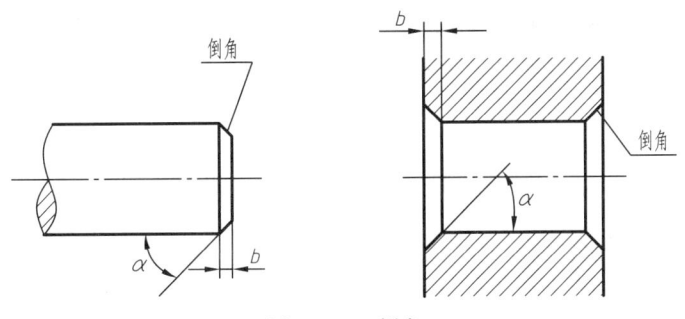

图 11-8 倒角

为了避免应力集中,轴肩处常制成倒圆,见图 11-9。

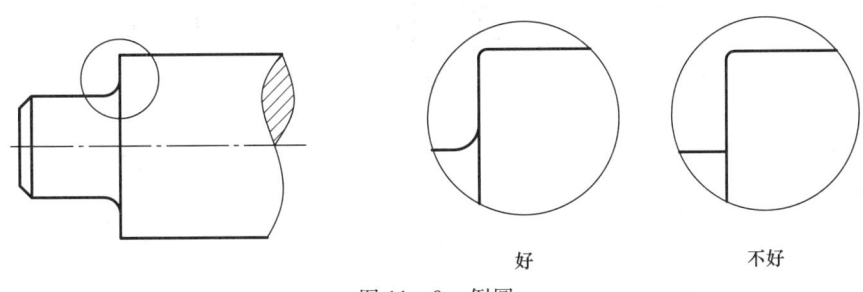

图 11-9 倒圆

（2）退刀槽和砂轮越程槽　在机械加工过程中,主要是在车制螺纹和磨削加工时,为了便于退出刀具或使砂轮可稍微越过加工面,常在加工面的适当位置预先加工出退刀槽或砂轮越程槽,见图 11-10。

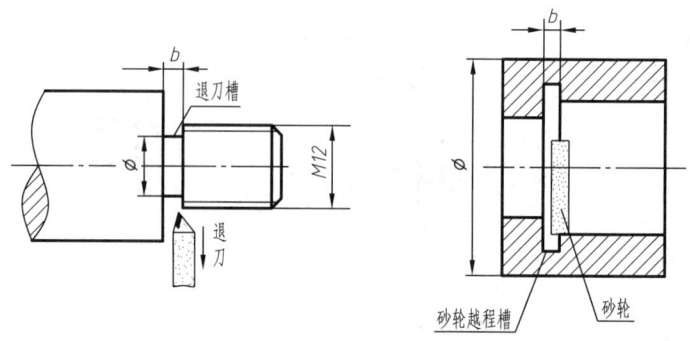

图 11-10 退刀槽和砂轮越程槽

（3）钻孔结构　用钻头钻出的不通孔,底部存在一个顶角为120°的圆锥面,如图11-11a 所示。钻孔深度指的是圆柱部分深度,不包括圆锥部分在内。在阶梯钻孔的过渡处,也存在120°的钻头角,见图11-11b。用钻头钻孔时,钻头轴线应与被钻处的表面垂直,以保证钻孔的准确性和避免钻头折断,见图11-12。

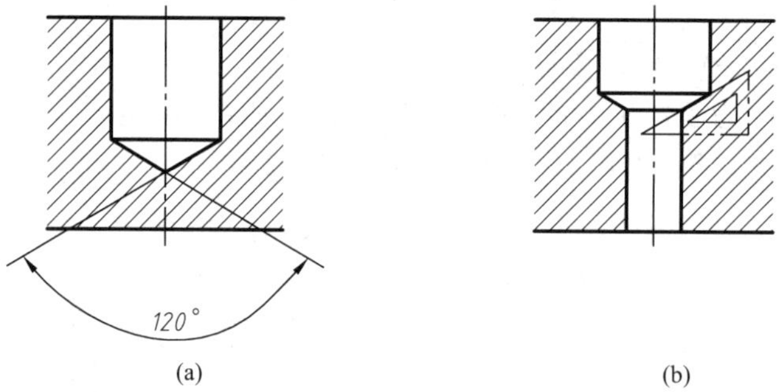

(a)　　　　　　　　　(b)

图 11-11　钻孔结构（一）

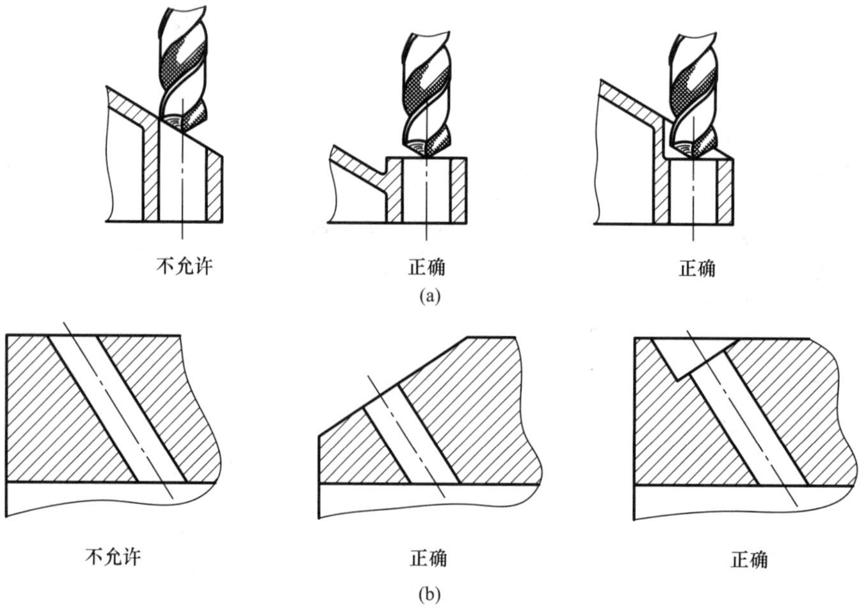

不允许　　　　　正确　　　　　正确
(a)

不允许　　　　　正确　　　　　正确
(b)

图 11-12　钻孔结构（二）

(4) 凸台、凹坑和凹槽 零件的接触面一般都需要加工,为了减少加工面,常在被加工面上做出凸台、凹坑和凹槽,如图 11 - 13 所示。

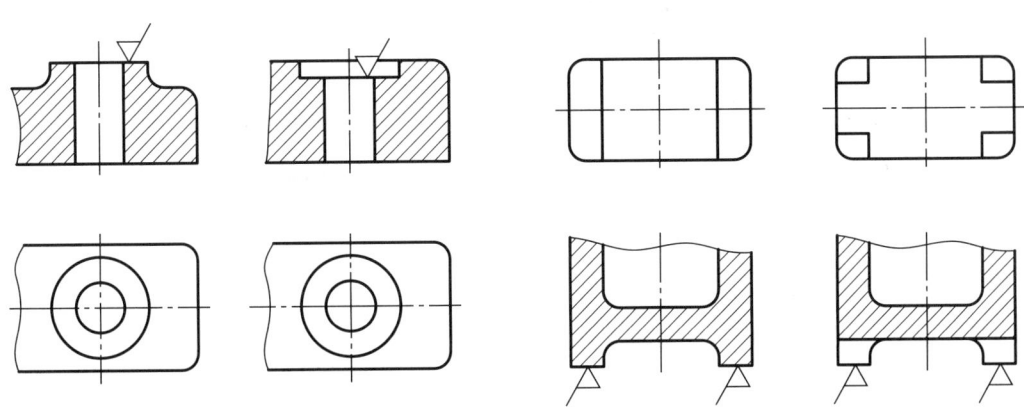

图 11 - 13 凸台与凹坑等结构

§11-3 零件的视图选择

由于零件图是制造检验零件的依据,所以画零件图时,要根据零件的复杂程度合理地选择表达方法。在把零件结构形状正确、完整、清晰地表达出来的前提下,应尽量考虑看图和画图的方便。下面就零件的一般表达方法提出几点基本要求。

一、零件主视图的选择

主视图是一组视图的核心,所以主视图选择是否合理,直接关系到画图和看图是否方便。选主视图时应注意下列要求:

1. 确定主视图的投射方向

把最能显示零件的形状特征及反映零件上各部分形体相互位置关系的方向作为主视图的投射方向,读者通过主视图便能了解零件的大致形状。

2. 确定零件放置的位置

在满足上述条件下,零件主视图的位置应考虑以下两点:

(1) 按零件的加工位置放置 加工位置即在制造过程中特别是在切削加工中,零件的放置位置。如轴套、轮盘类零件,主要工序是在车床上加工,因此主视图轴线应水平放置,既便于看图,又有利于加工。

(2) 按零件在机器或部件中的工作位置放置 零件在机器或部件中都有固定的工作位置。对加工工序较多的零件应尽量使零件的主视图与零件的工作位置一致,这样便于把零件和机器或部件联系起来,能更深入分析其工作原理及结构特征。

二、其他视图的选择

主视图选定之后,对其他视图的选择应考虑以下几点:

(1) 要有足够的视图,以便能充分表达零件的各部分形状和结构。在表达清楚的前提下,视图的数量应尽可能少。

(2) 兼顾零件内部和外部形状表达完整,在一般情况下尽量选取基本视图并在基本视图上取剖视,只对那些在基本视图上仍未表达清楚的个别部分,才选用局部视图、斜视图等。

(3) 合理布置所选用的各视图,既要充分利用图纸幅面,又要按照投影关系使有关视图尽量靠近。

三、典型零件的视图选择

根据零件的作用和结构特点,可将零件概括为以下 4 类:

1. 轴套类零件

(1) 用途　轴类零件是机器中最常见的一种零件,主要是起支承和传递动力的作用。套类是指装在轴上,起轴向定位、支承和保护作用的零件。

(2) 结构　主要结构是具有公共轴线的回转体,另外根据设计和工艺要求,轴上常有键槽、倒角、圆角、退刀槽、砂轮越程槽、轴肩、挡圈槽、销孔、螺纹以及小平面等,这些结构大多已标准化。

(3) 加工方法　根据零件的结构特点,这类零件的毛坯多为铸件、锻件或型材,一般通过车、铣、钻、磨等加工。

(4) 表达方法　为了加工时看图方便,轴类零件的主视图按其加工位置选择,一般将轴线水平放置,通常选用一个基本视图即可把轴套类零件的主体结构表达清楚。轴上的其他结构可采用断面、局部剖视、局部放大图等来表达,如图 11-2 所示。套类零件的表达方法大体同于轴类,不同之处是套类零件是中空的,这就需要根据其具体结构选择适当的剖视,见图 11-14。

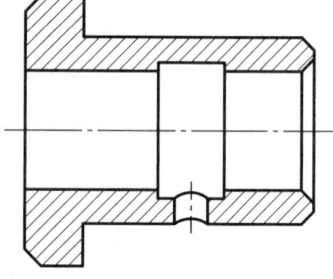

图 11-14　轴套的视图

2. 轮、盘、盖类零件

(1) 用途　轮类零件,如手轮、齿轮等,一般用来传递运动和动力。盘类零件,如法兰盘,主要起连接作用。盖类零件,如端盖、箱盖等,主要用于密封、支承 、定位等。

(2) 结构　这类零件的主体结构大多为回转体,但盖类零件类型较多,其形体特征随类型不同而各异,如圆形、矩形、椭圆形等。这类零件上常见的结构有台阶、沉孔、止口、圆角、倒角、凸台、退刀槽、键槽、螺孔等。

(3) 加工方法　这类零件的毛坯多为铸件,以车削为主,有的也需要进行刨、铣、镗、钻、磨等加工。

(4) 表达方法　主视图按结构特征和加工位置进行选择,即轴线水平放置,并作适当剖视,再选左视图以表示零件的外形,有时也采用断面或局部剖视表达断面或局部结构形状,如图 11-15、图 11-16 所示。

3. 叉架类零件

(1) 用途　这类零件包括拨叉、连杆、支架等。拨叉用在各种机器的调速机构上,支架起支承作用。

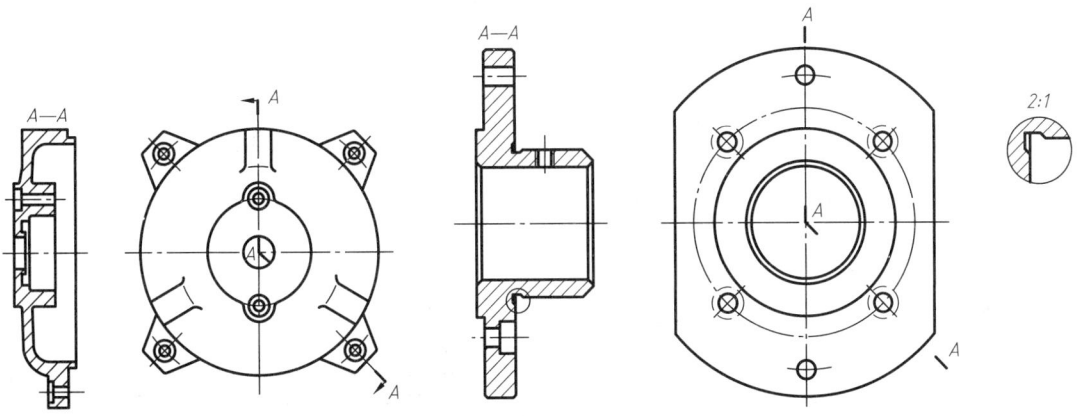

图 11-15　电机端盖的视图　　　　　图 11-16　法兰盘的视图

（2）结构　这类零件的形状比较复杂且不规则，一般外形又比内形复杂，主要结构由支承部分、工作部分及连接该两部分的结构组成，此外还有加强肋、通孔、螺孔等结构要素，如图 11-17a 所示。

（3）加工方法　这类零件的毛坯一般由铸造而成，然后再进行切削加工，如车、铣、刨、钻等多种工序。

（4）表达方法　这类零件往往工作位置不固定或倾斜，故主视图一般按形状特征和自然安放位置来考虑，通常都需两个以上的基本视图才能表达清楚。有时也采用局部视图、局部剖视、斜视图、斜剖视或断面来表示某些结构，如图 11-17b 所示。

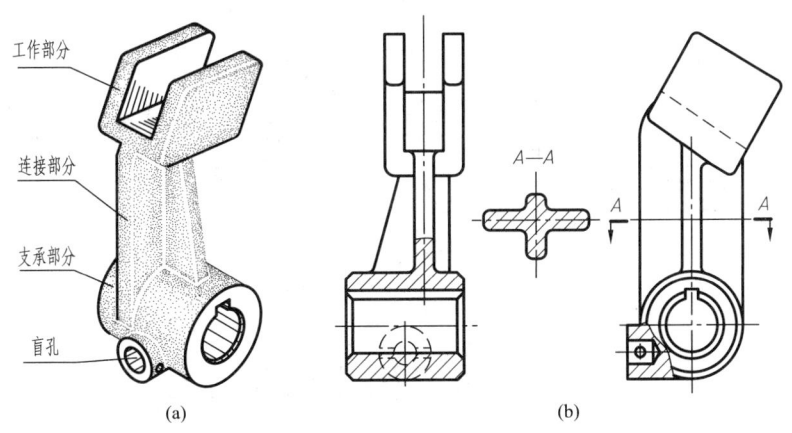

图 11-17　拨叉的视图

4. 箱体类零件

（1）用途　这类零件一般是部件中的主体零件，主要起支承、包容和密封等作用。

（2）结构　这类零件通常内外结构均较复杂，多数为中空的壳体，所以有箱壁、安装用的凸缘、底板、轴孔、螺孔、肋板等。

（3）加工方法　箱体类零件坯料多为铸件，然后经过切削加工，如铣、刨、镗、钻等多种工序。

（4）表达方法　由于箱体工作位置是固定的，所以主视图通常根据零件的工作位置和形体特征确定。一般需要三个以上的基本视图,并采用适当的剖视来表达,对局部结构常采用局部视图、局部剖视或断面等来表示,如图 11-18 所示。

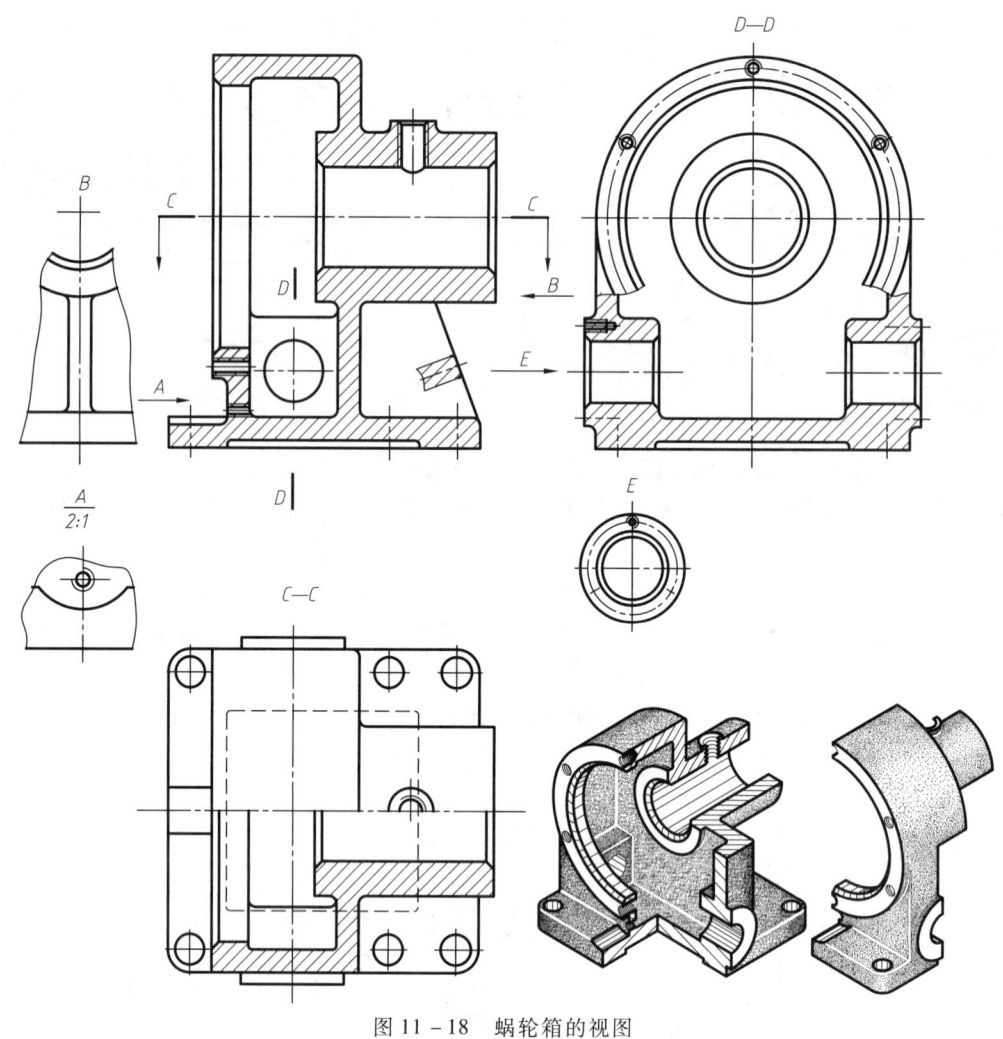

图 11-18　蜗轮箱的视图

§11-4　零件图中的尺寸标注

零件图中的尺寸是加工和检验零件的依据,零件图的尺寸标注必须符合国标要求,且必须正确、完整、清晰、合理,以满足生产需要。要做到合理地标注尺寸,必须具备较多的实践经验和有关专业知识,因此,本节仅对合理地标注尺寸的有关知识作简要介绍。

一、合理标注尺寸的基本方法

1. 正确选择尺寸基准

所谓尺寸标注合理,指的就是零件图上标注的尺寸既符合设计要求又符合工艺要求(便于加工和测量),要达到这一要求,首先要正确地选择尺寸基准。

(1) 尺寸基准的概念 尺寸基准就是标注尺寸及测量尺寸的起点。在生产中,尺寸基准分为两种:

① 设计基准 在设计零件时,保证功能、确定结构形状和相对位置时所选定的基准。大多将工作中确定零件在机器中位置的点、线、面作为设计基准。

② 工艺基准 在加工零件时,为保证加工精度及便于加工与测量而选定的基准。大多将加工时用作零件定位的和对刀起点及测量起点的点、线、面作为工艺基准。见图11-19。

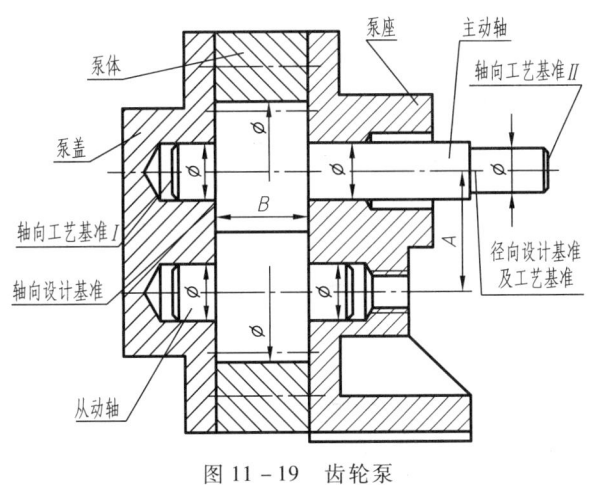

图 11-19 齿轮泵

(2) 尺寸基准的选择 所谓尺寸基准的选择,就是指在标注尺寸时,是选择设计基准还是工艺基准。以设计基准标注尺寸,可以满足设计要求,便于保证零件在机器或部件中的作用;而以工艺基准标注尺寸,可以满足工艺要求,便于加工和测量。合理地选择基准,应尽量使设计基准和工艺基准统一,如图中的径向尺寸基准。若两者有矛盾,应首先满足设计要求。零件有长、宽、高三个方向尺寸,每个方向上都有一个主要尺寸基准,而且只能有一个主要尺寸基准。同时每个方向上,根据需要,还要选一个或几个基准作为辅助基准,在基准和基准之间一定要有尺寸联系。

2. 重要尺寸直接标注

(1) 重要尺寸 确定零件在机器中的位置及装配精度的尺寸。这些尺寸应从基准直接注出,并应注出极限偏差,以保证机器的使用性能,见图11-20a。

(2) 自由尺寸 这些尺寸与相关零件无配合关系,不影响机器的精度及使用性能,见图11-20b。

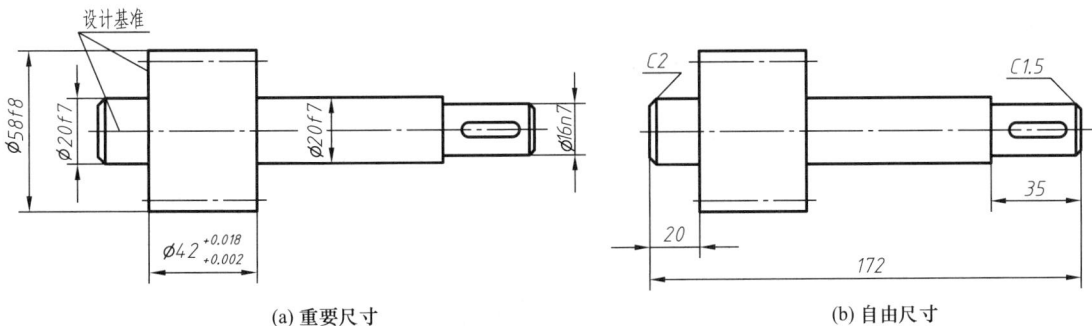

图 11-20 重要尺寸和自由尺寸

3. 按加工顺序标注尺寸

如阶梯轴的轴向尺寸应按加工顺序标注。用同一方法加工的同一结构尺寸尽可能集中标注,如键槽的尺寸。见图 11-21。

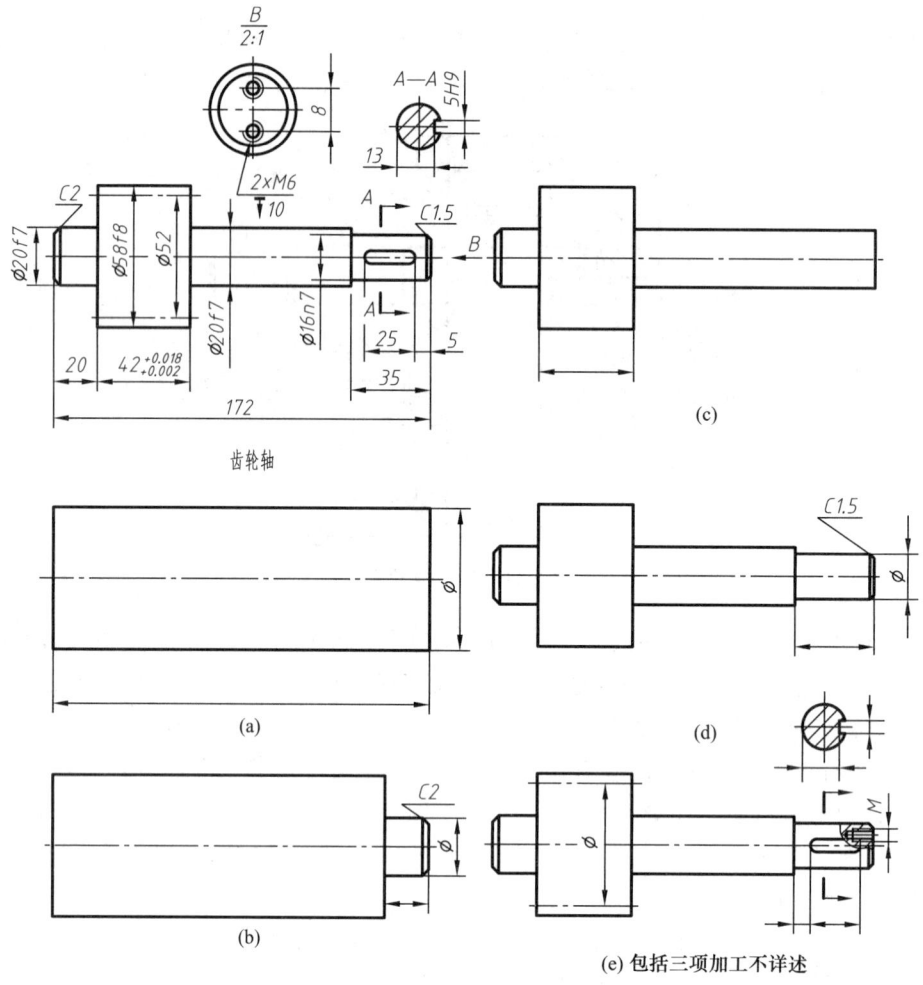

图 11-21 齿轮轴的加工顺序

4. 不注封闭尺寸链

零件图中,尺寸的配置形式有三种,见表 11-2。零件同一方向的各尺寸,按一定顺序依次连接起来排成的尺寸标注形式称为尺寸链,组成尺寸链的各个尺寸称为尺寸链的环。按加工顺序来说,总有一个尺寸是在加工最后自然得到的,这个尺寸称为封闭环。尺寸链中其他尺寸称为组成环,所有环都注上尺寸称为封闭尺寸链。见表 11-2 中的图例(1)。

由于在加工过程中,每段尺寸都会产生误差,结果形成积累误差,影响零件的精度,所以标注尺寸时应该将尺寸链中最不重要的尺寸作为封闭环,不注尺寸,形成开口环。见表 11-2 中的图例(3)。

前面已经介绍如何合理地进行尺寸标注,下面结合图 11-19 所示各有关零件在部件中的作用及装配关系,并结合零件的结构形状,对下面两个例子进行尺寸分析。

表 11-2 尺寸配置形式

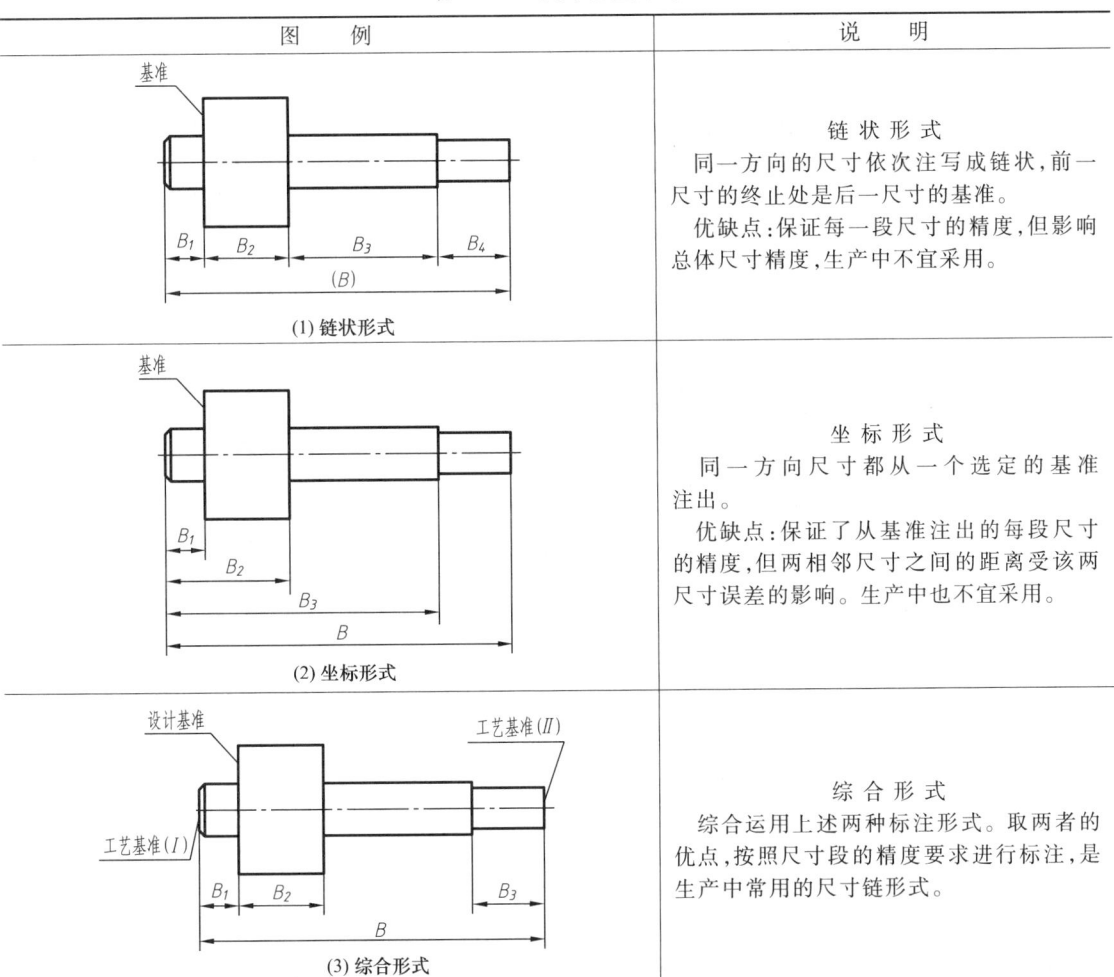

图 例	说 明
(1) 链状形式	链 状 形 式 同一方向的尺寸依次注写成链状，前一尺寸的终止处是后一尺寸的基准。 优缺点：保证每一段尺寸的精度，但影响总体尺寸精度，生产中不宜采用。
(2) 坐标形式	坐 标 形 式 同一方向尺寸都从一个选定的基准注出。 优缺点：保证了从基准注出的每段尺寸的精度，但两相邻尺寸之间的距离受该两尺寸误差的影响。生产中也不宜采用。
(3) 综合形式	综 合 形 式 综合运用上述两种标注形式。取两者的优点，按照尺寸段的精度要求进行标注，是生产中常用的尺寸链形式。

【例 11-1】 泵座的尺寸分析，见图 11-22。

① 尺寸基准

长度方向尺寸基准 零件的左右对称平面"V"。

宽度方向尺寸基准 与泵体结合的端面"IV"。

高度方向尺寸基准 以安装基面为高度方向的主要基准"I"，由尺寸 125 注出的轴线为辅助基准"II"，通过尺寸 52±0.06 注出的轴线为另一辅助基准"III"。

② 尺寸分析

重要尺寸 如两轴孔的距离 52±0.06，轴孔直径配合尺寸 ϕ20H8，两基准之间距离 125，螺孔及螺柱光孔的中心圆 ϕ40、R45 及安装用螺栓孔的中心距 100、28。

自由尺寸 如 ϕ30、ϕ60、50、36 及外形尺寸等。

【例 11-2】 泵体的尺寸分析，见图 11-23。

① 尺寸基准

长度方向尺寸基准 零件的左右对称面"IV"

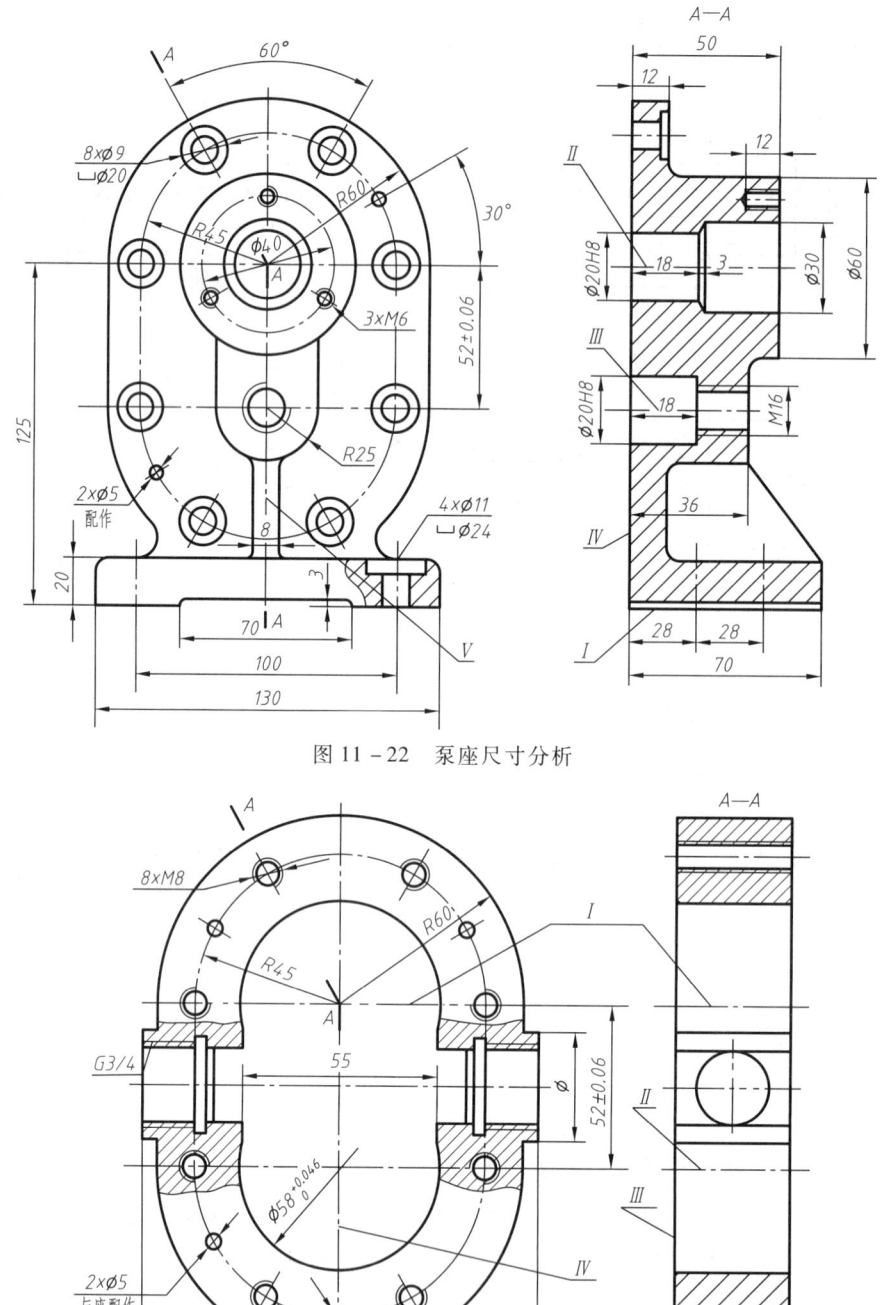

图 11-22 泵座尺寸分析

图 11-23 泵体尺寸分析

宽度方向尺寸基准　与泵盖或泵座结合的端面"Ⅲ"。

高度方向尺寸　以输入轴轴孔的轴线为主要基准"Ⅰ",通过 52±0.06 注出的轴线为辅助基准"Ⅱ"。

② 尺寸分析

重要尺寸　如两孔的距离 52 ± 0.06，与齿轮配合的内腔 $\phi58^{+0.046}_{\ 0}$，进出油孔的尺寸 G3/4，泵体宽度 $42^{-0.016}_{-0.034}$。

自由尺寸　如 $R60$、130 等。

二、零件上常见结构的尺寸注法

（1）倒角、退刀槽和砂轮越程槽的尺寸注法见表 11-3。

表 11-3　倒角、退刀槽和砂轮越程槽尺寸注法

零件结构	标注方法	说　　明
倒角	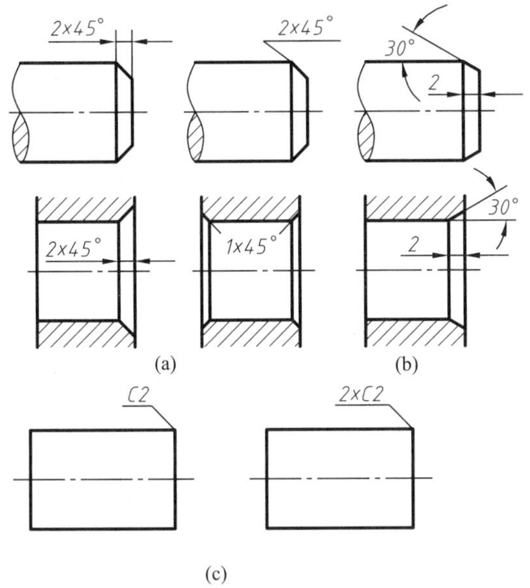 (a)　(b)　(c)	45°倒角可按图 a 所示方式标注尺寸，非 45°倒角可按图 b 所示方式标注尺寸。图 c 所示为不画出倒角，而用"C"表示"45°倒角"，如"2×45°"写成"C2"即可，若轴两端倒角则写成 2×C2。
退刀槽	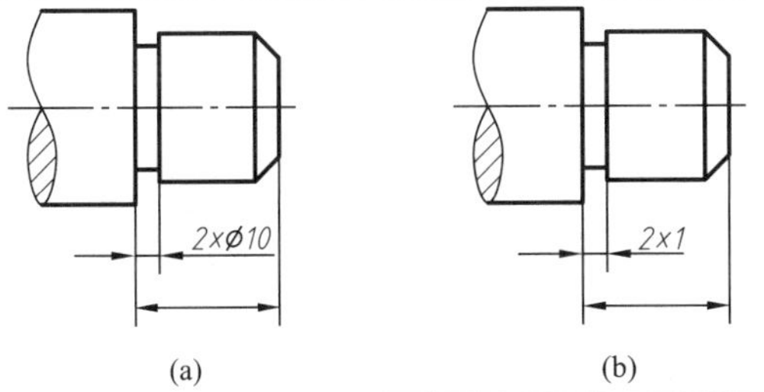 (a)　(b)	图 a 所示为以"槽宽×直径"形式标注退刀槽的大小。图 b 所示为以"槽宽×槽深"形式标注退刀槽的大小。
砂轮越程槽	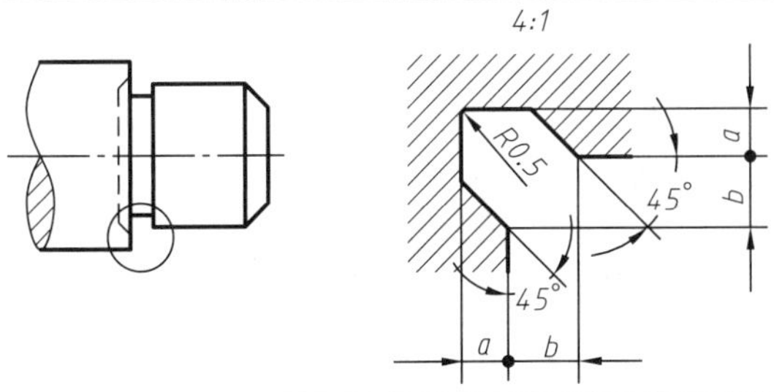	砂轮越程槽常常用局部放大图表示，其尺寸数值可查零件手册。

（2）光孔、螺纹孔、锥销孔、沉孔和埋头孔的尺寸注法见表 11-4。

表 11-4 光孔、螺纹孔、锥销孔和埋头孔的尺寸注法

零件结构	标 注 方 法	说　　明
光孔	(a) 4×⌀5▼10 ； (b) 4×⌀5▼10 / C1	图 a 中 4×φ5 表示有四个同样的孔，符号"▼"表示"深度"，▼10 表示孔深为 10 mm。图 b 中的 C1 表示孔口有 1×45°的倒角。
螺纹孔	(a) 4×M6▼8 / 孔▼12 ； (b) 4×M6 / 2×C1	图 a 中 4×M6 表示有四个同样的螺纹孔，螺纹孔深为 8 mm，钻孔深为 12 mm。图 b 表示螺纹孔为通孔，两端口有 1×45°的倒角。
锥销孔	锥销孔⌀5 装配时作	φ5 为与锥销孔相配的圆锥销的小端直径。锥销孔一般在装配时与相配零件一起加工。
沉孔	4×⌀11 / ⌴⌀18▼5	符号"⌴"表示"沉孔"（更大一些的圆柱孔）或锪平（孔端刮出一圆平面），此处表示沉孔直径为 18 mm，沉孔深 5 mm。标注时若无深度要求，则表示刮出一指定直径的圆平面即可。
埋头孔	4×⌀11 / ⌵⌀20×90°	符号"⌵"表示"埋头孔"（孔口作出倒圆锥台坡的孔），此处锥台大端直径为 20 mm，锥台面顶角为 90°。

注：指引线应从装配时的装入端或孔的圆形视图的中心引出。在指引线所连水平线（基准线）的上方注写主孔尺寸，下方注写辅助孔尺寸等内容。

(3) 常用简化注法见表 11-5。

表 11-5 常用简化注法

简化注法	说　明
	标注尺寸时,可使用单边箭头。
	标注尺寸时,可采用带箭头的指引线。
	标注尺寸时,也可采用不带箭头的指引线。EQS 表示均布(六个孔在 φ22 圆周上均匀分布)。
	一组同心圆弧或圆心位于一条直线上的多个不同心圆弧的尺寸,可用共用的尺寸线箭头依次表示。在不引起误解时,除起始第一个箭头外,其余箭头可省略,但尺寸应以第一个箭头相应数值为首,依次表示。

续表

简化注法	说 明
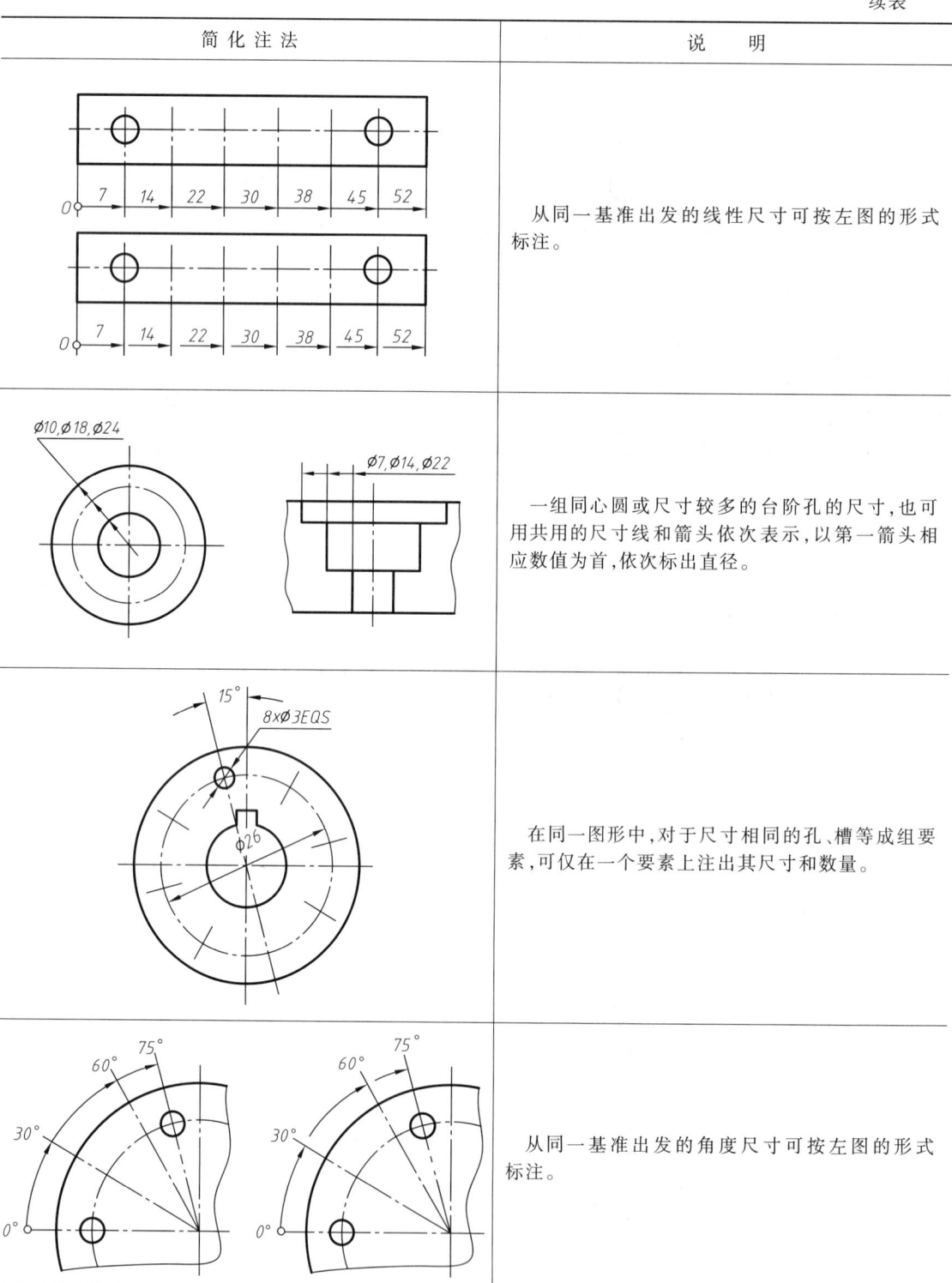	从同一基准出发的线性尺寸可按左图的形式标注。
	一组同心圆或尺寸较多的台阶孔的尺寸,也可用共用的尺寸线和箭头依次表示,以第一箭头相应数值为首,依次标出直径。
	在同一图形中,对于尺寸相同的孔、槽等成组要素,可仅在一个要素上注出其尺寸和数量。
	从同一基准出发的角度尺寸可按左图的形式标注。

注:[1] 简化必须保证不致引起误解和不会产生理解的多意性。
　　[2] 便于识图和绘图,需注意简化的综合效果。

§11-5 零件图中的技术要求

为了保证零件的质量及工作性能,零件图中还必须标注制造零件时应达到的技术要求,通常以符号、代号、标记和文字说明的形式注写在零件图上。其主要内容包括:表面结构、极限与配合、几何公差、材料及热处理和表面处理等。本书扼要介绍表面结构、尺寸公差、极限与配合、材料及热处理等基本概念及其在图样上的标注方法。

一、零件的表面结构

1. 表面结构的基本概念

零件表面看起来是光滑的,但实际上存在一些凸凹不平的微小峰谷,图 11-24 所示为零件表面在显微镜下放大的景象。零件的实际表面轮廓由粗糙度轮廓(R 轮廓)、波纹度轮廓(W 轮廓)和原始轮廓(P 轮廓)组成,各种轮廓所具有的特性与零件的表面功能密切相关。

(1) 粗糙度轮廓　粗糙度轮廓是指实际表面轮廓中具有较小间距和峰谷的那部分轮廓,它所具有的微观几何特性称为表面粗糙度。通常波距 <1 mm 的属于粗糙度轮廓,反映零件表面的微观形状误差。

(2) 波纹度轮廓　波纹度轮廓是指实际表面轮廓不平度间距比粗糙度大得多的那部分轮廓,这种由间距较大、随机或接近周期形式的成分构成的表面不平度称为表面波纹度。波距通常在 1~10 mm 的为波纹度轮廓。

(3) 原始轮廓　原始轮廓是指忽略了粗糙度轮廓和波纹度轮廓之后的总的轮廓。通常波距 >10 mm 的为原始轮廓,其反映零件表面宏观形状误差。

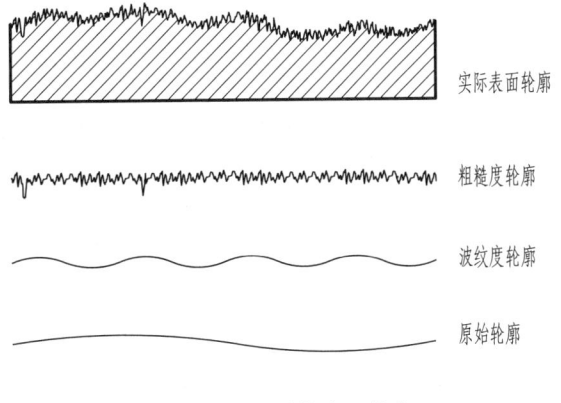

图 11-24　零件表面轮廓

零件的表面结构特性是指粗糙度、波纹度、原始轮廓特性的统称。它是通过不同测量和计算方法得出的一系列参数进行表征的,是评定零件表面质量和保证其表面功能的重要技术指标。

2. 表面结构符号的含义及画法

GB/T 131—2006《产品几何技术规范(GPS)　技术产品文件中表面结构的表示法》规定了表面结构符号的含义和画法,表面结构符号及含义见表 11-6,表面结构符号的画法见图 11-25。

表 11-6 表面结构符号及含义

符号	含义及说明
√	基本图形符号。表示未指定工艺方法的表面,没有补充说明时不能单独使用,仅适用于简化代号标注。
√	扩展图形符号。用去除材料的方法获得的表面,例如车、铣、抛光、腐蚀、电火花加工、气割等。仅当其含义是"被加工表面"时可单独使用。
√	扩展图形符号。通过不去除材料的方法获得的表面,例如铸、锻、冲压变形、热轧、粉末冶金等。也可用于保持上道工序形成的表面,不管这种状况是通过去除材料或不去除材料形成的。
√ √ √	完整图形符号。在上述三个符号的长边上均可加一横线,用于标注表面结构的补充信息。
√ √ √	带有补充注释的图形符号。在上述三个符号上均可加一小圈,表示某个视图上构成封闭轮廓的各表面有相同的表面结构要求。

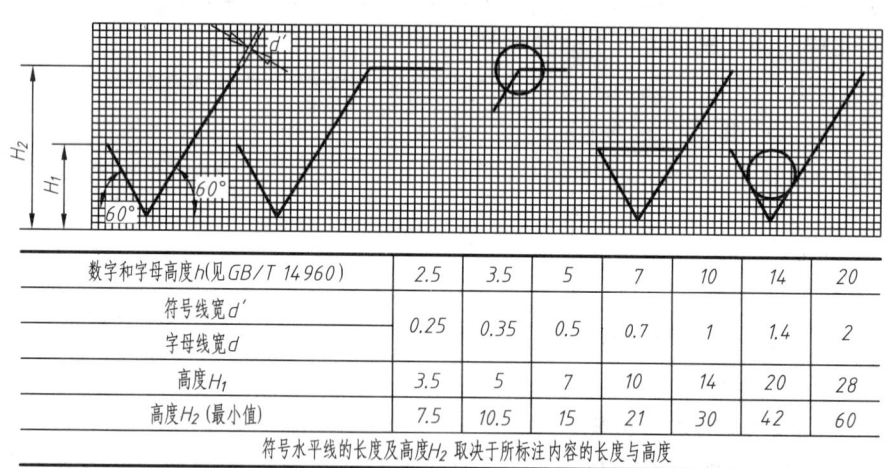

数字和字母高度h(见GB/T 14960)	2.5	3.5	5	7	10	14	20
符号线宽d'	0.25	0.35	0.5	0.7	1	1.4	2
字母线宽d							
高度H_1	3.5	5	7	10	14	20	28
高度H_2(最小值)	7.5	10.5	15	21	30	42	60

符号水平线的长度及高度H_2取决于所标注内容的长度与高度

图 11-25 表面结构符号的画法

二、表面粗糙度的常用评定参数、代号及标注方法

1. 表面粗糙度常用的参数

GB/T 131—2006 规定了表面粗糙度(R 轮廓)的评定参数,常用的有轮廓算术平均偏差 Ra 和轮廓最大高度 Rz。其中 Ra 为优先选用的评定参数。

(1) 轮廓算术平均偏差 Ra 如图 11-26 所示，OX 为被测表面轮廓中线，它是用以评定表面粗糙度参数的基准线。轮廓算术平均偏差 Ra 是指在取样长度内，被测轮廓偏距绝对值的算术平均值，用数学公式可表示为

$$Ra = \frac{1}{lr}\int_0^{lr} |Z(x)| dx$$

或近似表示为

$$Ra = \frac{1}{n}\sum_{i=1}^{n} |Z_i|$$

式中：$Z(x)$——轮廓偏距值；
　　　lr——取样长度；
　　　n——取样数；
　　　Z_i——第 i 点的轮廓偏距值。

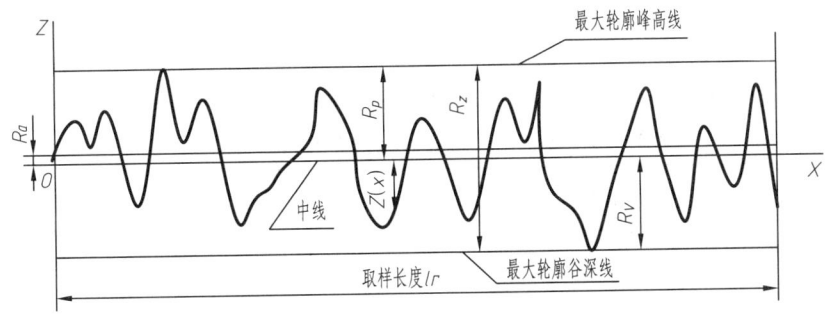

图 11-26　轮廓算数平均偏差 Ra 和轮廓最大高度 Rz

(2) 轮廓最大高度 Rz 在一个取样长度内，最大轮廓峰高和最大轮廓谷深之和的高度。

在实际应用中，轮廓算术平均值 Ra 用得最多，其数值规定见表 11-7。表中的第一系列为优先选用值。

表 11-7　轮廓算术平均偏差 Ra 数值表　　　　　　　　　　　　　　μm

第一系列	0.012	0.025	0.050	0.100	0.20	0.40	0.80
	1.60	3.2	6.3	12.5	25	50	100
第二系列	0.008	0.010	0.016	0.020	0.032	0.040	0.063
	0.080	0.125	0.160	0.25	0.32	0.50	0.63
	1.0	1.25	2.0	2.5	4.0	5.0	8.0
	10.0	16	20	32	40	63	80

2. 表面粗糙度的代号及含义

表面粗糙度由参数代号（如 Ra、Rz）和参数值（极限值）组成，必要时应标注补充要求，其内容及注写位置见表 11-8。在图样标注时，若采用默认定义，并对其他方面不要求时，可采用简化注法，符号中的 b、c、d、e 各项不标注。在 a 位置注写的内容及格式：

| 传输带或取样长度 / 参数代号 | 参数极限值(单位 μm) |

若采用默认传输带时,则 传输带或取样长度 一项不标注,如 $Ra3.2$。表 11-9 是部分采用默认定义时表面粗糙度的代号及其含义。

说明:传输带是评定表面粗糙度时两个定义的滤波器之间的波长范围。

表 11-8 表面粗糙度的代号及其含义

代号	含 义
(符号图,标有 a、b、c、d、e 位置)	位置 a——注写表面结构的单一要求。 位置 a 和 b——注写第一表面结构要求。注写第二表面结构要求。 位置 c——注写加工方法,如"车"、"磨"、"镀"等。 位置 d——注写表面纹理和方向,如"="、"X"、"M"。 位置 e——注写加工余量。

表 11-9 默认定义时表面粗糙度的代号及其含义

代号示例(旧标准)	代号示例 (GB/T 131—2006)	含义/解释
3.2 (倒三角)	$Ra\ 3.2$	表示不允许去除材料,单向上限值,Ra 的上限值为 3.2 μm。
3.2 (带横线倒三角)	$Ra\ 3.2$	表示去除材料,单向上限值,Ra 的上限值为 3.2 μm。
1.6max	$Ra\ max\ 1.6$	表示去除材料,单向上限值,Ra 的最大值为 1.6 μm。
3.2 1.6	$U\ Ra\ 3.2$ $L\ Ra\ 1.6$	表示去除材料,双向极限值。上限值:Ra 为 3.2 μm;下限值:Ra 为 1.6 μm。
Rz 3.2	$Rz\ 3.2$	表示去除材料,单向上限值,Rz 的上限值为 3.2 μm。

注:仅规定一个参数值时为上限值,同时规定两个参数值时称为上限值与下限值。

3. 表面粗糙度代号在图样中的标注

GB/T 131—2006 规定了表面粗糙度在图样中的注法,其总的原则是:

(1) 表面粗糙度对每一表面一般只标注一次,并尽可能在相应的尺寸及其公差的同一视图上。除非另有说明,所标注的表面粗糙度是对完工零件表面的要求。

（2）表面粗糙度的注写和读取方向与尺寸的注写和读取的方向一致。

（3）表面粗糙度可标注在轮廓线及其延长线上，其符号应从材料外指向并接触表面。必要时，表面粗糙度也可注在尺寸线及其延长线上以及指引线和几何公差的框格上。

具体的标注示例见表 11-10。

表 11-10　表面粗糙度在图样中的注法

标注方法	说　　明
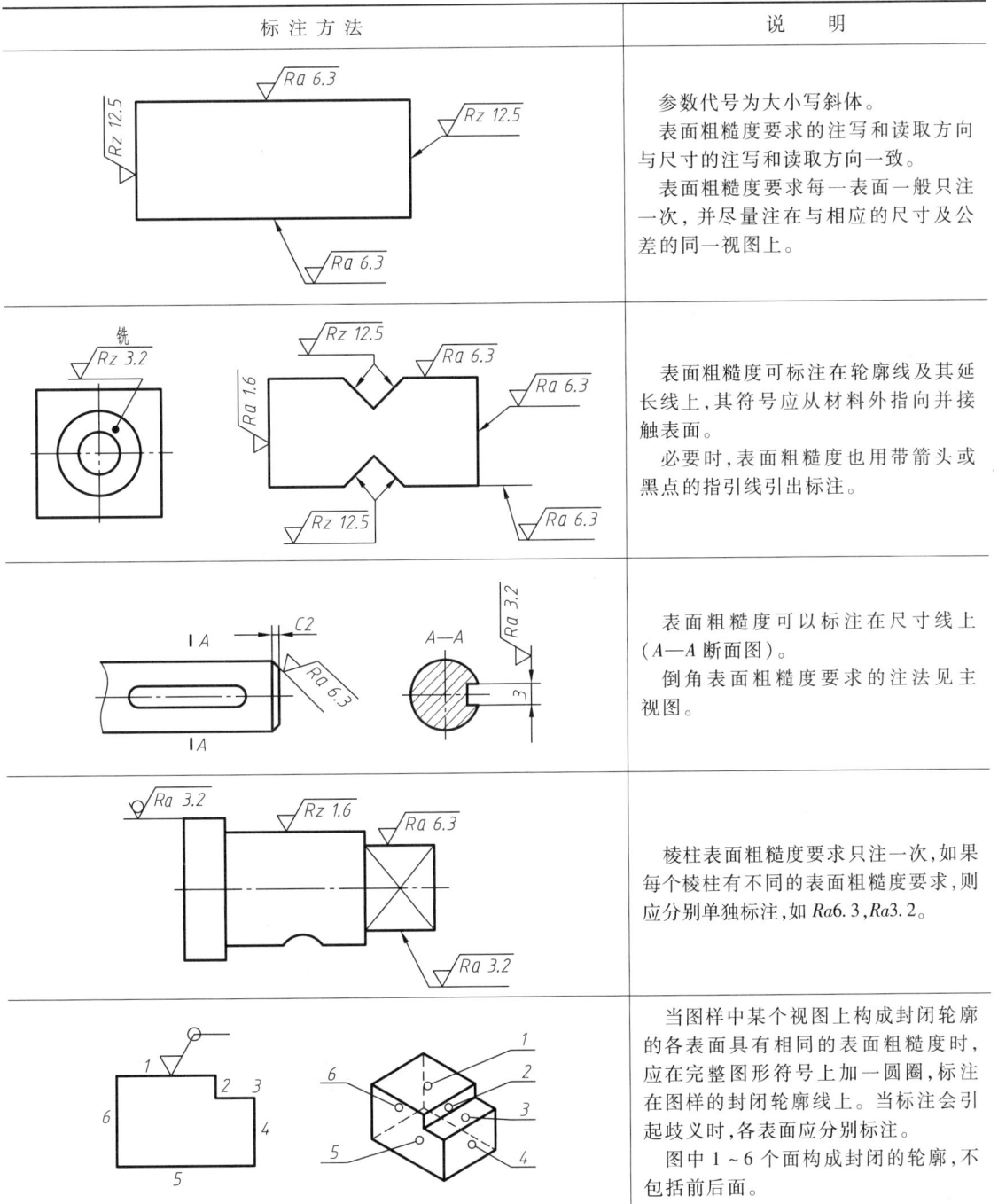	参数代号为大小写斜体。 表面粗糙度要求的注写和读取方向与尺寸的注写和读取方向一致。 表面粗糙度要求每一表面一般只注一次，并尽量注在与相应的尺寸及公差的同一视图上。
	表面粗糙度可标注在轮廓线及其延长线上，其符号应从材料外指向并接触表面。 必要时，表面粗糙度也用带箭头或黑点的指引线引出标注。
	表面粗糙度可以标注在尺寸线上（A—A 断面图）。 倒角表面粗糙度要求的注法见主视图。
	棱柱表面粗糙度要求只注一次，如果每个棱柱有不同的表面粗糙度要求，则应分别单独标注，如 Ra6.3，Ra3.2。
	当图样中某个视图上构成封闭轮廓的各表面具有相同的表面粗糙度时，应在完整图形符号上加一圆圈，标注在图样的封闭轮廓线上。当标注会引起歧义时，各表面应分别标注。 图中 1~6 个面构成封闭的轮廓，不包括前后面。

标 注 方 法	说　明
(a)　(b)	如果工件的多数表面具有相同的表面粗糙度要求,则其要求可统一标注在图样的标题栏附近。此时,表面粗糙度符号后面应有: (1) 在圆括号内给出无任何其他标注的基本符号(图 a)。 (2) 在圆括号内给出不同的表面粗糙度要求(图 b)。 不同的表面粗糙度要求应直接标注在图形中(图 a、b)。
	如果工件的全部表面具有相同的表面粗糙度要求,则其要求可统一标注在图样的标题栏附近。
(a) 用带字母的完整符号的简化注法 (b) 未指定工艺方法的简化注法 (c) 要求去除材料的简化注法 (d) 不允许去除材料的简化注法	多个表面具有相同的表面粗糙度要求或图样空间有限时,可采用简化注法: (1) 用带字母的完整符号,以等式的形式在图形或标题栏附近对有相同表面粗糙度要求的表面进行简化标注(图 a)。 (2) 可用表面粗糙度符号,以等式的形式给出对多个表面共同的表面粗糙度要求(图 b、c、d)。

续表

标 注 方 法	说 明
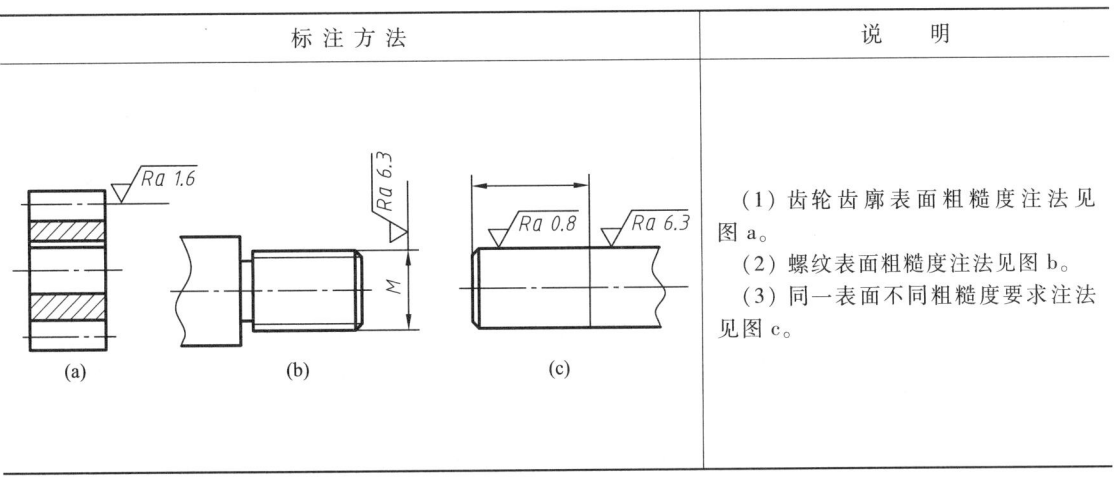	（1）齿轮齿廓表面粗糙度注法见图 a。 （2）螺纹表面粗糙度注法见图 b。 （3）同一表面不同粗糙度要求注法见图 c。

4. 表面粗糙度 Ra 的选用

选用表面粗糙度时，一般要根据零件表面的接触状态、相对滑动速度、配合要求及表面装饰等要求，同时还应考虑加工的经济性。常用的 Ra 值的加工方法和应用见表 11-11。

表 11-11　Ra 值与相应加工表面特征和应用举例

$Ra/\mu m$	表面特征	加工方法		应用举例
50	明显可见刀痕	粗加工面	铸造、锻压、粗车、粗铣、粗刨、钻孔等	一般很少应用。
25	可见刀痕			钻孔表面、倒角、端面、沉孔和要求较低的非接触面。
12.5	微见刀痕			
6.3	可见加工痕迹	半精加工面	精车、精铣、精刨、精镗、铰孔、粗磨等	要求较低的静止接触面。
3.2	微见加工痕迹			要求紧贴的静止接触面以及较低配合面。
1.6	看不见加工痕迹			有相对运动的零件接触面。
0.80	可辨加工痕迹方向	粗加工面	精磨、抛光、金刚石车、精铰、精拉等	要求很好密合的、相对运动速度较高的接触面，如滑动导轨面、高速工作的滑动轴承。
0.40	微辨加工痕迹方向			
0.20	不可辨加工痕迹方向			
0.10	暗光泽面	光加工面	精磨、抛光、研磨	精密量具的表面，极重要零件的摩擦面，如汽缸的内表面、精密机床的主轴颈、坐标镗床的主轴颈等。
0.05	亮光泽面			
0.025	镜状光泽面			
0.012	雾状镜面			
0.006	镜面			

三、极限与配合

极限与配合是工程图样的一项重要技术要求,通过它控制零件的功能尺寸精度,即将尺寸控制在确定的上极限尺寸和下极限尺寸范围内,以保证零件工作的精度。GB/T 1800.1—2009、GB/T 1800.2—2009、GB/T 1801—2009 等规定了极限与配合的基本术语及定义,包括公差,偏差和配合,标准公差等级,孔、轴基本偏差表和公差带等。现择要介绍。

1. 极限与配合的基本概念

(1) 零件的互换性　零件的互换性是指从按尺寸精度要求加工的一批相同机器或部件的零件中任取一件,不经选择和修理就能装到机器或部件上去,并能达到使用要求。

在现代化生产中,要求互相装配的零件都具有互换性,这样即保证了产品的质量又提高了生产率。

(2) 极限　为了保证零件具有互换性,必须控制零件尺寸的最大和最小极限值。下面以图 11-27 所示的轴、孔配合为例进行说明。

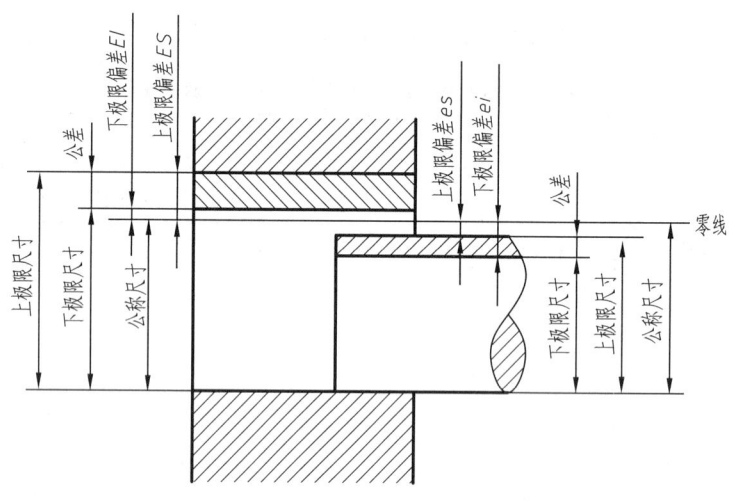

图 11-27　公差术语简介图

① 公称尺寸　设计时给定的尺寸。通过它应用上、下极限偏差可算出极限尺寸。公称尺寸可以是一个整数或一个小数值。

② 实际尺寸　通过测量获得的孔或轴的尺寸。

③ 极限尺寸　孔或轴允许的尺寸的两个极端值。实际尺寸应位于其中。

上极限尺寸　孔或轴允许的最大尺寸。

下极限尺寸　孔或轴允许的最小尺寸。

④ 极限偏差　极限尺寸减其公称尺寸所得的代数差。

上极限偏差　上极限尺寸减去公称尺寸所得的代数差。

下极限偏差　下极限尺寸减去公称尺寸所得的代数差。

规定 ES、EI 表示孔的上、下极限偏差;es、ei 表示轴的上、下极限偏差。

⑤ 尺寸公差(简称公差)　上极限尺寸减去下极限尺寸之差,或上极限偏差减去下极限偏差之差。它是尺寸允许的变动量,如图 11-27 所示。

尺寸公差是一个没有符号的绝对值,如图 11-28 所示。

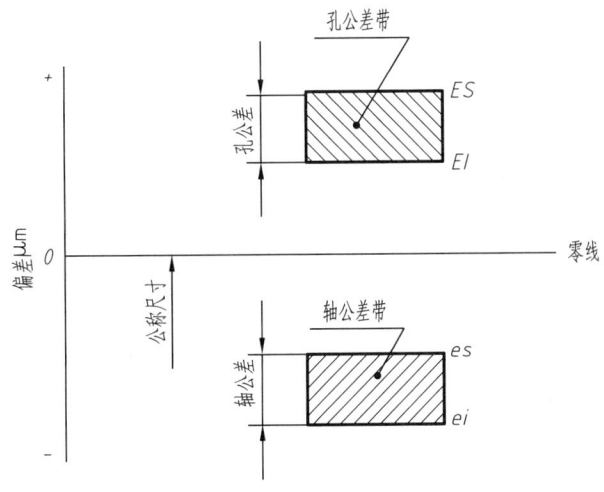

图 11-28　公差带示意图

⑥ 零线　在极限与配合图解中,表示公称尺寸的一条直线,以其为基准确定偏差和公差。通常,零线沿水平方向绘制,正偏差位于其上,负偏差位于其下。

⑦ 公差带　图 11-28 为公差带示意图。如图所示,公差带为由代表上极限偏差和下极限偏差或上极限尺寸和下极限尺寸的两条直线所限定的一个区域。它由公差大小和其相对零线的位置来确定。

⑧ 标准公差　GB/T 1800 系列标准中所规定的任一公差,用符号 IT 表示(字母 IT 为"国际公差"的符号)。

标准公差的数值由公称尺寸和公差等级决定。其中公差等级确定精确程度。标准公差等级为 20 级,每一个标准公差等级用一个标准公差等级代号表示。标准公差等级代号用符号 IT 和数字组成,即 IT01、IT0、IT1、…、IT18,其中 IT01 级最高,IT18 级最低。在生产中 IT01~IT11 用于配合尺寸,IT12~IT18 用于非配合尺寸。当公称尺寸确定之后,各级标准公差数值见表 11-12 和表 11-13。

⑨ 基本偏差　在 GB/T 1800 系列标准中,确定公差带相对零线位置的那个极限偏差称为基本偏差。它可以是上极限偏差或下极限偏差,规定靠近零线的那个极限偏差为基本偏差。

表 11-12 标准公差数值

公称尺寸/mm		标准公差等级																	
		IT1	IT2	IT3	IT4	IT5	IT6	IT7	IT8	IT9	IT10	IT11	IT12	IT13	IT14	IT15	IT16	IT17	IT18
大于	至	μm											mm						
—	3	0.8	1.2	2	3	4	6	10	14	25	40	60	0.1	0.14	0.25	0.4	0.6	1	1.4
3	6	1	1.5	2.5	4	5	8	12	18	30	48	75	0.12	0.18	0.3	0.48	0.75	1.2	1.8
6	10	1	1.5	2.5	4	6	9	15	22	36	58	90	0.15	0.22	0.36	0.58	0.9	1.5	2.2
10	18	1.2	2	3	5	8	11	18	27	43	70	110	0.18	0.27	0.43	0.7	1.1	1.8	2.7
18	30	1.5	2.5	4	6	9	13	21	33	52	84	130	0.21	0.33	0.52	0.84	1.3	2.1	3.3
30	50	1.5	2.5	4	7	11	16	25	39	62	100	160	0.25	0.39	0.62	1	1.6	2.5	3.9
50	80	2	3	5	8	13	19	30	46	74	120	190	0.3	0.46	0.74	1.2	1.9	3	4.6
80	120	2.5	4	6	10	15	22	35	54	87	140	220	0.35	0.54	0.87	1.4	2.2	3.5	5.4
120	180	3.5	5	8	12	18	25	40	63	100	160	250	0.4	0.63	1	1.6	2.5	4	6.3
180	250	4.5	7	10	14	20	29	46	72	115	185	290	0.46	0.72	1.15	1.85	2.9	4.6	7.2
250	315	6	8	12	16	23	32	52	81	130	210	320	0.52	0.81	1.3	2.1	3.2	5.2	8.1
315	400	7	9	13	18	25	36	57	89	140	230	360	0.57	0.89	1.4	2.3	3.6	5.7	8.9
400	500	8	10	15	20	27	40	63	97	155	250	400	0.63	0.97	1.55	2.5	4	6.3	9.7
500	630	9	11	16	22	32	44	70	110	175	280	440	0.7	1.1	1.75	2.8	4.4	7	11

注:[1] 公称尺寸大于 50 mm 的 IT1 至 IT5 的标准公差值为试行的。

[2] 公称尺寸小于或等于 1 mm 时,无 IT14 至 IT18。

表 11-13 IT01 和 IT0 的标准公差数值

公称尺寸/mm		标准公差等级	
		IT01	IT0
大于	至	μm	
—	3	0.3	0.5
3	6	0.4	0.6
6	10	0.4	0.6
10	18	0.5	0.8
18	30	0.6	1
30	50	0.6	1
50	80	0.8	1.2
80	120	1	1.5
120	180	1.2	2
180	250	2	3
250	315	2.5	4

国家标准对孔和轴分别规定了28种基本偏差,见图11-29。每一种基本偏差用一个基本偏差代号表示,代号为一个或两个英文字母。孔用大写字母 A,…,ZC 表示;轴用小写字母 a,…,zc 表示。图11-29a 所示为孔的基本偏差系列;图11-29b 所示为轴的基本偏差系列。

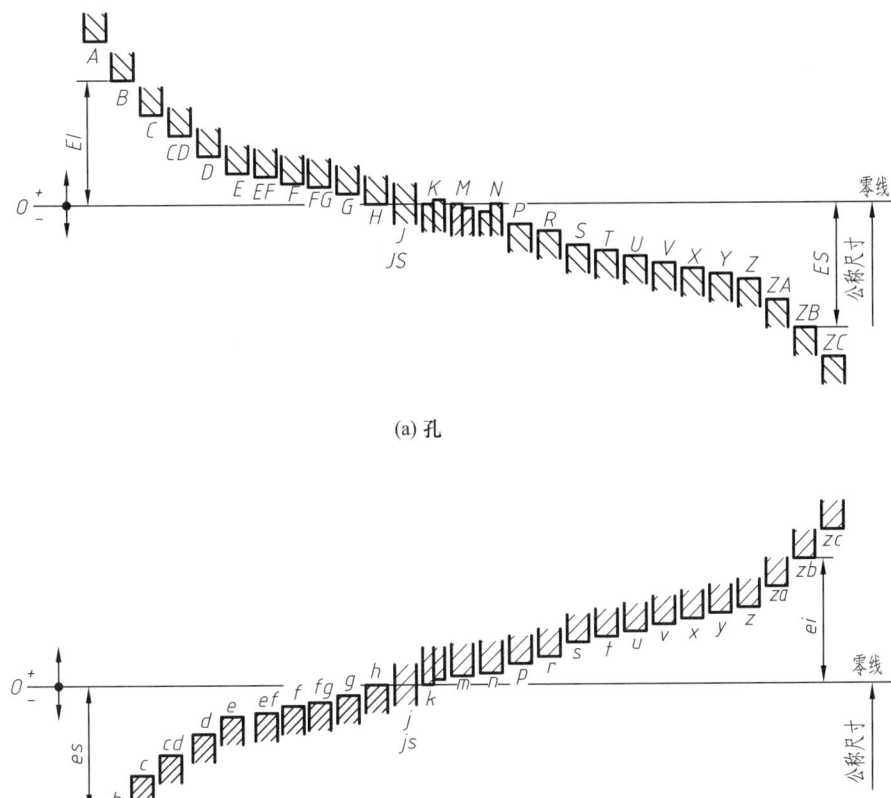

图 11-29 基本偏差系列

轴的基本偏差位置,从 a~h 公差带在零线之下,上极限偏差为基本偏差,其值为"负"。从 j~zc 公差带在零线之上,下极限偏差为基本偏差,其值为"正"。js 的公差带对零线为对称分布,没有基本偏差。h 的基本偏差为零。其值可由表 11-14 查得。

孔的基本偏差位置,从 A~H 公差带在零线之上,下极限偏差为基本偏差,其值为"正"。从 J~ZC 公差带在零线之下,上极限偏差为基本偏差,其值为"负"。JS 的公差带对零线为对称分布,没有基本偏差。H 的基本偏差为零。其值可由表 11-15 查得。

表 11-14 常用及优先轴公差带

公称尺寸/mm		常用及优先公差带										
		a	b		c			d				e		
大于	至	11	11	12	9	10	(11)	8	(9)	10	11	7	8	9
—	3	-270 -330	-140 -200	-140 -240	-60 -85	-60 -100	-60 -120	-20 -34	-20 -45	-20 -60	-20 -80	-14 -24	-14 -28	-14 -39
3	6	-270 -345	-140 -215	-140 -260	-70 -100	-70 -118	-70 -145	-30 -48	-30 -60	-30 -78	-30 -105	-20 -32	-20 -38	-20 -50
6	10	-280 -370	-150 -240	-150 -300	-80 -116	-80 -138	-80 -170	-40 -62	-40 -76	-40 -98	-40 -130	-25 -40	-25 -47	-25 -61
10	14	-290 -400	-150 -260	-150 -330	-95 -138	-95 -165	-95 -205	-50 -77	-50 -93	-50 -120	-50 -160	-32 -50	-32 -59	-32 -75
14	18													
18	24	-300 -430	-160 -290	-160 -370	-110 -162	-110 -194	-110 -240	-65 -98	-65 -117	-65 -149	-65 -195	-40 -61	-40 -73	-40 -92
24	30													
30	40	-310 -470	-170 -330	-170 -420	-120 -182	-120 -220	-120 -280	-80 -119	-80 -142	-80 -180	-80 -240	-50 -75	-50 -89	-50 -112
40	50	-320 -480	-180 -340	-180 -430	-130 -192	-130 -230	-130 -290							
50	65	-340 -530	-190 -380	-190 -490	-140 -214	-140 -260	-140 -330	-100 -146	-100 -174	-100 -220	-100 -290	-60 -90	-60 -106	-60 -134
65	80	-360 -550	-200 -390	-200 -500	-150 -224	-150 -270	-150 -340							
80	100	-380 -600	-220 -440	-220 -570	-170 -257	-170 -310	-170 -390	-120 -174	-120 -207	-120 -260	-120 -340	-72 -107	-72 -126	-72 -159
100	120	-410 -630	-240 -460	-240 -590	-180 -267	-180 -320	-180 -400							
120	140	-460 -710	-260 -510	-260 -660	-200 -300	-200 -360	-200 -450	-145 -208	-145 -245	-145 -305	-145 -395	-85 -125	-85 -148	-85 -185
140	160	-520 -770	-280 -530	-280 -680	-210 -310	-210 -370	-210 -460							
160	180	-580 -830	-310 -560	-310 -710	-230 -330	-230 -390	-230 -480							
180	200	-660 -950	-340 -630	-340 -800	-240 -355	-240 -425	-240 -530	-170 -242	-170 -285	-170 -355	-170 -460	-100 -146	-100 -172	-100 -215
200	225	-740 -1 030	-380 -670	-380 -840	-260 -375	-260 -445	-260 -550							
225	250	-820 -1 110	-420 -710	-420 -880	-280 -395	-280 -465	-280 -570							
250	280	-920 -1 240	-480 -800	-480 -1 000	-300 -430	-300 -510	-300 -620	-190 -271	-190 -320	-190 -400	-190 -510	-110 -162	-110 -191	-110 -240
280	315	-1 050 -1 370	-540 -860	-540 -1 060	-330 -460	-330 -540	-330 -650							
315	355	-1 200 -1 560	-600 -960	-600 -1 170	-360 -500	-360 -590	-360 -720	-210 -299	-210 -350	-210 -440	-210 -570	-125 -182	-125 -214	-125 -265
355	400	-1 350 -1 710	-680 -1 040	-680 -1 250	-400 -540	-400 -630	-400 -760							
400	450	-1 500 -1 900	-760 -1 160	-760 -1 390	-440 -595	-440 -690	-440 -840	-230 -327	-230 -385	-230 -480	-230 -630	-135 -198	-135 -232	-135 -290
450	500	-1 650 -2 050	-840 -1 240	-840 -1 470	-480 -635	-480 -730	-480 -880							

极限偏差（摘自 GB/T 1800.2—2009） μm

（带括号者为优先公差带）

\multicolumn{5}{c}{f}	\multicolumn{3}{c}{g}	\multicolumn{7}{c}{h}
5	6	(7)	8	9	5	(6)	7	5	(6)	(7)	8	(9)	10	(11)	12
-6	-6	-6	-6	-6	-2	-2	-2	0	0	0	0	0	0	0	0
-10	-12	-16	-20	-31	-6	-8	-12	-4	-6	-10	-14	-25	-40	-60	-100
-10	-10	-10	-10	-10	-4	-4	-4	0	0	0	0	0	0	0	0
-15	-18	-22	-28	-40	-9	-12	-16	-5	-8	-12	-18	-30	-48	-75	-120
-13	-13	-13	-13	-13	-5	-5	-5	0	0	0	0	0	0	0	0
-19	-22	-28	-35	-49	-11	-14	-20	-6	-9	-15	-22	-36	-58	-90	-150
-16	-16	-16	-16	-16	-6	-6	-6	0	0	0	0	0	0	0	0
-24	-27	-34	-43	-59	-14	-17	-24	-8	-11	-18	-27	-43	-70	-110	-180
-20	-20	-20	-20	-20	-7	-7	-7	0	0	0	0	0	0	0	0
-29	-33	-41	-53	-72	-16	-20	-28	-9	-13	-21	-33	-52	-84	-130	-210
-25	-25	-25	-25	-25	-9	-9	-9	0	0	0	0	0	0	0	0
-36	-41	-50	-64	-87	-20	-25	-34	-11	-16	-25	-39	-62	-100	-160	-250
-30	-30	-30	-30	-30	-10	-10	-10	0	0	0	0	0	0	0	0
-43	-49	-60	-76	-104	-23	-29	-40	-13	-19	-30	-46	-74	-120	-190	-300
-36	-36	-36	-36	-36	-12	-12	-12	0	0	0	0	0	0	0	0
-51	-58	-71	-90	-123	-27	-34	-47	-15	-22	-35	-54	-87	-140	-220	-350
-43	-43	-43	-43	-43	-14	-14	-14	0	0	0	0	0	0	0	0
-61	-68	-83	-106	-143	-32	-39	-54	-18	-25	-40	-63	-100	-160	-250	-400
-50	-50	-50	-50	-50	-15	-15	-15	0	0	0	0	0	0	0	0
-70	-79	-96	-122	-165	-35	-44	-61	-20	-29	-46	-72	-115	-185	-290	-460
-56	-56	-56	-56	-56	-17	-17	-17	0	0	0	0	0	0	0	0
-79	-88	-108	-137	-185	-40	-49	-69	-23	-32	-52	-81	-130	-210	-320	-520
-62	-62	-62	-62	-62	-18	-18	-18	0	0	0	0	0	0	0	0
-87	-98	-119	-151	-202	-43	-54	-75	-25	-36	-57	-89	-140	-230	-360	-570
-68	-68	-68	-68	-68	-20	-20	-20	0	0	0	0	0	0	0	0
-95	-108	-131	-165	-223	-47	-60	-83	-27	-40	-63	-97	-155	-250	-400	-630

公称尺寸/mm		常用及优先公差带												
		js			k			m			n			p		
大于	至	5	6	7	5	(6)	7	5	6	7	5	(6)	7	5	(6)	7
—	3	±2	±3	±5	+4 0	+6 0	+10 0	+6 +2	+8 +2	+12 +2	+8 +4	+10 +4	+14 +4	+10 +6	+12 +6	+16 +6
3	6	±2.5	±4	±6	+6 +1	+9 +1	+13 +1	+9 +4	+12 +4	+16 +4	+13 +8	+16 +8	+20 +8	+17 +12	+20 +12	+24 +12
6	10	±3	±4.5	±7	+7 +1	+10 +1	+16 +1	+12 +6	+15 +6	+21 +6	+16 +10	+19 +10	+25 +10	+21 +15	+24 +15	+30 +15
10	14	±4	±5.5	±9	+9 +1	+12 +1	+19 +1	+15 +7	+18 +7	+25 +7	+20 +12	+23 +12	+30 +12	+26 +18	+29 +18	+36 +18
14	18															
18	24	±4.5	±6.5	±10	+11 +2	+15 +2	+23 +2	+17 +8	+21 +8	+29 +8	+24 +15	+28 +15	+36 +15	+31 +22	+35 +22	+43 +22
24	30															
30	40	±5.5	±8	±12	+13 +2	+18 +2	+27 +2	+20 +9	+25 +9	+34 +9	+28 +17	+33 +17	+42 +17	+37 +26	+42 +26	+51 +26
40	50															
50	65	±6.5	±9.5	±15	+15 +2	+21 +2	+32 +2	+24 +11	+30 +11	+41 +11	+33 +20	+39 +20	+50 +20	+45 +32	+51 +32	+62 +32
65	80															
80	100	±7.5	±11	±17	+18 +3	+25 +3	+38 +3	+28 +13	+35 +13	+48 +13	+38 +23	+45 +23	+58 +23	+52 +37	+59 +37	+72 +37
100	120															
120	140	±9	±12.5	±20	+21 +3	+28 +3	+43 +3	+33 +15	+40 +15	+55 +15	+45 +27	+52 +27	+67 +27	+61 +43	+68 +43	+83 +43
140	160															
160	180															
180	200	±10	±14.5	±23	+24 +4	+33 +4	+50 +4	+37 +17	+46 +17	+63 +17	+51 +31	+60 +31	+77 +31	+70 +50	+79 +50	+96 +50
200	225															
225	250															
250	280	±11.5	±16	±26	+27 +4	+36 +4	+56 +4	+43 +20	+52 +20	+72 +20	+57 +34	+66 +34	+86 +34	+79 +56	+88 +56	+108 +56
280	315															
315	355	±12.5	±18	±28	+29 +4	+40 +4	+61 +4	+46 +21	+57 +21	+78 +21	+62 +37	+73 +37	+94 +37	+87 +62	+98 +62	+119 +62
355	400															
400	450	±13.5	±20	±31	+32 +5	+45 +5	+68 +5	+50 +23	+63 +23	+86 +23	+67 +40	+80 +40	+103 +40	+95 +68	+108 +68	+131 +68
450	500															

注:公称尺寸小于1mm时,各级的a和b均不采用。

续表

（带括号者为优先公差带）

r			s			t			u		v	x	y	z
5	6	7	5	(6)	7	5	6	7	(6)	7	6	6	6	6
+14 +10	+16 +10	+20 +10	+18 +14	+20 +14	+24 +14	—	—	—	+24 +18	+28 +18	—	+26 +20	—	+32 +26
+20 +15	+23 +15	+27 +15	+24 +19	+27 +19	+31 +19	—	—	—	+31 +23	+35 +23	—	+36 +28	—	+43 +35
+25 +19	+28 +19	+34 +19	+29 +23	+32 +23	+38 +23	—	—	—	+37 +28	+43 +28	—	+43 +34	—	+51 +42
+31 +23	+34 +23	+41 +23	+36 +28	+39 +28	+46 +28	—	—	—	+44 +33	+51 +33	+50 +39	+51 +40 +56 +45	—	+61 +50 +71 +60
+37 +28	+41 +28	+49 +28	+44 +35	+48 +35	+56 +35	+50 +41	+54 +41	+62 +41	+54 +41 +61 +43	+62 +41 +69 +48	+60 +47 +68 +55	+67 +54 +77 +64	+76 +63 +88 +75	+86 +73 +101 +88
+45 +34	+50 +34	+59 +34	+54 +43	+59 +43	+68 +43	+59 +48 +65 +54	+64 +48 +70 +54	+73 +48 +79 +54	+76 +60 +86 +70	+85 +60 +95 +70	+84 +68 +97 +81	+96 +80 +113 +97	+110 +94 +130 +114	+128 +112 +152 +136
+54 +41	+60 +41	+71 +41	+66 +53	+72 +53	+83 +53	+79 +66	+85 +66	+96 +66	+106 +87	+117 +87	+121 +102	+141 +122	+163 +144	+191 +172
+56 +43	+62 +43	+72 +43	+72 +59	+78 +59	+89 +59	+88 +75	+94 +75	+105 +75	+121 +102	+132 +102	+139 +120	+165 +146	+193 +174	+229 +210
+66 +51	+73 +51	+86 +51	+86 +71	+93 +71	+106 +71	+106 +91	+113 +91	+126 +91	+146 +124	+159 +124	+168 +146	+200 +178	+236 +214	+280 +258
+69 +54	+76 +54	+89 +54	+94 +79	+101 +79	+114 +79	+119 +104	+126 +104	+139 +104	+166 +144	+179 +144	+194 +172	+232 +210	+276 +254	+332 +310
+81 +63	+88 +63	+103 +63	+110 +92	+117 +92	+132 +92	+140 +122	+147 +122	+162 +122	+195 +170	+210 +170	+227 +202	+273 +248	+325 +300	+390 +365
+83 +65	+90 +65	+105 +65	+118 +100	+125 +100	+140 +100	+152 +134	+159 +134	+174 +134	+215 +190	+230 +190	+253 +228	+305 +280	+365 +340	+440 +415
+86 +68	+93 +68	+108 +68	+126 +108	+133 +108	148 +108	+164 +146	+171 +146	+186 +146	+235 +210	+250 +210	+277 +252	+335 +310	+405 +380	+490 +465
+97 +77	+106 +77	+123 +77	+142 +122	+151 +122	+168 +122	+186 +166	+195 +166	+212 +166	+265 +236	+282 +236	+313 +284	+379 +350	+454<]+425	+549 +520
+100 +80	+109 +80	+126 +80	+150 +130	+159 +130	+176 +130	+200 +180	+209 +180	+226 +180	+287 +258	+304 +258	+339 +310	+414 +385	+499 +470	+604 +575
+104 +84	+113 +84	+130 +84	+160 +140	+169 +140	+186 +140	+216 +196	+225 +196	+242 +196	+313 +284	+330 +284	+369 +340	+454 +425	+549 +520	+669 +640
+117 +94	+126 +94	+146 +94	+181 +158	+190 +158	+210 +158	+241 +218	+250 +218	+270 +218	+347 +315	+367 +315	+417 +385	+507 +475	+612 +580	+742 +710
+121 +98	+130 +98	+150 +98	+193 +170	+202 +170	+222 +170	+263 +240	+272 +240	+292 +240	+382 +350	+402 +350	+457 +425	+557 +525	+682 +650	+822 +790
+133 +108	+144 +108	+165 +108	+215 +190	+226 +190	+247 +190	+293 +268	+304 +268	+325 +268	+426 +390	+447 +390	+511 +475	+626 +590	+766 +730	+936 +900
+139 +114	+150 +114	+171 +114	+233 +208	+244 +208	+265 +208	+319 +294	+330 +294	+351 +294	+471 +435	+492 +435	+566 +530	+696 +660	+856 820	+1 036 +1 000
+153 +126	+166 +126	+189 +126	+259 +232	+272 +232	+295 +232	+357 +330	+370 +330	+393 +330	+530 +490	+553 +490	+635 +595	+780 +740	960 +920	+1 140 +1 100
+159 +132	+172 +132	+195 +132	+279 +252	+292 +252	+315 +252	+387 +360	+400 +360	+423 +360	+580 +540	+603 +540	+700 +660	+860 +820	+1 040 +1 000	+1 290 +1 250

表 11-15 常用及优先孔公差带

公称尺寸/mm 大于	至	A 11	B 11	B 12	C (11)	D 8	D (9)	D 10	D 11	E 8	E 9	F 6	F 7	F (8)	F 9
—	3	+330 +270	+200 +140	+240 +140	+120 +60	+34 +20	+45 +20	+60 +20	+80 +20	+28 +14	+39 +14	+12 +6	+16 +6	+20 +6	+31 +6
3	6	+345 +270	+215 +140	+260 +140	+145 +70	+48 +30	+60 +30	+78 +30	+105 +30	+38 +20	+50 +20	+18 +10	+22 +10	+28 +10	+40 +10
6	10	+370 +280	+240 +150	+300 +150	+170 +80	+62 +40	+76 +40	+98 +40	+130 +40	+47 +25	+61 +25	+22 +13	+28 +13	+35 +13	+49 +13
10	14	+400 +290	+260 +150	+330 +150	+205 +95	+77 +50	+93 +50	+120 +50	+160 +50	+59 +32	+75 +32	+27 +16	+34 +16	+43 +16	+59 +16
14	18	+400 +290	+260 +150	+330 +150	+205 +95	+77 +50	+93 +50	+120 +50	+160 +50	+59 +32	+75 +32	+27 +16	+34 +16	+43 +16	+59 +16
18	24	+430 +300	+290 +160	+370 +160	+240 +110	+98 +65	+117 +65	+149 +65	+195 +65	+73 +40	+92 +40	+33 +20	+41 +20	+53 +20	+72 +20
24	30	+430 +300	+290 +160	+370 +160	+240 +110	+98 +65	+117 +65	+149 +65	+195 +65	+73 +40	+92 +40	+33 +20	+41 +20	+53 +20	+72 +20
30	40	+470 +310	+330 +170	+420 +170	+280 +120	+119 +80	+142 +80	+180 +80	+240 +80	+89 +50	+112 +50	+41 +25	+50 +25	+64 +25	+87 +25
40	50	+480 +320	+340 +180	+430 +180	+290 +130	+119 +80	+142 +80	+180 +80	+240 +80	+89 +50	+112 +50	+41 +25	+50 +25	+64 +25	+87 +25
50	65	+530 +340	+380 +190	+490 +190	+330 +140	+146 +100	+174 +100	+220 +100	+290 +100	+106 +60	+134 +60	+49 +30	+60 +30	+76 +30	+104 +30
65	80	+550 +360	+390 +200	+500 +200	+340 +150	+146 +100	+174 +100	+220 +100	+290 +100	+106 +60	+134 +60	+49 +30	+60 +30	+76 +30	+104 +30
80	100	+600 +380	+440 +220	+570 +220	+390 +170	+174 +120	+207 +120	+260 +120	+340 +120	+125 +72	+159 +72	+58 +36	+71 +36	+90 +36	+123 +36
100	120	+630 +410	+460 +240	+590 +240	+400 +180	+174 +120	+207 +120	+260 +120	+340 +120	+125 +72	+159 +72	+58 +36	+71 +36	+90 +36	+123 +36
120	140	+710 +460	+510 +260	+660 +260	+450 +200	+208 +145	+245 +145	+305 +145	+395 +145	+148 +85	+185 +85	+68 +43	+83 +43	+106 +43	+143 +43
140	160	+770 +520	+530 +280	+680 +280	+460 +210	+208 +145	+245 +145	+305 +145	+395 +145	+148 +85	+185 +85	+68 +43	+83 +43	+106 +43	+143 +43
160	180	+830 +580	+560 +310	+710 +310	+480 +230	+208 +145	+245 +145	+305 +145	+395 +145	+148 +85	+185 +85	+68 +43	+83 +43	+106 +43	+143 +43
180	200	+950 +660	+630 +340	+800 +340	+530 +240	+242 +170	+285 +170	+355 +170	+460 +170	+172 +100	+215 +100	+79 +50	+96 +50	+122 +50	+165 +50
200	225	+1 030 +740	+670 +380	+840 +380	+550 +260	+242 +170	+285 +170	+355 +170	+460 +170	+172 +100	+215 +100	+79 +50	+96 +50	+122 +50	+165 +50
225	250	+1 110 +820	+710 +420	+880 +420	+570 +280	+242 +170	+285 +170	+355 +170	+460 +170	+172 +100	+215 +100	+79 +50	+96 +50	+122 +50	+165 +50
250	280	+1 240 +920	+800 +480	+1 000 +480	+620 +300	+271 +190	+320 +190	+400 +190	+510 +190	+191 +110	+240 +110	+88 +56	+108 +56	+137 +56	+186 +56
280	315	+1 370 +1 050	+860 +540	+1 060 +540	+650 +330	+271 +190	+320 +190	+400 +190	+510 +190	+191 +110	+240 +110	+88 +56	+108 +56	+137 +56	+186 +56
315	355	+1 560 +1 200	+960 +600	+1 170 +600	+720 +360	+299 +210	+350 +210	+440 +210	+570 +210	+214 +125	+265 +125	+98 +62	+119 +62	+151 +62	+202 +62
355	400	+1 710 +1 350	+1 040 +680	+1 250 +680	+760 +400	+299 +210	+350 +210	+440 +210	+570 +210	+214 +125	+265 +125	+98 +62	+119 +62	+151 +62	+202 +62
400	450	+1 900 +1 500	+1 160 +760	+1 390 +760	+840 +440	+327 +230	+385 +230	+480 +230	+630 +230	+232 +135	+290 +135	+108 +68	+131 +68	+165 +68	+223 +68
450	500	+2 050 +1 650	+1 240 +840	+1 470 +840	+880 +480	+327 +230	+385 +230	+480 +230	+630 +230	+232 +135	+290 +135	+108 +68	+131 +68	+165 +68	+223 +68

的极限偏差(摘自 GB/T 1800.2—2009)

μm

(带括号者为优先公差带)

G		H							J_s			K			M		
6	(7)	6	(7)	(8)	(9)	10	(11)	12	6	7	8	6	(7)	8	6	7	8
+8 +2	+12 +2	+6 0	+10 0	+14 0	+25 0	+40 0	+60 0	+100 0	±3	±5	±7	0 −6	0 −10	0 −14	−2 −8	−2 −12	−2 −16
+12 +4	+16 +4	+8 0	+12 0	+18 0	+30 0	+48 0	+75 0	+120 0	±4	±6	±9	+2 −6	+3 −9	+5 −13	−1 −9	0 −12	+2 −16
+14 +5	+20 +5	+9 0	+15 0	+22 0	+36 0	+58 0	+90 0	+150 0	±4.5	±7	±11	+2 −7	+5 −10	+6 −16	−3 −12	0 −15	+1 −21
+17 +6	+24 +6	+11 0	+18 0	+27 0	+43 0	+70 0	+110 0	+180 0	±5.5	±9	±13	+2 −9	+6 −12	+8 −19	−4 −15	0 −18	+2 −25
+20 +7	+28 +7	+13 0	+21 0	+33 0	+52 0	+84 0	+130 0	+210 0	±6.5	±10	±16	+2 −11	+6 −15	+10 −23	−4 −17	0 −21	+4 −29
+25 +9	+34 +9	+16 0	+25 0	+39 0	+62 0	+100 0	+160 0	+250 0	±8	±12	±19	+3 −13	+7 −18	+12 −27	−4 −20	0 −25	+5 −34
+29 +10	+40 +10	+19 0	+30 0	+46 0	+74 0	+120 0	+190 0	+300 0	±9.5	±15	±23	+4 −15	+9 −21	+14 −32	−5 −24	0 −30	+5 −41
+34 +12	+47 +12	+22 0	+35 0	+54 0	+87 0	+140 0	+220 0	+350 0	±11	±17	±27	+4 −18	+10 −25	+16 −38	−6 −28	0 −35	+6 −48
+39 +14	+54 +14	+25 0	+40 0	+63 0	+100 0	+160 0	+250 0	+400 0	±12.5	±20	±31	+4 −21	+12 −28	+20 −43	−8 −33	0 −40	+8 −55
+44 +15	+61 +15	+29 0	+46 0	+72 0	+115 0	+185 0	+290 0	+460 0	±14.5	±23	±36	+5 −24	+13 −33	+22 −50	−8 −37	0 −46	+9 −63
+49 +17	+69 +17	+32 0	+52 0	+81 0	+130 0	+210 0	+320 0	+520 0	±16	±26	±40	+5 −27	+16 −36	+25 −56	−9 −41	0 −52	+9 −72
+54 +18	+75 +18	+36 0	+57 0	+89 0	+140 0	+230 0	+360 0	+570 0	±18	±28	±44	+7 −29	+17 −40	+28 −61	−10 −46	0 −57	+11 −78
+60 +20	+83 +20	+40 0	+63 0	+97 0	+155 0	+255 0	+400 0	+630 0	±20	±31	±48	+8 −32	+18 −45	+29 −68	−10 −50	0 −63	+11 −86

续表

公称尺寸/mm		常用及优先公差带（带括号者为优先公差带）										
		N			P		R		S		T		U
大于	至	6	(7)	8	6	(7)	6	7	6	(7)	6	7	(7)
—	3	-4 -10	-4 -14	-4 -18	-6 -12	-6 -16	-10 -16	-10 -20	-14 -20	-14 -24	—	—	-18 -28
3	6	-5 -13	-4 -16	-2 -20	-9 -17	-8 -20	-12 -20	-11 -23	-16 -24	-15 -27	—	—	-19 -31
6	10	-7 -16	-4 -19	-3 -25	-12 -21	-9 -24	-16 -25	-13 -28	-20 -29	-17 -32	—	—	-22 -37
10	14	-9 -20	-5 -23	-3 -30	-15 -26	-11 -29	-20 -31	-16 -34	-25 -36	-21 -39	—	—	-26 -44
14	18												
18	24	-11 -24	-7 -28	-3 -36	-18 -31	-14 -35	-24 -37	-20 -41	-31 -44	-27 -48	—	—	-33 -54
24	30										-37 -50	-33 -54	-40 -61
30	40	-12 -28	-8 -33	-3 -42	-21 -37	-17 -42	-29 -45	-25 -50	-38 -54	-34 -59	-43 -59	-39 -64	-51 -76
40	50										-49 -65	-45 -70	-61 -86
50	65	-14 -33	-9 -39	-4 -50	-26 -45	-21 -51	-35 -54	-30 -60	-47 -66	-42 -72	-60 -79	-55 -85	-76 -106
65	80						-37 -56	-32 -62	-53 -72	-48 -78	-69 -88	-64 -94	-91 -121
80	100	-16 -38	-10 -45	-4 -58	-30 -52	-24 -59	-44 -66	-38 -73	-64 -86	-58 -93	-84 -106	-78 -113	-111 -146
100	120						-47 -69	-41 -76	-72 -94	-66 -101	-97 -119	-91 -126	-131 -166
120	140	-20 -45	-12 -52	-4 -67	-36 -61	-28 -68	-56 -81	-48 -88	-85 -110	-77 -117	-115 -140	-107 -147	-155 -195
140	160						-58 -83	-50 -90	-93 -118	-85 -125	-127 -152	-119 -159	-175 -215
160	180						-61 -86	-53 -93	-101 -126	-93 -133	-139 -164	-131 -171	-195 -235
180	200	-22 -51	-14 -60	-5 -77	-41 -70	-33 -79	-68 -97	-60 -106	-113 -142	-105 -151	-157 -186	-149 -195	-219 -265
200	225						-71 -100	-63 -109	-121 -150	-113 -159	-171 -200	-163 -209	-241 -287
225	250						-75 -104	-67 -113	-131 -160	-123 -169	-187 -216	-179 -225	-267 -313
250	280	-25 -57	-14 -66	-5 -86	-47 -79	-36 -88	-85 -117	-74 -126	-149 -181	-138 -190	-209 -241	-198 -250	-295 -347
280	315						-89 -121	-78 -130	-161 -193	-150 -202	-231 -263	-220 -272	-330 -382
315	355	-26 -62	-16 -73	-5 -94	-51 -87	-41 -98	-97 -133	-87 -144	-179 -215	-169 -226	-257 -293	-247 -304	-369 -426
355	400						-103 -139	-93 -150	-197 -233	-187 -244	-283 -319	-273 -330	-414 -471
400	450	-27 -67	-17 -80	-6 -103	-55 -95	-45 -108	-113 -153	-103 -166	-219 -259	-209 -272	-317 -357	-307 -370	-467 -530
450	500						-119 -159	-109 -172	-239 -279	-229 -292	-347 -387	-337 -400	-517 -580

注：公称尺寸小于1 mm时，各级的A和B均不采用。

孔和轴的另一极限偏差值,可从孔或轴的极限偏差表中查得,也可由基本偏差和标准公差计算得到。

⑩ **公差带代号** 孔、轴公差带代号由基本偏差代号的字母和标准公差等级代号的数字组成,并用同一大小的字体书写。

例如孔的公差带代号 H7 中,H 为孔的基本偏差代号,7 为公差等级代号。

又如轴的公差带代号 r7 中,r 为轴的基本偏差代号,7 为公差等级代号。

2. 配合

公称尺寸相同,相互结合的孔和轴公差带之间的关系称为配合。

(1) 间隙和过盈 间隙:孔的尺寸减去相配合轴的尺寸之差为正,如图 11-30a 所示。过盈:孔的尺寸减去相配合轴的尺寸之差为负,如图 11-30b 所示。

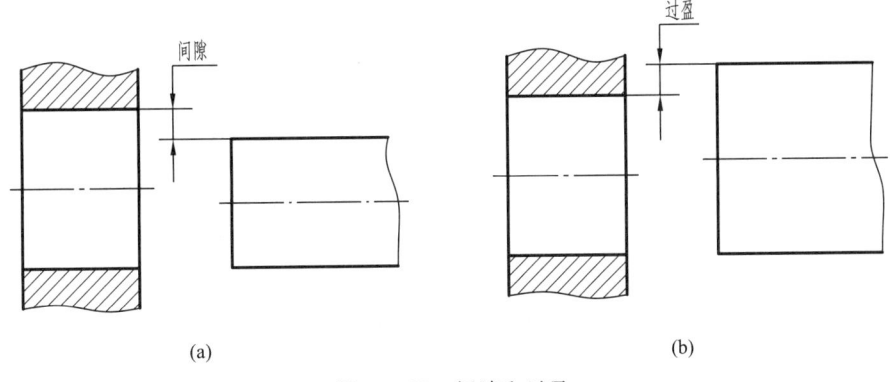

图 11-30 间隙和过盈

(2) 配合种类 根据设计要求,孔和轴的配合分为间隙配合、过盈配合、过渡配合三类,见表 11-16。

表 11-16 配 合 种 类

名称	公差带图例		说明
间隙配合			孔的公差带在轴的公差带之上,任取一对轴和孔相配合都有间隙,包括间隙为零的极限情况。
过盈配合			孔的公差带在轴的公差带之下,任取一对轴和孔相配合都有过盈,包括过盈为零的极限情况。

续表

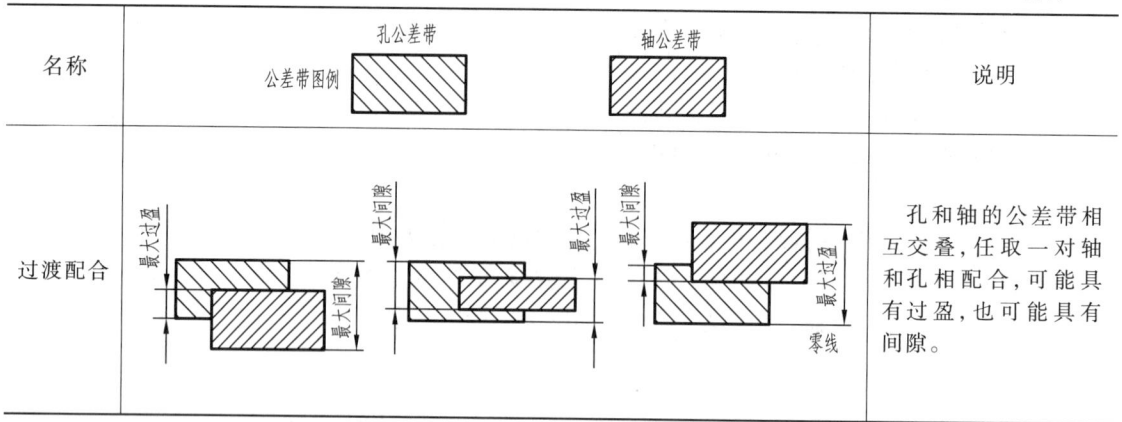

名称	公差带图例	说明
过渡配合		孔和轴的公差带相互交叠,任取一对轴和孔相配合,可能具有过盈,也可能具有间隙。

（3）基准制　GB/T 1800 系列标准中规定了两种不同的基准制度,即基孔制配合和基轴制配合。

① 基孔制　基本偏差为一定的孔的公差带,与不同基本偏差的轴的公差带形成各种配合的一种制度。在基孔制配合中选作基准的孔为基准孔,国家标准选下极限偏差为零的孔作基准孔,H 代表基准孔。见图 11-31a。

在基孔制配合中,基本偏差从 a 到 h 用于间隙配合,从 j 到 zc 用于过渡、过盈配合。

② 基轴制　基本偏差为一定的轴的公差带,与不同基本偏差的孔的公差带形成各种配合的一种制度。在基轴制配合中选作基准的轴称为基准轴,国家标准选上极限偏差为零的轴作基准轴,h 代表基准轴。见图 11-31b。

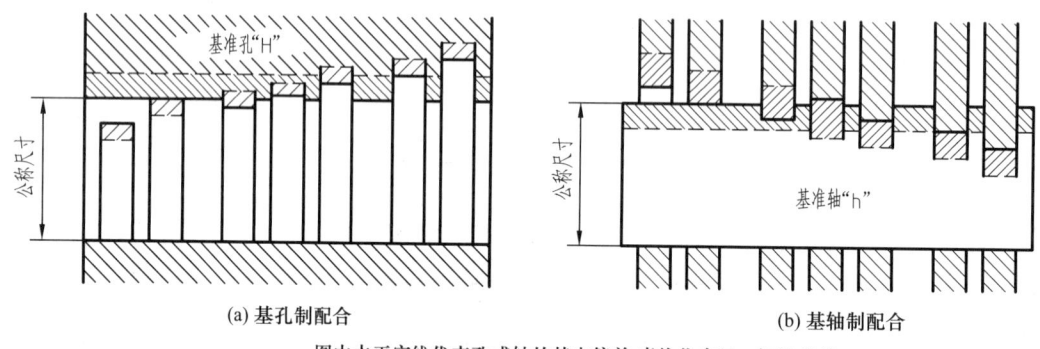

(a) 基孔制配合　　　　　　　　　　(b) 基轴制配合

图中水平实线代表孔或轴的基本偏差;虚线代表另一极限偏差

图 11-31　基孔制与基轴制配合

在基轴制配合中,基本偏差从 A 到 H 用于间隙配合,从 J 到 ZC 用于过渡配合和过盈配合。

（4）配合代号　配合代号由相互配合的孔和轴的公差带代号组成,写成分数形式,分子为孔公差带代号,分母为轴公差带代号。如 H7/r6、P7/h6 等。

（5）常用配合与优先配合　GB/T 1801—2009 规定了常用配合和优先配合,如表 11-17 和表 11-18 所示。

表 11-17　公称尺寸至 500 mm 的基孔制优先和常用配合(摘自 GB/T 1801—2009)

基准孔	轴																				
	a	b	c	d	e	f	g	h	js	k	m	n	p	r	s	t	u	v	x	y	z
	间隙配合								过渡配合				过盈配合								
H6						$\frac{H6}{f5}$	$\frac{H6}{g5}$	$\frac{H6}{h5}$	$\frac{H6}{js5}$	$\frac{H6}{k5}$	$\frac{H6}{m5}$	$\frac{H6}{n5}$	$\frac{H6}{p5}$	$\frac{H6}{r5}$	$\frac{H6}{s5}$	$\frac{H6}{t5}$					
H7						$\frac{H7}{f6}$	$\frac{H7}{g6}$	$\frac{H7}{h6}$	$\frac{H7}{js6}$	$\frac{H7}{k6}$	$\frac{H7}{m6}$	$\frac{H7}{n6}$	$\frac{H7}{p6}$	$\frac{H7}{r6}$	$\frac{H7}{s6}$	$\frac{H7}{t6}$	$\frac{H7}{u6}$	$\frac{H7}{v6}$	$\frac{H7}{x6}$	$\frac{H7}{y6}$	$\frac{H7}{z6}$
H8					$\frac{H8}{e7}$	$\frac{H8}{f7}$	$\frac{H8}{g7}$	$\frac{H8}{h7}$	$\frac{H8}{js7}$	$\frac{H8}{k7}$	$\frac{H8}{m7}$	$\frac{H8}{n7}$	$\frac{H8}{p7}$	$\frac{H8}{r7}$	$\frac{H8}{s7}$	$\frac{H8}{t7}$	$\frac{H8}{u7}$				
H8				$\frac{H8}{d8}$	$\frac{H8}{e8}$	$\frac{H8}{f8}$		$\frac{H8}{h8}$													
H9			$\frac{H9}{c9}$	$\frac{H9}{d9}$	$\frac{H9}{e9}$	$\frac{H9}{f9}$		$\frac{H9}{h9}$													
H10			$\frac{H10}{c10}$	$\frac{H10}{d10}$				$\frac{H10}{h10}$													
H11	$\frac{H11}{a11}$	$\frac{H11}{b11}$	$\frac{H11}{c11}$	$\frac{H11}{d11}$				$\frac{H11}{h11}$													
H12		$\frac{H12}{b12}$						$\frac{H12}{h12}$													

注：[1] $\frac{H6}{n5}$、$\frac{H7}{p6}$ 在公称尺寸小于或等于 3 mm 和 $\frac{H8}{r7}$ 在公称尺寸小于或等于 100 mm 时，为过渡配合。
[2] 标注 ▼ 的配合为优先配合。

表 11-18　公称尺寸至 500 mm 的基轴制优先和常用配合(摘自 GB/T 1801—2009)

基准轴	孔																				
	A	B	C	D	E	F	G	H	JS	K	M	N	P	R	S	T	U	V	X	Y	Z
	间隙配合								过渡配合				过盈配合								
h5						$\frac{F6}{h5}$	$\frac{G6}{h5}$	$\frac{H6}{h5}$	$\frac{JS6}{h5}$	$\frac{K6}{h5}$	$\frac{M6}{h5}$	$\frac{N6}{h5}$	$\frac{P6}{h5}$	$\frac{R6}{h5}$	$\frac{S6}{h5}$	$\frac{T6}{h5}$					
h6						$\frac{F7}{h6}$	$\frac{G7}{h6}$	$\frac{H7}{h6}$	$\frac{JS7}{h6}$	$\frac{K7}{h6}$	$\frac{M7}{h6}$	$\frac{N7}{h6}$	$\frac{P7}{h6}$	$\frac{R7}{h6}$	$\frac{S7}{h6}$	$\frac{T7}{h6}$	$\frac{U7}{h6}$				
h7					$\frac{E8}{h7}$	$\frac{F8}{h7}$		$\frac{H8}{h7}$	$\frac{JS8}{h7}$	$\frac{K8}{h7}$	$\frac{M8}{h7}$	$\frac{N8}{h7}$									
h8				$\frac{D8}{h8}$	$\frac{E8}{h8}$	$\frac{F8}{h8}$		$\frac{H8}{h8}$													
h9				$\frac{D9}{h9}$	$\frac{E9}{h9}$	$\frac{F9}{h9}$		$\frac{H9}{h9}$													
h10				$\frac{D10}{h10}$				$\frac{H10}{h10}$													
h11	$\frac{A11}{h11}$	$\frac{B11}{h11}$	$\frac{C11}{h11}$	$\frac{D11}{h11}$				$\frac{H11}{h11}$													
h12		$\frac{B12}{h12}$						$\frac{H12}{h12}$													

注：标注 ▼ 的配合为优先配合。

3. 极限与配合在图样中的标注方法及查表

(1) 在装配图上的标注

一般轴、孔配合时,其标注形式为:φ60H8/f7 或 φ60 $\frac{H8}{f7}$。其中,φ60 为公称尺寸,H8 为孔的公差带代号,f7 为轴的公差带代号。

图 11-32 是在装配图上标注配合的实例,从图上可知,此配合的公称尺寸为 φ60;孔(分子)的公差带代号为 H8,轴(分母)的公差带代号是 f7,说明此配合是基孔制间隙配合。

若要由代号查找出极限偏差的具体数值,可查阅表 11-14 和表 11-15。

例如 φ60H8,由表 11-15 可得到其上极限偏差为 +46 μm,即 +0.046 mm,下极限偏差为 0。对于轴 φ60f7,则从表 11-14 中可得到上极限偏差为 -0.030 mm,下极限偏差为 -0.060 mm。在装配图中也可标注偏差数值。

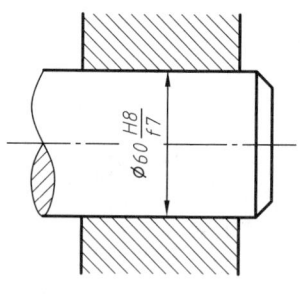

图 11-32 配合的标注

(2) 在零件图上的标注

在零件图中有三种较常见的标注方法:

① 标注公差带代号 这种方法是在公称尺寸后面直接标注出公差带代号,如图 11-33a 所示。

② 标注极限偏差数值 这种方法是在公称尺寸后面直接标注出上极限偏差与下极限偏差数值(以 mm 为单位),如图 11-33b 所示。

③ 公差带代号与极限偏差数值同时标注 如图 11-33c 所示,在公差带代号后面的括号中同时注出上、下极限偏差数值。

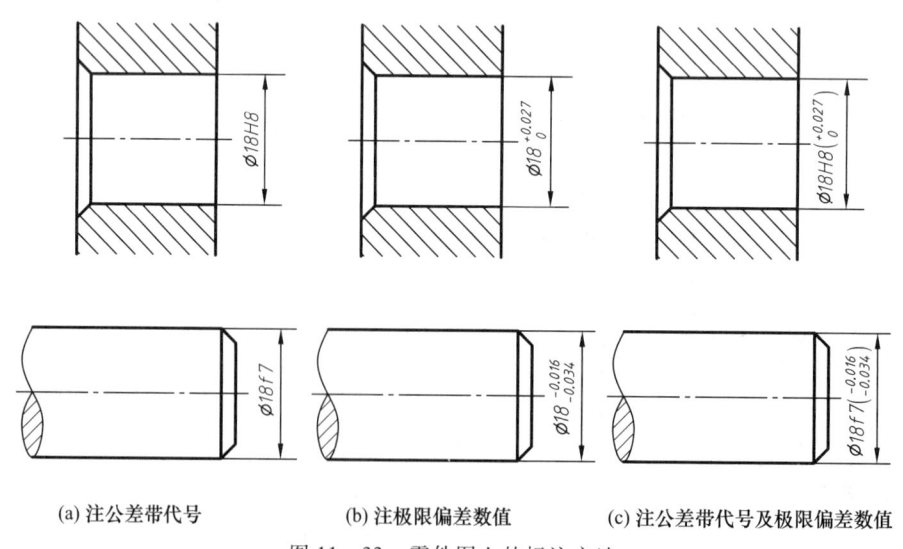

(a) 注公差带代号   (b) 注极限偏差数值   (c) 注公差带代号及极限偏差数值

图 11-33 零件图上的标注方法

注写偏差数值时要注意以下几点:

(1) 上、下极限偏差绝对值不同时,偏差数值字高比公称尺寸字高小一号,下极限偏差应与公称尺寸注在同一底线上，上极限偏差注在下极限偏差上方，上、下极限偏差小数点对齐。

（2）上、下极限偏差小数点后的位数必须相同，位数不同时，位数少的用数字"0"补齐。

（3）某一偏差为"零"时，用数字"0"标出，并与另一偏差的个位数字对齐。

（4）上、下极限偏差绝对值相同时，仅写一个数值，字高与公称尺寸相同，数值前注写"±"，如 $\phi 100 \pm 0.200$。

四、几何公差简介

1. 基本概念

几何公差指形状、方向、位置和跳动公差。零件加工后，不仅存在尺寸误差，而且会产生几何形状及相互位置的误差。如图 11-34a 所示的圆柱体，即使尺寸合格时，也可能出现一端大、另一端小或中间细、两端粗等情况，其截面也可能不圆，这属于形状方面的误差。如图 11-34b 所示的阶梯轴，加工后可能出现各轴段不同轴的情况，这属于位置方面的误差。

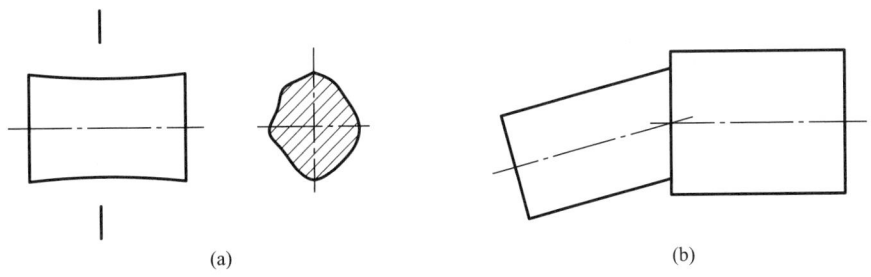

图 11-34 形状和位置误差

形状公差是指实际形状对理想形状的允许变动量，位置公差是指实际位置对理想位置的允许变动量，两者简称几何公差。

2. 几何公差的标注方法

GB/1182—2008 规定用代号来标注几何公差。在实际生产中，当无法用代号标注几何公差时，允许在技术要求中用文字说明。

（1）几何公差以公差框格的形式注出，其由几何特征符号、几何公差数值以及基准代号等组成，如图 11-35a 所示。

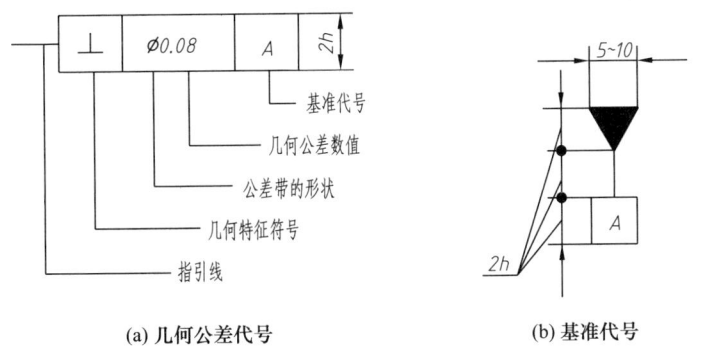

(a) 几何公差代号　　(b) 基准代号

图 11-35 几何公差代号及基准代号

（2）几何公差框格用细实线绘制，分为两格或多格，可以水平或垂直放置，框格高度为 $2h$，长度根据需要而定。框格中的字母、数字与图中尺寸数字等高。框格第一格填写几何特征符号，见表 11-19；第二格填写几何公差数值及有关符号；第三格填写基准代号和其他附加符号，见图 11-35a，基准代号的注法见图 11-35b。

表 11-19 几何特征符号

分类	名称	符号	分类		名称	符号
形状公差	直线度	—	位置公差	定向	平行度	∥
	平面度	▱			垂直度	⊥
	圆度	○			倾斜度	∠
	圆柱度	⌭		定位	同轴度	◎
					对称度	=
	线轮廓度	⌒			位置度	⊕
	面轮廓度	⌒		跳动	圆跳动	↗
					全跳动	⌰

（3）指引线用细实线绘制，一端与框格相连，另一端的箭头应指向被测表面或它的引出线，并应明显地与尺寸线错开。当被测要素为轴线、球心或中心平面时，指引线的箭头应与该要素的尺寸线对齐。

（4）基准符号如图 11-35b 所示，它应画在基准要素附近。

几何公差标注示例见表 11-20。

表 11-20 几何公差标注示例

符号	图例	说明
—	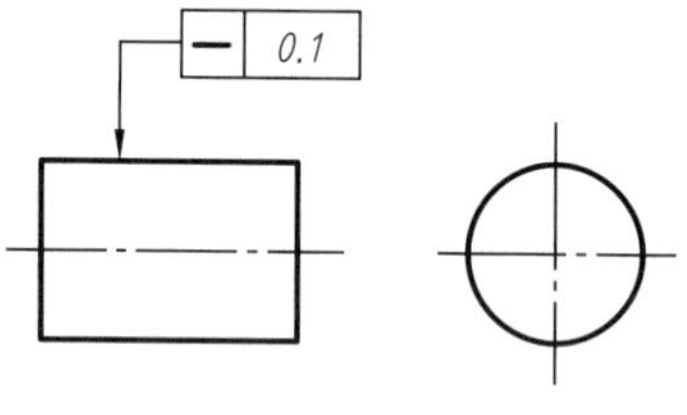	被测圆柱面的任一素线必须位于距离为公差值 0.1 mm 的两平行平面之内。
▱	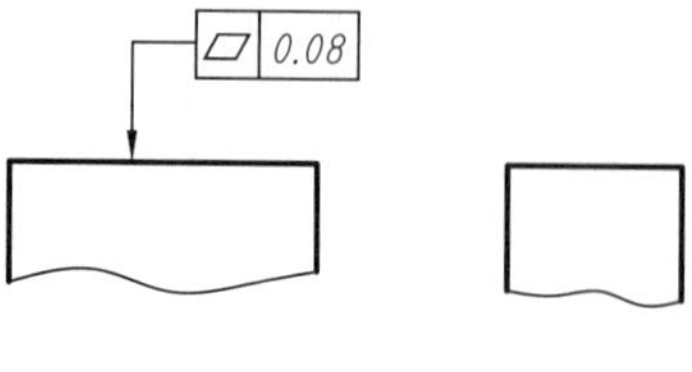	被测表面必须位于距离为公差值 0.08 mm 的两平行平面内。

符号	图 例	说 明
∥	∥ 0.01 D	被测表面必须位于距离为公差值 0.01 mm 且平行于基准表面 D(基准平面)的两平行平面之间。
⊥	⊥ 0.08 A	被测面必须位于距离为公差值 0.08 mm 且垂直于基准平面 A 的两平行平面之间。

五、零件材料及热处理

在机器制造业中需要用到金属材料(如钢、铸铁、有色金属)和非金属材料等多种材料,本节仅介绍一些常用的材料及其热处理、表面处理方法。

1. 金属材料

(1) 钢 钢分为碳素结构钢(GB/T 700—2006)、优质碳素结构钢(GB/T 699—1999)、合金结构钢(GB/T 3077—1999)、碳素工具钢(GB/T 1298—2008)、一般工程用铸造碳钢(GB/T 11352—2009)等,其牌号、说明及应用见表 11-21。

表 11-21 钢的名称、牌号、应用举例及说明

名称	牌号		应用举例	说 明
普通碳素结构钢	Q215	A 级 B 级	金属结构件、拉杆、套圈、铆钉、螺栓、短轴、心轴、凸轮(载荷不大的)、垫圈、渗碳零件及焊接件	"Q"为碳素结构钢屈服点"屈"字的汉语拼音首位字母,后面数字表示屈服点数值,如 Q235 表示碳素结构钢屈服点为 235 N/mm^2。 新旧牌号对照: Q215—A2(A2F) Q235—A3 Q275—A5
	Q235	A 级 B 级 C 级 D 级	金属结构件、心部强度要求不高的渗碳或氰化零件、吊钩、拉杆、套圈、汽缸、齿轮、螺栓、螺母、连杆、轮轴、楔、盖及焊接件	
	Q275	A 级 B 级 C 级 D 级	轴、轴销、刹车杆、螺母、螺栓、垫圈、连杆、齿轮及其他强度较高的零件	

续表

名称	牌号	应用举例	说明
优质碳素结构钢	10 15 20 25 35 40 45 50 55 60	拉杆、卡头、垫圈、焊件 渗碳件、紧固件、冲模锻件、化工贮器 杠杆、轴套、钩、螺钉、渗碳件与氰化件 轴、辊子、连接器、紧固件中的螺栓及螺母 曲轴、摇杆、拉杆、键、销、螺栓 齿轮、齿条、链轮、凸轮、轧辊、曲柄轴 齿轮、轴、联轴器、衬套、活塞销、链轮 活塞杆、轮轴、齿轮、不重要的弹簧 齿轮、连杆、扁弹簧、轧辊、偏心轮、轮圈、轮缘 偏心轮、弹簧圈、垫圈、调整片、偏心轴等	牌号的两位数字表示平均含碳量，称碳的质量分数。45号钢即表示碳的质量分数为0.45%，表示平均含碳量为0.45%。 碳的质量分数≤0.25%的碳钢属低碳钢（渗碳钢）。 碳的质量分数在0.25%~0.6%之间的碳钢属中碳钢（调质钢）。 碳的质量分数≥0.6%的碳钢属高碳钢。
	20Mn 40Mn 60Mn	活塞销、凸轮轴、拉杆、铰链、焊管、钢板 万向联轴器、分配轴、曲轴、高强度螺栓及螺母 弹簧、发条	锰的质量分数较高的钢，须加注化学元素符号"Mn"。
合金结构钢	20Mn2 45Mn2 15Cr 40Cr 35SiMn 20CrMnTi	渗碳小齿轮、小轴、柴油机套筒、活塞销、钢套等 齿轮、蜗杆、曲轴 凸轮、凸轮轴、活塞销、螺栓等 用于较重要的调质零件，如连杆、螺栓、进气阀等 轴、齿轮、紧固件等 汽车、拖拉机上的重要齿轮等	钢中加入一定量的元素，提高了钢的力学性能和耐磨性，也提高了钢在热处理时的淬透性，保证金属在较大截面上获得好的力学性能。
碳素工具钢	T7 T7A	能承受振动和冲击的工具，硬度适中时有较大的韧性。用于制造凿子、钻软岩石的钻头、冲击式打眼机钻头、大锤等	用"碳"或"T"后附以平均含碳量的千分数表示，有T7~T13。高级优质碳素工具钢须在牌号后加注"A"。平均含碳量均为0.7%~0.13%。
	T8 T8A	有足够的韧性和较高的硬度，用于制造能承受振动的工具，如钻中等硬度岩石的钻头、简单模子、钻头等	

名称	牌号	应用举例	说　明
一般工程用铸造碳钢	ZG200-400 ZG230-450 ZG270-500 ZG310-570 ZG340-640	各种形状的机件,如机座、箱壳 铸造平坦的零件,如机座、机盖、箱体、铁钻台、工作温度在450℃以下的管路附件等,焊接性良好 各种形状的铸件,如飞轮、机架、联轴器等,焊接性能尚可 各种形状的机件,如齿轮、齿圈、重负荷机架等 起重、运输机中的齿轮及联轴器等重要的机件	ZG230-450 表示工程用铸钢,屈服点为 230 N/mm²,抗拉强度为 450 N/mm²。

(2) 铸铁　灰铸铁(GB/T 9439—2010)、球墨铸铁(GB/T 1348—2009)、可锻铸铁(GB/T 9440—2010)。铸铁的名称、牌号、应用举例及说明见表 11-22。

表 11-22　铸铁的名称、牌号、应用举例及说明

名称	牌号	应用举例	说　明
灰铸铁	HT100 HT150	用于低强度铸件,如盖、手轮、支架等 用于中强度铸件,如底座、刀架、轴承座、胶带轮、端盖等	"HT"表示灰铸铁,后面的数字表示抗拉强度值(N/mm²)。
	HT200 HT250	用于高强度铸件,如床身、机座、齿轮、凸轮、汽缸泵体、联轴器等	
	HT300 HT350	用于高强度耐磨铸件,如齿轮、凸轮、重载荷床身、高压泵、阀壳体、锻模、冷冲压模等	
球墨铸铁	QT800-2 QT700-2 QT600-3	具有较高强度,但塑性低,用于曲轴、凸轮轴、齿轮、汽缸、缸套、轧辊、水泵轴、活塞环、摩擦片等零件	"QT"表示球墨铸铁,其后第一组数字表示抗拉强度值(N/mm²),第二组数字表示延伸率(%)。
	QT500-5 QT420-10 QT400-17	具有较高的塑性和适当的强度,用于承受冲击负荷的零件	

续表

名称	牌号	应用举例	说明
可锻铸铁	KTH300-06 KTH330-08 KTH350-10 KTH370-12	黑心可锻铸铁,用于承受冲击振动的零件,如汽车、拖拉机、农机铸件	"KT"表示可锻铸铁,"H"表示黑心,"B"表示白心。第一组数字表示抗拉强度值(N/mm^2),第二组数字表示延伸率(%)。 KTH300-06适用于气密性零件。 KTH330-08、KTH370-12为推荐牌号。
	KTB350-04 KTB360-12 KTB400-05 KTB450-07	白心可锻铸铁,韧性较低,但强度高、耐磨性、加工性好。可代替低、中碳钢及低合金钢的重要零件,如曲轴、连杆、机床附件等	

(3) 有色金属及其合金　普通黄铜(GB/T 5231—2012)、铸造铜及铜合金(GB/T 1176—2013)、铸造铝合金(GB/T 1173—2013)、铸造轴承合金(GB/T 1174—1992)、硬铝(GB/T 3190—2008)。有色金属、合金的牌号及说明见表11-23。

表11-23　有色金属及其合金牌号、名称、铸造方法、应用举例及说明

合金牌号	合金名称（或代号）	铸造方法	应用举例	说明
普通黄铜(GB/T 5231—2012)及铸造铜合金(GB/T 1176—2013)				
H90	普通黄铜		散热器、垫圈、弹簧、各种网、螺钉等	"H"表示黄铜,后面数字表示平均含铜量的百分数。
ZCuSn5Pb5Zn5	5-5-5 锡青铜	S,J,Li,La	较高负荷、中速下工作的耐磨耐蚀件,如轴瓦、衬套、缸套及蜗轮等	
ZCuSn10P1	10-1 锡青铜	S,J,Li,La	高负荷(20 MPa以下)和高滑动速度(8 m/s)下工作的耐磨件,如连杆、衬套、轴瓦、蜗轮等	
ZCuSn10Pb5	10-5 锡青铜	S,J	耐蚀、耐酸件及破碎机衬套及轴瓦等	"Z"为铸造汉语拼音的首位字母,各化学元素后面的数字表示该元素含量的百分数
ZCuPb17Sn4Zn4	17-4-4 铅青铜	S,J	一般耐磨件、轴承等	
ZCuAl10Fe3	10-3 ZCuSn5Pb5Zn 铝青铜	S,J,Li,La	要求强度高、耐磨、耐蚀的零件,如轴套、螺母、蜗轮、齿轮等	
ZCuZn38	38 黄铜	S,J	一般结构件和耐蚀件,如法兰盘、阀座、螺母等	
ZCuZn38Mn2Pb2	38-2-2 锰黄铜	S,J	一般用途的结构件,如套筒、衬套、轴瓦、滑块等耐磨零件	

续表

合金牌号	合金名称（或代号）	铸造方法	应用举例	说明
铸造铝合金（GB/T 1173—2013）				
ZAlSi12	ZL102 铝硅合金	SB,JB,RB,KB J	汽缸活塞以及在高温下工作的、承受冲击载荷的复杂薄壁零件	ZL102 表示含硅 10%~13%、余量为铝的铝硅合金。
ZAlSi9Mg	ZL104 铝硅合金	S, J, R, K SB,RB, KB,JB	形状复杂的高温静载荷或受冲击作用的大型零件,如扇风机叶片、水冷气缸头	
ZAlMg5Si1	ZL303 铝镁合金	S, J, R, K	高耐蚀性或在高温下工作的零件	
ZAlZn11Si7	ZL401 铝锌合金	S, R, K, J	铸造性能较好,可不经热处理,用于形状复杂的大型薄壁零件,耐蚀性差	
铸造轴承合金（GB/T 1174—1992）				
ZSnSb12Pb10Cu4 ZSnSb11Cu6 ZSnSb8Cu4	锡基轴承合金	J J J	汽轮机、压缩机、机车、发电机、球墨机、轧机减速器、发动机等各种机器的滑动轴承衬	各化学元素后面的数字表示该元素含量的百分数。
ZPbSb16Sn16Cu2 ZPbSb15Sn10 ZPbSb15Sn5	铅基轴承合金	J J J		
硬铝（GB/T 3190—2008）				
LY12	硬铝		适用于中等强度的零件,焊接性能好	含铜、镁和锰的合金。

注：铸造方法代号：S—砂型铸造；J—金属型铸造；Li—离心铸造；La—连续铸造；R—熔模铸造；K—壳型铸造；B—变质处理。

2. 金属常用热处理工艺

GB/T 12603—2005 给出了金属热处理及表面处理方法,见表 11-24。

表 11-24　金属热处理及表面处理方法

名词	代号	说　明	应用
退火	511	将钢件加热到临界温度以上(一般是 710~715 ℃,个别合金钢 800~900 ℃)30~50 ℃,保温一段时间,然后缓慢冷却(一般在炉中冷却)。	用来消除铸、锻、焊零件的内应力,降低硬度,便于切削加工,细化金属晶粒,改善组织,增加韧性。
正火	512	将钢件加热到临界温度以上,保温一段时间,然后用空气冷却,冷却速度比退火快。	用来处理低碳和中碳结构钢及渗碳零件,使其组织细化,增加强度与韧性,减少内应力,改善切削性能。
淬火	513	将钢件加热到临界温度以上,保温一段时间,然后在水、盐水或油中(个别材料在空气中)急速冷却,使其得到高硬度。	用来提高钢的硬度和强度极限,但淬火会引起内应力使钢变脆,所以淬火后必须回火。
回火	514	回火是将淬硬的钢件加热到临界点以下温度,保温一段时间,然后在空气中或油中冷却下来。	用来消除淬火后的脆性和内应力,提高钢的塑性和冲击韧性。
调质	515	淬火后在 450~650 ℃进行高温回火,称为调质。	用来使钢获得高的韧性和足够的强度。重要的齿轮、轴及丝杠等零件是经调质处理的。
表面淬火和回火	521	用火焰或高频电流将零件表面迅速加热至临界温度以上,急速冷却。	使零件表面获得高硬度,而心部保持一定的韧性,使零件既耐磨又能承受冲击。表面淬火常用来处理齿轮等。

续表

名词	代号	说　明	应用
渗碳	531	在渗碳剂中将钢件加热到 900~950 ℃，停留一定时间，将碳渗入钢表面，深度约为 0.5~2 mm，再淬火后回火。	增加钢件的耐磨性能、表面硬度、抗拉强度及疲劳极限。 适用于低碳、中碳（$w_C <$ 0.40%）结构钢的中小型零件。
渗氮	533	渗氮是在 500~600 ℃ 通入氨的炉子内加热，向钢的表面渗入氮原子的过程。氮化层为 0.025~0.8 mm，氮化时间需 40~50 小时。	增加钢件的耐磨性能、表面硬度、疲劳极限和抗蚀能力。 适用于合金钢、碳钢、铸铁件，如机床主轴、丝杠以及在潮湿碱水和燃烧气体介质环境中工作的零件。
氰化	Q59（氰化淬火后，回火至 56~62 HRC）	在 820~860 ℃ 炉内通入碳和氮，保温 1~2 小时，使钢件的表面同时渗入碳、氮原子，可得到 0.2~0.5 mm 的氰化层。	增加表面硬度、耐磨性、疲劳强度和耐蚀性。 用于要求硬度高及耐磨的中、小型及薄片零件和刀具等。
时效	时效处理	低温回火后、精加工之前，加热到 100~160 ℃，保持 10~40 小时。对铸件也可用天然时效（放在露天中一年以上）。	使工件消除内应力和稳定形状，用于量具、精密丝杠、床身导轨、床身等。
发蓝发黑	发蓝或发黑	将金属零件放在很浓的碱和氧化剂溶液中加热氧化，使金属表面形成一层氧化铁所组成的保护性薄膜。	防腐蚀、美观，用于一般连接的标准件和其他电子类零件。
镀镍	镀镍	用电解方法，在钢件表面镀一层镍。	防腐蚀、美化。
镀铬	镀铬	用电解方法，在钢件表面镀一层铬。	提高表面硬度、耐磨性和耐蚀能力，也用于修复零件上磨损了的表面。

续表

名词	代号	说 明	应用
硬度	HB(布氏硬度)	材料抵抗硬的物体压入其表面的能力称"硬度"。根据测定的方法不同,可分布氏硬度、洛氏硬度和维氏硬度。硬度的测定是检验材料经热处理后的力学性能—硬度。	用于退火、正火、调质的零件及铸件的硬度检验。
	HRC(洛氏硬度)		用于经淬火、回火及表面渗碳、渗氮等处理的零件硬度检验。
	HV(维氏硬度)		用于薄层硬化零件的硬度检验。

注:热处理工艺代号尚可细分,如空冷淬火代号为 513-A,油冷淬火代号为 513-O,水冷淬火代号为 513-W 等。本表不再罗列,详情请查阅 GB/T 12603—2005。

3. 非金属材料

常见的非金属材料见表 11-25。

表 11-25 非金属材料名称、牌号、说明及应用举例

材料名称	牌号	说 明	应用举例
耐油石棉橡胶板		有厚度为 0.4~3.0 mm 的十种规格	供航空发动机用的煤油、润滑油及冷气系统结合处的密封衬垫材料。
耐酸碱橡胶板	2030 2040	较高硬度 中等硬度	具有耐酸碱性能,在温度-30~+60℃的20%浓度的酸碱液体中工作,用作冲制密封性能较好的垫圈。
耐油橡胶板	3001 3002	较高硬度	可在一定温度的机油、变压器油、汽油等介质中工作,适用于冲制各种形状的垫圈。
耐热橡胶板	4001 4002	较高硬度 中等硬度	可在-30~+100℃且压力不大的条件下,于热空气、蒸汽介质中工作,用作冲制各种垫圈和隔热垫板。
酚醛层压板	3302-1 3302-2	3302-1 的力学性能比 3302-2 高	用作结构材料及用以制造各种机械零件。

续表

材料名称	牌号	说 明	应用举例
聚四氟乙烯树脂	SFL-4~13	耐腐蚀、耐高温(+250℃),并具有一定的强度,能切削加工成各种零件	用于腐蚀介质中,起密封和减磨作用,用作垫圈等。
工业有机玻璃		耐盐酸、硫酸、草酸、烧碱和纯碱等一般酸碱以及二氧化硫、臭氧等腐蚀气体	适用于耐腐蚀和需要透明的零件。
油浸石棉盘根	YS450	盘根形状分 F(方形)、Y(圆形)、N(扭制)三种,按需选用	适用于作回转轴、往复活塞和阀门杆上的密封材料,介质为蒸汽、空气、工业用水、重质石油产品。
橡胶石棉盘根	XS450	该牌号盘根只有 F(方形)	适用于作蒸汽机、往复泵的活塞和阀门杆上的密封材料。
工业用平面毛毡	112-44 232-36	厚度为 1~40 mm。112-44 表示白色细毛块毡,密度为 0.04 g/cm^3。232-36 表示灰色粗毛块毡,密度为 0.36 g/cm^3	用于密封、防漏油、防振、缓冲衬垫等,按需要选用细毛、半粗毛、粗毛。
软钢纸板		厚度为 0.5~3.0 mm	用作密封连接处的密封垫片。
尼龙	尼龙6 尼龙9 尼龙66 尼龙610 尼龙1010	具有优良的机械强度和耐磨性。可以使用成形加工和切削加工制造零件,尼龙粉末还可喷涂于各种零件表面提高耐磨性和密封性	广泛用作机械、化工及电气零件,例如轴承、齿轮、凸轮、滚子、辊轴、泵叶轮、风扇叶轮、蜗轮、螺钉、螺母、垫圈、高压密封圈、阀座、输油管、储油容器等。尼龙粉末还可喷涂于各种零件表面。
MC 尼龙 (无填充)		强度特高	适于制造大型齿轮、蜗轮、轴套、大型阀门密封面、导向环、导轨、滚动轴承保持架、船尾轴承、起重汽车吊索绞盘蜗轮、柴油发动机燃料泵齿轮、矿山铲掘机轴承、水压机立柱导套、大型轧钢机辊道轴瓦等。

续表

材料名称	牌号	说 明	应用举例
聚甲醛 （均聚物）		具有良好的摩擦性能和抗磨损性能，尤其是优越的干摩擦性能	用于制造轴承、齿轮、凸轮、滚轮、辊子、法兰、垫片、泵叶轮、鼓风机叶片、弹簧、管道等。
聚碳酸酯		具有高的冲击韧性和优异的尺寸稳定性	用于制造齿轮、蜗轮、蜗杆、齿条、凸轮、心轴、轴承、滑轮、铰链、传动链、螺栓、螺母、垫圈、铆钉、泵叶轮、汽车化油器部件、节流阀、各种外壳等。

§11-6 零件测绘

根据已有的机械零件，通过测量，徒手绘制零件草图，然后再根据草图和有关资料整理并绘出零件工作图，这个过程称为零件测绘。

零件测绘是在生产中经常遇到的一项技术性工作，如在机器维修中，需要更换机器中的某一零件而又无备件和图样时，就需对该零件进行测绘，画出零件图，作为加工的依据。此外，还可为机器的仿造、改装及新产品设计提供技术资料。因而测绘这项工作是产品设计、仿造、改装和修配等工作中不可缺少的一种技术手段。

一、画零件草图的基本方法

测绘工作经常是在施工现场进行的，为了提高速度，零件草图一般都徒手画出。零件草图是画零件图的依据，所以除了根据目测，按比例徒手画之外，图样中其他内容和要求均与零件图完全相同。零件草图中必须投影正确、图线清晰、比例匀称、字体工整。

画草图时，一般是在方格纸上进行。这不仅易于把直线画直，而且容易控制图形的大小和各视图的投影关系，因此应充分利用方格纸上的格线。例如：应使轴线、中心线、对称线与格线重合；尽量沿格线画视图的轮廓；金属剖面符号沿格线的对角线画出；圆的画法如图11-36所示。

二、零件测绘的一般步骤

1. 分析零件

(1) 了解该零件的名称、作用、材料、制造方法及与其他零件的关系。

(2) 对零件进行形体分析和结构分析，明确所属零件类别（轴套、轮盘、叉架和箱件等）。

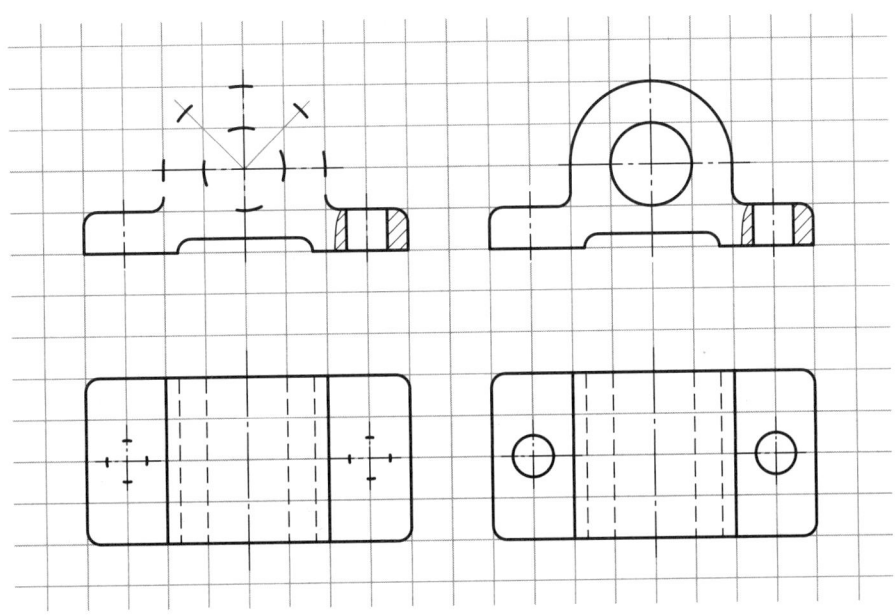

图 11-36 画草图的方法

(3) 对零件进行工艺分析。因为同一零件可以用不同的方法制造,故其结构形状的表达、基准的选择和尺寸的标注也不一样。

(4) 根据上述分析,确定零件的表达方案。

2. 画零件草图

(1) 根据选定的视图表达方案,在方格纸上匀称的布置各视图,在各视图上画出基准线、中心线、轴线、对称线等,如图 11-37a 所示。安排各视图位置时,要考虑到各视图间应有标注尺寸的空间。

(2) 完整、清晰地表达零件的内外结构形状,各类图线要明显有别,见图 11-37b。

(3) 选择尺寸基准,分析功能尺寸和非功能尺寸,画出尺寸界线、尺寸线、箭头,注写表面粗糙度和其他技术要求,见图 11-37c。

(4) 逐个测量并标注尺寸数字、公差等,填写标题栏,见图 11-37d。

3. 画零件草图的注意事项

(1) 零件上因铸造时留下的某些缺陷,或因磨损所形成的某些沟槽、划痕等不应画出。

(2) 零件上的工艺结构,如铸造圆角、倒角、圆角、退刀槽、凸台、凹坑等要素要给予重视,应参照相应标准核准。

(3) 图中所注尺寸应细致检查,以免遗漏或重复,对于相互配合的孔和轴,一般只在一个零件上测量,然后分别标在两个零件的草图上。对一些重要尺寸,测量之后,还要通过计算来校验,如一对齿轮的中心距等。对自由尺寸若测量为小数,可取整。对于一些标准件、常用件、标准结构,要查有关手册来核对。

4. 画零件工作图

(1) 要仔细审核零件草图,检查表达方案是否完整、清晰、简便,尺寸标注是否正确、完整、清

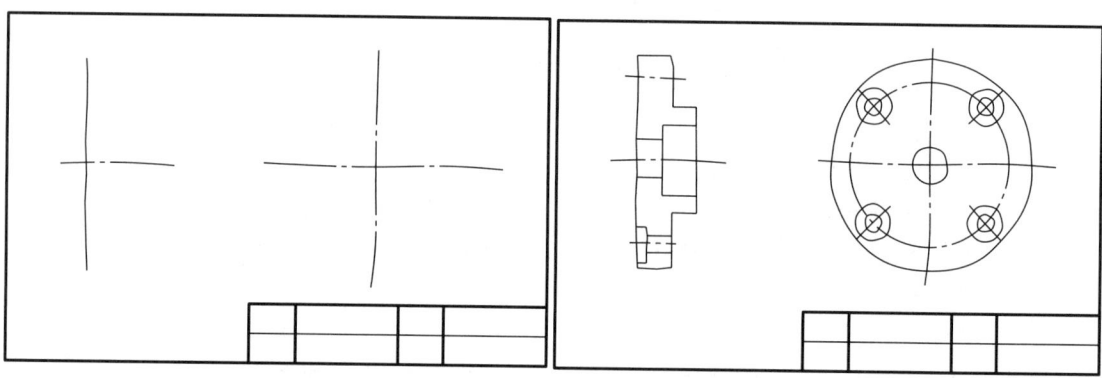

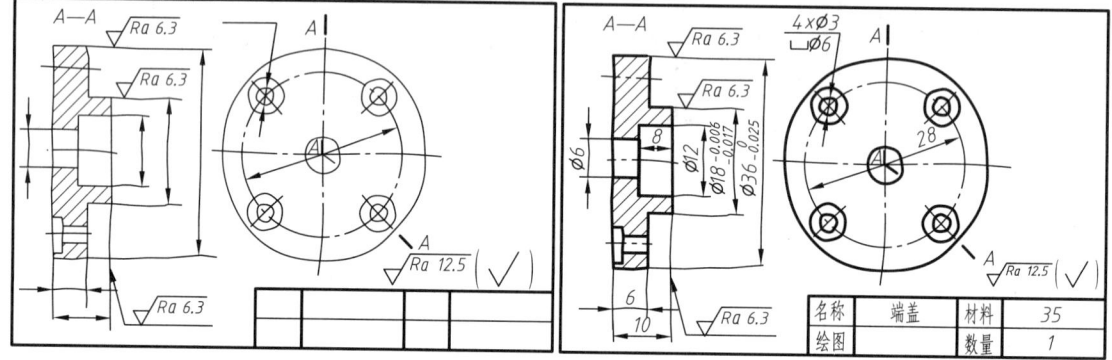

图 11-37　端盖草图的作图步骤

晰、合理,技术要求是否满足零件的性能要求,又比较经济。

(2)选比例,定图幅,完成零件工作图的绘制。

三、常用量具及尺寸的测量方法

尺寸的测量是零件测绘工作中很重要的一个环节,正确地使用测量工具,可以减少尺寸测量的误差,提高测绘速度,保证测绘质量。

1. 常用测量工具

常用测量工具分为普通量具如钢尺、卷尺、内外卡钳等,精密量具如各种游标卡尺、千分尺等,特殊量具如圆角规、螺纹规等,见图 11-38。

2. 常用测量方法

(1)长度尺寸　可直接用钢尺(图 11-39)或游标卡尺测量。

(2)内、外圆直径　用内、外卡钳和钢尺联合测量,见图 11-40。或用游标卡尺测量,见图 11-41。

(3)两圆孔中心距　用内、外卡钳和钢尺联合测量,见图 11-42。或用游标卡尺测量。

(4)孔的轴线到基准面的距离　用内、外卡钳和钢尺联合测量,见图 11-43。

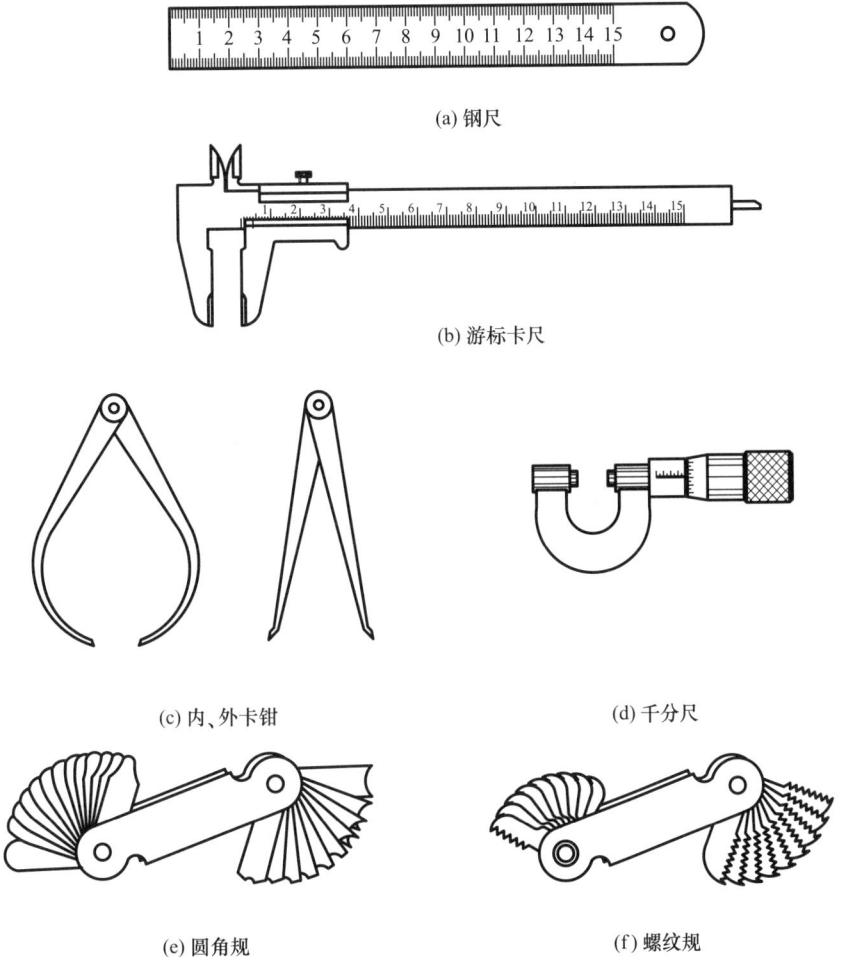

(a) 钢尺

(b) 游标卡尺

(c) 内、外卡钳

(d) 千分尺

(e) 圆角规

(f) 螺纹规

图 11-38 常用量具

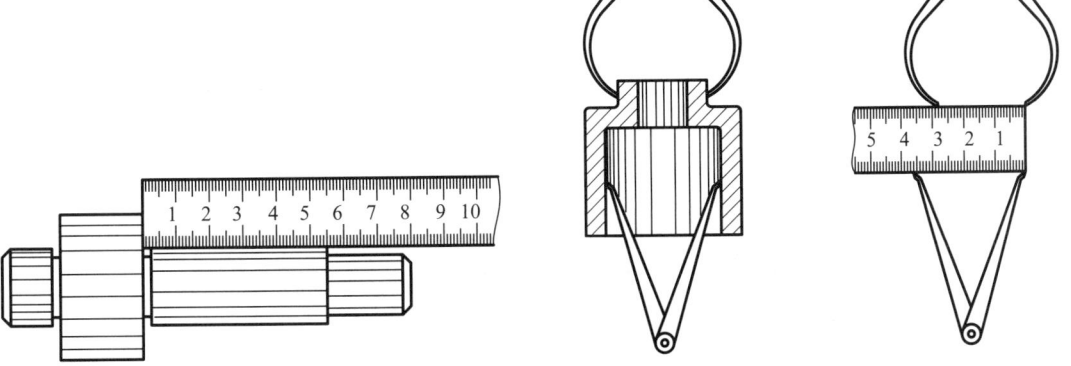

图 11-39 用钢尺测量长度

图 11-40 用内、外卡钳和钢尺测量内、外圆直径

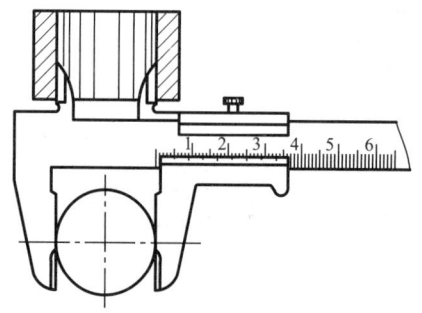
图11-41 用游标卡尺测量内、外圆直径

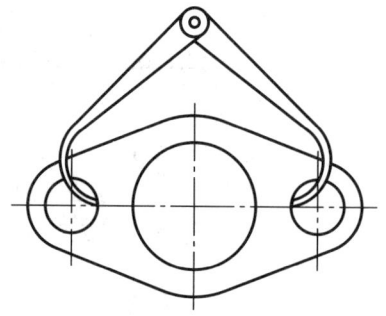
图11-42 测量孔的中心距

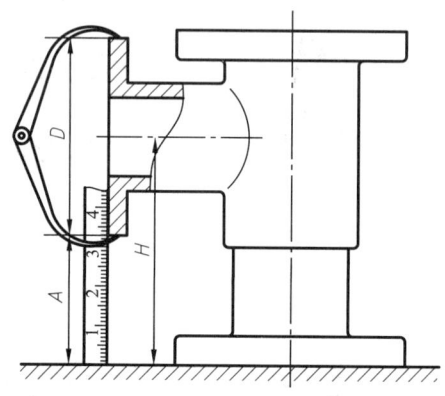
图11-43 测量孔的定位尺寸

(5) 箱体类零件的壁厚　用内、外卡钳和钢尺联合测量,见图11-44。

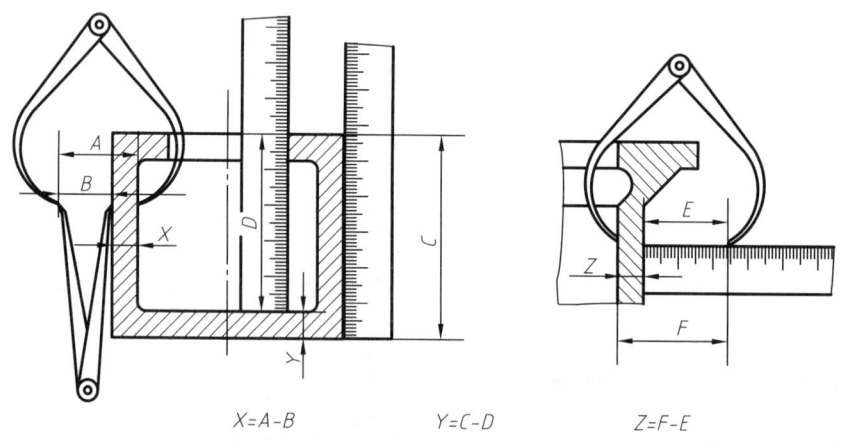

$X=A-B$　　　$Y=C-D$　　　$Z=F-E$

图11-44 测量壁厚

(6) 内、外螺纹　用螺纹规测量,见图11-45。
(7) 零件上的内、外圆角半径　用圆角规测量,见图11-46。

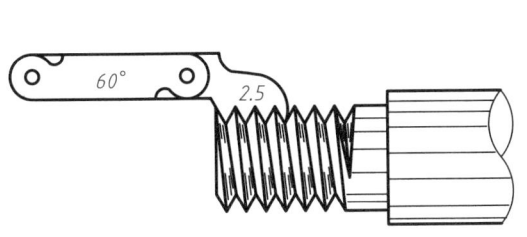

图 11-45 测量螺纹牙型和螺距　　　图 11-46 测量圆角半径

(8) 曲线和曲面轮廓的测量方法

① 拓印法　拓印法适合于测绘平面曲线。此法是在被测零件部位涂上红色印泥或其他醒目的颜色,然后将该部分拓印在纸上,从而显示出曲线形的轮廓,见图 11-47。

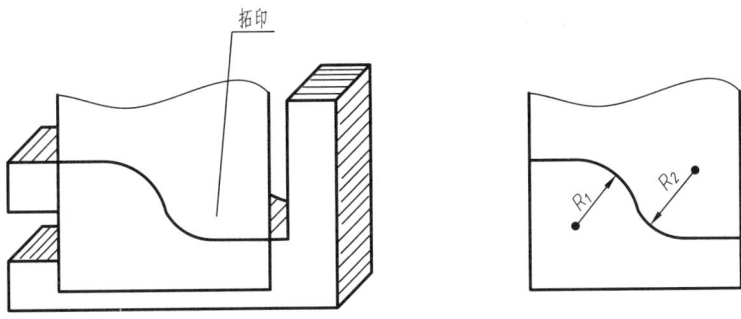

图 11-47　拓印法测量曲线曲面

② 铅丝法　还可用铅丝法测量曲面曲线,见图 11-48。撤出铅丝时应防止铅丝变形,沿铅丝绘出曲线并分段求得各段圆弧中心,定出其半径。

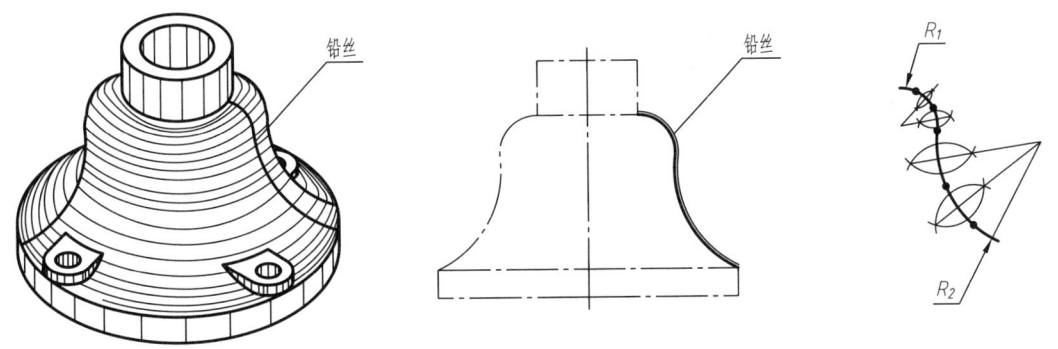

图 11-48　铅丝法测量曲面曲线

§11-7 读零件图

零件图是指导生产的重要技术资料之一,因此读零件图是从事工业生产人员必须具备的基本技能。本节是在前面已讲述看物体视图的基础上,结合生产实际,进一步研究阅读零件图的方法和步骤。

一、读零件图的方法和步骤

1. 读标题栏

从标题栏中可获知零件的名称、材料、重量、画图的比例等。从零件的名称就可知道零件的类别、功用,并大体上能了解该零件的结构特点。

2. 阅读视图

从主视图开始分析,找出各视图之间的关系及其表达的目的。当采用剖视图或断面图时,必须弄清楚剖切平面的位置及表达目的。若有辅助视图、局部放大图及简化画法时,应搞清它们的位置、投射方向。

运用形体分析、结构分析,根据各视图之间的投影关系,将零件的外部形状进行分解,确定组成零件的各基本形体的结构特征、各结构的作用和各基本形体之间的相对位置关系。运用形体分析、结构分析,结合各剖视图、断面图,分析零件内部结构特征、各结构的作用及相互位置关系。运用线面分析,对各基本形体相关表面的相互关系及某些局部结构进行分析。

通过上述分析,想出零件的完整形状。

3. 分析尺寸

零件图中的尺寸是制造和检验零件的依据,对零件图中的尺寸分析应给予重视。根据零件的结构特征及图中所标注的尺寸找出各方向的主要基准和辅助基准。根据形体分析和结构分析,找出重要尺寸和自由尺寸,以及各形体的定形尺寸、定位尺寸和总体尺寸等。

4. 查看技术要求

技术要求是保证零件质量的重要内容之一,通过图形内、外的符号和文字注解,可以进一步明确在制造、检验时的要求。零件图中的技术要求内容很多,如表面粗糙度、尺寸公差、几何公差及热处理等,以及合理的加工方法。

5. 总结归纳

综合上述几步,并加以归纳总结,得出零件的整体构造,至此完成读零件图的过程。

二、读图举例

读图 11-49 所示减速器箱体的零件图。

1. 读标题栏

从标题栏可知该零件是箱,材料为 HT200。通过前面内容可知,它是一个起支承和密封作用的铸造箱体零件,应具有铸造工艺要求的结构,如铸造圆角、起模斜度等。其绘制比例为 1:3,从而可想象出零件实物的大小。

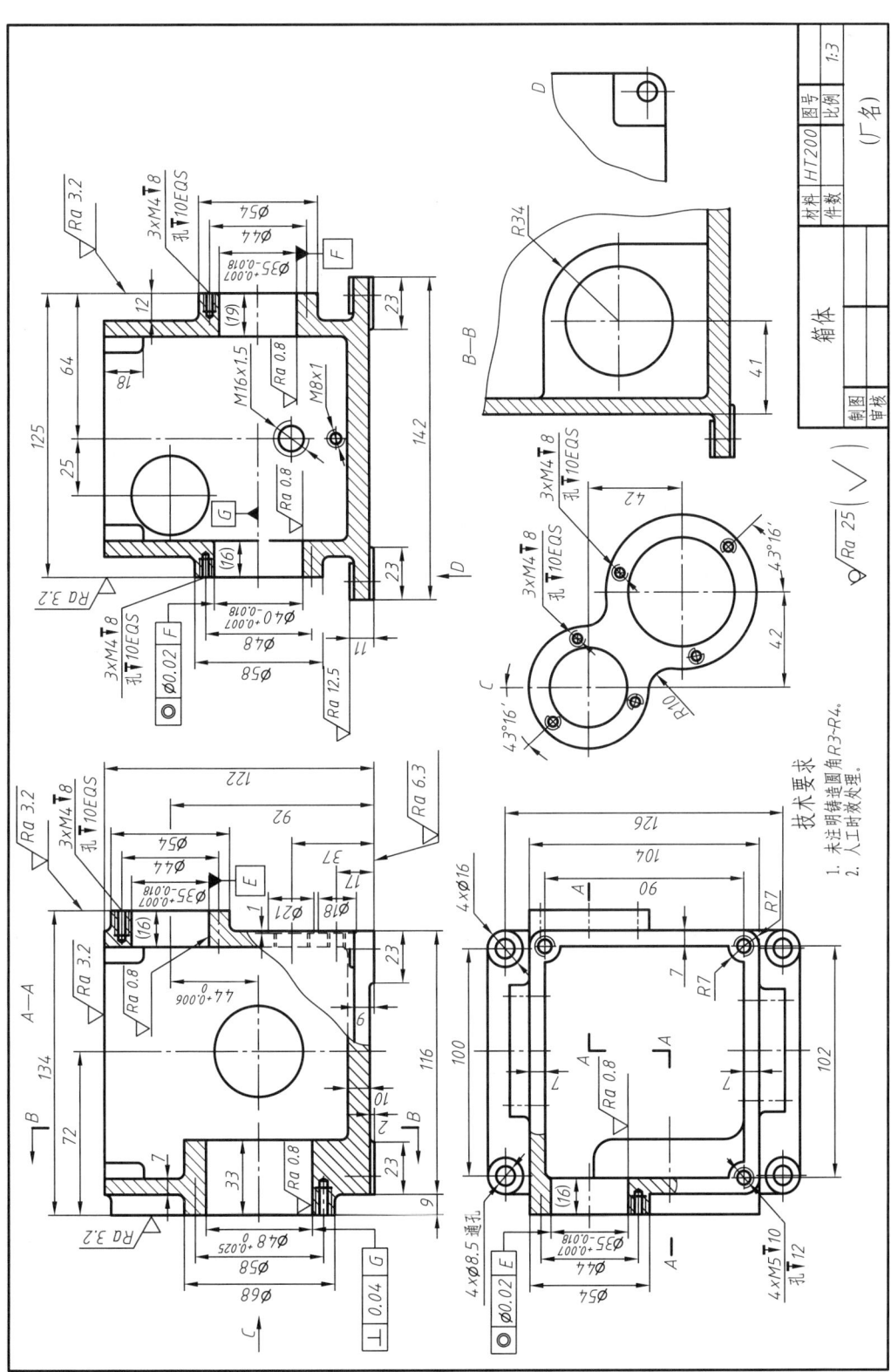

图 11-49 减速器箱体零件图

2. 表达方案分析

该箱体由六个视图表达,其中主视图和左视图分别采用阶梯局部剖和全剖视,主要表达三轴孔的相对位置。俯视图表达顶部和底板的结构形状以及蜗杆轴的轴孔。C 向视图表达左面箱壁凸台的形状和螺孔配置。B—B 局部剖视表达圆锥齿轮轴孔的内部凸台圆弧部分的形状。D 向视图表示底板底部凸台的形状。通过这几个视图已把箱体的全部结构表达清楚。

3. 进行形体分析和结构分析

从总的外形看,箱体由两大部分组成,一部分是底板,另一部分是在底板上面的方箱。同时根据使用要求,无论是底板还是方箱均有附加结构。为了便于箱体安装,底板上有四个安装孔 $\phi 8.5$。为了使箱体安装平稳,并且减少加工面,底板上面有四个凸台(D 向)。再看方箱,为了更好地支承轴承和转轴,在箱壁上有传动轴的轴承孔,并且每个孔壁向外或向内加宽加厚,以使轴承安装更可靠。在箱壁右侧有两个螺孔,上面的 M16×1.5 用来装油标,下面的 M8×1 用来装排油孔的螺塞。箱体顶部有四个凸台和螺孔用来连接箱盖。在读图时,我们可以利用"长对正,高平齐,宽相等"的原则逐个看懂各部分。

4. 进行尺寸分析

箱体结构较复杂,尺寸较多,这里主要分析它的尺寸基准、轴孔的定位尺寸和主要尺寸。

(1) 箱体尺寸基准分析 减速箱的底面是安装基面,以此作为高度方向的设计基准。此外,箱体在机械加工时首先加工底面,然后以底面为基准加工各轴孔和其他平面,因此底面又是工艺基准。长度方向是以蜗轮轴线为基准。宽度方向以前后对称面为基准。

(2) 轴孔及其定位尺寸 上边的 $\phi 35^{+0.007}_{-0.018}$ 的位置是由 92(以底面为基准,是高度方向的定位尺寸)和 25(以前后对称面为基准宽度方向的定位尺寸)来确定。下边三个孔都在相同的高度上,与上边孔的距离为 $44^{+0.006}_{0}$。从 C 向可以看出,孔 $\phi 35^{+0.007}_{-0.018}$ 和孔 $\phi 48^{+0.025}_{0}$ 前后相距 42。

(3) 其他重要尺寸 箱体上与其他零件有配合关系或装配关系的尺寸,应注意零件间尺寸的协调。如箱体底板上安装孔的中心距 100 和 126,应与机床台面钻孔的中心距一致。又如各轴承孔的直径尺寸应与相应的滚动轴承外径一致。箱壁上凸台的直径和螺孔的定位尺寸应与轴承盖相应尺寸相同。箱体顶部四螺孔的中心距 90 和 102 应与箱盖上沉孔的中心距协调一致。

5. 进行工艺、技术要求分析

箱体是组成机器或部件的主要零件之一,其内部需装配各种零件,因此,它的结构较复杂,一般的箱体均为铸件。箱体的各轴孔均装有滚动轴承或轴承套,为了保证配合质量,各轴孔均注有尺寸公差。轴孔间的相对位置由同轴度和垂直度给予保证。各轴孔的表面粗糙度要求也很严,其 Ra 为 $0.8\ \mu m$,其他几个接触面的 Ra 为 $3.2\ \mu m$ 或 $6.3\ \mu m$。底板与螺钉搭接面的 Ra 为 $12.5\ \mu m$,其余都是不去除材料表面。为了保证箱体加工后不致因变形而影响装配质量,箱体需要经人工时效处理。

图 11-50 是减速箱的立体图,供读箱体零件图时参考。

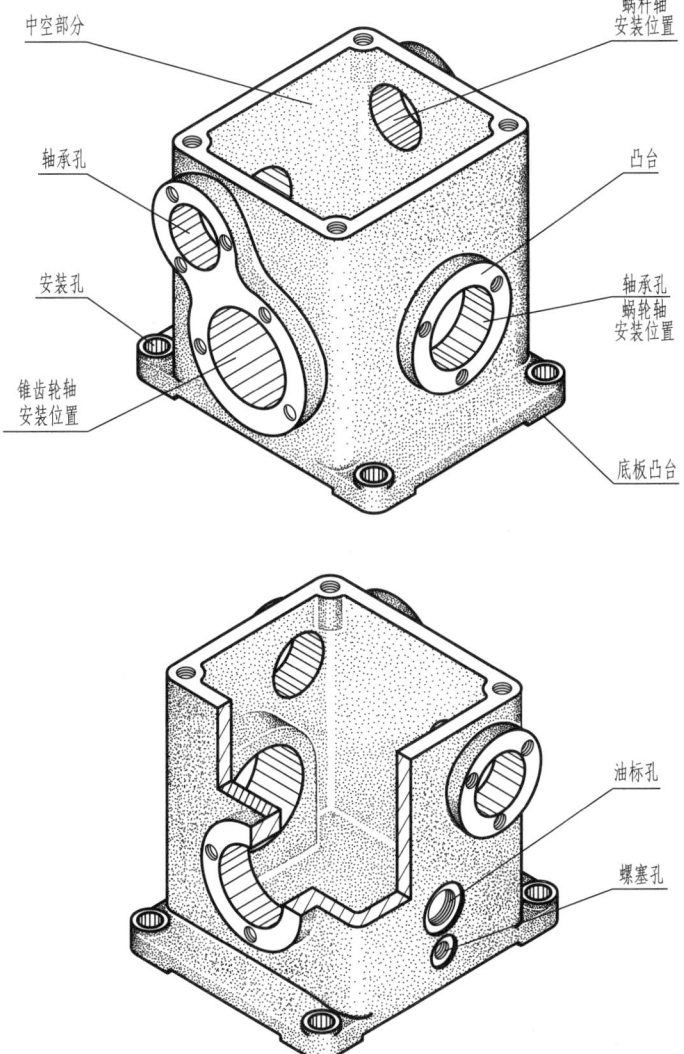

图 11-50 减速箱箱体立体图

第12章 装 配 图

一台机器或部件由多种零件组成。表达一台机器或部件的工作原理、各零件间的相对位置、装配关系等内容的工程图样,称为装配图。图 12-1 就是一张滑动轴承的装配图。本章将介绍装配图的有关内容。

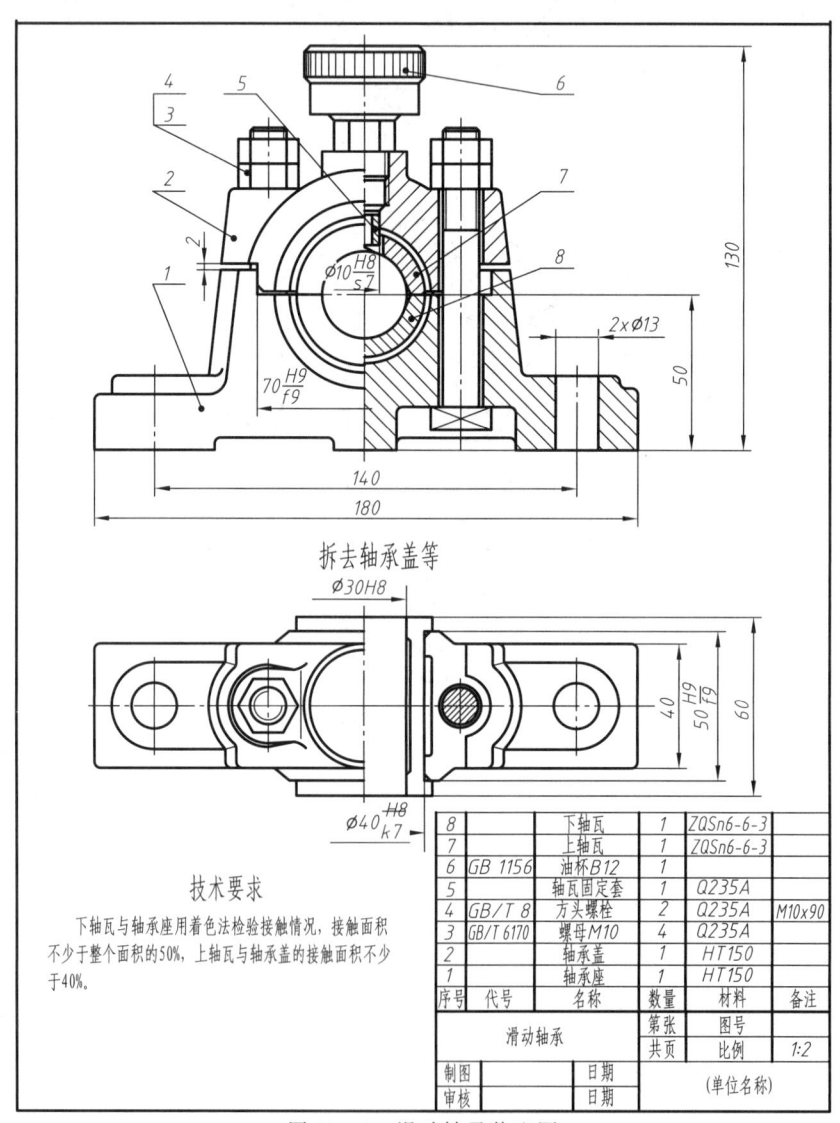

图 12-1 滑动轴承装配图

§12-1 装配图的作用与内容

一、装配图的作用

机械工业生产中，新机器的设计及老产品的仿制，首先应画出装配图，然后根据装配图进一步设计绘制出各个零件的零件图。根据零件图加工完成全部零件后，再根据装配图的要求将各零件组装成机器或部件。在机器或部件的调试、使用和维修过程中，也需要通过装配图掌握其工作原理和装配关系等，以确保使用、操作、拆装、维修和保养工作的正常进行。在大量的技术交流过程中，装配图起到了其他图样无法替代的作用。因此，在设计、制造、检验、安装、使用和维修中，装配图都发挥着应有的作用，是机械制造过程中重要的技术文件。

二、装配图的内容

一张完整的装配图一般应包括如下内容：

1. 一组视图

用来表达机器或部件的工作原理，各零件间的相对位置、装配关系、连接方式、传动路线及零件的主要结构形状等。

2. 必要的尺寸

装配图上所注的尺寸一般为与机器或部件性能、规格、配合、安装及外形有关的尺寸和其他重要尺寸。

3. 技术要求

用文字或符号说明机器或部件的性能、装配、安装、调试、检验、使用和保养等方面的要求。

4. 零件的序号、明细栏和标题栏

在装配图中，要对每个零件都进行编号，编制明细栏，在明细栏中填写零件名称与其代号、数量、材料和标准件代号等，以便读图。在图纸的右下角绘制标题栏，标题栏中注明机器或部件的名称、图号、绘图比例及绘图单位和有关人员签名等内容。

§12-2 装配图的表达方法

前面第9章所介绍的机件各种表达方法，如视图、剖视、断面及其他表达方法在表达机器或部件时也同样适用。由于两种图样的作用不同，因此表达的重点也不同。在国家标准中，对装配图又提出了一些规定画法和特殊表达方法。

一、规定画法

根据装配图是表达若干个零件的装配关系这一特点，为明显区分各个零件，并正确表示出它们之间的装配关系，画装配图时应遵守如下规定：

（1）相邻两个零件的接触面和配合面只画一条线，非接触表面必须画两条线。如图 12-2 所示。

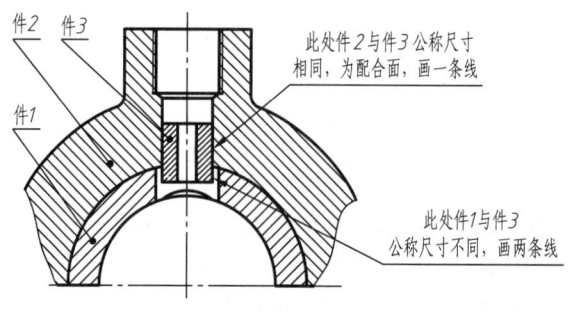

图 12-2　装配图的规定画法

（2）两相邻零件的剖面线倾斜方向应相反或方向相同但间隔不同，如图 12-2 所示。同一零件的剖面线倾斜方向、间隔在各视图中必须一致。

（3）当剖切平面通过紧固件以及轴、拉杆、手柄、球、键等实心件的轴线或对称平面时，这些零件均按不剖绘制。如图 12-1 中的螺栓、螺母和图 12-3 中的轴、螺钉、螺母、垫圈、平键、钢球等。若它们上面有孔或槽需要表达，可采用局部剖视画出。如剖切平面垂直于上述零件的轴线时，则应画出剖面线，如图 12-1 俯视图所示。

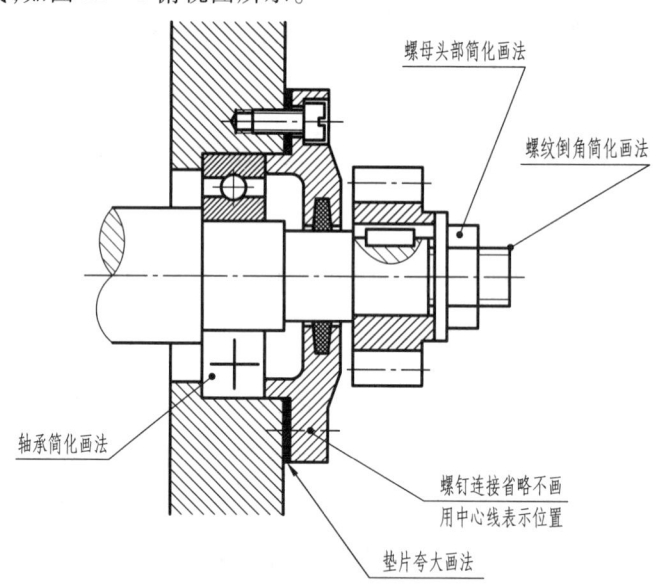

图 12-3　装配图的规定画法及简化画法

二、特殊表达方法

1. 沿零件的结合面剖切和拆卸画法

在装配图上，为了使某些被遮住的部分表达清楚，可假想沿着某些零件的结合面进行剖切，或假想拆去某些零件（必要时可说明拆去××件）后再绘图的方法来进行。沿结合面剖切时，结合面上不画剖面符号，而其他被剖切的零件则要画剖面符号。如图 12-5 中的俯视图，就是拆去件 6、7 后加以表达的。

2. 简化画法

（1）零件上的某些工艺结构，如圆角、倒角、退刀槽等允许不画，螺栓头部、螺母的倒角及其表面曲线允许省略，如图 12-3 所示。

（2）在同一视图中重复出现的某些相同结构（如相同的螺栓连接），允许详细地画一处或几处，其余的用点画线表示其中心位置即可，如图 12-3 所示的螺钉连接。

（3）当剖切平面通过某些标准组合件，而该组合件已由其他图形表示清楚时，可只画出其外形，如图 12-1 中的油杯。

（4）滚动轴承等可以按规定的画法画出投影的一侧，而另一侧只需用粗实线画出其轮廓范围，并在其内画一十字线代替其投影，如图 12-3 所示。

3. 夸大画法

在装配图中，对直径很小的孔、很薄的垫片、细丝弹簧、较小的斜度和锥度等，可不按原绘图比例绘制，而适当夸大画出，如图 12-3 中的垫片。

4. 假想画法

在装配图中，为了表达某些零件的运动范围和极限位置，或为了表示本机器或部件与相邻零件的相互关系时，可用细双点画线假想将它们的有关投影画出，如图 12-4 所示。

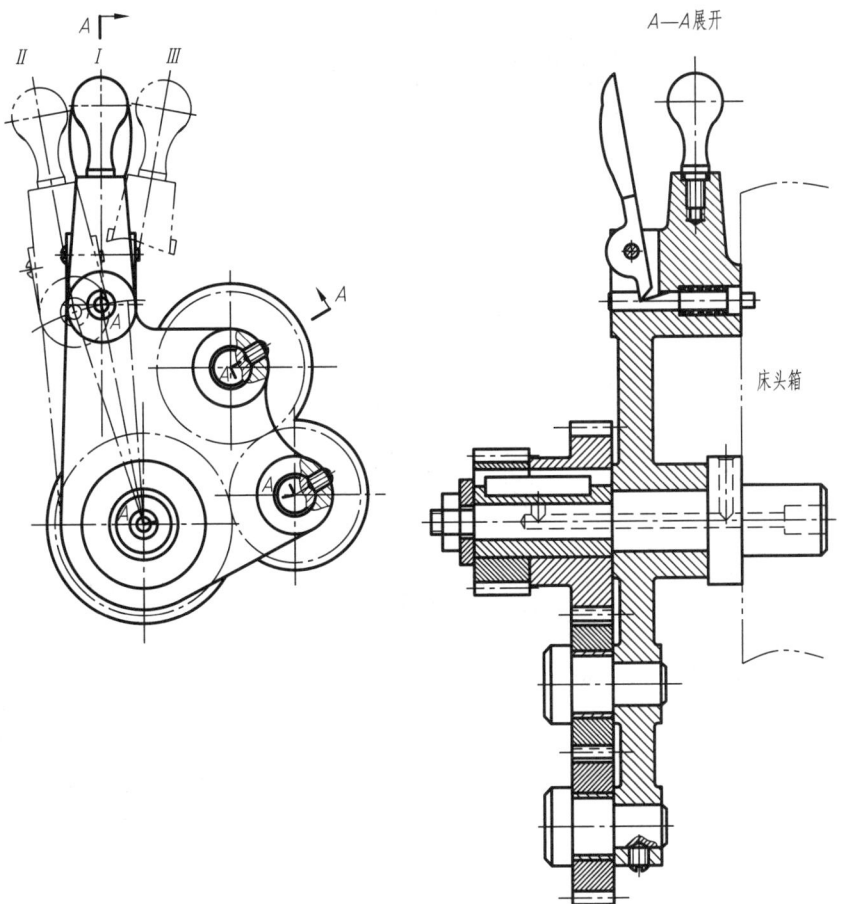

图 12-4 三星齿轮传动机构

5. 展开画法

为了表示传动机构的传动路线和装配关系，假想按传动顺序沿着各轴线作剖切，并依次展开，使剖切平面展平到与选定的投影面平行后，再画出其剖视图，这种画法叫展开画法，如图 12-4 所示的左视图。

6. 单独表达零件的画法

为了便于看图和了解机器或部件的工作原理，以及各零件的装配关系和主要结构等，可将个别零件用视图、剖视和断面来单独表达，并加以标注，如图 12-5 中件 4B—B 和件 2C。

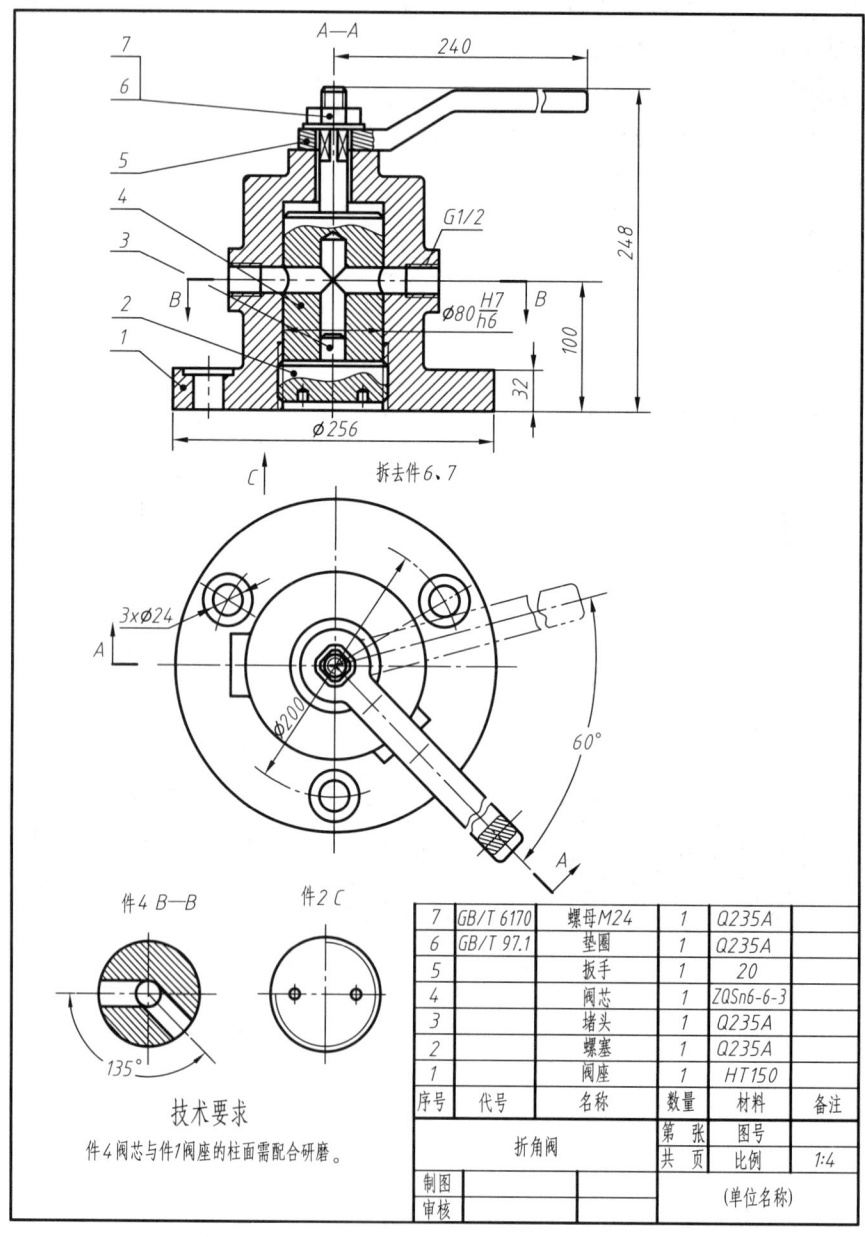

图 12-5 折角阀装配图

§12-3 常见装配结构简介

选择合理的装配结构,能保证机器或部件的装配质量并便于安装和拆卸。因此,在设计机器或部件时,应考虑到零件之间装配结构的合理性,下面介绍几种常见的装配结构。

一、接触面的合理配置

(1) 两个接触的零件在同一方向上一般只能有一对接触面,否则会给加工和装配带来困难。如图12-6所示。

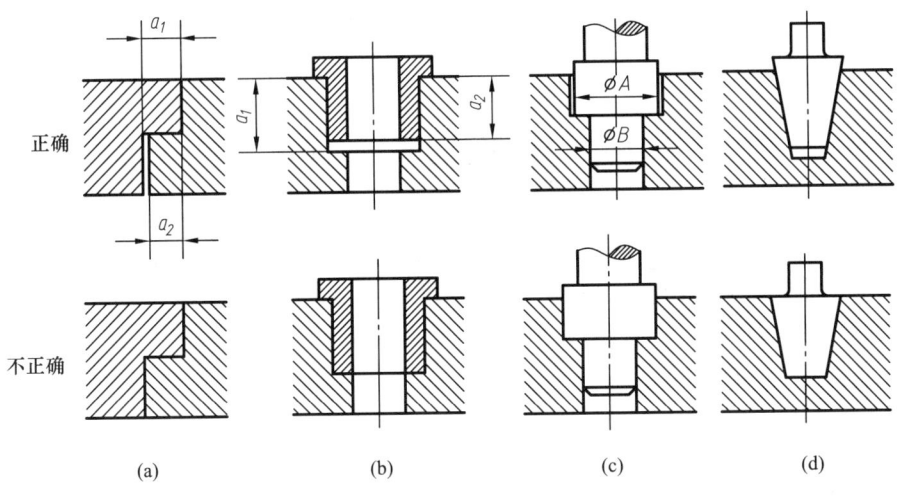

图12-6 接触面的合理结构

(2) 当两个零件必须在两个互相垂直的表面同时接触时,应在转角处制出倒角、凹槽或不同半径的圆角,以保证两垂直表面都接触良好。如图12-7所示。

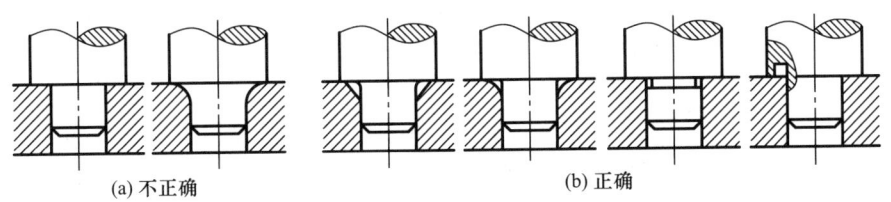

图12-7 接触面转角处的合理结构

二、便于零件装、拆的合理结构

在采用螺纹紧固件连接时,要考虑装、拆的可能和方便。图12-8a表示装、拆螺母时必须留有扳手的活动空间,图12-8b表示装、拆螺栓时要有足够的空间使螺栓通过。

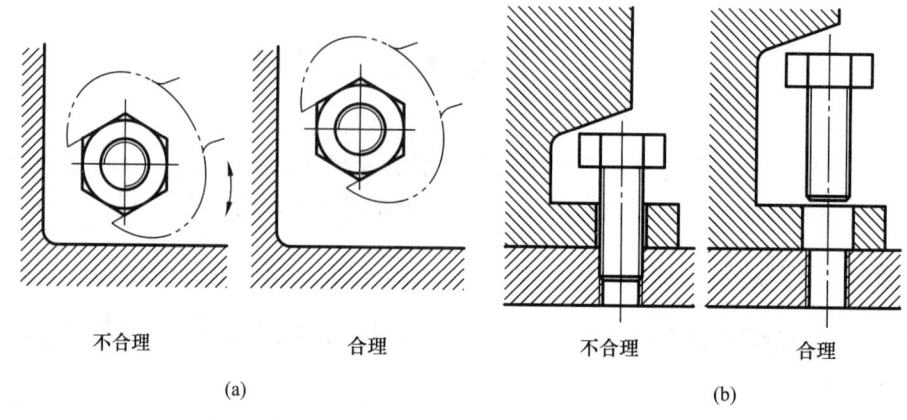

图 12-8 用螺纹紧固件时的合理结构

§12-4 机器或部件测绘

在生产实际中,对现有的机器或部件进行分析与测量,绘制出全部非标准零件的草图,再根据零件草图整理绘制出装配图和零件图,这个过程称为机器或部件测绘。这是在先进产品仿制、旧产品的改进和维修时经常要进行的一项工作。本节介绍测绘的方法和步骤。

一、了解测绘对象

在测绘机器或部件前,要对测绘对象进行了解和分析,通过观察实物、参阅产品说明书和听取使用者介绍等方式,初步了解机器或部件的名称、性能、工作原理、结构特点以及零件之间的装配关系和拆装顺序等。

现以图 12-1 所示滑动轴承为例进行分析。它的作用是承载轴并使之在其中转动,中间轴孔直径是代表其规格的尺寸。滑动轴承由轴承座、轴承盖、上轴瓦、下轴瓦、螺栓、螺母、轴瓦固定套和油杯八种零件组成,如图 12-9 所示。其中螺栓、螺母和油杯是标准件。轴承的上、下轴瓦正好合成一个圆柱体,中间为圆孔,其外圆柱面与轴承座、轴承盖的半圆孔配合装在一起。轴瓦两端凸缘卡在轴承座与轴承盖的两边端面上,防止其轴向移动。为了避免轴承盖与轴承座在左右方向上有偏移,它们之间有平面形的止口配合。轴瓦固定套则起到防止轴瓦在轴承座与轴承盖的孔中转动的作用。方头螺栓连接轴承的上下部分,每个螺栓上采用双螺母旋紧,起到防松作用。在油杯中加注润滑油,油可进入轴瓦内,起到润滑作用。

二、画装配示意图

为了记录机器或部件上各个零件的位置和装配关系,便于拆卸后重新装配,在拆卸之前,应画出机器或部件的装配示意图。它可以反映机器或部件的工作原理、传动路线和装配关系等情况。装配示意图是按照 GB/T 4460—1984 规定的机构运动简图符号,用单线条画出来的。图 12-10 所示是滑动轴承的装配示意图。

§12-4 机器或部件测绘

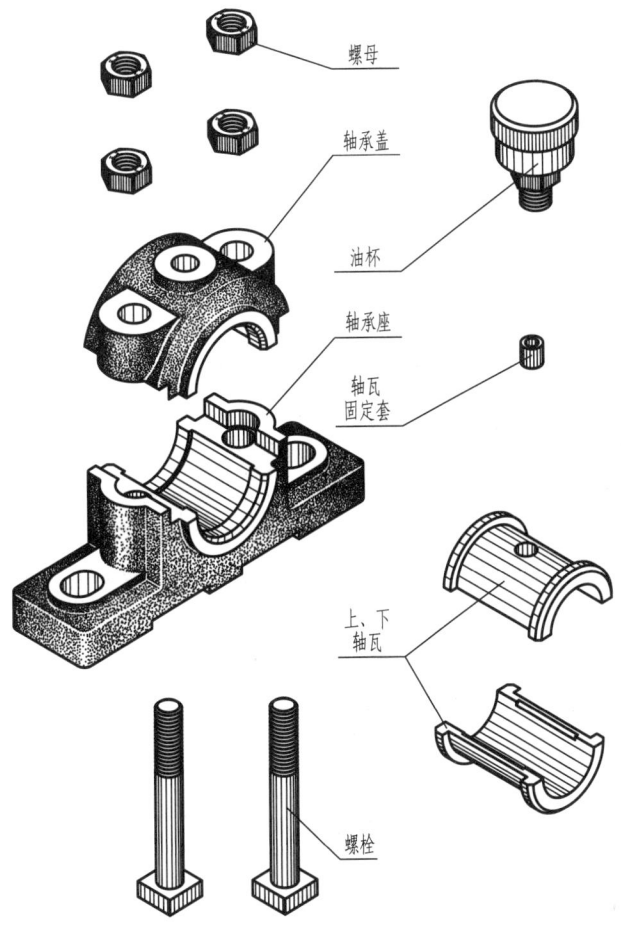

图 12-9 滑动轴承轴测图

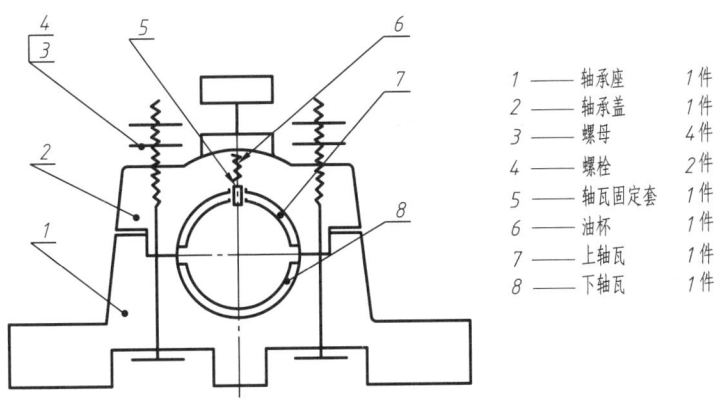

1 —— 轴承座   1件
2 —— 轴承盖   1件
3 —— 螺母   4件
4 —— 螺栓   2件
5 —— 轴瓦固定套 1件
6 —— 油杯   1件
7 —— 上轴瓦   1件
8 —— 下轴瓦   1件

图 12-10 滑动轴承装配示意图

三、拆卸零件

从机器或部件上拆卸零件时应注意以下几点:

(1) 制定拆卸顺序。用适当的工具合理拆卸,拆卸时进一步了解各零件间的装配关系、作用和结构特点,特别要注意零件之间的配合关系。对配合精度要求较高的零件、过盈配合的零件,一般不应拆开。

(2) 拆卸过程中要将所有零件进行编号和登记,使每个零件对应一个标签,要保存好所有的零件。当零件数较多时,可将零件按部件、组件进行分组,以防丢失。并且要注意防止碰坏、锈蚀,以便测绘后重新装配时,仍能保证其性能和要求。

四、画零件草图

零件草图是绘制装配图和零件图的依据,绘制零件草图的方法在第 11 章中已经介绍,这里不再赘述,仅对测绘机器或部件时应注意的事项加以说明。

(1) 标准件只需确定其规格,注出规定标记,不需画零件草图。

(2) 草图不要画得太小,否则会影响图形的清晰度,也不便于标注尺寸。

(3) 测量零件尺寸时,对两个零件的配合尺寸和结合面的相关尺寸,测量后要同时注在两个零件的相应部分,如轴承盖与轴承座的止口配合尺寸 70、螺栓孔的中心距尺寸 65 等。见图 12 - 11、图 12 - 14。

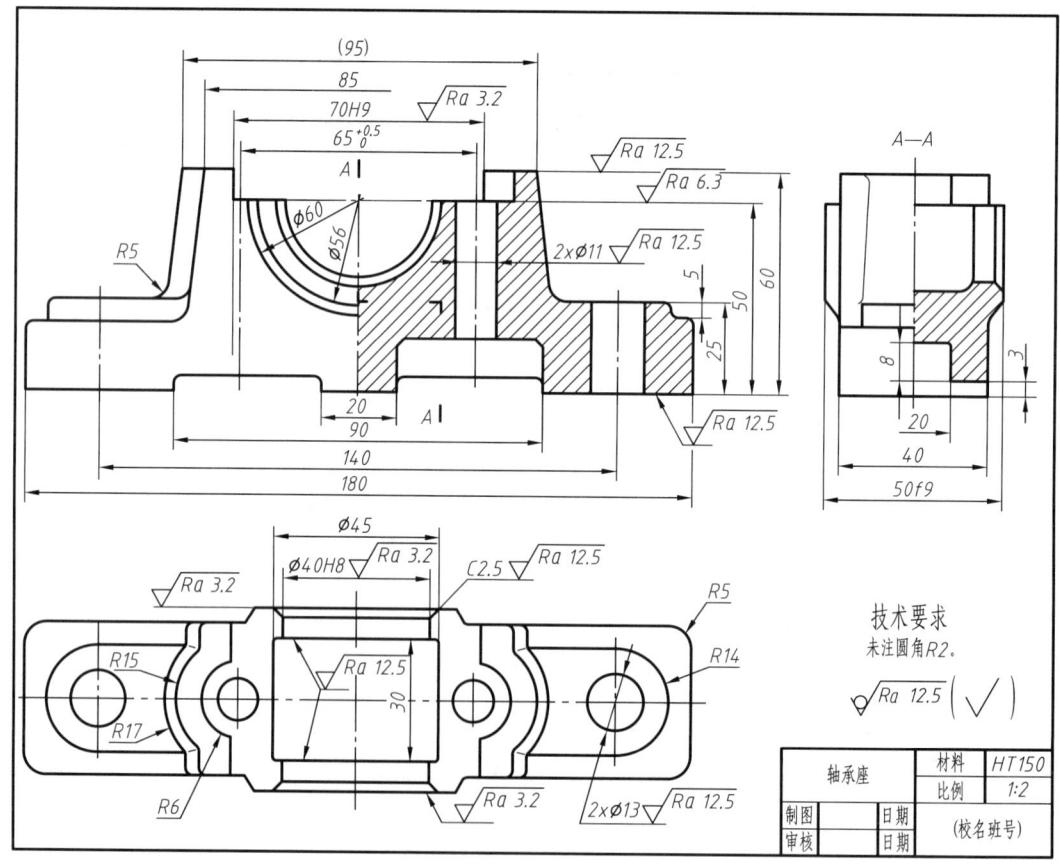

图 12 - 11 轴承座图

(4) 根据零件在机器或部件中的位置及作用,制定零件的各项技术要求,如尺寸公差、表面粗糙度、几何公差、材料及热处理等要求。

五、绘制装配图

可根据已掌握的技术资料和测绘的草图及装配示意图绘制机器或部件的装配图,如图 12-1 所示。最后根据画好的装配图和零件草图画出零件图,完成机器或部件测绘。图 12-11~图 12-15 为滑动轴承非标准件的零件图。

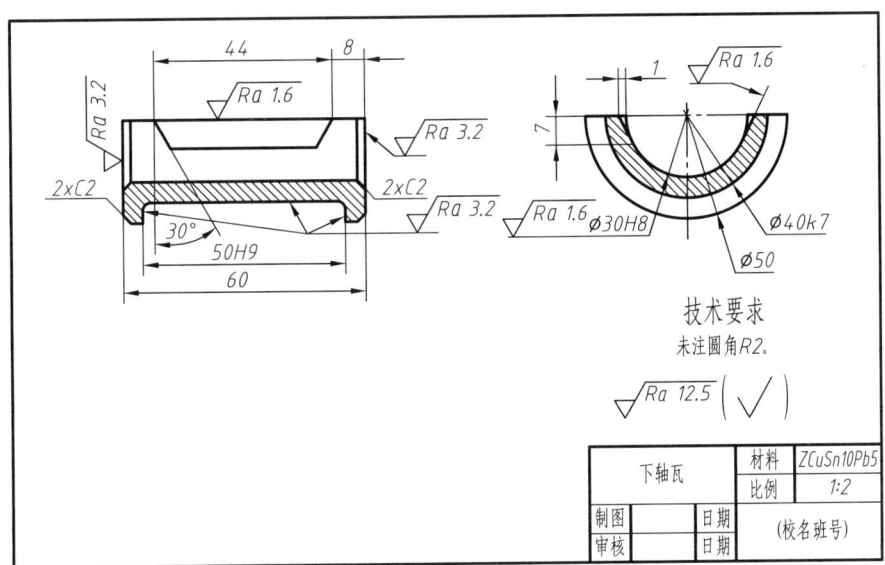

图 12-12 下轴瓦图

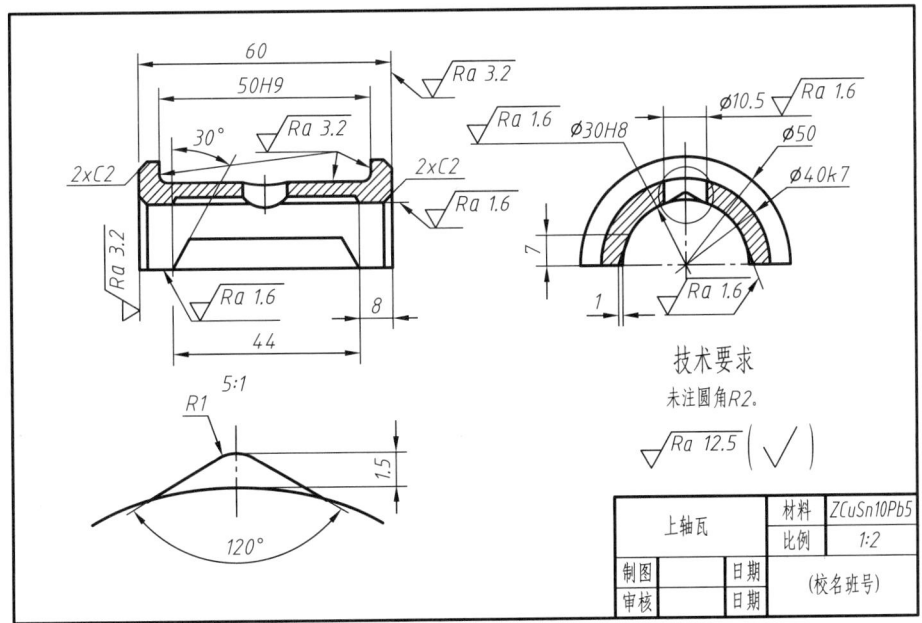

图 12-13 上轴瓦图

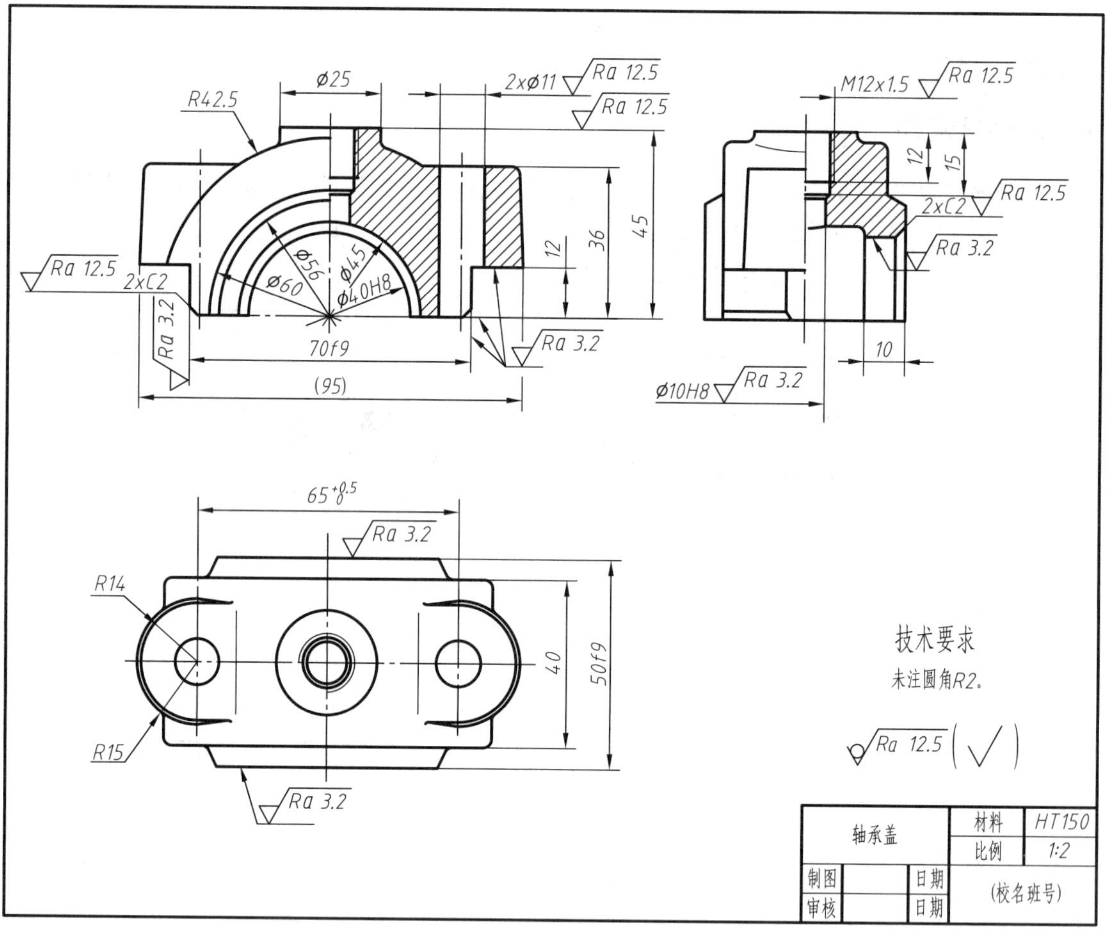

图 12-14 轴承盖图

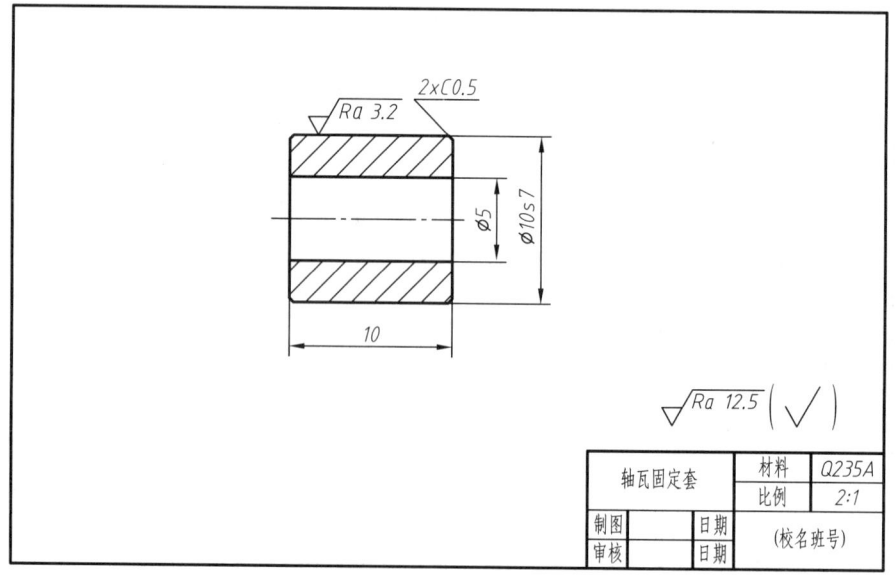

图 12-15 轴瓦固定套图

§12-5 画装配图的步骤

现仍以滑动轴承为例,说明画装配图的方法和步骤。

一、确定表达方案

装配图应侧重表达机器或部件的工作原理和零件间的装配关系,因此,装配图的视图表达应遵循下面原则:

1. 主视图的选择原则

（1）将机器或部件按工作位置放置,尽量使机器或部件的装配干线或主要安装面处于水平位置或铅垂位置。

（2）能较好地反映机器或部件的工作原理、装配关系和主要零件形状特征。

（3）一般要沿着装配干线作全剖、半剖或局部剖。

滑动轴承的工作位置如图 12-1 所示。选取正面作为主视图,可以很清楚地反映各组成零件之间的装配关系和整体形状特征。因轴承是左、右对称的,故主视图采用半剖视图。

2. 其他视图的选择原则

（1）能补充主视图有关工作原理、装配及连接关系、传动路线和主要零件结构形状等尚未表达清楚的内容。

（2）便于看图、标注尺寸、排列序号及合理利用图纸等。

如滑动轴承主视图确定之后,为了表明一些零件的对称配置,同时将主要零件的结构形状表达清楚,再选一俯视图,俯视图上沿结合面取半剖视图。至此,该部件的表达就比较完整、清晰了。

二、确定绘图比例和图幅

表达方案确定之后,要根据机器或部件的大小和复杂程度选定绘图比例。比例确定之后,可按确定好的表达方案来估算所用的图幅大小。估算时应考虑到标题栏、明细栏、尺寸标注、零件编号和技术要求等所需的图纸空间。

三、绘制底稿

（1）画各视图的主要基准线、中心线等。

（2）从装配干线的核心零件开始"由内向外"画,按各零件的相对位置和装配关系绘制各零件的视图。也可以从机座或壳体起"由外向内"画,将其他零件按次序逐个"组装"上去。画图时,各视图应同时进行,以保证投影关系的正确。要做到表达清楚、投影关系准确,且尽量提高画图速度。滑动轴承采用从底座画起的方法,先画底座,再把下轴瓦、上轴瓦装上,再装轴承盖,其步骤如图 12-16a、b、c、d 所示。

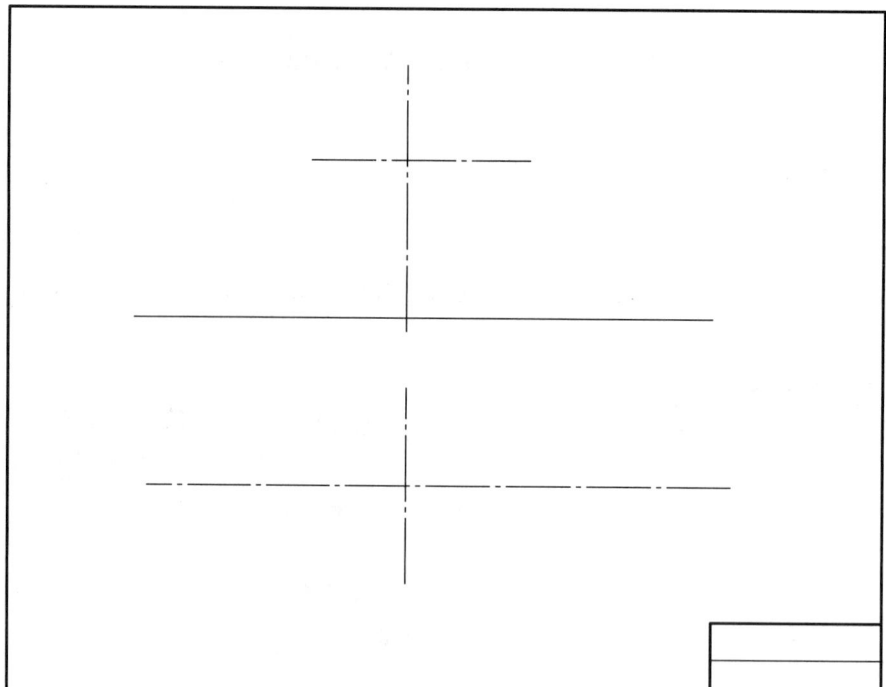

(a) 画轴线、中心线、基准线

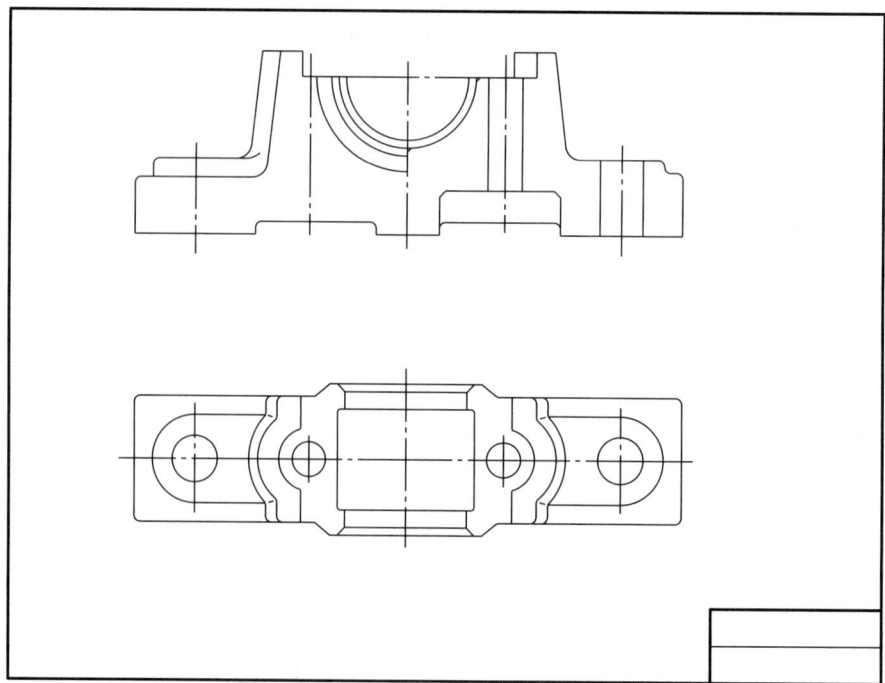

(b) 画底座

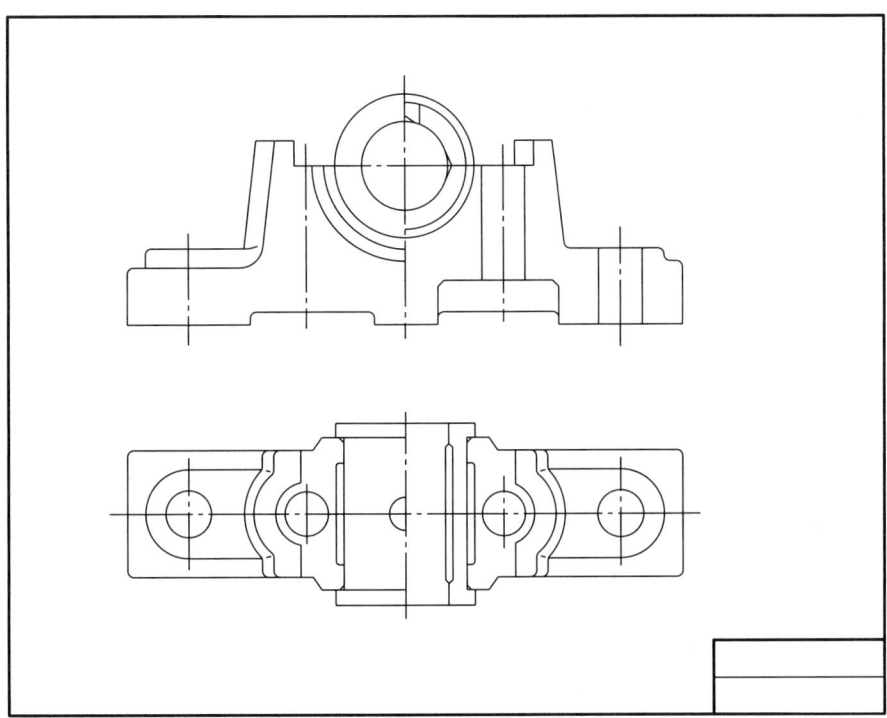

(c) 画上轴瓦、下轴瓦

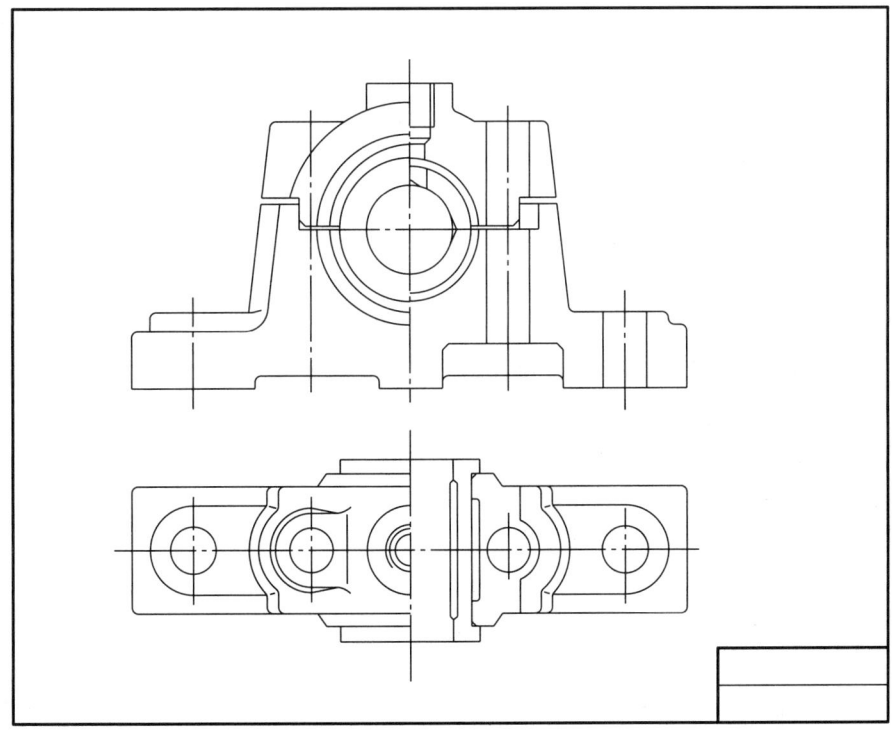

(d) 画轴承盖

图 12-16 装配图的绘制步骤

四、检查、描深

完成底稿后,要认真细致地检查。检查工作原理是否表达清楚,装配关系是否正确、合理,投影关系是否正确,各零件的主要结构是否表达清楚。检查无误后,加深全图,画剖面符号,标注尺寸,编排序号,编制明细栏和注写技术要求,填写标题栏。最后完成的滑动轴承装配图如图 12-1 所示。

§12-6 装配图的尺寸标注和技术要求

一、装配图的尺寸标注

装配图在生产中的作用与零件图不同,故对其尺寸标注的要求也不同。在零件图上需注出零件的全部尺寸,而装配图一般只需标注以下几类尺寸:

1. 规格、性能尺寸

表明机器或部件性能和规格的尺寸。这类尺寸在设计初始就已确定,它是设计、了解和选用机器或部件的依据。如滑动轴承的轴孔直径 $\phi30H8$。

2. 配合尺寸

表明机器或部件中有关零件的配合关系、配合性质的尺寸。如滑动轴承座与轴瓦的配合尺寸 $\phi40H8/k7$、$50H9/f9$ 等。

3. 相对位置尺寸

装配机器或部件时,零件间需要保证的相对位置尺寸,如重要的距离、间隙等。如滑动轴承盖与轴承座的间隙尺寸 2。

4. 外形尺寸

表明机器或部件总长、总宽和总高的,为机器或部件的安装、包装和运输等提供的原始尺寸。如滑动轴承外形尺寸为 180、60、130。

5. 安装尺寸

表示机器安装到基座上或部件安装到机器上所需要的尺寸。如滑动轴承底座上安装孔的尺寸 $\phi13$ 和安装孔的中心距尺寸 140。

6. 其他重要尺寸

在设计过程中,经过计算确定或选定的尺寸以及一些必须保证的尺寸。如齿轮的模数、齿数,传动螺纹的参数,运动件的极限位置尺寸以及与实现部件功能有直接关系的关键结构尺寸等。图 12-5 折角阀出油孔中心高尺寸 100 即为关键结构尺寸。

二、装配图上的技术要求

为了保证产品的设计性能和质量,在装配图中需注明有关机器或部件的性能、装配与调整、试验与验收、使用与运输等方面的参数指标和要求。不同性能的机器或部件,其技术要求也不相同,一般可以从以下几个方面考虑:

1. 装配要求

（1）装配后必须保证达到机器或部件的运动精度要求。

（2）需要在装配时加工的说明及装配时的要求。

（3）指定的装配方法。

2. 检验要求

（1）基本性能的检验方法和要求。

（2）为了达到机器或部件的运动精度要求所采用的检验方法的说明。

（3）其他检验要求。

3. 使用要求

对产品的基本性能、维护和保养的要求以及使用、操作和运输时的注意事项。上述各项内容，并不是每张装配图都需全部填写，而要根据具体情况而定。已在零件图上提出的要求，在装配图上可以不必注写。

技术要求可以用数字、代号直接在视图上注明或用文字书写在明细栏上方或图纸中下方的空白处，也可以另编技术文件作为图纸的附件。

§12-7　装配图的零件序号和明细栏

为了便于读图、装配机器或部件以及进行图纸管理，需要在装配图上对所有零件或组件编写序号，同时编制相应的明细栏。

一、编写零件序号的方法和规定

（1）装配图中所有零件或组件都必须编写序号，相同的零件只编一个序号，且只标注一次。对标准组件，如油杯、滚动轴承等可看做是一个整体，只编一个序号。

（2）序号应编注在视图轮廓线之外。其方法是先在被编注零件的可见轮廓线内画一圆点，然后自圆点开始画指引线，在指引线顶端画一水平线或一小圆圈，在水平线上或小圆圈内用阿拉伯数字写上零件序号。指引线和水平线或小圆圈均用细实线绘制。若所指的零件很薄，不宜画圆点时，可画箭头指向该零件的轮廓，如图12-17a所示。

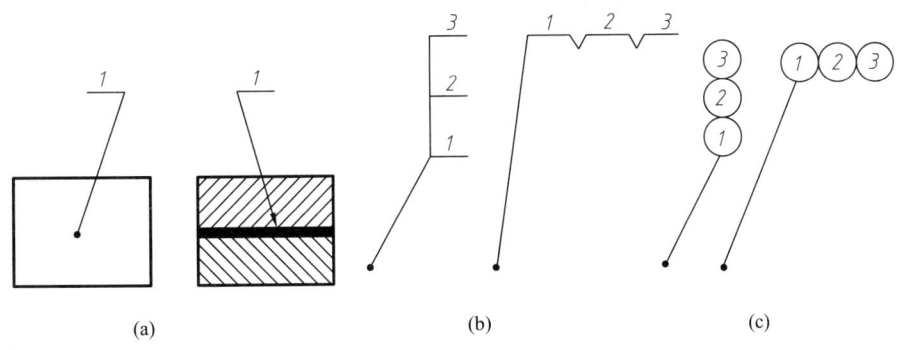

图12-17　序号的编注形式

（3）指引线尽可能分布均匀，且不要彼此相交。指引线通过剖面线区域时，不应与剖面线平行。必要时允许将指引线画成折线，但只能折一次。一组紧固件或装配关系清楚的零件组，允许采用公共的指引线，如图12-17b、c所示。

（4）序号在图样中应连续按水平或垂直方向整齐排列。序号数字应比装配图中所注尺寸数字大一号或大两号。

二、明细栏

由序号、代号、名称、数量、材料和备注等内容组成的栏目称为明细栏，一般将其画在标题栏的上方。如果上方位置不够，可在标题栏左边画出其余部分。生产部门也有另加附页填写明细栏的情况。明细栏及标题栏的外框线用粗实线绘制，内格横线用细实线绘制，竖直线用粗实线绘制。图12-18所示的格式供读者参考使用。

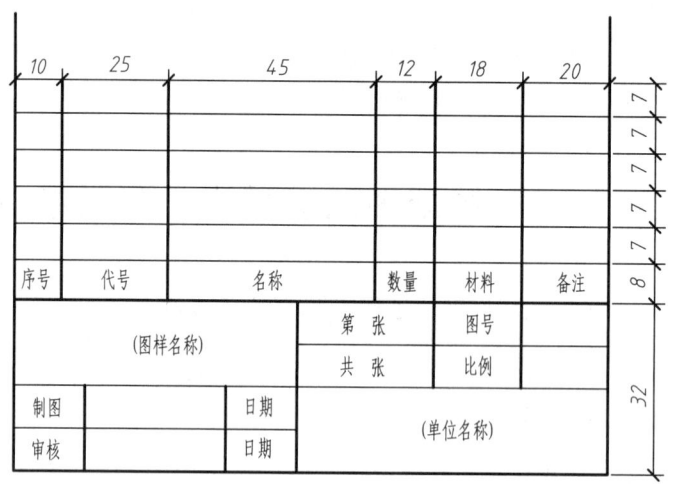

图12-18 明细栏的格式

明细栏中序号一栏，自下而上顺序填入，并与视图中的零件序号一致。对标准件应在"代号"一栏中填写相应的国标代号，在"名称"一栏中同时注明该标准件的规格尺寸，如"螺栓M10×90"。

"备注"一栏中可填写某些常用件的重要参数，如齿轮的模数、齿数等，以及需要说明的内容。

§12-8 读装配图及拆画零件图

一、读装配图的要求

在生产实践中，无论是设计、制造与装配，还是使用、维修以及技术交流，都常遇到读装配图的问题，因此，工程技术人员必须具备正确、熟练地读装配图的能力。读懂一张装配图必须了解如下内容：
(1) 了解装配图所表达的机器或部件的性能、用途、规格及工作原理。
(2) 了解各组成零件间的相对位置、装配关系、连接方式、配合种类与传动路线等。
(3) 了解各组成件的作用和主要零件的结构形状。
(4) 了解机器或部件的使用方法、拆装顺序和有关技术要求。

二、读装配图的方法和步骤

1. 概括了解

通过标题栏、明细栏和产品说明书，了解机器或部件的名称、性能、工作原理和用途等。大致浏览所有视图、尺寸和技术要求。根据总体尺寸了解机器或部件的大小，对机器或部件有一个概括了解。

2. 分析视图，了解工作原理

分析清楚装配图共用了几个视图，采用了哪些表达方法，找出剖视图的剖切位置，分析各视图间的投影关系和所要表达的重点内容。分析视图时，应从主视图入手，结合其他视图全面分析机器或部件的工作原理。对于运动机器或部件，则要分析动力和运动是怎样传入的，以及是按照什么路线传递的，弄清机器或部件的运动情况。

3. 了解装配关系、装配结构和连接方式

从机器或部件的传动系统入手，分析出各零件间的装配关系及其连接和定位方式、各零件间互相配合的松紧程度、运动件的润滑和密封形式等内容。也可以从主要装配干线入手，进行上述分析。

4. 分析零件，弄清各零件的结构形状

根据零件的指引线及序号，将零件在各视图中的位置找到，可按投影关系及剖面线的方向和间距进行分析。一般从主要零件入手分析零件，因为一些小的或次要零件，往往在分析装配关系和分析主要零件的过程中，就可以把其结构形状分析清楚。当某些零件的结构形状在装配图中表达不够完整时，可先分析相邻零件的结构形状，根据它和周围零件的关系和作用，再来确定该零件的结构形状。

5. 归纳总结

在上述分析的基础上，还应将机器或部件的作用、结构、装配、操作和维修等方面的问题联系起来研究，进行归纳总结，如结构有何特点、工作要求怎样实现、装配顺序如何以及操作维修是否方便等等。这样，就对机器有了一个全面了解，达到了读图的基本要求。

三、读装配图举例

【例 12-1】 现以图 12-19 所示快换钻夹头为例，说明读装配图的方法和步骤。

1. 概括了解

从说明书中可知，快换钻夹头是摇臂钻床上的一个部件，在钻床转速不高的情况下，不需要停车就可以换钻头、扩孔钻、铰刀等。

从明细栏可以看出快换钻夹头共有 5 种零件，图中的尺寸 275 和 $\phi 84$ 决定了快换钻夹头的使用规格。

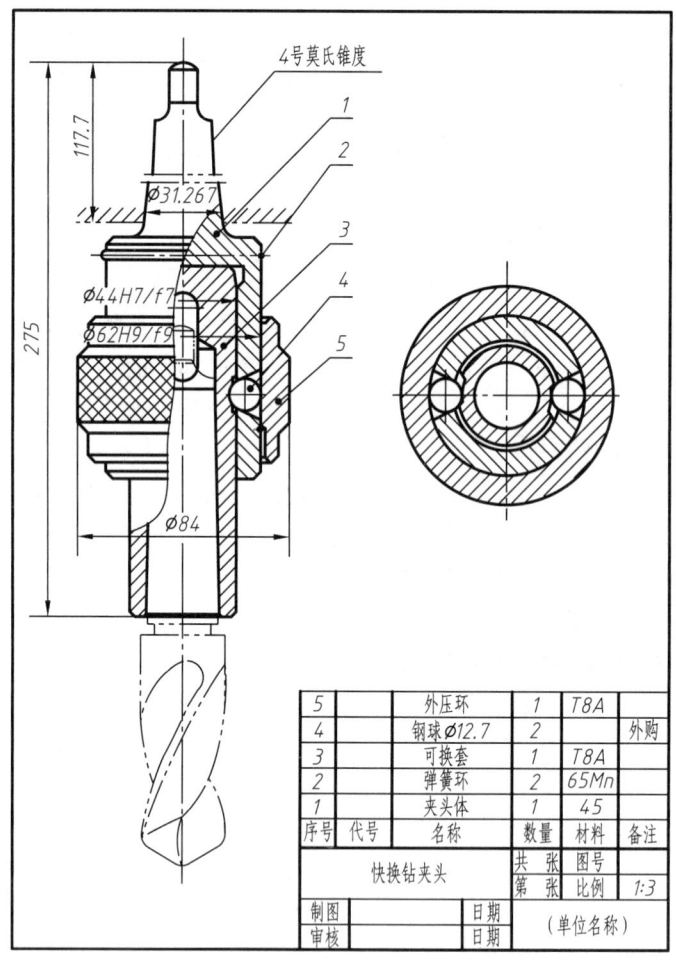

图 12-19 快换钻夹头装配图

2. 分析视图，了解工作原理

快换钻夹头共采用了两个视图，一个主视图，一个移出断面图。主视图上取局部剖视，主要表达零件的装配关系及每个零件的主要结构。移出断面是为了表达钢球在夹头体中与可换套之间的关系。

快换钻夹头的工作原理是：当要换下钻头时，用手握住外压环并向上推至上弹簧环，此时，两钢球沿夹头体两侧的锥孔向外滑到外压环下部内壁处，可换套可取出。随后，可以装上备好的可换套，再放开外压环，它靠自重下滑至下弹簧环，靠夹头体锥面迫使两钢球向轴心移动陷入可换套的承窝中，这时刀具又可以切削了。

3. 了解装配关系、装配结构及连接方式

快换钻夹头靠夹头体上端的钻柄安装在钻床上。夹头体与可换套的配合关系是 H7/f7，即基孔制间隙配合，由钢球将它们连接在一起。夹头体与外压环的配合关系是 H9/f9，也是基孔制间隙配合，由弹簧环将外压环固定在夹头体上。

4. 分析零件形状

通过上述分析可知夹头体是一个主要零件,它起着包容和连接其他零件的作用。它的主体是一个空心圆柱体,上端是带有4号莫氏锥度的柄,下端外表面有两条装弹簧环的半圆环沟槽,从移出断面图中可以看出它的左右两端还有装钢球的锥孔。夹头体外表面与外压环配合,而内表面与可换套相互配合。其他零件分析从略。

5. 归纳总结

快换钻夹头主要由夹头体、外压环、可换套组成。为提高工作效率,它备有两个可换套,在转速不高的情况下可以实现钻头或铰刀调换。它的拆卸顺序也比较简单,只要拆除下弹簧环、外压环、钢球、可换套,即可使快换钻夹头分解。

【例12-2】 读图12-20所示铣床分度头尾座装配图。

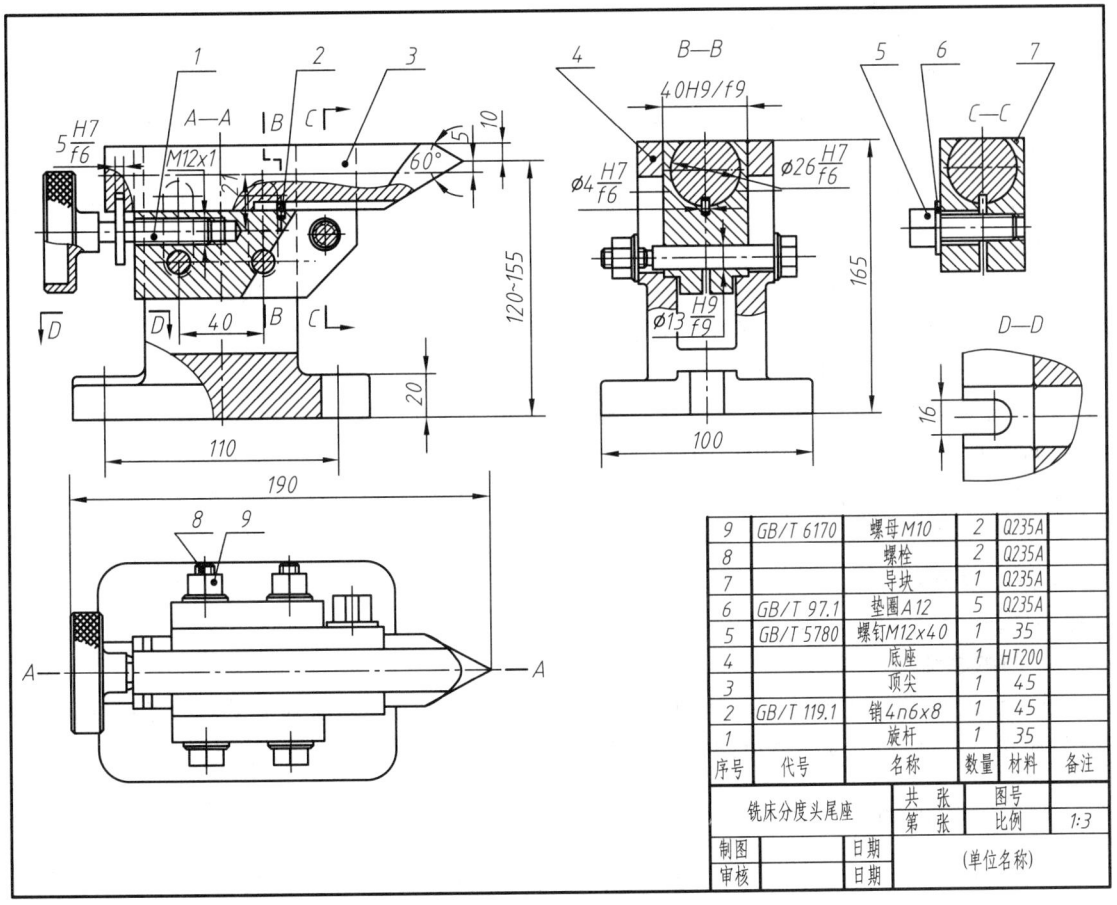

图12-20 铣床分度头尾座装配图

1. 概括了解

铣床分度头尾座用于铣床上的支承工件。从明细栏中可以看出它由9种零件组成,其中标准件4种。其大小由外形尺寸190、100和165所确定。

2. 分析视图、了解工作原理

铣床分度头尾座装配图采用了三个基本视图和一个 $C—C$ 全剖视图和一个 $D—D$ 局部剖视图。主视图按尾座的工作位置放置,采用局部剖视,主要表达松夹工件的顶紧结构以及该部件固定在铣床工作台上的方式。左视图通过螺栓轴线采用 $B—B$ 阶梯局部剖,主要表达升降结构的情况。$C—C$ 剖视主要补充顶紧结构的锁紧机构。俯视图主要表达外形。$D—D$ 局部剖视主要表达底座的形状。

铣床分度头尾座的工作原理是:当松开螺钉 5 后,转动旋杆 1,由于螺纹 $M12\times1$ 的作用,可使顶尖 3 在导块 7 的槽内沿轴线方向移动,因而能顶紧或松开工件。销 2 起到防止顶尖旋转的作用,当顶紧工件后,再将螺钉 5 旋紧。

当需要调整顶尖高度时,松开螺母 9,导块 7 可在底座 4 的槽中上、下移动,调整适当后,再旋紧螺母 9 将其夹紧。

3. 了解装配关系、装配结构及连接方式

(1) 松夹工件结构中各零件的装配关系　由主视图看出,旋杆 1 和顶尖 3 靠旋杆左端轴肩与顶尖的间隙配合 5H7/f6 连接在一起,旋杆 1 与导块 7 靠螺纹旋合在一起,导块用螺栓 8 固定在底座 4 上,顶尖与导块采用间隙配合 $\phi26H7/f6$,销 2 与导块 7 采用间隙配合 $\phi4H7/f6$ 后进入顶尖槽内,从而实现当旋转旋杆 1 时,旋杆 1 带动顶尖 3 在导块 7 的槽内做轴向移动。

(2) 调整顶尖高度结构中各零件的装配关系　从 $B—B$ 剖视图看出,顶尖 3 高度是靠导块 7 在底座 4 的槽内上下移动而调节的。因此,导块 7 与底座 4 采用间隙配合 40H9/f9,导块 7 与螺栓 8 连接在一起,采用间隙配合 $\phi13H9/f9$。

(3) 尾座与工作台的连接方式　从主视图和 $D—D$ 局部剖视看出,尾座是通过底座底板上左、右两侧 U 形槽,用螺栓(图中未画出)固定在铣床工作台上。

4. 分析零件结构形状

由上述分析可知,底座是一个主要零件,它起着支承、包容其他零件的作用,是分度头尾座的主体。它的基本形体是一个 U 形架,底板上有两个 U 形槽,两侧立板上分别有两个长圆形孔。其他零件的分析从略。

5. 归纳总结

铣床分度头尾座中,底座、导块、顶尖是主要零件,松开和夹紧顶尖时所采用的是螺纹结构件连接,操作简单,使用方便。其拆卸顺序请读者自行分析。

四、由装配图拆画零件图

在设计过程中,一般是根据设计要求首先画好装配图,再根据装配图拆画各零件图(简称拆图)。拆图是产品设计过程中的一项重要工作。拆图必须在全面读懂装配图、弄清零件的结构形状的基础上进行。再按照零件图的内容和要求,画出零件图。现就拆图时应注意的几个问题简述如下:

1. 零件结构形状的处理

在装配图上不可能把所有零件的结构都表达清楚,因此在拆图时,对未表达清楚的结构,要根据零件的作用、主要结构及与相邻零件的关系来确定。在装配图中省略的某些工艺结构,如倒角、圆角、退刀槽等,在拆图时必须完整、清楚地在零件图上补画出来。

2. 零件的视图选择

装配图与零件图的作用不同,表达重点也不同。因此,装配图中所画的某个零件的视图不一定适合于零件图的表达需要。在拆图时,应根据零件的具体结构特征,按照零件图的视图选择原则重新制定表达方案。有的可能与装配图的表达吻合,有的则需要作适当的调整和补充。如拆画图12-19所示快换钻夹头中的可换套零件图,它在装配图中的主视图是处于工作位置。在零件图中,则考虑其主要加工工序是在车床上进行的,因此,主视图按加工位置选取,如图12-21所示。在拆画图12-20所示铣床分度头尾座中的底座零件图时,其表达方案中各视图与装配图吻合,如图12-22所示。

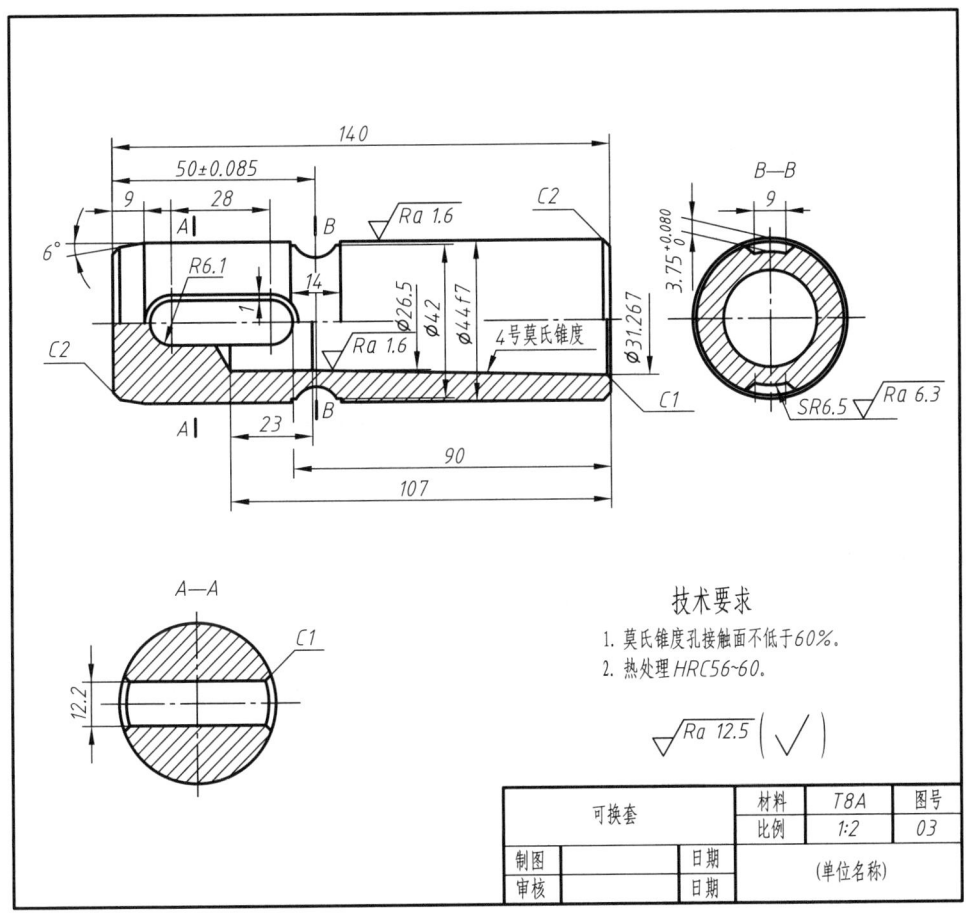

图12-21 可换套零件图

3. 零件的尺寸

零件图是加工制造零件的依据,尺寸标注要求正确、完整、清晰、合理。而装配图中各零件的尺寸标注是不够的,因此在拆图过程中,零件的尺寸应从以下几方面来考虑确定:

(1)在装配图中所注的与该零件有关的尺寸都要直接抄到零件图上,不得随意改动。对注

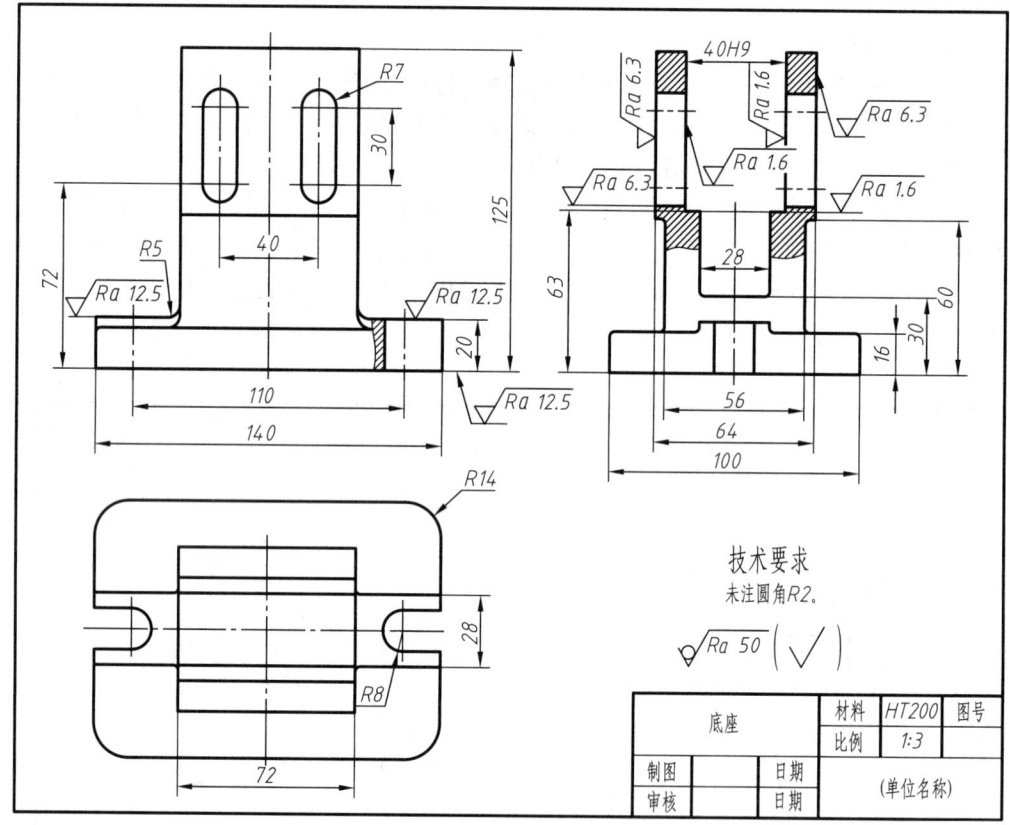

图 12-22 底座零件图

有配合代号的尺寸,还应在零件图上注出其极限或公差带代号。如图 12-21 中可换套的尺寸 φ44f7 和图 12-22 中底座尺寸 40H9,即是由装配图中得到的。

(2) 零件上已标准化和规格化的结构,如螺纹、键槽、倒角、退刀槽等,应查阅有关标准和手册后注出标准尺寸。

(3) 有些尺寸还需要通过计算确定,如齿轮的分度圆直径应根据给定的模数和齿数计算确定。

(4) 除上述尺寸外,对零件上尚未确定的尺寸,可以从装配图中按绘图比例直接量取,并调整为整数后标注。

(5) 对有装配关系的零件,应特别注意使其相关尺寸和尺寸基准协调一致,以保证它们之间的正确装配。

4. 零件的技术要求

对于零件图上的表面粗糙度、尺寸公差、几何公差、热处理和其他技术要求,可根据零件的作用、工作条件、配合要求、加工方法、检验和装配要求等,查阅手册或参考有关图纸资料来确定。技术要求制定得正确与否,会影响零件的加工质量和使用性能,因此,必须认真考虑。

附 录

(常用螺纹及螺纹紧固件)

普通螺纹(摘自 GB/T 193—2003、GB/T 196—2003)

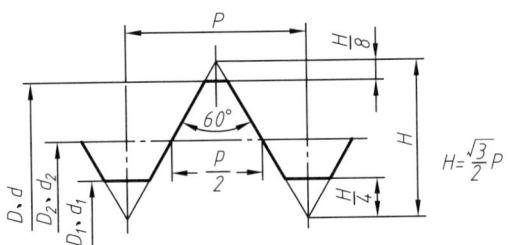

附表1 直径与螺距系列、公称尺寸   mm

公称直径 D、d		螺距 P		粗牙小径 D_1、d_1	公称直径 D、d		螺距 P		粗牙小径 D_1、d_1
第一系列	第二系列	粗牙	细牙		第一系列	第二系列	粗牙	细牙	
3		0.5	0.35	2.459		33	3.5	(3),2,1.5	29.211
	3.5	0.6		2.850	36		4	3,2,1.5	31.670
4		0.7	0.5	3.242		39	4		34.670
	4.5	0.75		3.688	42		4.5	3,2,1.5	37.129
5		0.8		4.134		45	4.5		40.129
6		1	0.75	4.917	48		5	4,3,2,1.5	42.587
	7	1		5.917		52	5		46.587
8		1.25	1,0.75	6.647	56		5.5		50.046
10		1.5	1.25,1,0.75	8.376		60	5.5		54.046
12		1.75	1.25,1	10.106	64		6		57.505
	14	2	1.5,(1.25*),1	11.835		68	6		61.505
16		2	1.5,1	13.835	72			6,4,3,2,1.5	65.505
	18	2.5		15.294		76			69.505
20		2.5	2,1.5,1	17.294	80				73.505
	22	2.5		19.294		85		6,4,3,2	78.505
24		3		20.752	90				83.505
	27	3		23.752		95			88.505
30		3.5	(3),2,1.5,1	26.211	100				93.505

注:[1] 优先选用第一系列,括号内的尺寸尽可能不用。第三系列未列入。

[2] 带*的尺寸仅用于发动机的火花塞。

[3] 中径 D_2、d_2 未列入。

附表 2　细牙普通螺纹螺距与小径的关系

mm

螺距 P	小径 D_1、d_1	螺距 P	小径 D_1、d_1	螺距 P	小径 D_1、d_1
0.35	$d-1+0.621$	1	$d-2+0.918$	2	$d-3+0.835$
0.5	$d-1+0.459$	1.25	$d-2+0.647$	3	$d-4+0.752$
0.75	$d-1+0.188$	1.5	$d-2+0.376$	4	$d-5+0.670$

注：表中小径按 $D_1 = d_1 = d - 2 \times \dfrac{5}{8} H$，$H = \dfrac{\sqrt{3}}{2} P$ 计算得出。

55°非密封管螺纹的公称尺寸（GB/T 7307—2001）

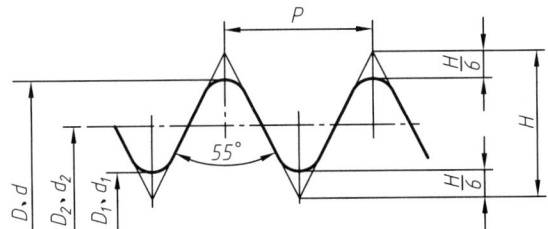

附表3　55°非密封管螺纹的公称尺寸　　　　　　　　　　　　　　　　　　mm

尺寸代号	每25.4 mm 内的牙数 n	螺距 p	公称直径 大径 D、d	小径 D_1、d_1
1/16	28	0.907	7.723	6.561
1/8	28	0.907	9.728	8.566
1/4	19	1.337	13.157	11.445
3/8	19	1.337	16.662	14.950
1/2	14	1.814	20.955	18.631
5/8	14	1.814	22.911	20.587
3/4	14	1.814	26.441	24.117
7/8	14	1.814	30.201	27.877
1	11	2.309	33.249	30.291
1 1/8	11	2.309	37.897	34.939
1 1/4	11	2.309	41.910	38.952
1 1/2	11	2.309	47.803	44.845
1 3/4	11	2.309	53.746	50.788
2	11	2.309	59.614	56.656
2 1/4	11	2.309	65.710	62.752
2 1/2	11	2.309	75.184	72.226
2 3/4	11	2.309	81.534	78.576
3	11	2.309	87.884	84.926
3 1/2	11	2.309	100.330	97.372
4	11	2.309	113.030	110.072
4 1/2	11	2.309	125.730	122.772
5	11	2.309	138.430	135.472
5 1/2	11	2.309	151.130	148.172
6	11	2.309	163.830	160.872

55°密封管螺纹（圆锥内螺纹与圆锥外螺纹）的公称尺寸（GB/T 7306.2—2000）

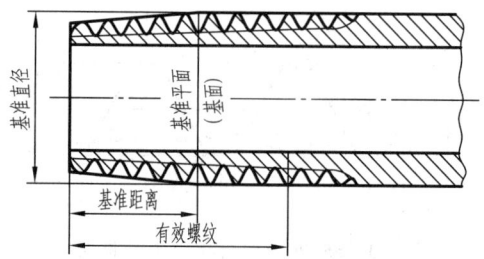

附表4　55°密封管螺纹的公称尺寸　　　　　　　　　mm

尺寸代号（英寸）	每25.4 mm内的牙数 n	螺距 p	基面上的公称直径		基准距离	有效螺纹长度不小于
			大径（基准直径）$d=D$	小径 $d_1=D_1$		
1/16	28	0.907	7.723	6.561	4.0	6.5
1/8	28	0.907	9.728	8.566	4.0	6.5
1/4	19	1.337	13.157	11.445	6.0	9.7
3/8	19	1.337	16.662	14.950	6.4	10.1
1/2	14	1.814	20.955	18.631	8.2	13.2
3/4	14	1.814	26.441	24.117	9.5	14.5
1	11	2.309	33.249	30.291	10.4	16.8
1¼	11	2.309	41.910	38.952	12.7	19.1
1½	11	2.309	47.803	44.845	12.7	19.1
2	11	2.309	59.614	56.656	15.9	23.4
2½	11	2.309	75.184	72.226	17.5	26.7
3	11	2.309	87.884	84.926	20.6	29.8
4	11	2.309	113.030	110.072	25.4	35.8
5	11	2.309	138.430	135.472	28.6	40.1
6	11	2.309	163.830	160.872	28.6	40.1

梯形螺纹的公称尺寸（GB/T 5796.2—2005、GB/T 5796.3—2005）

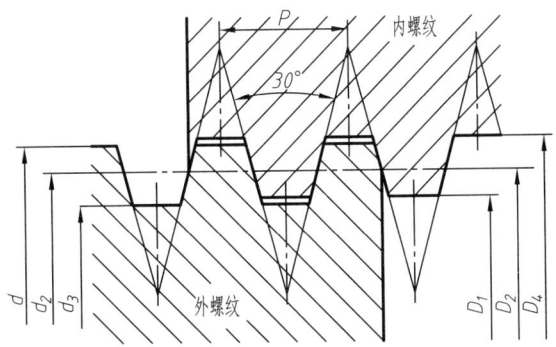

附表 5　梯形螺纹的公称尺寸　　　　　　　　　　　　　　　　　mm

公称直径 d		螺距 P	中径 $d_2=D_2$	大径 D_4	小径		公称直径 d		螺距 P	中径 $d_2=D_2$	大径 D_4	小径	
第一系列	第二系列				d_3	D_1	第一系列	第二系列				d_3	D_1
8		1.5	7.25	8.30	6.20	6.50			3	24.50	26.50	22.50	23.00
	9	1.5	8.25	9.30	7.20	7.50	26		5	23.50	26.50	20.50	21.00
		2	8.00	9.50	6.50	7.00			8	22.00	27.00	17.00	18.00
10		1.5	9.25	10.30	8.20	8.50			3	26.50	28.50	24.50	25.00
		2	9.00	10.50	7.50	8.00	28		5	25.50	28.50	22.50	23.00
	11	2	10.00	11.50	8.50	9.00			8	24.00	29.00	19.00	20.00
		3	9.50	11.50	7.50	8.00			3	28.50	30.50	26.50	29.00
12		2	11.00	12.50	9.50	10.00	30		6	27.00	31.00	23.00	24.00
		3	10.50	12.50	8.50	9.00			10	25.00	31.00	19.00	20.00
	14	2	13.00	14.50	11.50	12.00			3	30.50	32.50	28.50	29.00
		3	12.50	14.50	10.50	11.00	32		6	29.00	33.00	25.00	26.00
16		2	15.00	16.50	13.50	14.00			10	27.00	33.00	21.00	22.00
		4	14.00	16.50	11.50	12.00			3	32.50	34.50	30.50	31.00
	18	2	17.00	18.50	15.50	16.00		34	6	31.00	35.00	27.00	28.00
		4	16.00	18.50	13.50	14.00			10	29.00	35.00	23.00	24.00
20		2	19.00	20.50	17.50	18.00			3	34.50	36.50	32.50	33.00
		4	18.00	20.50	15.50	16.00	36		6	33.00	37.00	29.00	30.00
	22	3	20.50	22.50	18.50	19.00			10	31.00	37.00	25.00	26.00
		5	19.50	22.50	16.50	17.00			3	36.50	38.50	34.50	35.00
		8	18.00	23.00	13.00	14.00		38	7	34.50	39.00	30.00	31.00
24		3	22.50	24.50	20.50	21.00			10	33.00	39.00	27.00	28.00
		5	21.50	24.50	18.50	19.00			3	38.50	40.50	36.50	37.00
		8	20.00	25.00	15.00	16.00	40		7	36.50	41.00	32.00	33.00
									10	35.00	41.00	29.00	30.00

六角头螺栓—A 和 B 级（GB/T 5782—2000）

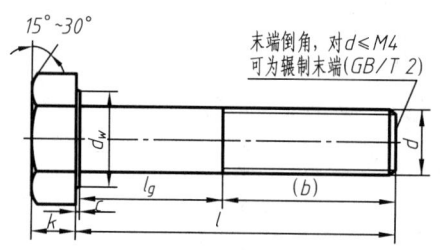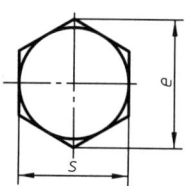

标记示例

螺纹规格 d = M12、公称长度 l = 80、性能等级为 8.8 级、表面氧化、A 级的六角头螺栓：
螺栓 GB/T 5782　M12×80

附表 6　六角头螺栓（A 级和 B 级）螺纹规格　　　mm

螺纹规格 d		M3	M4	M5	M6	M8	M10	M12	M16	M20	M24	M30	M36	M42
b 参考	$l \leqslant 125$	12	14	16	18	22	26	30	38	46	54	66	—	—
	$125 < l \leqslant 200$	18	20	22	24	28	32	36	44	52	60	72	84	96
	$l > 200$	31	33	35	37	41	45	49	57	65	73	85	97	109
c	max	0.4	0.4	0.5	0.5	0.6	0.6	0.6	0.8	0.8	0.8	0.8	0.8	1.0
	min	0.15	0.15	0.15	0.15	0.15	0.15	0.15	0.2	0.2	0.2	0.2	0.2	0.3
d_w (min)	产品等级 A	4.57	5.88	6.88	8.88	11.63	14.63	16.63	22.49	28.19	33.61	—	—	—
	产品等级 B	4.45	5.74	6.74	8.74	11.47	14.47	16.47	22	27.7	33.25	42.75	51.11	59.95
e (min)	产品等级 A	6.01	7.66	8.79	11.05	14.38	17.77	20.03	26.75	33.53	39.98	—	—	—
	产品等级 B	5.88	7.50	8.63	10.89	14.20	17.59	19.85	26.17	32.95	39.55	50.85	60.79	71.3
k 公称		2	2.8	3.5	4	5.3	6.4	7.5	10	12.5	15	18.7	22.5	26
r		0.1	0.2	0.2	0.25	0.4	0.4	0.6	0.6	0.8	0.8	1	1	1.2
s 公称		5.5	7	8	10	13	16	18	24	30	36	46	55	65
l（商品规格范围）		20~30	25~40	25~50	30~60	40~80	45~100	50~120	65~160	80~200	90~240	110~300	140~360	160~440
l 系列		12,16,20,25,30,35,40,45,50,55,60,65,70,80,90,100,110,120,130,140,150,160,180,200,220,240,260,280,300,320,340,360,380,400,420,440,460,480,500												

注：[1] A 级用于 $d \leqslant 24$ mm 和 $l \leqslant 10d$ 或 $l \leqslant 150$ mm 的螺栓；B 级用于 $d > 24$ mm 和 $l > 10d$ 或 $l > 150$ mm 的螺栓。
　　[2] 螺纹规格 d 范围：M1.6 ~ M64。

六角头螺栓—C级(GB/T 5780—2000)

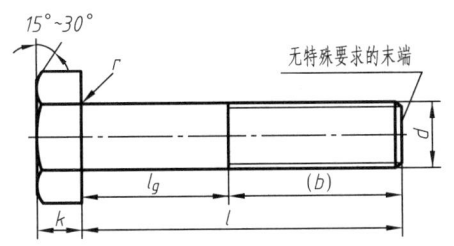
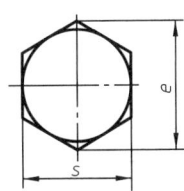

标 记 示 例

螺纹规格 d = M12、公称长度 l = 80、性能等级为4.8级、不经表面氧化、产品等级为C级的六角头螺栓:

螺栓 GB/T 5780　M12×80

附表7　六角头螺栓(C级)螺纹规格　　　　　　　　　　　　　mm

螺纹规格 d		M5	M6	M8	M10	M12	M16	M20	M24	M30	M36	M42	M48	M56	M64
b 参考	$l\leqslant125$	16	18	22	26	30	38	46	54	66	—	—	—	—	—
	$125<l\leqslant200$	22	24	28	32	36	44	52	60	72	84	96	108	—	—
	$l>200$	35	37	41	45	49	57	65	73	85	97	109	121	137	153
c(max)		0.5	0.5	0.6	0.6	0.6	0.8	0.8	0.8	0.8	0.8	1	1	1	1
d_w(min)		6.74	8.74	11.47	14.47	16.47	22	27.7	33.25	42.75	51.11	59.95	69.45	78.66	88.16
e(min)		8.63	10.89	14.20	17.59	19.85	26.17	32.95	39.55	50.85	60.79	71.3	82.6	93.56	104.86
k 公称		3.5	4	5.3	6.4	7.5	10	12.5	15	18.7	22.5	26	30	35	40
r(min)		0.2	0.25	0.4	0.4	0.6	0.6	0.8	0.8	1	1	1.2	1.6	2	2
s 公称		8	10	13	16	18	24	30	36	46	55	65	75	85	95
l(商品规格范围)		25~50	30~60	40~80	45~100	55~120	65~160	80~200	100~240	120~300	140~360	180~420	200~480	240~500	260~500
l 系列		25,30,35,40,45,50,55,60,65,70,80,90,100,110,120,130,140,150,160,180,200,220,240,260,280,300,320,340,360,380,400,420,440,460,480,500													

注:本表只给出了优先系列。

双头螺柱

双头螺柱—$b_m = 1d$(GB/T 897—1988)　　双头螺柱—$b_m = 1.25d$(GB/T 898—1988)

双头螺柱—$b_m = 1.5d$(GB/T 899—1988)　　双头螺柱—$b_m = 2d$(GB/T 900—1988)

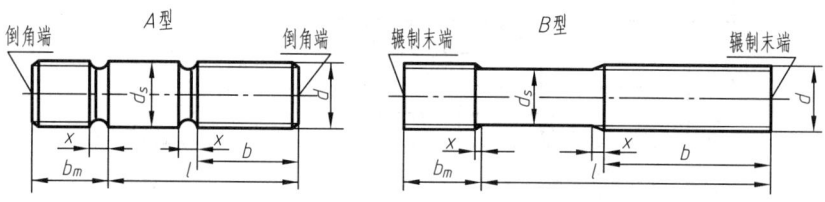

标记示例

两端均为粗牙普通螺纹、$d = 10$、$l = 50$、性能等级为4.8级、不经表面处理、B型、$b_m = 1d$的双头螺柱：

螺柱　GB/T 897　M10×50

旋入机体一端为粗牙普通螺纹、旋螺母一端为螺距$P = 1$的细牙普通螺纹、$d = 10$、$l = 50$、性能等级为4.8级、不经表面处理、A型、$b_m = 1d$双头螺柱：

螺柱　GB/T 897　AM10-M10×1×50

附表8　双头螺柱规格尺寸　　　　mm

螺纹规格		M5	M6	M8	M10	M12	M16	M20	M24	M30	M36	M42
b_m (公称)	GB/T 897	5	6	8	10	12	16	20	24	30	36	42
	GB/T 898	6	8	10	12	15	20	25	30	38	45	52
	GB/T 899	8	10	12	15	18	24	30	36	45	54	63
	GB/T 900	10	12	16	20	24	32	40	48	60	72	84
d_s(max)		5	6	8	10	12	16	20	24	30	36	42
x(max)		\multicolumn{11}{c}{$2.5P$}											
$\dfrac{l}{b}$		$\dfrac{16\sim22}{10}$	$\dfrac{20\sim22}{10}$	$\dfrac{20\sim22}{12}$	$\dfrac{25\sim28}{14}$	$\dfrac{25\sim30}{16}$	$\dfrac{30\sim38}{20}$	$\dfrac{35\sim40}{25}$	$\dfrac{45\sim50}{30}$	$\dfrac{60\sim65}{40}$	$\dfrac{65\sim75}{45}$	$\dfrac{70\sim80}{50}$
		$\dfrac{25\sim50}{16}$	$\dfrac{25\sim30}{14}$	$\dfrac{25\sim30}{16}$	$\dfrac{30\sim38}{16}$	$\dfrac{32\sim40}{20}$	$\dfrac{40\sim55}{30}$	$\dfrac{45\sim65}{35}$	$\dfrac{55\sim75}{45}$	$\dfrac{70\sim90}{50}$	$\dfrac{80\sim110}{60}$	$\dfrac{85\sim110}{70}$
			$\dfrac{32\sim75}{18}$	$\dfrac{32\sim90}{22}$	$\dfrac{40\sim120}{26}$	$\dfrac{45\sim120}{30}$	$\dfrac{60\sim120}{38}$	$\dfrac{70\sim120}{46}$	$\dfrac{80\sim120}{54}$	$\dfrac{95\sim120}{66}$	$\dfrac{120}{78}$	$\dfrac{120}{90}$
					$\dfrac{130}{32}$	$\dfrac{130\sim180}{36}$	$\dfrac{130\sim200}{44}$	$\dfrac{130\sim200}{52}$	$\dfrac{130\sim200}{60}$	$\dfrac{130\sim200}{72}$	$\dfrac{130\sim200}{84}$	$\dfrac{130\sim200}{96}$
											$\dfrac{210\sim250}{85}$	$\dfrac{210\sim300}{97}$	$\dfrac{210\sim300}{109}$
l 系列		\multicolumn{11}{l}{16,(18),20,(22),25,(28),30,(32),35,(38),40,45,50,(55),60,(65),70,(75),80,(85),90, (95),100,110,120,130,140,150,160,170,180,190,200,210,220,230,240,250,260,280,300}										

注：P是粗牙螺纹的螺距。

开槽圆柱头螺钉(GB/T 65—2000)

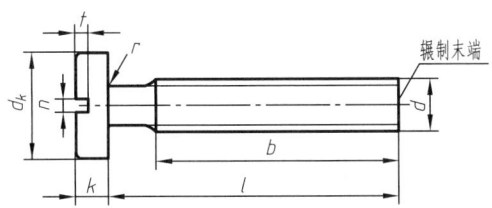

标 记 示 例

螺纹规格 d = M5、公称长度 l = 20、性能等级为 4.8 级、不经表面处理的 A 级开槽圆柱头螺钉：

螺钉　GB/T 65　M5×20

附表9　开槽圆柱头螺钉规格尺寸　　　　　　　　　　　　　　mm

螺纹规格 d	M1.6	M2	M2.5	M3	(M3.5)	M4	M5	M6	M8	M10
P(螺距)	0.35	0.4	0.45	0.5	0.6	0.7	0.8	1	1.25	1.5
b(min)	25	25	25	25	38	38	38	38	38	38
d_k	3	3.8	4.5	5.5	6	7	8.5	10	13	16
k	1.1	1.4	1.8	2	2.4	2.6	3.3	3.9	5	6
n	0.4	0.5	0.6	0.8	1	1.2	1.2	1.6	2	2.5
r(min)	0.1	0.1	0.1	0.1	0.1	0.2	0.2	0.25	0.4	0.4
t(min)	0.45	0.6	0.7	0.85	1	1.1	1.3	1.6	2	2.4
公称长度 l	2~16	3~20	3~25	4~30	5~35	5~40	6~50	8~60	10~80	12~80
l 系列	2,3,4,5,6,8,10,12,(14),16,20,25,30,35,40,45,50,(55),60,(65),70,(75),80									

注：[1] 括号内的规格尽可能不采用。

　　[2] M1.6~M3 的螺钉，公称长度 $l \leqslant 30$mm 时，制出全螺纹；M4~M10 的螺钉，公称长度 $l \leqslant 40$mm 时，制出全螺纹。

开槽盘头螺钉(GB/T 67—2008)

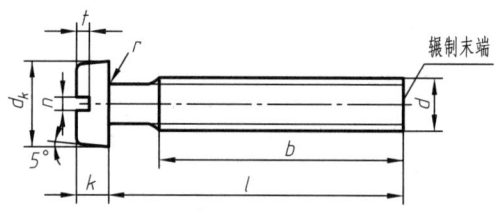

标记示例

螺纹规格 d = M5、公称长度 l = 20、性能等级为 4.8 级、不经表面处理的 A 级开槽盘头螺钉：
螺钉 GB/T 67 M5×20

附表10 开槽盘头螺钉的规格尺寸   mm

螺纹规格 d	M1.6	M2	M2.5	M3	(M3.5)	M4	M5	M6	M8	M10
P(螺距)	0.35	0.4	0.45	0.5	0.6	0.7	0.8	1	1.25	1.5
b(min)	25	25	25	25	38	38	38	38	38	38
d_k	3.2	4	5	5.6	7	8	9.5	12	16	20
k	1	1.3	1.5	1.8	2.1	2.4	3	3.6	4.8	6
n	0.4	0.5	0.6	0.8	1	1.2	1.2	1.6	2	2.5
r(min)	0.1	0.1	0.1	0.1	0.1	0.2	0.2	0.25	0.4	0.4
t(min)	0.35	0.5	0.6	0.7	0.8	1	1.2	1.4	1.9	2.4
公称长度 l	2~16	2.5~20	3~25	4~30	5~35	5~40	6~50	8~60	10~80	12~80
l 系列	2,2.5,3,4,5,6,8,10,12,(14),16,20,25,30,35,40,45,50,(55),60,(65),70,(75),80									

注：[1] 括号内的规格尽可能不采用。
　　[2] M1.6~M3 的螺钉，公称长度 l≤30mm 时，制出全螺纹；M4~M10 的螺钉，公称长度 l≤40mm 时，制出全螺纹。

开槽沉头螺钉(GB/T 68—2000)

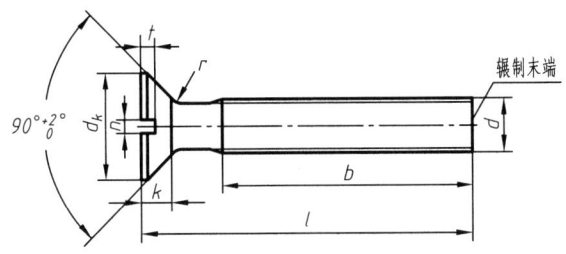

标 记 示 例

螺纹规格 d = M5、公称长度 l = 20、性能等级为 4.8 级、不经表面处理的 A 级开槽沉头螺钉：
螺钉 GB/T 68 M5×20

附表11 开槽沉头螺钉规格尺寸   mm

螺纹规格 d	M1.6	M2	M2.5	M3	(M3.5)	M4	M5	M6	M8	M10
P(螺距)	0.35	0.4	0.45	0.5	0.6	0.7	0.8	1	1.25	1.5
b(min)	25	25	25	25	38	38	38	38	38	38
d_k	3.6	4.4	5.5	6.3	8.2	9.4	10.4	12.6	17.3	20
k	1	1.2	1.5	1.65	2.35	2.7	2.7	3.3	4.65	5
n	0.4	0.5	0.6	0.8	1	1.2	1.2	1.6	2	2.5
r(max)	0.4	0.5	0.6	0.8	0.9	1	1.3	1.5	2	2.5
t(max)	0.5	0.6	0.75	0.85	1.2	1.3	1.4	1.6	2.3	2.6
公称长度 l	2.5~16	3~20	4~25	5~30	6~35	6~40	8~50	8~60	10~80	12~80
l 系列	2.5,3,4,5,6,8,10,12,(14),16,20,25,30,35,40,45,50,(55),60,(65),70,(75),80									

注：[1] 括号内的规格尽可能不采用。
    [2] M1.6~M3 的螺钉，公称长度 l≤30mm 时，制出全螺纹；M4~M10 的螺钉，公称长度 l≤45mm 时，制出全螺纹。

紧 定 螺 钉

开槽锥端紧定螺钉 开槽平端紧定螺钉 开槽长圆柱端紧定螺钉
（GB/T 71—1985） （GB/T 73—1985） （GB/T 75—1985）

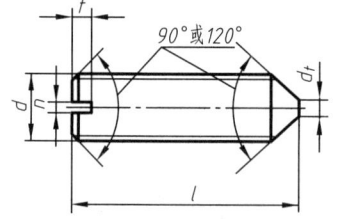 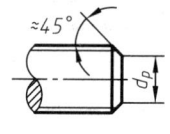 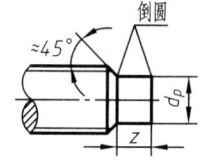

标 记 示 例

螺纹规格 d = M5、公称长度 l = 12、性能等级为 14H 级、表面氧化的开槽长圆柱端紧定螺钉：
螺钉　GB/T 75　M5 × 12

附表 12　紧 定 螺 钉　　　　　　　　　　　　　　　　mm

螺纹规格 d		M1.2	M1.6	M2	M2.5	M3	M4	M5	M6	M8	M10	M12
P(螺距)		0.25	0.35	0.4	0.45	0.5	0.7	0.8	1	1.25	1.5	1.75
n		0.2	0.25	0.25	0.4	0.4	0.6	0.8	1	1.2	1.6	2
t(max)		0.52	0.74	0.84	0.95	1.05	1.42	1.63	2	2.5	3	3.6
d_t(max)		0.12	0.16	0.2	0.25	0.3	0.4	0.5	1.5	2	2.5	3
d_p(max)		0.6	0.8	1	1.5	2	2.5	3.5	4	5.5	7	8.5
z(max)		—	1.05	1.25	1.5	1.75	2.25	2.75	3.25	4.3	5.3	6.3
l	GB/T 71—1985	2~6	2~8	3~10	3~12	4~16	6~20	8~25	8~30	10~40	12~50	14~60
	GB/T 73—1985	2~6	2~8	2~10	2.5~12	3~16	4~20	5~25	6~30	8~40	10~50	12~60
	GB/T 75—1985	—	2.5~8	3~10	4~12	5~16	6~20	8~25	8~30	10~40	12~50	14~60
l 系列		2,2.5,3,4,5,6,8,10,12,(14),16,20,25,30,35,40,45,50,(55),60										

注：[1] l 为公称长度。
　　[2] 括号内的规格尽可能不采用。

螺 母

六角螺母—C 级　　　　1 型六角螺母—A 级和 B 级　　　　六角薄螺母
（GB/T 41—2000）　　　　（GB/T 6170—2000）　　　　（GB/T 6172.1—2000）

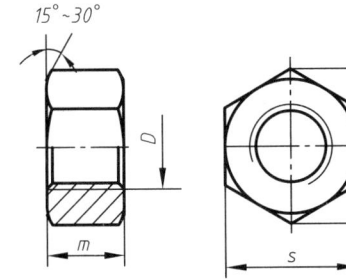 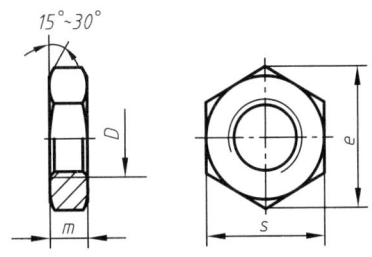

标 记 示 例

螺纹规格 D = M12、性能等级为 5 级、不经表面处理的 C 级六角螺母：

螺母　GB/T 41　M12

螺纹规格 D = M12、性能等级为 8 级、不经表面处理的 A 级 1 型六角螺母：

螺母　GB/T 6170　M12

附表 13　螺母规格尺寸　　　　　　　　　　　　　　mm

螺纹规格 D		M3	M4	M5	M6	M8	M10	M12	M16	M20	M24	M30	M36	M42
P（螺距）		0.5	0.7	0.8	1	1.25	1.5	1.75	2	2.5	3	3.5	4	4.5
e	GB/T 41	—	—	8.63	10.89	14.20	17.59	19.85	26.17	32.95	39.55	50.85	60.79	71.3
	GB/T 6170	6.01	7.66	8.79	11.05	14.38	17.77	20.03	26.75	32.95	39.55	50.85	60.79	71.3
	GB/T 6172.1	6.01	7.66	8.79	11.05	14.38	17.77	20.03	26.75	32.95	39.55	50.85	60.79	71.3
s	GB/T 41	—	—	8	10	13	16	18	24	30	36	46	55	65
	GB/T 6170	5.5	7	8	10	13	16	18	24	30	36	46	55	65
	GB/T 6172.1	5.5	7	8	10	13	16	18	24	30	36	46	55	65
m	GB/T 41	—	—	5.6	6.4	7.9	9.5	12.2	15.9	18.7	22.3	26.4	31.9	34.9
	GB/T 6170	2.4	3.2	4.7	5.2	6.8	8.4	10.8	14.8	18	21.5	25.6	31	34
	GB/T 6172.1	1.8	2.2	2.7	3.2	4	5	6	8	10	12	15	18	21

注：A 级用于 $D ≤ 16$ mm；B 级用于 $D > 16$ mm。

螺 母

六角薄螺母 细牙（GB/T 6173—2000）

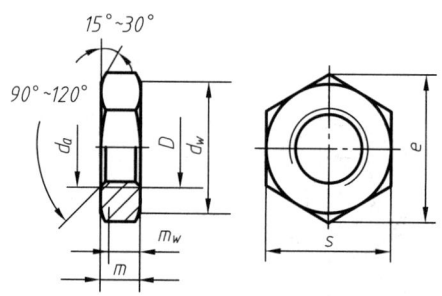

标 记 示 例

螺纹规格 $D = M16 \times 1.5$、细牙螺纹、性能等级为 05 级、不经表面处理、产品等级为 A 级倒角的六角薄螺母：

螺母 GB/T 6173 $M16 \times 1.5$

附表 14　六角薄螺母（细牙）的规格尺寸　　　　　　　　　　mm

螺纹规格 $D \times P$	M8×1	M10×1	M12×1.5	M16×1.5	M20×1.5	M24×2	M30×2	M36×3	M42×3
d_a(min)	8	10	12	16	20	24	30	36	42
d_w(min)	11.63	14.63	16.63	22.49	27.7	33.25	42.75	51.11	59.95
e	14.38	17.77	20.03	26.75	32.95	39.55	50.85	60.79	71.3
m(max)	4	5	6	8	10	12	15	18	21
m_w(min)	2.96	3.76	4.56	5.94	7.28	8.72	11.12	13.52	15.76
s	13	16	18	24	30	36	46	55	65

垫 圈

小垫圈—A 级
（GB/T 848—2002）

平垫圈—A 级
（GB/T 97.1—2002）

平垫圈 倒角型—A 级
（GB/T 97.2—2002）

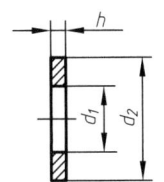
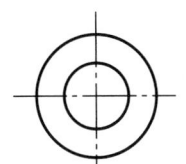
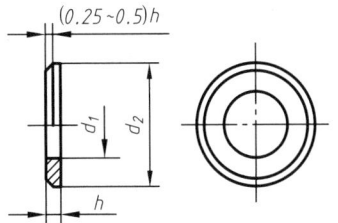

标 记 示 例

标准系列、规格 8，由钢制造的硬度等级为 140HV 级、不经表面处理、产品等级为 A 级的平垫圈：

垫圈　GB/T 97.1　8

附表 15　垫圈规格尺寸　　　　　　　　　　　　　　　　　　　　　　　mm

	公称尺寸（螺纹规格 d）	1.6	2	2.5	3	4	5	6	8	10	12	16	20	24	30	36	42
d_1	GB/T 848	1.7	2.2	2.7	3.2	4.3	5.3	6.4	8.4	10.5	13	17	21	25	31	37	—
	GB/T 97.1	1.7	2.2	2.7	3.2	4.3	5.3	6.4	8.4	10.5	13	17	21	25	31	37	45
	GB/T 97.2	—	—	—	—	—	5.3	6.4	8.4	10.5	13	17	21	25	31	37	45
d_2	GB/T 848	3.5	4.5	5	6	8	9	11	15	18	20	28	34	39	50	60	—
	GB/T 97.1	4	5	6	7	9	10	12	16	20	24	30	37	44	56	66	78
	GB/T 97.2	—	—	—	—	—	10	12	16	20	24	30	37	44	56	66	78
h	GB/T 848	0.3	0.3	0.5	0.5	0.5	1	1.6	1.6	1.6	2	2.5	3	4	4	5	—
	GB/T 97.1	0.3	0.3	0.5	0.5	0.8	1	1.6	1.6	2	2.5	3	3	4	4	5	8
	GB/T 97.2	—	—	—	—	—	1	1.6	1.6	2	2.5	3	3	4	4	5	8

弹 簧 垫 圈

标准型弹簧垫圈　　　　　　轻型弹簧垫圈
（GB 93—1987）　　　　　（GB 859—1987）

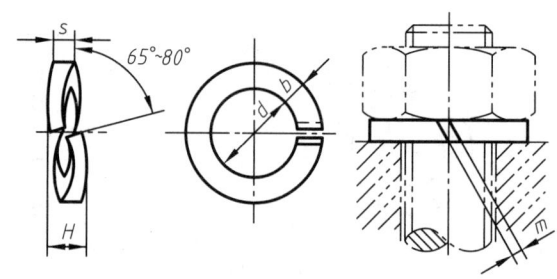

标 记 示 例

规格16、材料为65Mn、表面氧化的标准型弹簧垫圈：
垫圈　GB 93　16

附表16　弹簧垫圈规格尺寸　　　　　　　　　　　　　　mm

规格（螺纹大径）		3	4	5	6	8	10	12	(14)	16	(18)	20	(22)	24	(27)	30
d(min)		3.1	4.1	5.1	6.1	8.1	10.2	12.2	14.2	16.2	18.2	20.2	22.5	24.5	27.5	30.5
H(min)	GB 93	1.6	2.2	2.6	3.2	4.2	5.2	6.2	7.2	8.2	9	10	11	12	13.6	15
	GB 859	1.2	1.6	2.2	2.6	3.2	4	5	6	6.4	7.2	8	9	10	11	12
$s(b)$	GB 93	0.8	1.1	1.3	1.6	2.1	2.6	3.1	3.6	4.1	4.5	5	5.5	6	6.8	7.5
s	GB 859	0.6	0.8	1.1	1.3	1.6	2	2.5	3	3.2	3.6	4	4.5	5	5.5	6
$m\leqslant$	GB 93	0.4	0.55	0.65	0.8	1.05	1.3	1.55	1.8	2.05	2.25	2.5	2.75	3	3.4	3.75
	GB 859	0.3	0.4	0.55	0.65	0.8	1	1.25	1.5	1.6	1.8	2	2.25	2.5	2.75	3
b	GB 859	1	1.2	1.5	2	2.5	3	3.5	4	4.5	5	5.5	6	7	8	9

注：[1] 括号内的规格尽可能不采用。
　　[2] 规格范围：GB 93—1987 为 2~48；GB 859—1987 为 3~30。

平键 键槽的剖面尺寸（GB/T 1095—2003）

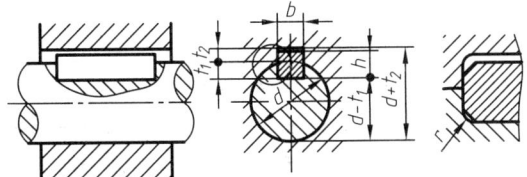

附表 17 平键连接的剖面和键槽尺寸　　　　mm

轴径	键	键槽										
		宽度 b					深度				半径 r	
公称直径 d	公称尺寸 $b \times h$	公称尺寸 b	松连接		正常连接		紧密连接	轴 t_1		毂 t_2			
			轴 H9	毂 D10	轴 N9	毂 JS9	轴和毂 P9	公称	偏差	公称	偏差	最小	最大
自 6～8	2×2	2	+0.025 0	+0.060 +0.020	−0.004 −0.029	±0.0125	−0.006 −0.031	1.2	+0.1 0	1.0	+0.1 0	0.08	0.16
>8～10	3×3	3						1.8		1.4			
>10～12	4×4	4	+0.030 0	+0.078 +0.030	0 −0.030	±0.015	−0.012 −0.042	2.5		1.8		0.16	0.25
>12～17	5×5	5						3.0		2.3			
>17～22	6×6	6						3.5		2.8			
>22～30	8×7	8	+0.036 0	+0.098 +0.040	0 −0.036	±0.018	−0.015 −0.051	4.0		3.3			
>30～38	10×8	10						5.0		3.3			
>38～44	12×8	12	+0.043 0	+0.120 +0.050	0 −0.043	±0.0215	−0.018 −0.061	5.0		3.3		0.25	0.40
>44～50	14×9	14						5.5		3.8			
>50～58	16×10	16						6.0	+0.2 0	4.3	+0.2 0		
>58～65	18×11	18						7.0		4.4			
>65～75	20×12	20	+0.052 0	+0.149 +0.065	0 −0.052	±0.026	−0.022 −0.074	7.5		4.9		0.40	0.60
>75～85	22×14	22						9.0		5.4			
>85～95	25×14	25						9.0		5.4			
>95～110	28×16	28						10.0		6.4			
>110～130	32×18	32						11.0		7.4			
>130～150	36×20	36	+0.062 0	+0.180 +0.080	0 −0.062	±0.031	−0.026 −0.088	12.0	+0.3 0	8.4	+0.3 0	0.7	1.0
>150～170	40×22	40						13.0		9.4			
>170～200	45×25	45						15.0		10.4			
>200～230	50×28	50						17.0		11.4			

注：[1] 在零件图中，轴槽深用 $(d-t)$ 标注，轮毂槽深用 $(d+t_1)$ 标注。平键键槽的长度公差带用 H14。

[2] $(d-t)$ 和 $(d+t_1)$ 两组组合尺寸的极限偏差按相应的 t 和 t_1 的极限偏差选取，但 $(d-t)$ 极限偏差值应取负号（−）。

普通型平键的形式尺寸（GB/T 1096—2003）

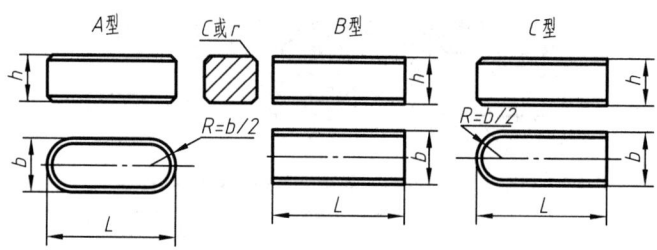

标 记 示 例

宽度 $b=18$ mm、高度 $h=11$ mm、长度 $L=100$ mm 的普通 A 型平键：
GB/T 1096—2003　键 $18\times11\times100$

宽度 $b=18$ mm、高度 $h=11$ mm、长度 $L=100$ mm 的普通 B 型平键：
GB/T 1096—2003　键 B $18\times11\times100$

宽度 $b=18$ mm、高度 $h=11$ mm、长度 $L=100$ mm 的普通 C 型平键：
GB/T 1096—2003　键 C $18\times11\times100$

附表 18　普通型平键的规格尺寸　　　　　　　　　　　　　　　mm

宽度 b		公称尺寸	2	3	4	5	6	8	10	12	14	16	18	20	22	25	28
		极限偏差（h8）	0 −0.014		0 −0.018			0 −0.022			0 −0.027			0 −0.033			
高度 h		公称尺寸	2	3	4	5	6	7	8	8	9	10	11	12	14	14	16
	极限偏差	矩形（h11）	—		—			0 −0.090						0 −0.110			
		方形（h8）	0 −0.014		0 −0.018			—									
倒角或倒圆 s			0.16～0.25					0.25～0.40				0.40～0.60			0.60～0.80		
长度范围			6～20	6～36	8～45	10～56	14～70	18～90	22～110	28～140	36～160	45～180	50～200	56～220	63～250	70～280	80～320
l 系列			6,8,10,12,14,16,18,20,22,25,28,32,36,40,45,50,56,63,70,80,90,100, 110,125,140,160,180,200,220,250,280,320,360,400,450,500														

半圆键 键槽的剖面尺寸(GB/T 1098—2003)

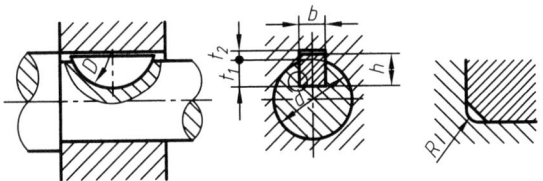

附表19 半圆键键槽的规格尺寸   mm

键尺寸 $b \times h \times D$	键槽										
	宽度 b					深度				半径 R	
	公称尺寸	极限偏差				轴 t_1		毂 t_2			
		正常连接		紧密连接	松连接						
		轴 N9	毂 JS9	轴和毂 P9	轴 H9	毂 D10	公称尺寸	极限偏差	公称尺寸	极限偏差	min	max
1.0×1.4×4	1.0	−0.004 −0.029	±0.0125	−0.006 −0.031	+0.025 0	+0.060 +0.020	1.0	+0.1 0	0.6	+0.1 0	0.08	0.16
1.5×2.6×7	1.5						2.0		0.8			
2.0×2.6×7	2.0						1.8		1.0			
2.0×3.7×10	2.0						2.9		1.0			
2.5×3.7×10	2.5						2.7		1.2			
3.0×5.0×13	3.0						3.8		1.4			
3.0×6.5×16	3.0						5.3		1.4			
4.0×6.5×16	4.0	0 −0.030	±0.015	−0.012 −0.042	+0.030 0	+0.078 +0.030	5.0	+0.2 0	1.8		0.16	0.25
4.0×7.5×19	4.0						6.0		1.8			
5.0×6.5×16	5.0						4.5		2.3			
5.0×7.5×19	5.0						5.5		2.3			
5.0×9.0×22	5.0						7.0		2.3			
6.0×9.0×22	6.0						6.5	+0.3 0	2.8	+0.2 0		
6.0×10×25	6.0						7.5		2.8			
8.0×11×28	8.0	0 −0.036	±0.018	−0.015 −0.051	+0.036 0	+0.098 +0.040	8.0		3.3		0.25	0.40
10×13×32	10.0						10.0		3.3			

注:$(d-t_1)$ 和 $(d+t_2)$ 两个组合尺寸的极限偏差按相应的 t_1 和 t_2 的极限偏差选取,但 $(d-t_1)$ 极限偏差值应取负号(−)。

半圆键的形式尺寸(GB/T 1099.1—2003)

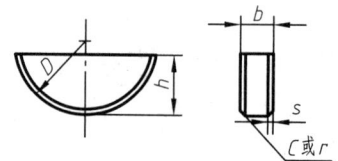

标 记 示 例

宽度 $b = 6$ mm、高度 $h = 10$ mm、直径 $D = 25$ mm 的普通半圆键:
GB/T 1099.1—2003 键 $6 \times 10 \times 25$

附表20 半圆键的规格尺寸   mm

键尺寸 $b \times h \times D$	键宽 b		宽度 h		直径 D		倒角或倒圆 s	
	公称尺寸	极限偏差	公称尺寸	极限偏差 (h12)	公称尺寸	极限偏差 (h12)	min	max
$1.0 \times 1.4 \times 4$	1.0		1.4	0 −0.100	4	0 −0.120	0.16	0.25
$1.5 \times 2.6 \times 7$	1.5		2.6		7			
$2.0 \times 2.6 \times 7$	2.0		2.6		7	0 −0.150		
$2.0 \times 3.7 \times 10$	2.0		3.7	0 −0.120	10			
$2.5 \times 3.7 \times 10$	2.5		3.7		10			
$3.0 \times 5.0 \times 13$	3.0		5.0		13	0 −0.180		
$3.0 \times 6.5 \times 16$	3.0		6.5		16			
$4.0 \times 6.5 \times 16$	4.0	0 −0.025	6.5		16			
$4.0 \times 7.5 \times 19$	4.0		7.5		19	0 −0.210		
$5.0 \times 6.5 \times 16$	5.0		6.5	0 −0.150	16	0 −0.180	0.25	0.40
$5.0 \times 7.5 \times 19$	5.0		7.5		19			
$5.0 \times 9.0 \times 22$	5.0		9.0		22			
$6.0 \times 9.0 \times 22$	6.0		9.0		22	0 −0.210		
$6.0 \times 10.0 \times 25$	6.0		10.0		25			
$8.0 \times 11.0 \times 28$	8.0		11.0	0 −0.180	28		0.40	0.60
$10.0 \times 13.0 \times 32$	10.0		13.0		32	0 −0.250		

圆柱销—不淬硬钢和奥氏体不锈钢（GB/T 119.1—2000）

标 记 示 例

公称直径 d = 6 mm、公差为 m6、公称长度 l = 30 mm、材料为钢、不经淬火、不经表面处理的圆柱销：

销 GB/T 119.1 6m6×30

附表21 圆柱销的规格尺寸   mm

公称直径 d (m6/h8)	0.6	0.8	1	1.2	1.5	2	2.5	3	4	5
$c \approx$	0.12	0.16	0.20	0.25	0.30	0.35	0.40	0.50	0.63	0.80
l（商品规格范围公称长度）	2~6	2~8	4~10	4~12	4~16	6~20	6~24	8~30	8~40	10~50
公称直径 d (m6/h8)	6	8	10	12	16	20	25	30	40	50
$c \approx$	1.2	1.6	2.0	2.5	3.0	3.5	4.0	5.0	6.3	8.0
l（商品规格范围公称长度）	12~60	14~80	18~95	22~140	26~180	35~200	50~200	60~200	80~200	95~200
l 系列	2,3,4,5,6,8,10,12,14,16,18,20,22,24,26,28,30,32,35,40,45,50,55,60,65,70,75,80,85,90,95,100,120,140,160,180,200…									

注：[1] 材料用钢时硬度要求为125~245 HV30,用奥氏体不锈钢A1（GB/T 3098.6）时硬度要求210~280 HV30。

[2] 公差 m6：$Ra \leqslant 0.8 \, \mu m$；

公差 h8：$Ra \leqslant 1.6 \, \mu m$。

圆锥销（GB/T 117—2000）

A 型（磨削）   B 型（切削或冷镦）

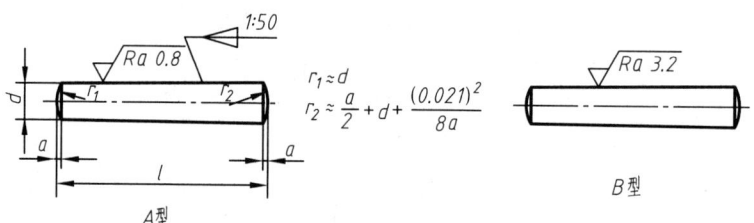

标 记 示 例

公称直径 $d=10$ mm、长度 $l=60$ mm、材料为 35 钢、热处理硬度 28～38HRC、表面氧化处理的 A 型圆锥销：

    销   GB/T 117 10×60

附表 22　圆锥销的规格尺寸　　　　　　　　　　　　　　　　　　mm

d（公称）	0.6	0.8	1	1.2	1.5	2	2.5	3	4	5
$a\approx$	0.08	0.1	0.12	0.16	0.2	0.25	0.3	0.4	0.5	0.63
l（商品规格范围公称长度）	4～8	5～12	6～16	6～20	8～24	10～35	10～35	12～45	14～55	18～60
d（公称）	6	8	10	12	16	20	25	30	40	50
$a\approx$	0.8	1	1.2	1.6	2	2.5	3	4	5	6.3
l（商品规格范围公称长度）	22～90	22～120	26～160	32～180	40～200	45～200	50～200	55～200	60～200	65～200
l 系列	2,3,4,5,6,8,10,12,14,16,18,20,22,24,26,28,30,32,35,40,45,50,55,60,65,70,75,80,85,90,95,100,120,140,160,180,200…									

注：公称长度大于 200 mm 时，按 20 mm 递增。

开口销(GB/T 91—2000)

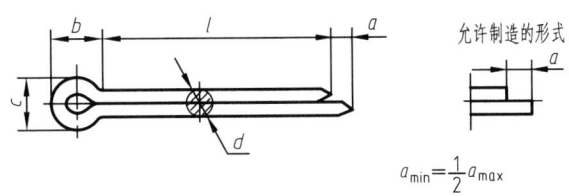

标 记 示 例

公称直径 $d=5$、长度 $l=50$、材料为低碳钢、不经表面处理的开口销：

销　GB/T 91　5×50

附表23　开口销的规格尺寸　　　　　　　　　　mm

公称规格		0.6	0.8	1	1.2	1.6	2	2.5	3.2	4	5	6.3	8	10	13
d	max	0.5	0.7	0.9	1.0	1.4	1.8	2.3	2.9	3.7	4.6	5.9	7.5	9.5	12.4
	min	0.4	0.6	0.8	0.9	1.3	1.7	2.1	2.7	3.5	4.4	5.7	7.3	9.3	12.1
c	max	1	1.4	1.8	2	2.8	3.6	4.6	5.8	7.4	9.2	11.8	15	19	24.8
	min	0.9	1.2	1.6	1.7	2.4	3.2	4	5.1	6.5	8	10.3	13.1	16.6	21.7
$b\approx$		2	2.4	3	3	3.2	4	5	6.4	8	10	12.6	16	20	26
a_{max}		1.6	1.6	1.6	2.5	2.5	2.5	2.5	3.2	4	4	4	4	6.3	6.3
l（商品规格范围公称长度）		4~12	5~16	6~20	8~26	8~32	10~40	12~50	14~65	18~80	22~100	32~125	40~160	45~200	71~250
l 系列		4,5,6,8,10,12,14,16,18,20,22,25,28,32,36,40,45,50,56,63,71,80,90,100,112,125,140,160,180,200,224,250…													

注：公称规格等于开口销孔直径。对销孔直径推荐的公差为：

　　公称规格≤1.2：H13；

　　公称规格>1.2：H14。

参 考 文 献

[1] 何铭新,钱可强,徐祖茂.机械制图[M].5版.北京:高等教育出版社,2004.
[2] 大连理工大学工程图学教研室.机械制图[M].6版.北京:高等教育出版社,2007.
[3] 杨惠英.王玉坤.机械制图[M].北京:清华大学出版社,2002.
[4] 金大鹰.绘制识读机械图250例[M].2版.北京:机械工业出版社,2003.

郑重声明

  高等教育出版社依法对本书享有专有出版权。任何未经许可的复制、销售行为均违反《中华人民共和国著作权法》，其行为人将承担相应的民事责任和行政责任；构成犯罪的，将被依法追究刑事责任。为了维护市场秩序，保护读者的合法权益，避免读者误用盗版书造成不良后果，我社将配合行政执法部门和司法机关对违法犯罪的单位和个人进行严厉打击。社会各界人士如发现上述侵权行为，希望及时举报，本社将奖励举报有功人员。

反盗版举报电话　（010）58581897　58582371　58581879
反盗版举报传真　（010）82086060
反盗版举报邮箱　dd@hep.com.cn
通信地址　北京市西城区德外大街4号　高等教育出版社法务部
邮政编码　100120